Processor Expert 轻松编程详解

——基于 MC56F84xxx 系列

常　越　编著

北京航空航天大学出版社

内 容 简 介

本书介绍了使用飞思卡尔公司集成开发环境 CodeWarrior(简称 CW)中的 Processor Expert(简称 PE)完成嵌入式芯片各种功能模块的操作;并逐次介绍了创建工程文件、通用输入/输出口及外部中断、定时器、ADC 和 DAC、增强型 PWM、异步串行通信模块、I^2C 模块、CAN 通信模块、DMA 模块、比较器模块、Flash 存储器和内部关联模块的初始化操作方法以及基本程序的编写;最后介绍了图形化人机交互调试软件(FreeMASTER)。

本书旨在帮助那些具有良好的专业造诣、需要应用嵌入式系统解决实际问题,却又苦于没有时间去阅读、理解嵌入式芯片说明文档的技术人员,使他们能够顺利完成嵌入式系统初始化,自己完成嵌入式系统的软件编程工作。书中各章不仅有详细的初始化过程讲解,还有完整的可正常运行的程序编写过程,使读者对如何使用 PE、如何完成程序都能准确深入的理解。书中介绍的方法适用于飞思卡尔公司的多数嵌入式产品。

图书在版编目(CIP)数据

Processor Expert 轻松编程详解:基于 MC56F84xxx 系列/常越编著. --北京 : 北京航空航天大学出版社,2015.8

ISBN 978-7-5124-1855-4

Ⅰ. ①P… Ⅱ. ①常… Ⅲ. ①程序设计 Ⅳ. ①TP311.1

中国版本图书馆 CIP 数据核字(2015)第 175665 号

Processor Expert 轻松编程详解——基于 MC56F84xxx 系列

常 越 编著

责任编辑 张冀青 董云凤

*

北京航空航天大学出版社出版发行

北京市海淀区学院路 37 号(邮编 100191) http://www.buaapress.com.cn

发行部电话:(010)82317024 传真:(010)82328026

读者信箱:emsbook@buaacm.com.cn 邮购电话:(010)82316936

涿州市新华印刷有限公司印装 各地书店经销

*

开本:710×1 000 1/16 印张:22 字数:495 千字

2015 年 9 月第 1 版 2015 年 9 月第 1 次印刷 印数:3 000 册

ISBN 978-7-5124-1855-4 定价:49.00 元

前 言

我一直期待能够有一种工具，使嵌入式芯片的初始化工作变得轻松、省时、一目了然。

使用智能化控制都需要对嵌入式芯片进行编程，而编程的第一步就是芯片内部模块初始化。首先要对各个模块的寄存器有清楚的了解，并准确掌握引脚功能复用及寄存器的选择细节，才能做好初始化工作。在嵌入式芯片发展到引脚众多且每个引脚多种功能复用的情况下，仔细阅读英文文档后进而完成种类繁多的寄存器的初始化决不是一项轻松的工作。许多需要对嵌入式芯片编程解决实际问题的技术人员，实在很难有时间和精力去完成这项工作。

从汇编语言到C语言，使得嵌入式编程节省了大量的时间和精力。那么，现在有没有可以帮助我们轻松省时地完成初始化的工具呢？Processor Expert (PE)就是这样一个我们期待已久的初始化助手。

2007年，陈结南先生向我推荐了飞思卡尔嵌入式软件CodeWarrior中的PE初始化工具，并且介绍了其最突出的特点：多数情况下可以不去读英文文档就可以完成芯片各个模块的初始化设置。在邹勇波先生的指导下，我开始使用PE编写程序。起初应用8位单片机，基本没有去看英文文档就完成了许多项目的软件编写，切实体会到了PE功能带来的便捷。后来开设电机控制综合实验课程，学生在没有使用过飞思卡尔MC56F8257芯片的情况下，使用PE对其进行初始化设置，在很短时间内不仅完成了电机控制工作，并且掌握了PE这一工具。此外，PE功能还对理解引脚的功能提供了帮助，如设计一个嵌入式硬件系统，可以先对设计的引脚进行功能的初始化设置，对有的引脚功能的限制也可以提早发现，以免在硬件完成后才发现原来设计中引脚存在的问题，避免了时间和精力的浪费。还可以在CodeWarrior中利用PE添加需要用到的模块，查看这些模块可以使用的所有引脚，选择方便，同时避免了引脚冲突。

从飞思卡尔公司的8位单片机、16位到32位的DSC，到现在越来越广泛应用的ARM系列芯片，PE都可以帮助编程人员轻松完成初始化工作。

本书逐步介绍PE的应用，从第1章的建立工程和PE的基本操作开始，首先叙述通用输入/输出口和外部中断、定时器、模/数和数/模转换、PWM控制、串行通信、I^2C通信和局域网通信等基本模块的应用；其次，讲解更高层次应用的功能，包括DMA、比较器、Flash和XBAR(内部模块关联)；最后，介绍用于调试程序的人机交互软件FreeMASTER。这些内容可以满足大部分工程应用的需要。

本书不仅讲解了PE的使用方法，还在各章编写了经过运行测试的基本例程，作为读者编程的参考；同时，叙述了 PE 软件中现存问题的分析和实验过程，让读者了解在使用 PE 出现错误时如何找出并解决问题，以及在解决问题的过程中学习 PE 中的编程范例。

本书旨在帮助没有时间阅读英文文档、没有精力逐个进行寄存器设置却又迫切需要编写嵌入式程序的工程师。我们站在初学者的角度叙述初始化的步骤，对常用功能的初始化设置、程序编写举例都做了详细的说明。本书基本避免了跳跃式的讲解，读者只要一步步按照书中的讲解就可以完成初始化设置和程序编写。帮助读者理解 PE 的思想，自如地使用 PE 完成飞思卡尔公司各种芯片的初始化工作是我们的初衷。

在本书的写作过程中，李海国、王达开、张晓斌三位同学从程序编写到实验验证，付出了很多辛勤的汗水，做了大量深入细致的工作；程诗音同学也对文稿提出许多有益的建议。作者在此向他们表示真诚的感谢！

飞思卡尔公司的周序伟对本书给出了许多深入、有益的指导；郭嘉也对本书的内容提出了建议和鼓励；马莉女士委托编写此书，并对本书的出版起到了关键的作用。作者向他们表示衷心的感谢！

由于应用 PE 的时间和涉及的技术领域有限，一定有许多读者遇到的问题我们没有讲到，欢迎读者与我们讨论及提出批评和建议。作者的联系邮箱：changyue@sjtu.edu.cn。

作　者
2015 年 4 月于上海

目　录

第1章

CW 和 PE 的基本操作

“工欲善其事，必先利其器。”好的嵌入式开发工具是工程师们的一大利器。Processor Expert(简称 PE)是飞思卡尔公司为其嵌入式产品开发的一款采用选项操作的快速初始化工具，让工程师更简单、方便、高效地完成项目开发。本章主要介绍软件平台的使用。

1.1 CW 与 PE 简述

① CW(CodeWarrior)是一款集成开发平台，可用于飞思卡尔嵌入式的工程开发，具有集成开发平台所必需的 IDE(Integrated Development Environment)、编译器、链接器、调试器等。

② PE 支持基于 56800E(X)的 DSC、Kinetis、ColdFire、RS08、S08、Sensors 等绝大部分飞思卡尔嵌入式芯片。

③ PE 搭载在 CW 开发平台上，作为其内部子菜单被使用。PE 完成模块的初始化，而 CW 则完成工程的整合、编辑、编译和下载等，有助于飞思卡尔嵌入式芯片快速开发。

④ PE 将嵌入式内部功能模块以及外围功能封装成一个个模块，使用时只需要添加自己需要的模块即可。

⑤ 在模块属性菜单栏中可以配置模块的初始化信息，多采用下拉框选择模式，简单、方便、快捷。

⑥ PE 会生成函数基本框架，用户只需在其中填写需要实现的代码。

如图 1-1 所示，对于简单的通用输入/输出(简称 GPIO)功能，只需要为工程添加一个 GPIO 模块，并对模块进行初始化配置。当需要选择 GPIO 方向时，只需单击 Direction旁边的下拉框即可(选择该 GPIO 为输入还是输出)。模块添加完成并初始化后，只需要编译就可以生成用户所设定初始化参数的初始化代码。

对于大多数模块来说，PE 都会生成一些函数供用户调用。如图 1-1 中的 GPIO

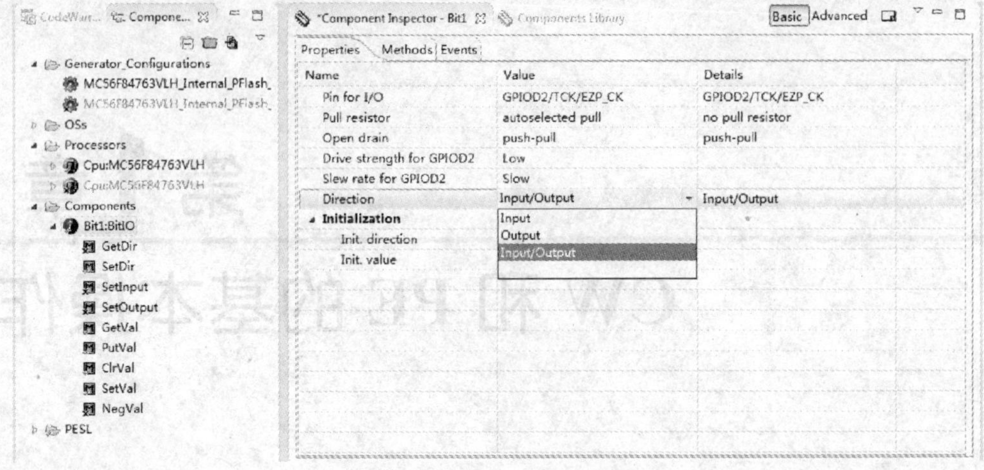

图 1-1 PE 模块初始化

模块,PE 生成了设置 I/O 方向(SetDir())、设置 GPIO 输出值(SetVal()、PutVal()等)等函数,使用时只需要将函数拉到程序块中并设置好形式参数与返回值即可。

相比于对照官方例程详细阅读嵌入式芯片 Datasheet 后才能逐条写出底层初始化的过程,PE 带来的选项式初始化操作无疑更加方便、简单、高效。并且不同的嵌入式芯片,只要是相同的模块,PE 的初始化配置属性就基本相同。对于同型号嵌入式芯片,配置好的模块可以在不同工程之间复制使用。除此之外,PE 还自动生成中断向量表,自动声明中断服务函数,工程师只需要在 PE 生成的中断服务函数中写入需要执行的程序即可。

由此可见,使用 PE 可以快速地进行初始化操作,从而让工程师快速开发工程,取得事半功倍的效果,也更加容易保证开发工作的正确性。

1.2 软件环境

1.2.1 CW10.6 的安装说明

前往飞思卡尔官网(网址可参考 1.9 节①)下载 CW10.6 安装软件,打开文件夹双击 Setup.exe 开始安装,按照安装向导提示默认选择即可。在选择需要安装的嵌入式芯片种类时,如果电脑存储空间足够则建议全选,如图 1-2 所示。也可以根据开发需要选择自己当前需要开发的芯片所属类别。

在选择是否升级 USBTAP 驱动时,建议选择 No,这样可以保障以前的 USBTAP 驱动的正常使用,如图 1-3 所示。

安装过程因电脑条件不同可能会持续几分钟至几十分钟,耐心等待即可。

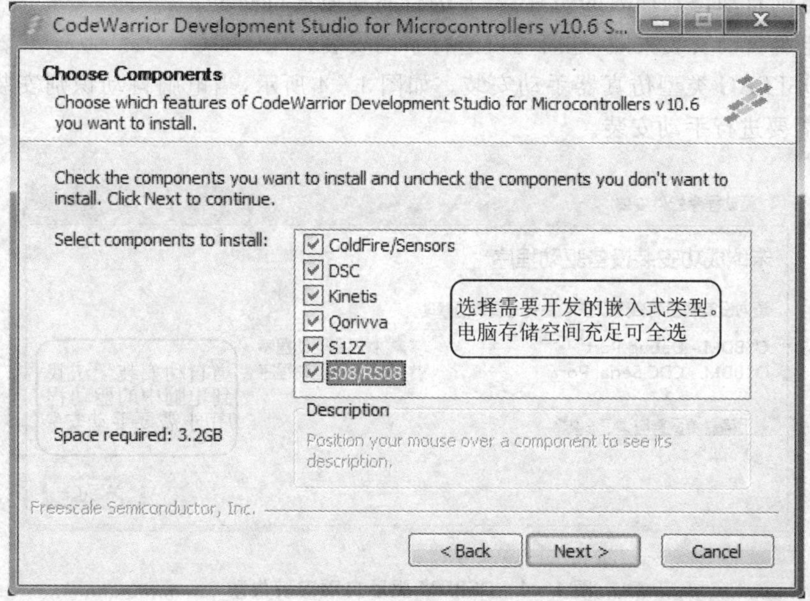

图 1-2 安装模块选择

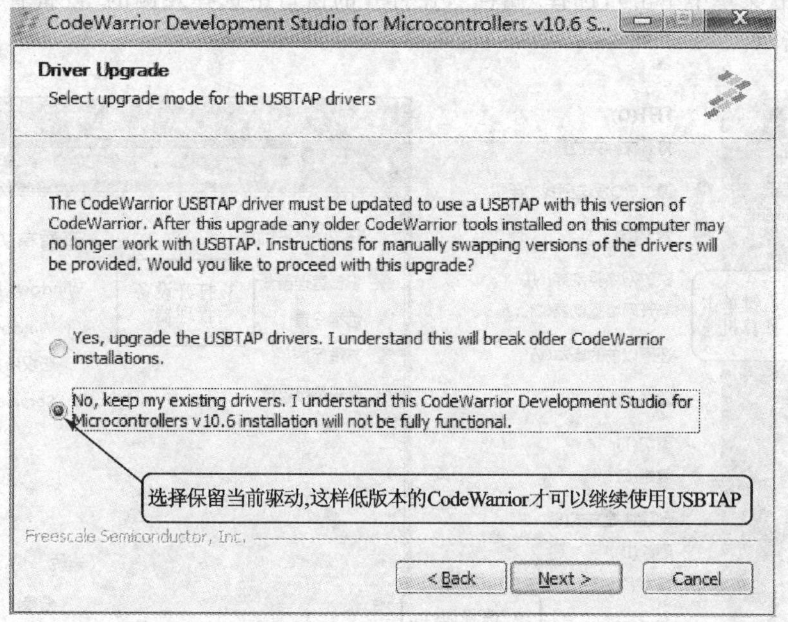

图 1-3 是否升级仿真器驱动

1.2.2 仿真器驱动安装

不同的仿真器驱动软件有所不同,但其安装主要可以分为以下 3 种情况。

① 电脑自动识别插入的仿真器,并进行驱动搜索与安装。

② 电脑自动安装失败,这时可以进行手动安装。

a. OSJTAG 类型仿真器手动安装。如图 1-4 所示,当电脑自动识别安装仿真器失败时,需要进行手动安装。

图 1-4 OSBDM 驱动自动安装失败

右键单击电脑桌面"计算机"(Windows 系统与 XP 系统类似,如果桌面上没有,可以在"开始"菜单中单击),选择"属性",在打开的窗口中选择左侧的"设备管理器",如图 1-5 所示。

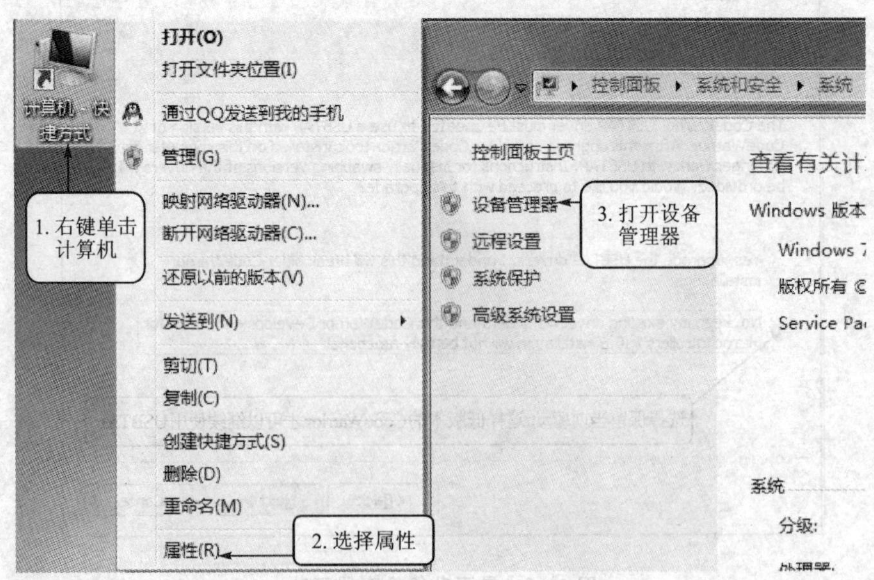

图 1-5 打开设备管理器

在"设备管理器"的"其他设备"分类下可以查看当前连接在计算机上的设备,如图 1-6所示。

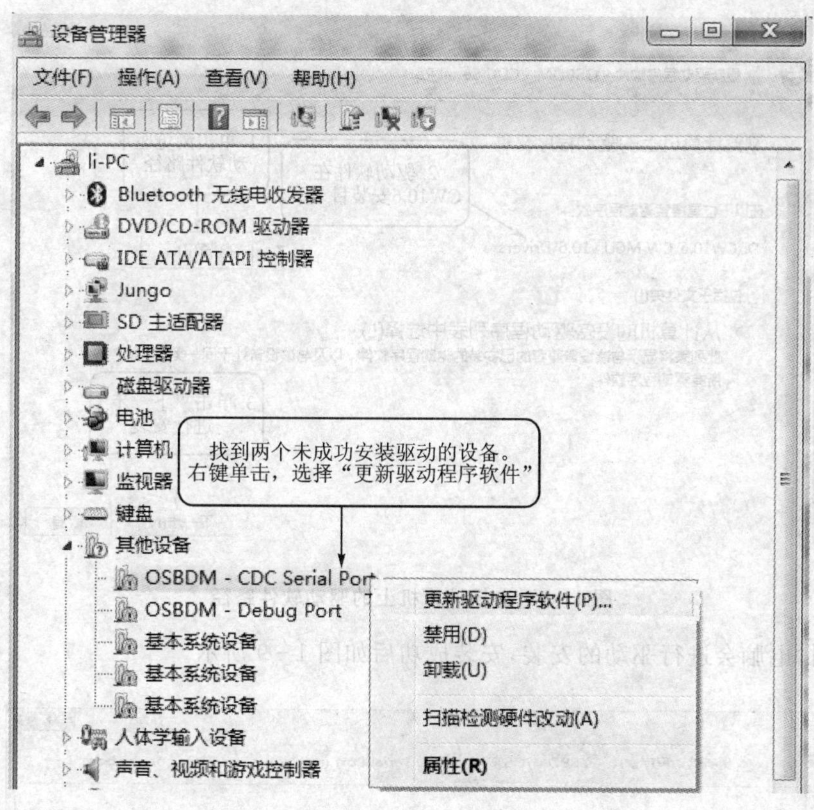

图 1-6 查看插入设备

选择"浏览计算机以查找驱动程序软件(R)"，如图 1-7 所示。

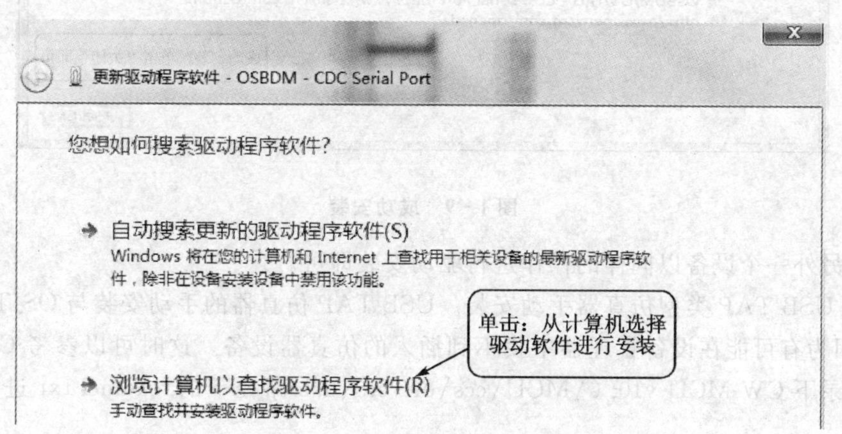

图 1-7 从计算机选择驱动软件

通过"浏览"按钮找到计算机上的驱动文件，单击"下一步"按钮，如图 1-8 所示。

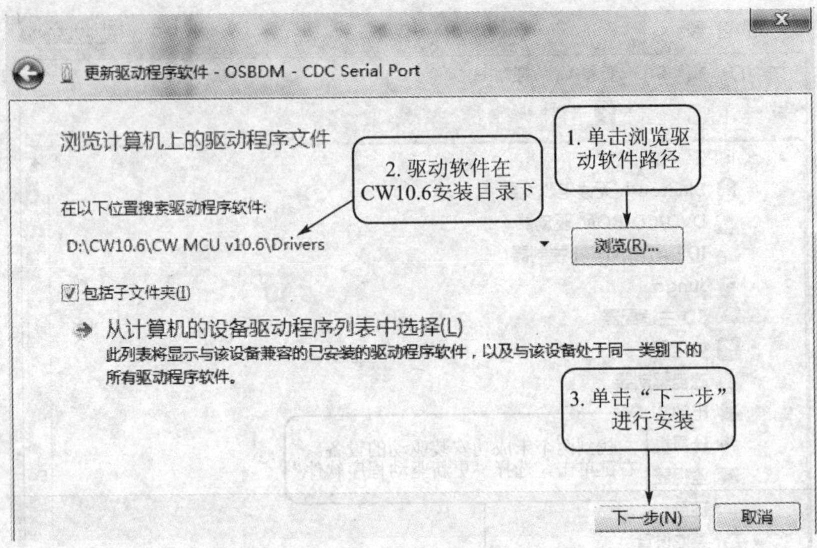

图 1-8 选择计算机上的驱动软件路径

这时，电脑会进行驱动的安装，安装成功后如图 1-9 所示。

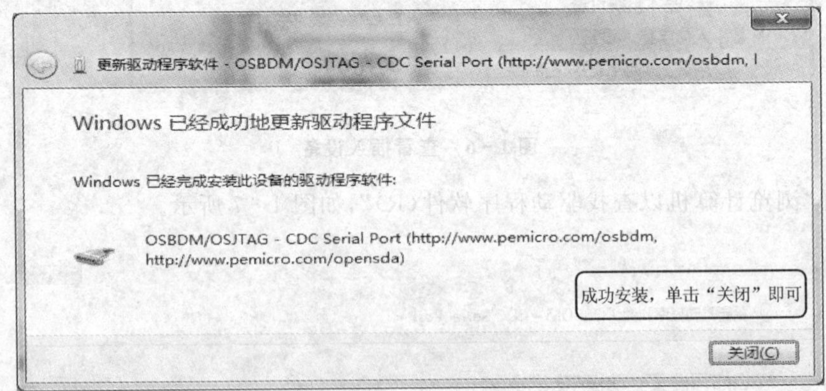

图 1-9 成功安装

对另外一个设备以同样的操作进行驱动安装即可。

b. USB TAP 类型仿真器手动安装。USB TAP 仿真器的手动安装与 OSJTAG 不一样，因为有可能在设备管理器中找不到插入的仿真器设备。这时可以参考 CW10.6 安装目录下 CW MCU v10.6\MCU\ccs\drivers\usb 路径下的 readme.txt 进行手动安装。

③ 手动安装无法找到驱动软件，那么可以到网上下载相应仿真器驱动软件，再进行手动安装操作。

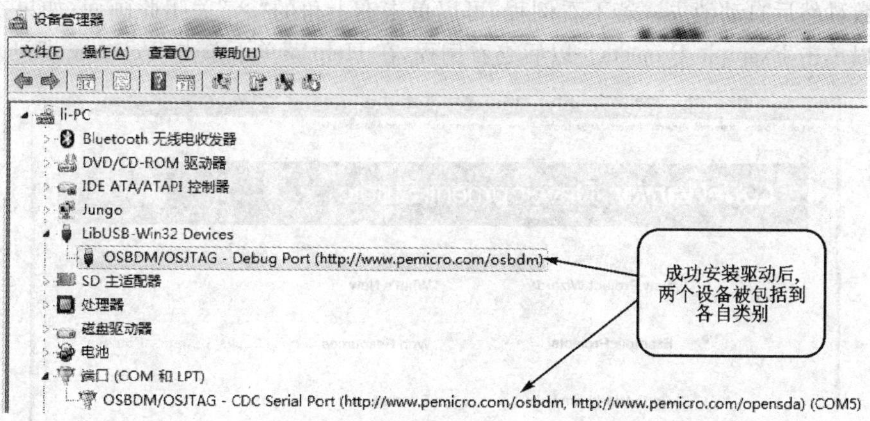

图 1-10　成功安装驱动

1.3　界面与窗口

1.3.1　运行 CW10.6

双击桌面的 codewarrior10.6 快捷方式，或者从电脑的“开始”菜单→“所有程序”→ Freescale Codewarrior→CW for MCU v10.6→codewarrior 路径打开 CodeWarrior10.6 软件。

界面如图 1-11 所示，第一次打开会弹出工作区间设置对话框，可根据需要在其他路径建立文件夹并将其设置为工作空间。

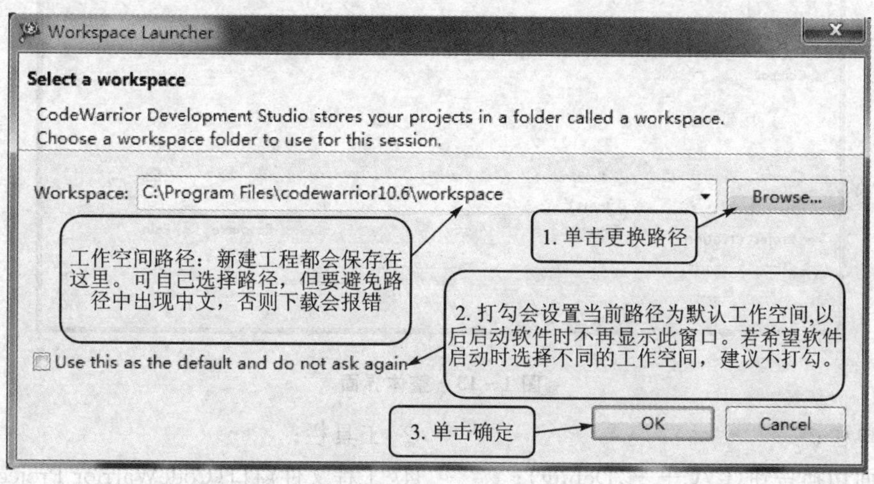

图 1-11　工作空间的选择

在第一次打开 CodeWarrior 时，会出现 CodeWarrior 默认的欢迎界面，如图 1-12 所示,但数秒然后自动消失。若不看例程,可以单击右上角的"×"关闭此画面;如果查看例程,可以单击 Example Projects。以后查看例程,在 Help 菜单下单击 Welcome 即可。

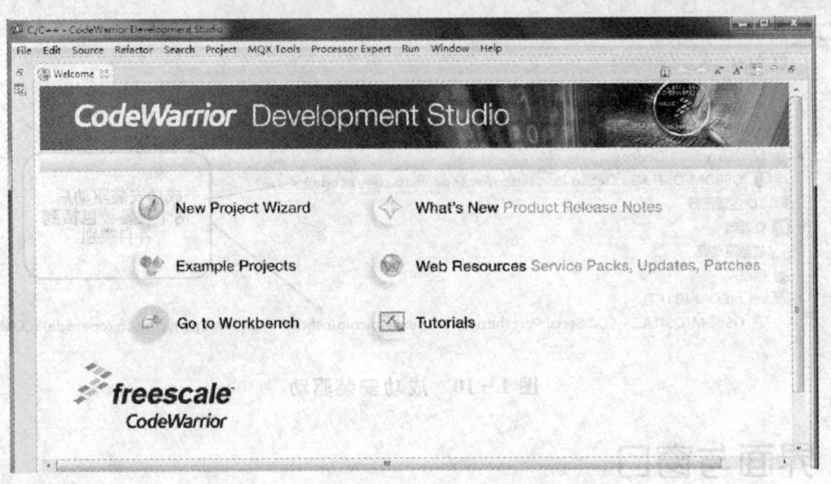

图 1-12 CodeWarrior 默认欢迎界面

打开 CW 界面后基本上会出现如图 1-13 所示状态(每个小窗口都可自由拖动位置,窗口之间也可进行组合,每次打开软件出现的界面为上次关闭时的界面)。

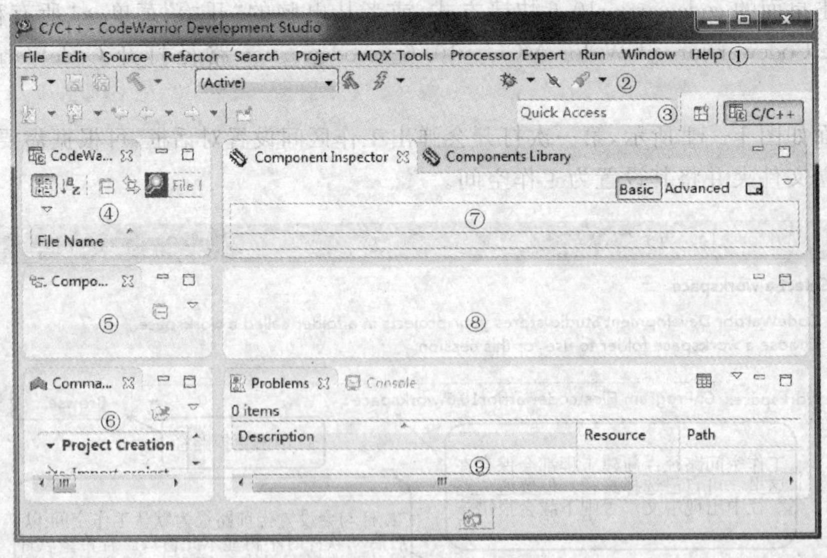

图 1-13 整体界面

① 菜单栏; ② 工具栏;
③ 界面切换按钮(C/C++、Debug); ④ 工程文件窗口(CodeWarrior Projects);
⑤ 工程模块显示窗口(Components); ⑥ 命令窗口(Commander);
⑦ PE 模块库窗口(Components Library); ⑧ 代码显示窗口;
⑨ 控制台窗口(Problems、Console)。

下面对这些功能窗口进行介绍。

1.3.2 菜单栏

如图 1-14 所示，菜单栏主要包含文件(File)、编辑(Edit)、源(Source)、搜索(Search)、工程(Project)、MQX 工具(MQX Tools)、Processor Expert、运行(Run)、窗口(Window)、帮助(Help)多个子菜单。下面对每个子菜单选项进行简单介绍。

图 1-14 菜单栏

【文件(File)】：主要包含了对文件、工程、工作空间的操作。新建(New)选项可以新建一个工程，也可以新建一个头文件、源文件等，还可以选择 Open Path 指定路径或者 Open File 指定文件来打开文件。更换工作空间(Switch Workspace)选项可以更换当前工作空间。导入(Import)和导出(Export)用于向工作空间导入或者从工作空间导出工程，如图 1-15 所示。

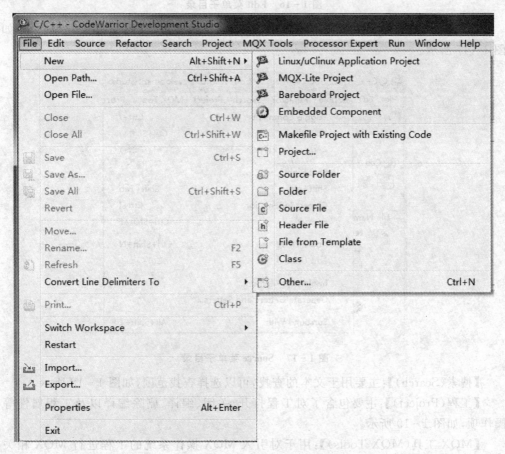

图 1-15 File 菜单子目录

【编辑(Edit)】:主要用于工程的编辑过程中需要用到的撤销、重做、剪切、复制、粘贴、删除、全选等文本性操作,如图 1-16 所示。

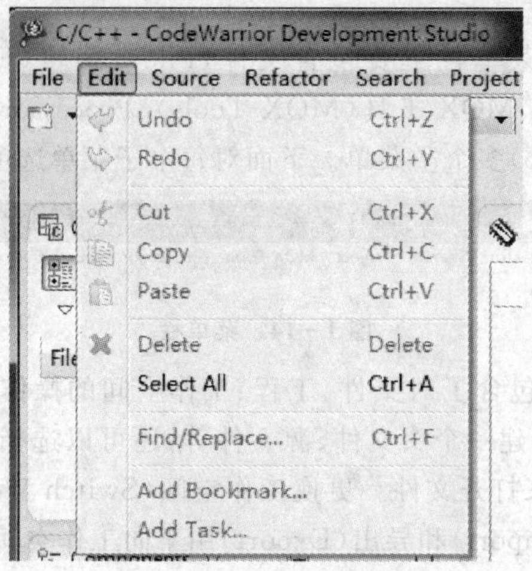

图 1-16　Edit 菜单子目录

【源(Source)】:主要用于文本编辑中的注释、格式整理、代码左右移位等操作,如图 1-17 所示。

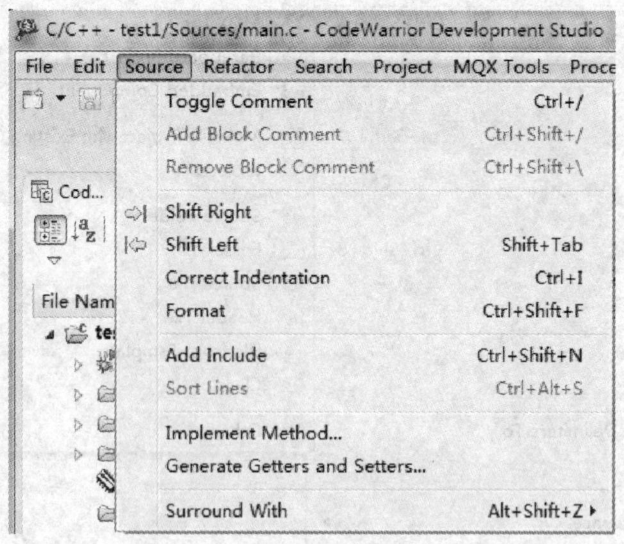

图 1-17　Source 菜单子目录

【搜索(Search)】:主要用于文本的查找,可以选择查找范围,如图 1-18 所示。

【工程(Project)】:主要包含了对工程打开、关闭、编译、删除编译以及工程属性等操作项,如图 1-19 所示。

【MQX 工具(MQX Tools)】:用于对引入 MQX 操作系统的工程进行 MQX 相关设置。

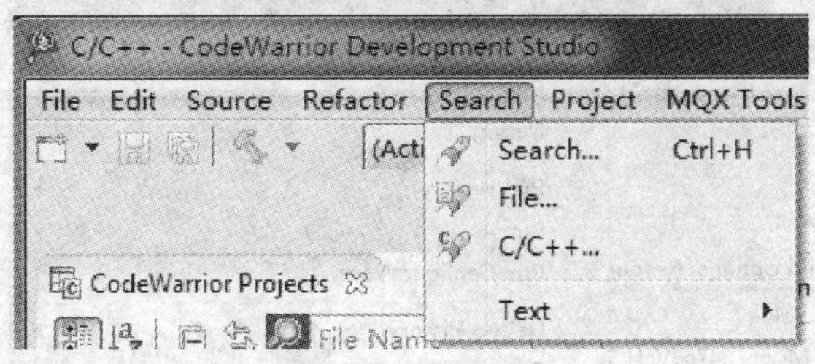

图 1-18 Search 菜单子目录

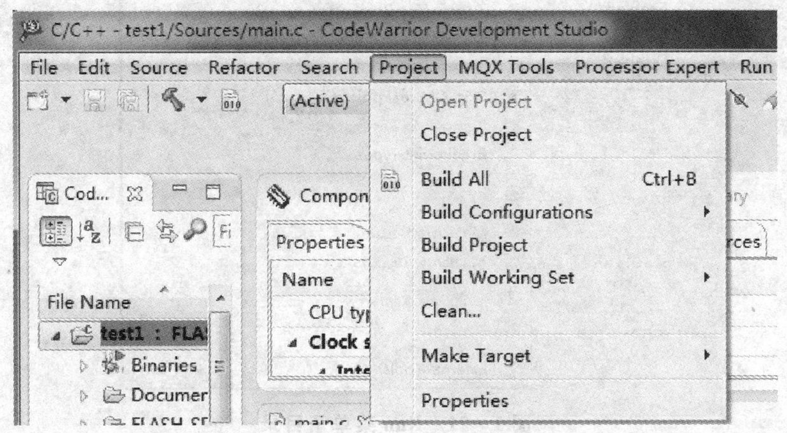

图 1-19 Project 菜单子目录

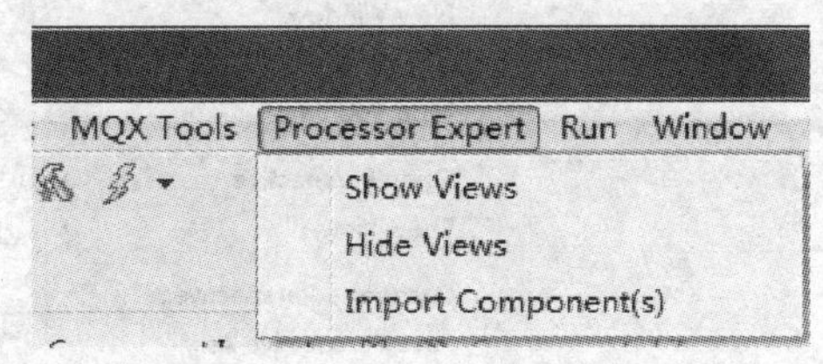

图 1-20 Processor Expert 菜单子目录

【Processor Expert】:CW 中对 PE 相关窗口的简单操作菜单,如图 1-20 所示。包含 3 个选项,分别为界面显示(Show Views)、界面隐藏(Hide Views)以及导入模块(Import Components)。界面显示可以在 PE 界面被隐藏的情况下将其窗体显示出来;界面隐藏则将界面从当前窗体中隐藏;导入模块是向 PE 模块库中添加新的模块,可以是 PE 的更新包文件,也可以是用户自己定义的模块。

【运行(Run)】:包含工程运行、调试、调试选项、断点操作等选项,如图 1-21 所示。

【窗口(Window)】:包含对 CW 窗口的所有操作,包括新建窗口、隐藏工具栏、显示各种窗口。当某一个窗口不小心关闭了,就可以通过该菜单的显示界面(Show Views)选项来显示出来,如果在显示界面子目录下没有找到需要的窗口,可以单击 Other 选项来进一步寻找,如图 1-22 所示。

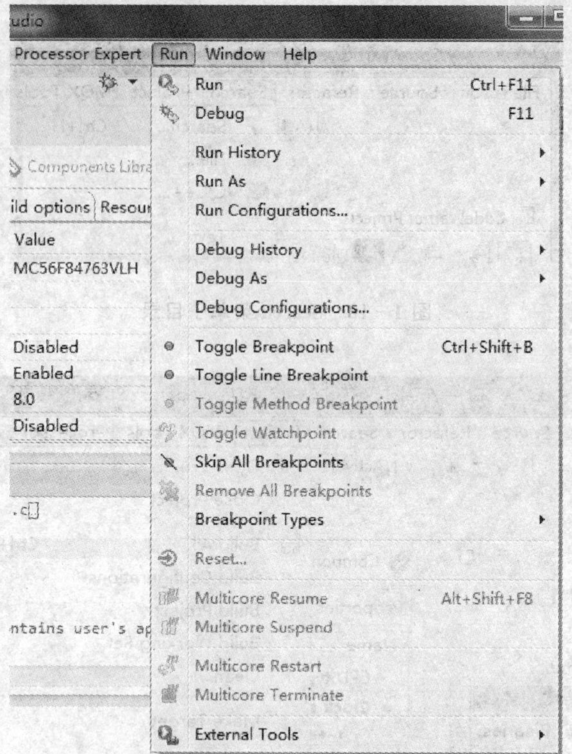

图 1-21　Run 菜单子目录

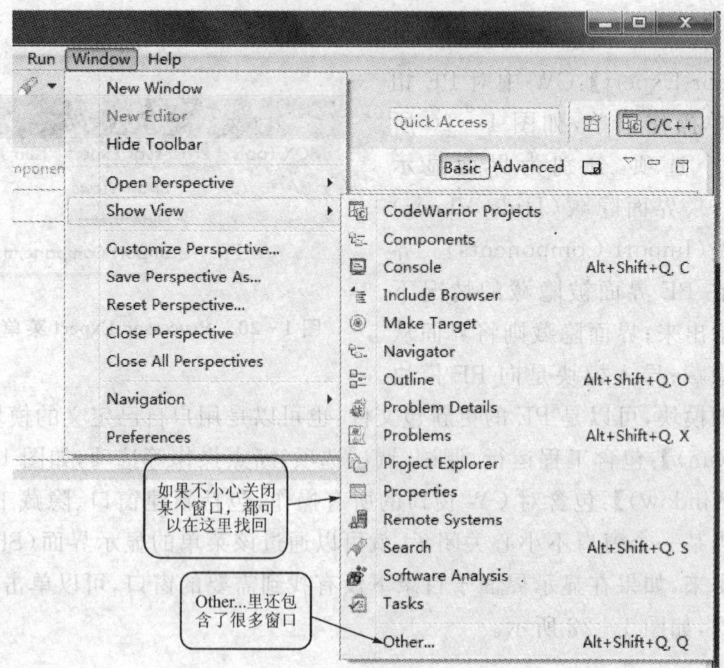

图 1-22　Window 菜单子目录

【帮助(Help)】:该窗口主要提供给用户一些说明文档以及网页链接,帮助用户使用CW,如图1-23所示。

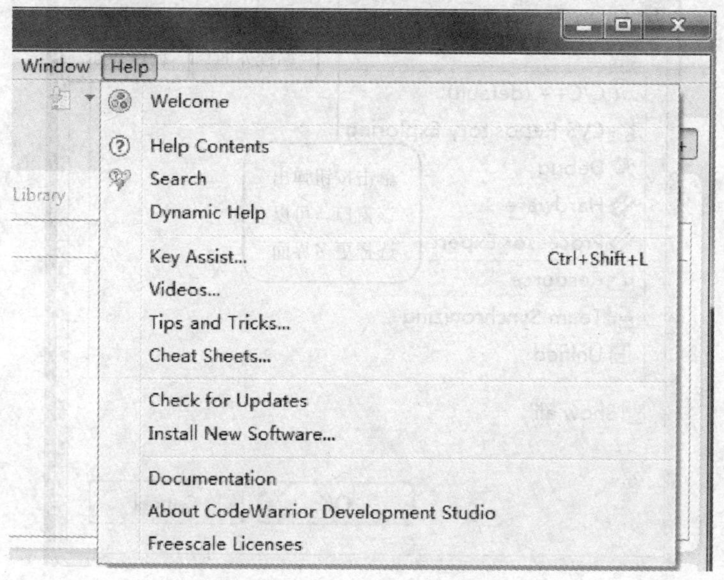

图1-23 Help菜单子目录

1.3.3 工具栏

工具栏如图1-24所示,主要有新建(下拉箭头可以选择新建文件类型)、保存文档、编译、调试、搜索等图标,将光标放在图标上会显示该图标的作用。工具栏的作用是帮助开发工程师更快地进行一些操作。

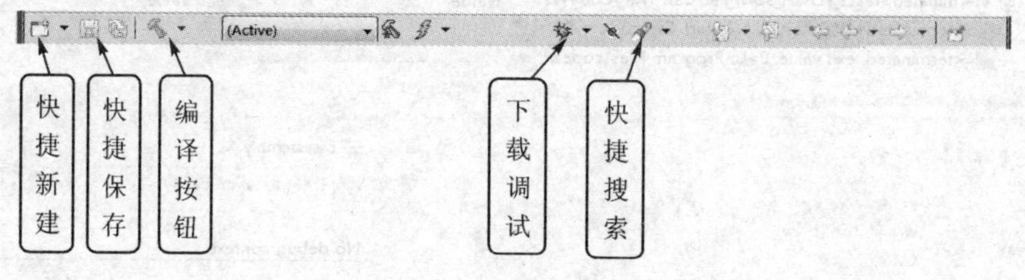

图1-24 工具栏

1.3.4 界面切换按钮

界面切换按钮如图1-25所示,当前CW正处于C/C++编辑界面,工程师在该界面下进行代码编写等操作。还有几种界面隐藏在左侧的小格子里,单击该小格子可见图中所示的小窗口,可以选择显示出来的界面以便于切换。在线调试则需要切换至Debug界面,在该界面下有显示全局变量、断点、寄存器等状态的窗口,如图1-26所示。

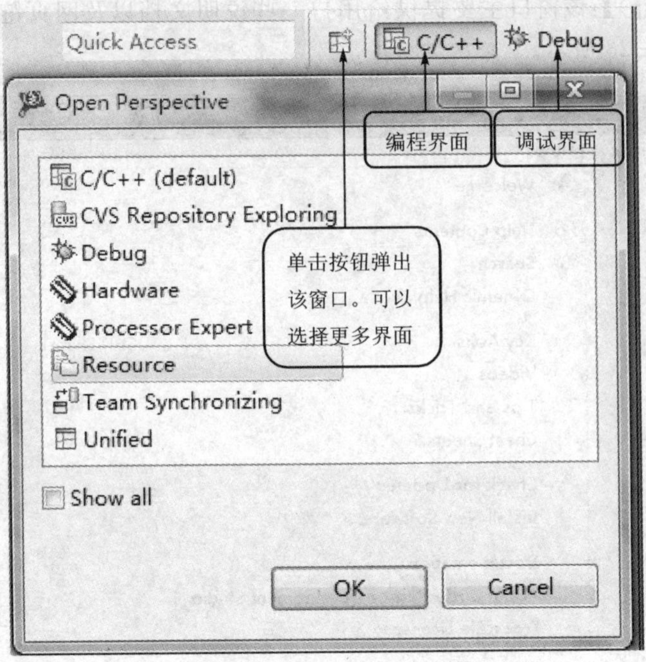

图 1-25 界面切换按钮

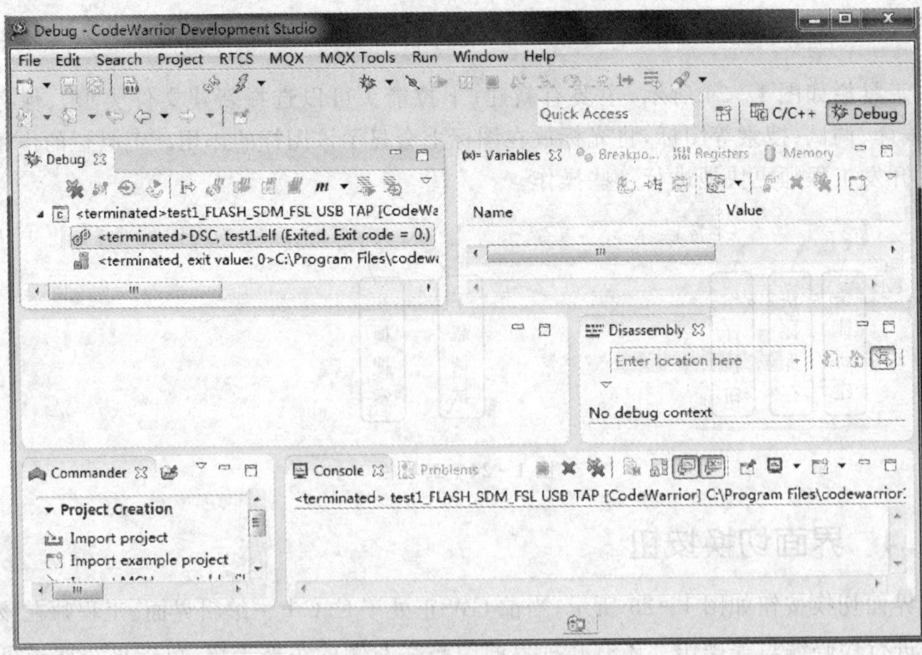

图 1-26 Debug 界面

1.3.5 工程文件窗口

如图 1－27 所示，所有在当前工作空间导入、新建的工程均显示在此窗口中。可以在此查看工程包含的所有文件，并可以打开文件进行代码编写。

图 1－27 工程文件窗口

1.3.6 工程模块显示窗口

工程模块显示窗口显示当前工程所包含的模块，如图 1－28 所示。

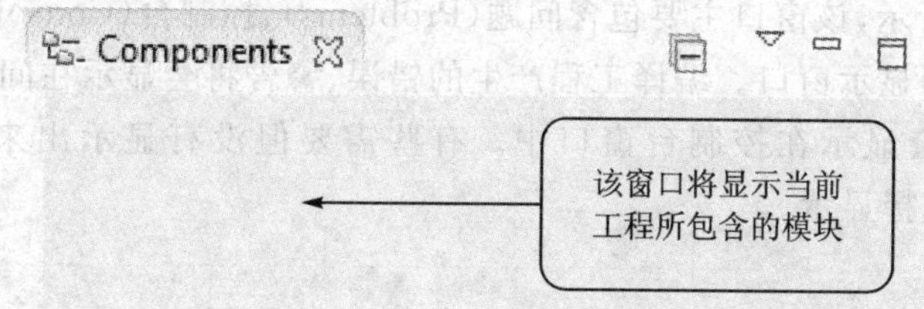

图 1－28 工程模块显示窗口

1.3.7 命令窗口

如图 1－29 所示，该窗口主要用于开发者进行导入、新建、编译、调试工程等操作。

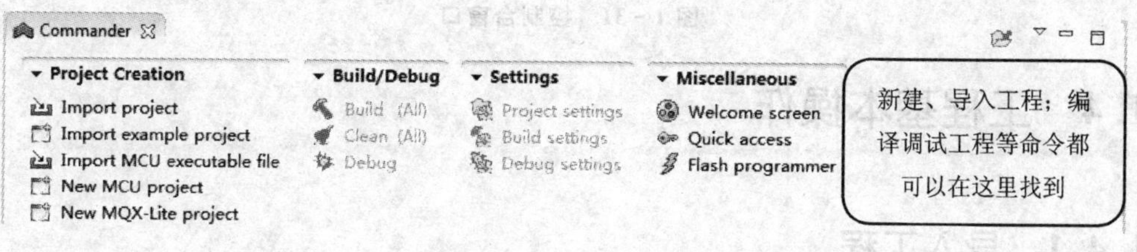

图 1－29 命令窗口

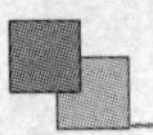

1.3.8 PE 模块库窗口

如图 1-30 所示，所有打开的文件均在该窗口显示，在该窗口中对代码进行编写。

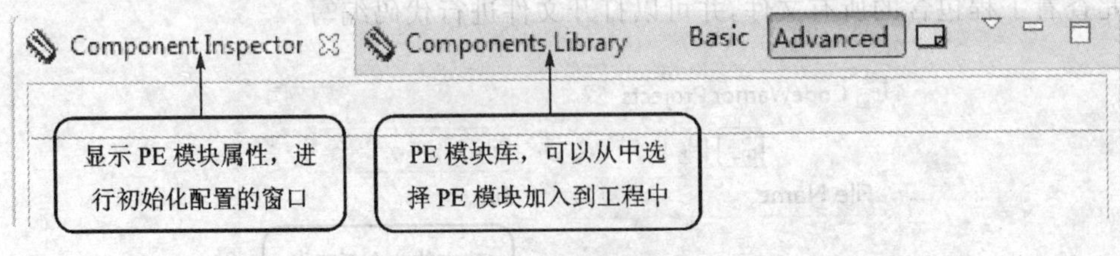

图 1-30 PE 模块库窗口

1.3.9 代码显示窗口

打开任何工程中的文件，都会在该窗口显示内容。如果该窗口被关闭或者最小化，只需要双击任何工程文件即可打开。

1.3.10 控制台窗口

如图 1-31 所示，该窗口主要包含问题(Problems)、控制台(Console)、存储(Memory)及查询结果等显示窗口。编译工程产生的错误、警告将会显示在问题窗口中；编译过程的操作结果会显示在控制台窗口中。有些需要但没有显示出来的窗口可以在 Window 菜单中选择显示。

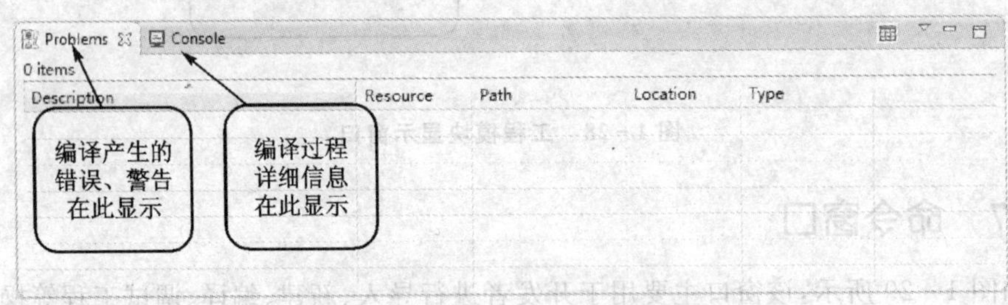

图 1-31 控制台窗口

1.4 工程基本操作

1.4.1 导入工程

如果已经有了工程文件，可以使用导入(Import)功能将工程导入到当前工作空间进行查看、编辑。在工程文件窗口(CodeWarrior Projects)中的空白处单击鼠标右键，选择 Import 项将工程导入，如图 1-32 所示；亦可选择菜单栏中 File→Import 选项。

图 1-32　右键选择导入工程

单击 Import 选项后，将会出现 Import 对话框，如图 1-33 所示。这时，选择导入已经存在的 CW 工程到工作空间中。

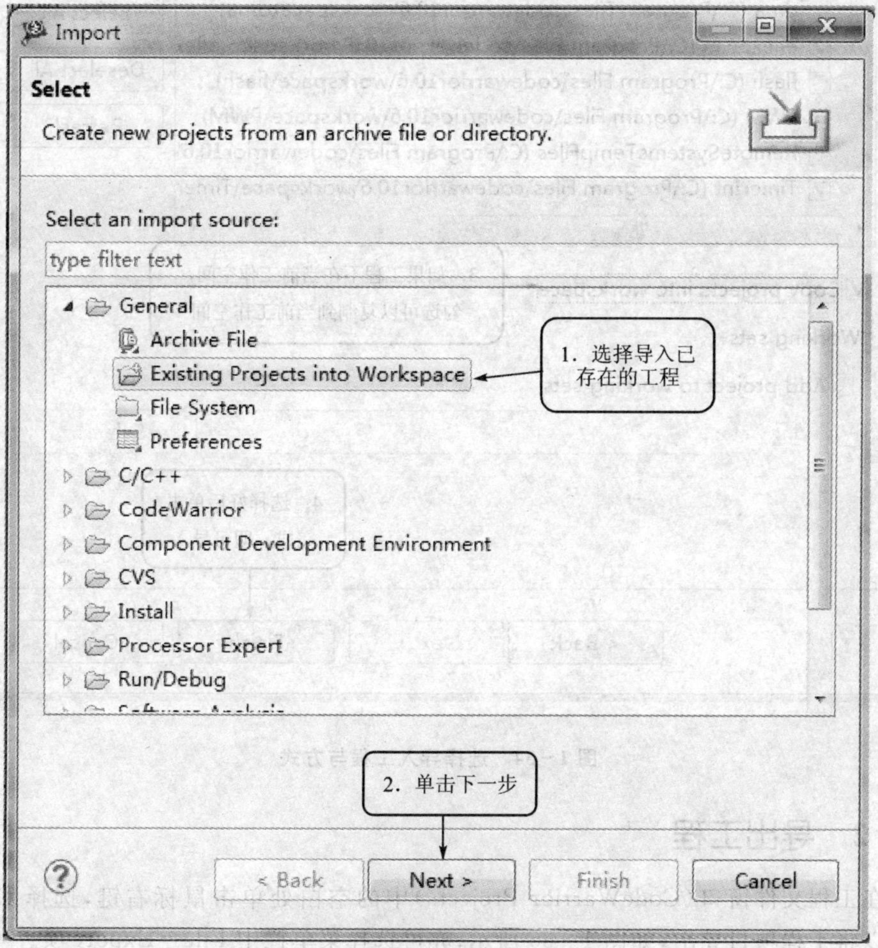

图 1-33　选择导入类型

浏览工程所在的文件路径，CW 会自动识别该路径下的所有 CW 工程，勾选需要导入的工程，可以选择将工程复制到工作空间路径下进行操作，如图 1－34 所示。

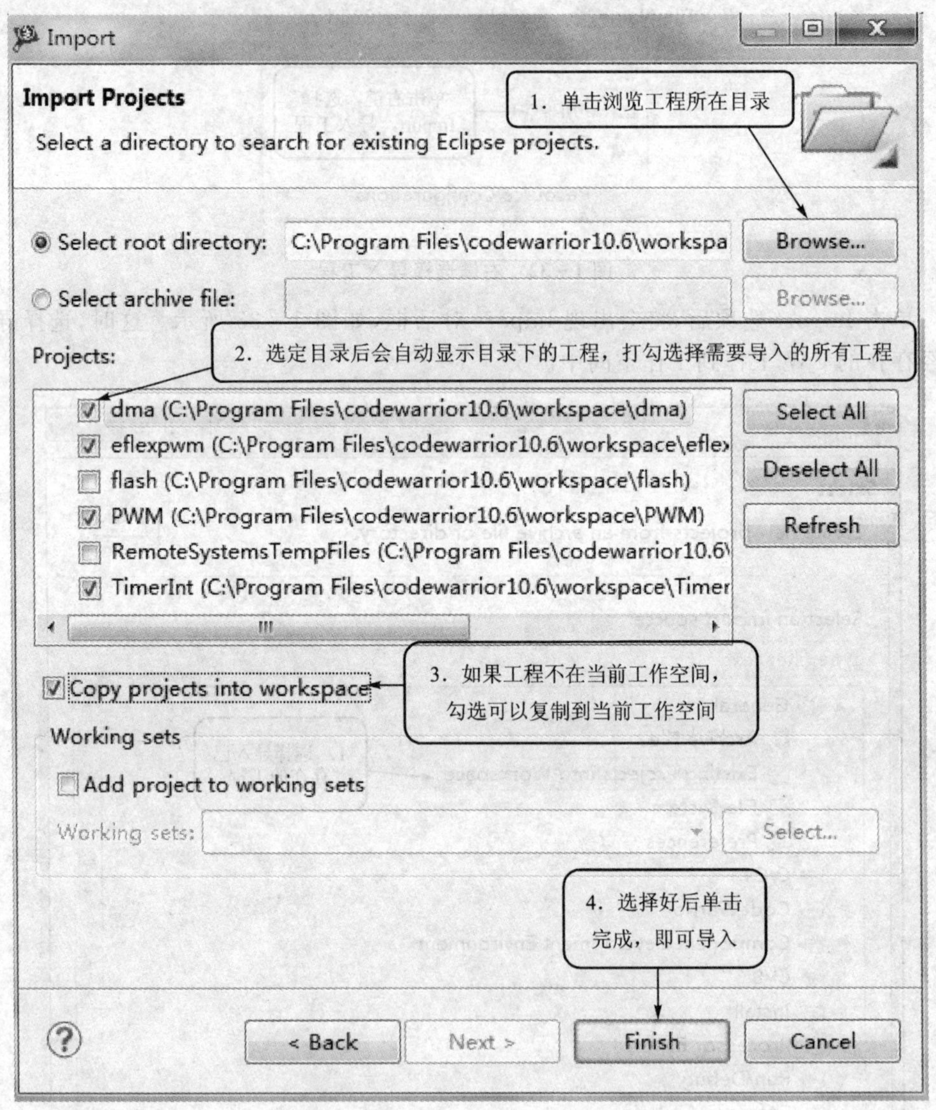

图 1－34　选择导入工程与方式

1.4.2　导出工程

在工程文件窗口(CodeWarrior Projects)中的空白处单击鼠标右键，选择 Export 项可以将工程项目导出，如图 1－35 所示；亦可选择菜单栏中 File→Export 项。

选择 File System 可以将整个工程导出，如图 1－36 所示。

图 1－35　导出工程快捷方式

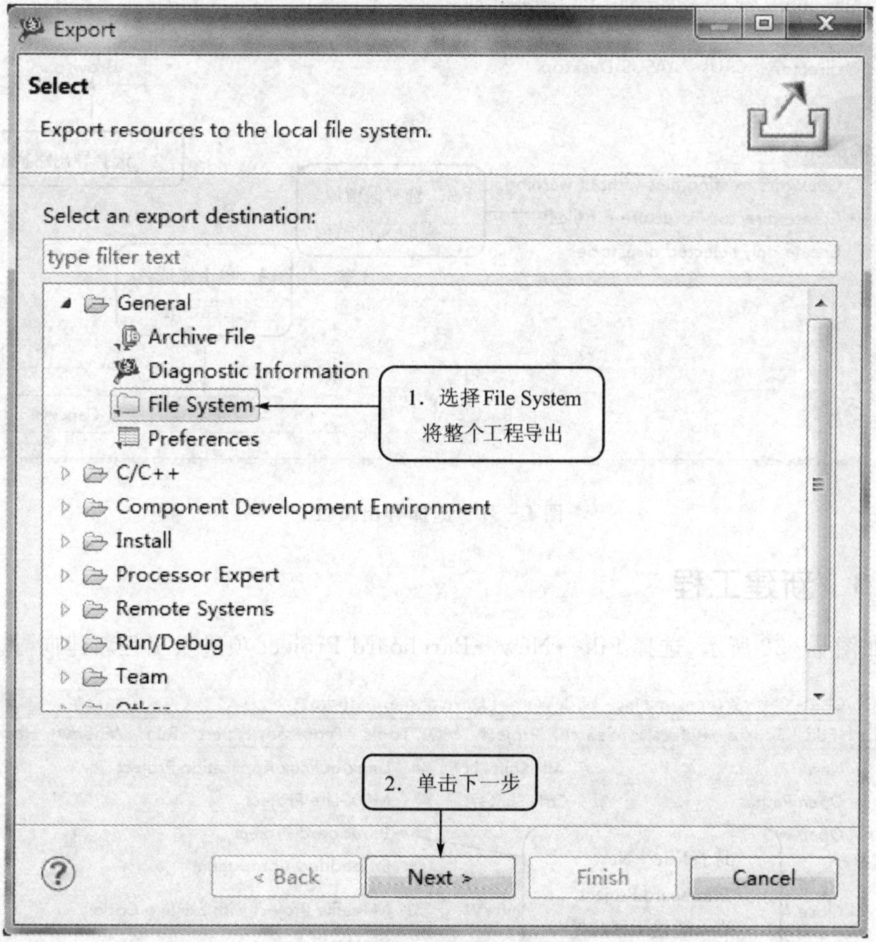

Export
Select
Export resources to the local file system.
Select an export destination:
type filter text
General
Archive File
Diagnostic Information
File System
Preferences
C/C++
Component Development Environment
Install
Processor Expert
Remote Systems
Run/Debug
Team
1. 选择File System
将整个工程导出
2. 单击下一步
< Back
Next >
Finish
Cancel

图 1－36　选择导出类型

勾选需要导出当前工作空间的那些工程，并选择需要导出的文件，设置好导出路径，如图 1-37 所示。

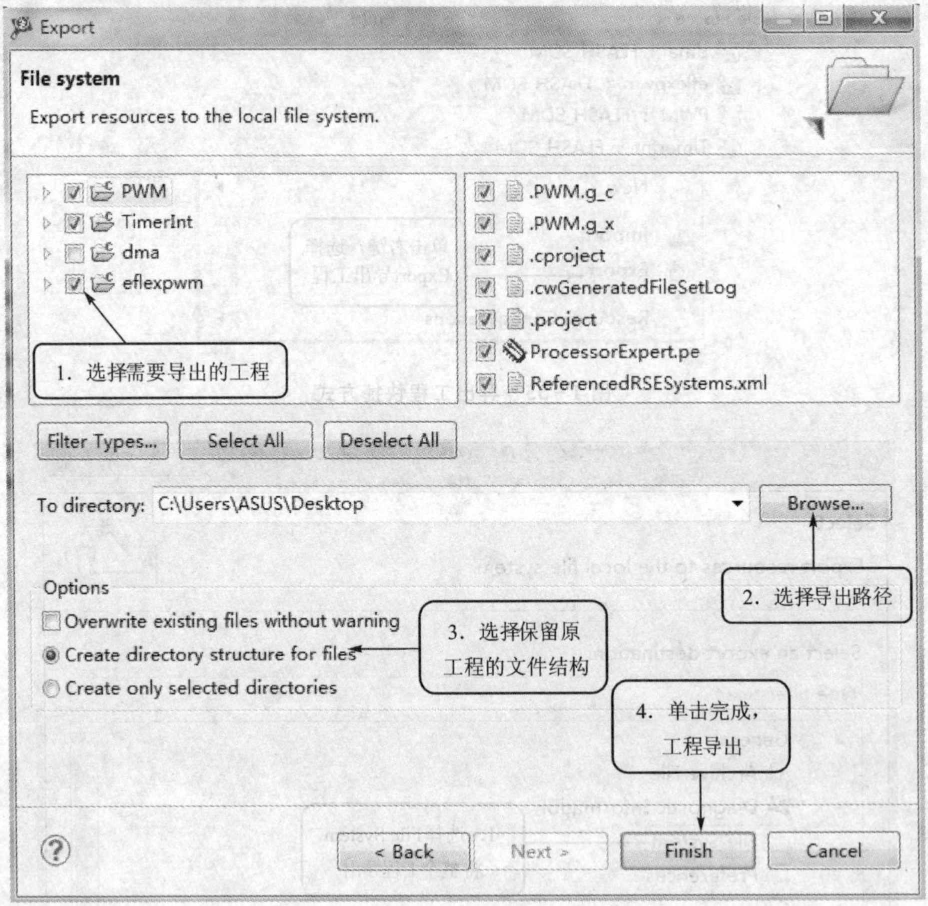

图 1-37　选择导出属性

1.4.3　新建工程

如图 1-38 所示，选择 File→New→Bareboard Project 项进入工程新建向导。

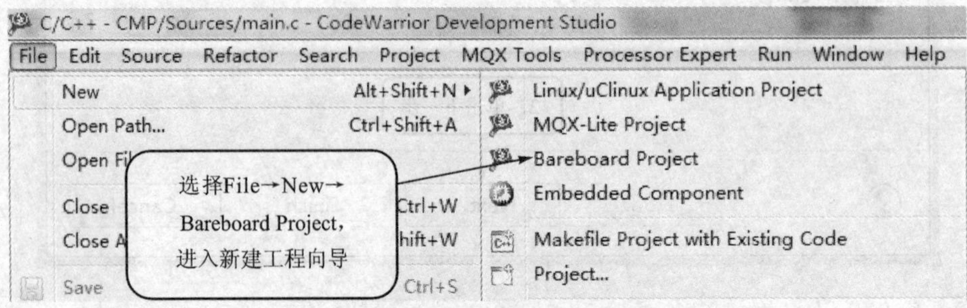

图 1-38　新建工程入口

输入工程名称，选择工程存储路径，如图 1-39 所示。

图 1-39　填写工程名称与路径

选择需要开发的嵌入式芯片，如图 1-40 所示。

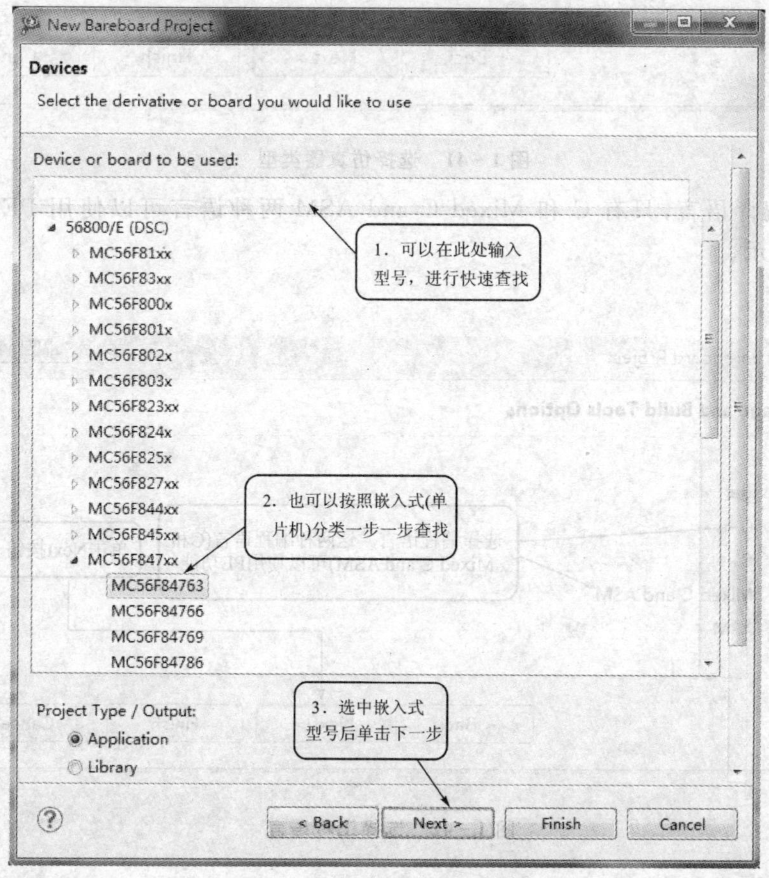

图 1-40　选择工程 CPU 型号

选择需要使用的仿真器类型，为了便于工程下载方式的变化，建议勾选可能使用到的所有仿真器，如图 1-41 所示。

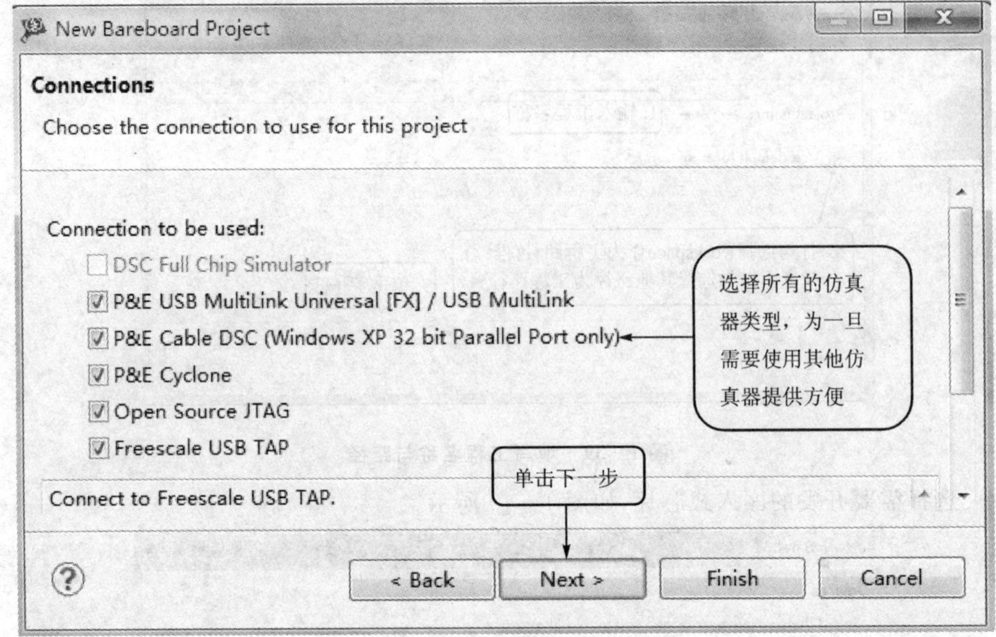

图 1-41　选择仿真器类型

选择编译语言，只有 C 和 Mixed C and ASM 两种语言可以使用 PE 功能，如图 1-42所示。

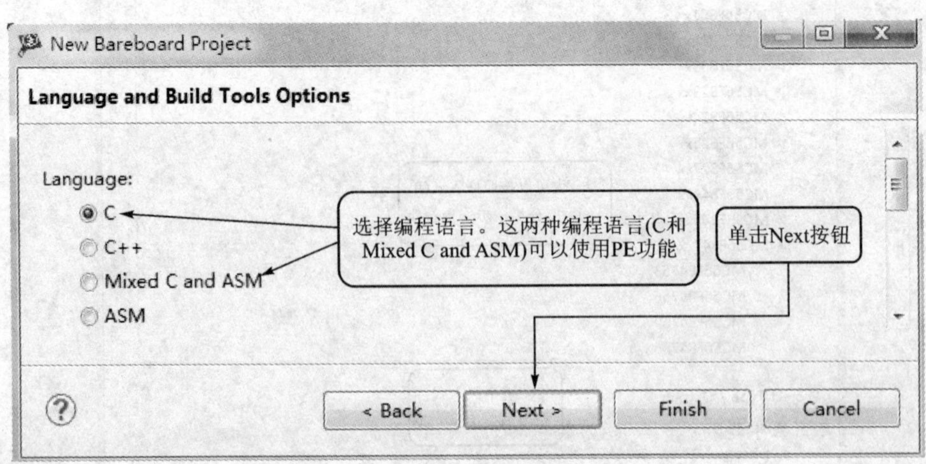

图 1-42　选择工程语言

勾选 PE 功能，单击 Finish 按钮完成工程新建，如图 1－43 所示。

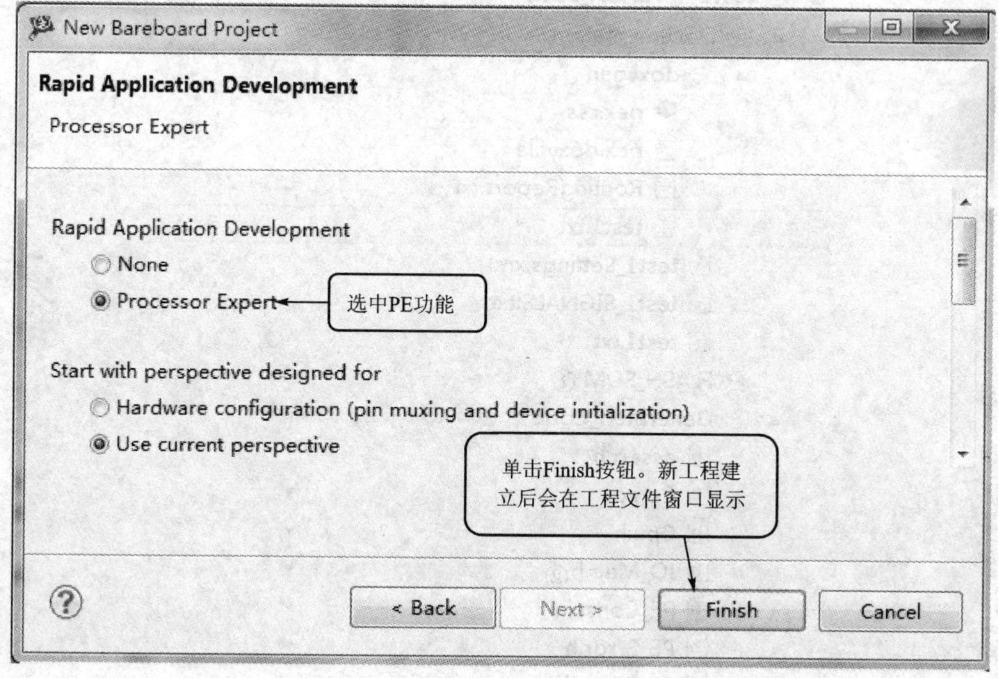

图 1－43　选择 PE 完成工程新建

1.4.4　工程文件分析

新建一个工程后，CW 会自动创建工程文件系统，如图 1－44 所示。

① 存放工程编译后产生的文件；

② 寄存器宏定义文件；

③ PE 中数据类型的宏定义文件；

④ 中断向量表，在该文件中注册中断服务函数（PE 自动完成）；

⑤ 链接文件，定义 RAM、ROM、堆栈、复位向量、启动代码等；

⑥ 启动文件，包含堆栈设置，分配中断向量基址，分配 RAM 等操作；

⑦ 中断函数源文件；

⑧ 中断函数头文件；

⑨ 主函数源文件。

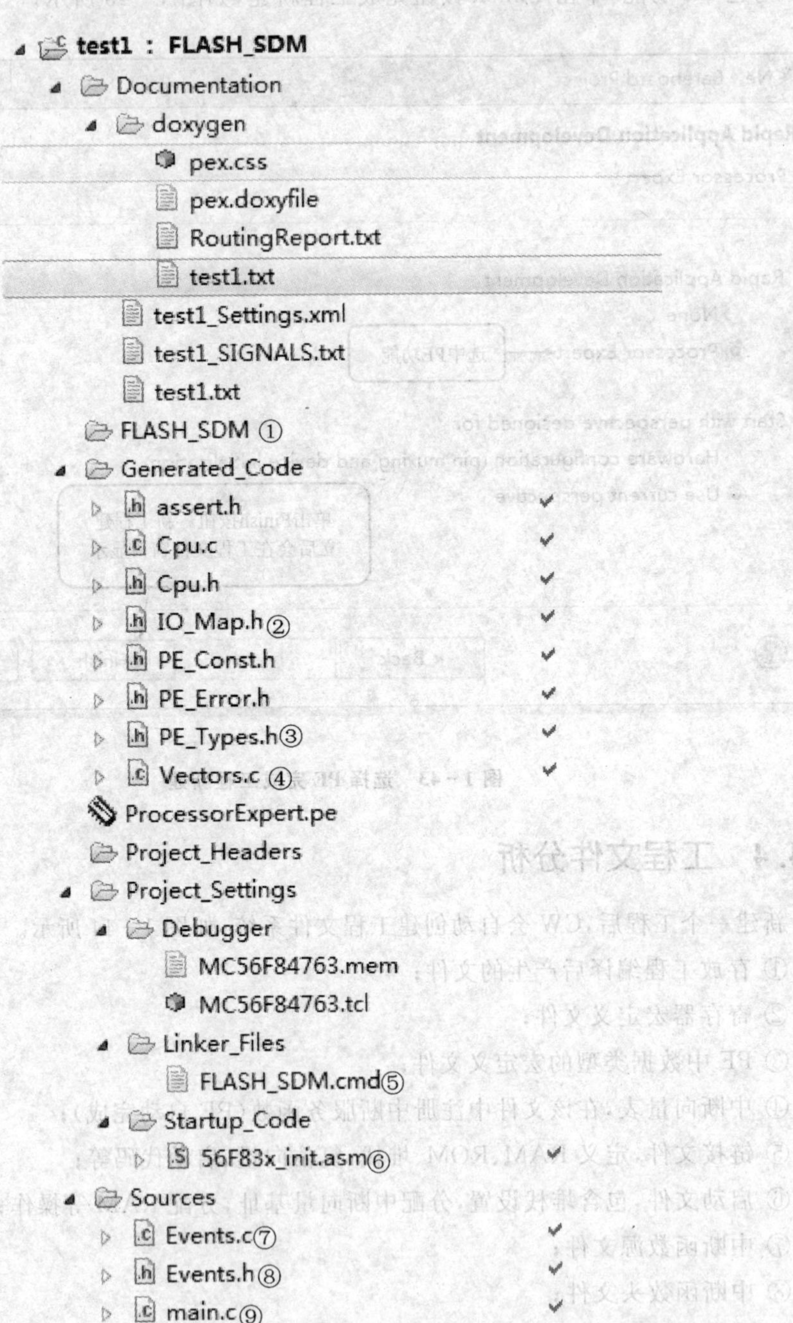
test1 : FLASH_SDM
Documentation
doxygen
pex.css
pex.doxyfile
RoutingReport.txt
test1.txt
test1_Settings.xml
test1_SIGNALS.txt
test1.txt
FLASH_SDM ①
Generated_Code
assert.h
Cpu.c
Cpu.h
IO_Map.h②
PE_Const.h
PE_Error.h
PE_Types.h③
Vectors.c ④
ProcessorExpert.pe
Project_Headers
Project_Settings
Debugger
MC56F84763.mem
MC56F84763.tcl
Linker_Files
FLASH_SDM.cmd⑤
Startup_Code
56F83x_init.asm⑥
Sources
Events.c⑦
Events.h⑧
main.c⑨

图 1－44　工程文件结构

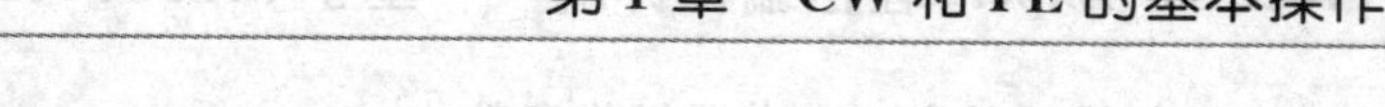

1.5　PE 基本操作

1.5.1　打开 PE 相关窗口

与 PE 有关的主要有 3 个窗口，分别是 Components、Components Library 和 Component Inspector。如果在界面中没有找到这些窗口，都可以通过选择菜单栏"Processor Expert"→"Show Views"找到，如图 1-45 所示。

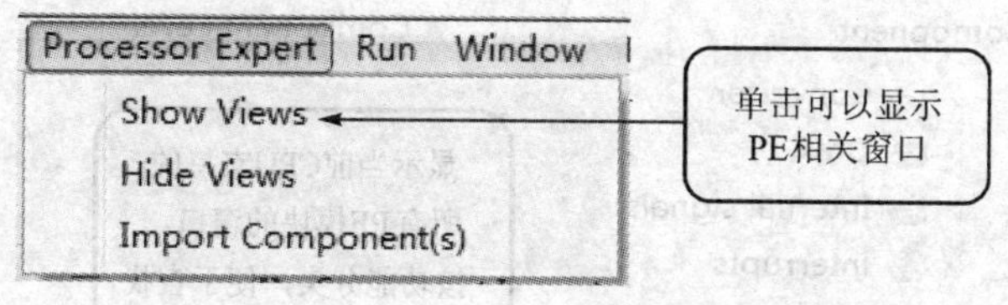

图 1-45　PE 窗口打开方法

1.5.2　显示工程所包含的 PE 模块窗口

Components 窗口中显示了工程中使用的 CPU 型号、PE 模块，如图 1-46 所示。

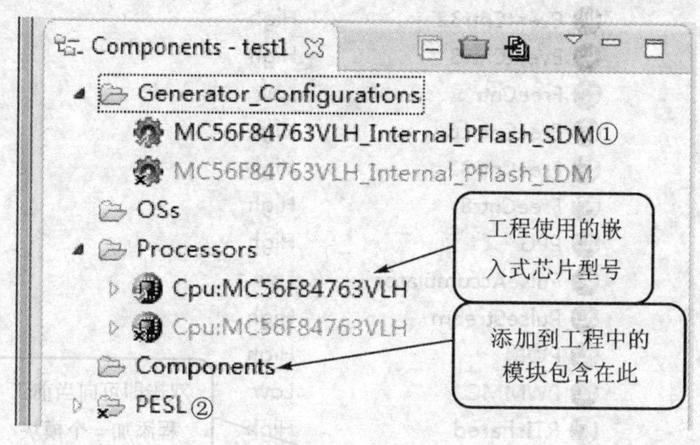

图 1-46　工程 PE 模块窗口

① 这里有"器件名_Internal_PFlash_SDM"和"器件名_Internal_PFlash_LDM"两种不同类型。PFlash 表示程序下载到 Flash 中运行（对于飞思卡尔公司 ARM 中的 K 系列，可以在 CodeWarrior Project 窗口的工程名后面的下拉框中选择程序下载到 Flash 中还是 RAM 中运行；KL 系列和 DSC 系列默认只能从 Flash 运行，不能选择，但是可以手工修改、配置链接，可以到飞思卡尔官网上找文档参考）；SDM 表示 SmallDataMemory model，其程序地址和数据地址都是 16 位寻址；LDM 表示 Large Data Memory model，其程序地址为 19 位寻址，数据地址为 21 位寻址。

② PESL(Processor Expert System Library)展示了 CPU 各个功能模块的架构，包

含了对各功能模块的主要寄存器操作函数。

1.5.3 模块库窗口与模块的添加

Components Library 窗口显示当前 CPU 支持的所有 PE 模块，可以从该窗口中选择模块通过双击添加到工程中，如图 1－47 所示。

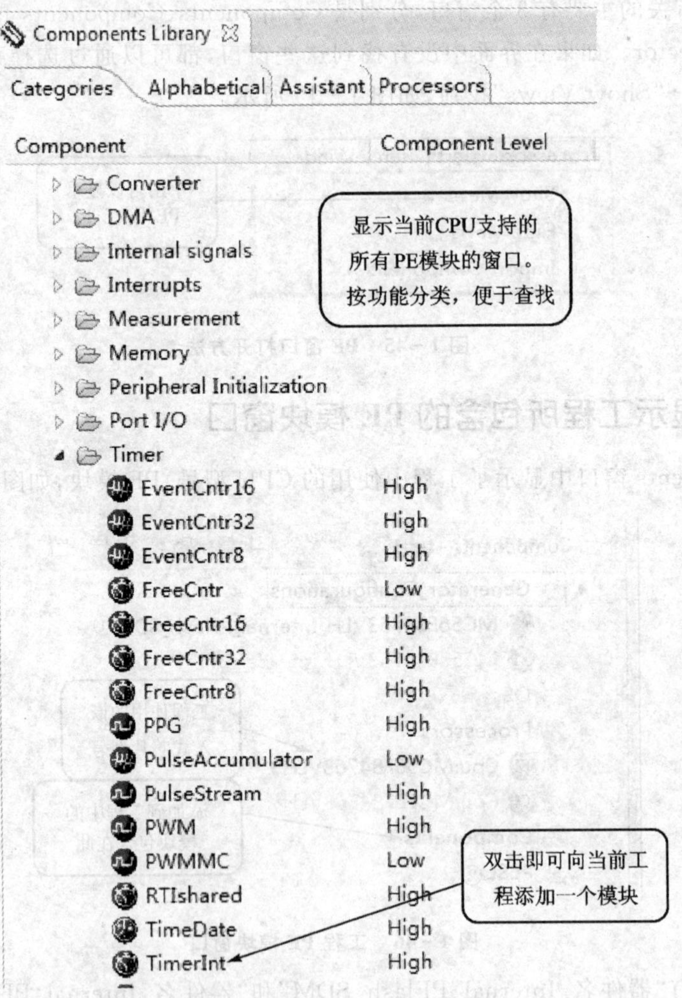

图 1－47 PE 模块库

1.5.4 高级模块与低级模块

在 PE 的模块库中，有部分外设模块存在两种类型，如 Init_DMA 与 DMAChannel、Init_ADC 与 ADC、Init_DAC 与 DAC、Init_GPIO 与 BitIO 等。前者带“Init_”前缀（位于模块库的 Peripheral Initialization 文件夹下，见图 1－47），一般称为低级模块；后者称为高级模块（其他文件夹下的模块）。在基本功能上两种类型的模块是相同的，PE 完成的都是其初始化部分，不同点在于低级模块的初始化配置可能比高级模块更加基础和全面。

需要注意，之所以说"高级"，并不是该模块具有更好的性能（并不是抽象价值高级），而是更接近应用层面的模块（物理层更高级）离底层更远；低级模块则是更加贴近底层，所以设置更加基础。除此之外，低级模块一般除了一个"Init"函数外不再提供给用户操作函数，而高级模块往往会封装一些简单的操作函数。所以，使用高级模块更加方便、简单。但高级模块的不足在于：高级模块不具有某些功能（例如 ADC 不具有 DMA 功能，而 Init_ADC 模块则具有）。

1.5.5 模块包含的可调用函数

向工程中添加一个定时中断（TimerInt）模块，在 Components 窗口中可查看模块所包含的函数信息，如图 1-48 所示，在定时中断模块下有两个函数和一个中断服务函数。

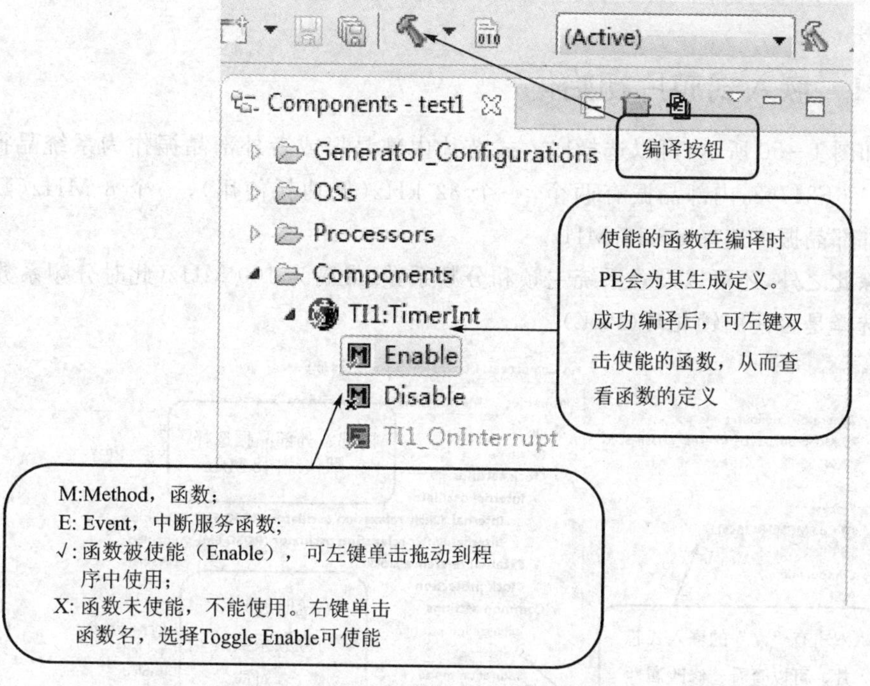

图 1-48 定时中断模块包含的函数及属性

1.5.6 模块属性窗口

Component Inspector 窗口显示当前选中模块的属性，通过双击添加到工程中的模块可以看到该模块的属性，图 1-49 所示为工程的嵌入式芯片属性。可以在此窗口对模块的属性进行配置。在该窗口中，有两种显示界面 Basic 和 Advanced，两者的基础内容相同，但 Advanced 界面中包含着更丰富的内容，所以本书所有模块属性的配置都是在 Advanced 界面下完成。

图 1-49　PE 模块属性显示窗口

1.6　基本编程操作

1.6.1　嵌入式芯片初始化

如图 1-50 所示，可以选择嵌入式芯片内部晶振或者外部晶振作为系统晶振。对于 MC56F84763，内部晶振有两个，一个 32 kHz(低功耗使用)，一个 8 MHz(默认使用)；外部晶振可选择 8～16 MHz。

除此之外，还可以设置系统主频和分频系数，最高为 100 MHz(此时分频系数为 1)以及选择是否使用锁相环(PLL)。

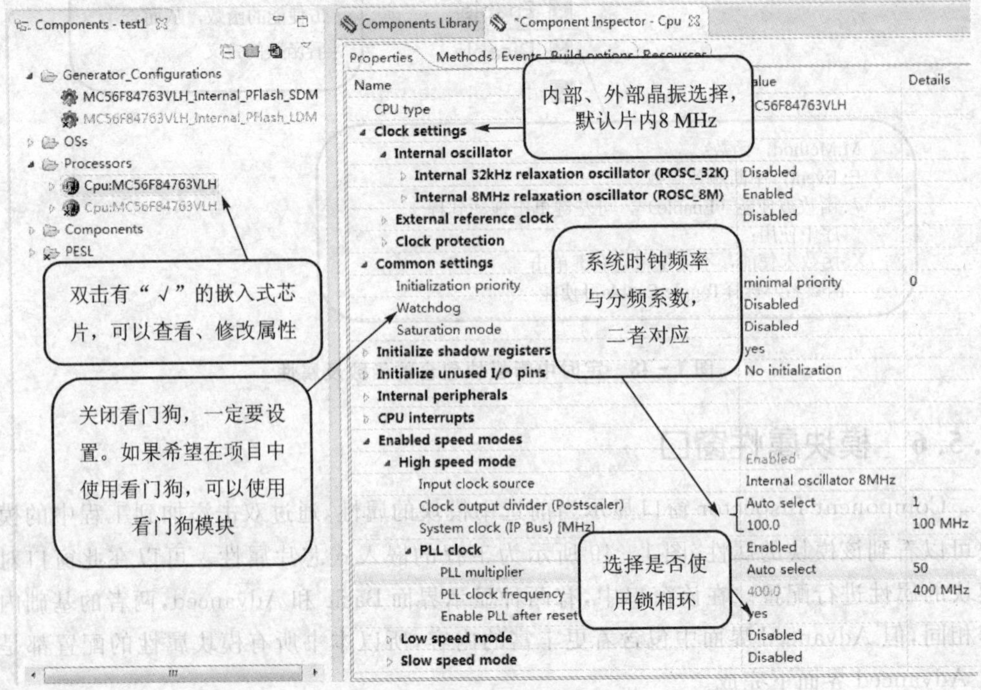

图 1-50　CPU 设置

1.6.2　main函数

选择工程文件界面(Codewarrior Projects),双击工程文件夹 Source 下的 main.c 源文件可查看工程主程序,如图1-51所示。

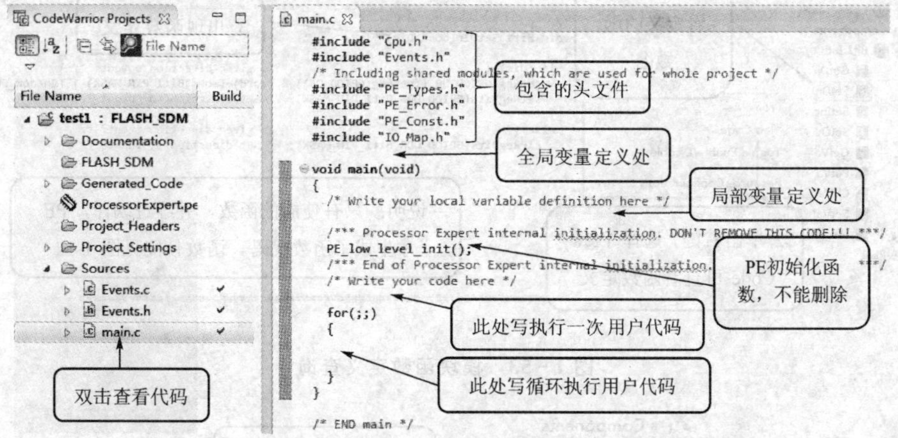

图1-51　main函数介绍

1.6.3　查询函数定义

在CW10.6中,为了查看程序中的函数定义,可以双击左键选中函数再单击右键选择 Open Declaration,如图1-52所示。为了查看模块下的函数定义,可以左键单击选中需要查看定义的函数名,再单击右键选择 View Code 查看函数定义,如图1-53所示。但只有当函数被使能(Enable)并且工程经过编译后PE才会为其模块函数生成函数定义,没有使能的函数无法查看定义。可用鼠标右键单击函数名称,选择 Toggle Enable/Disable 来使能/禁用函数,如图1-54所示。

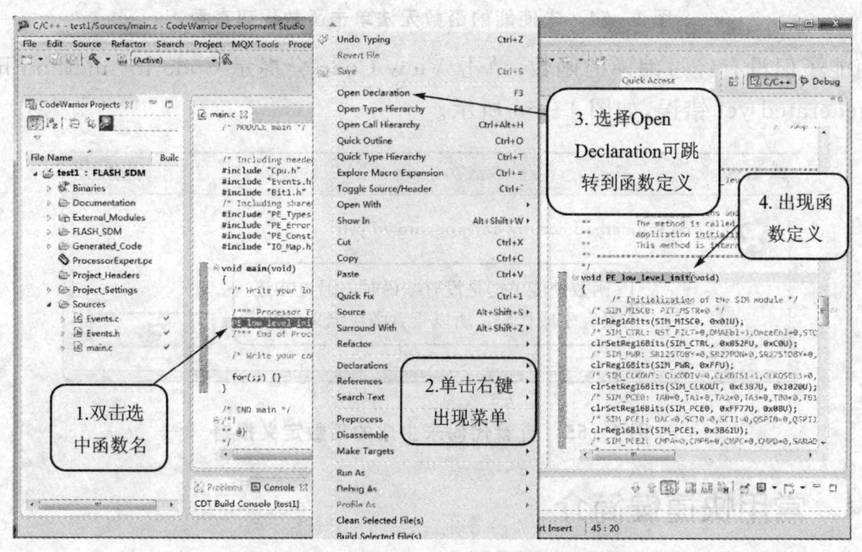

图1-52　程序代码中的函数定义查询

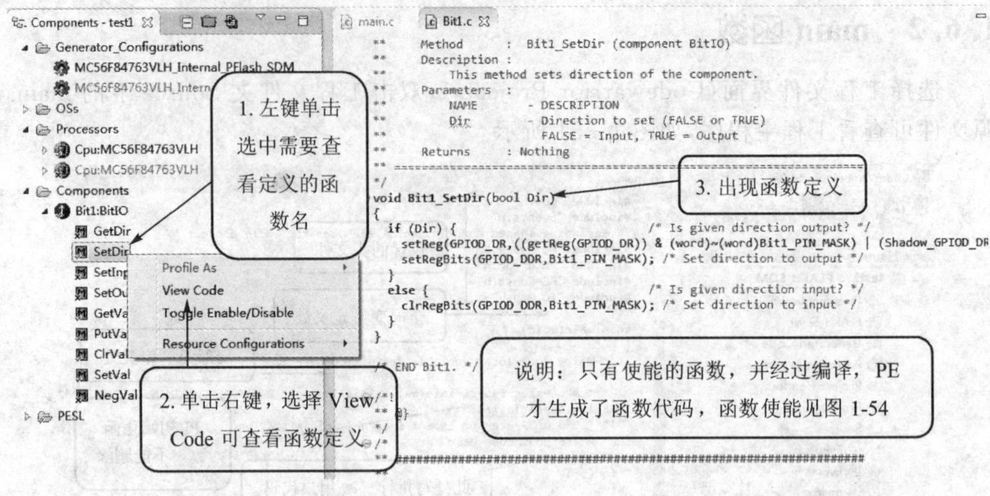

图 1-53　模块函数定义查询

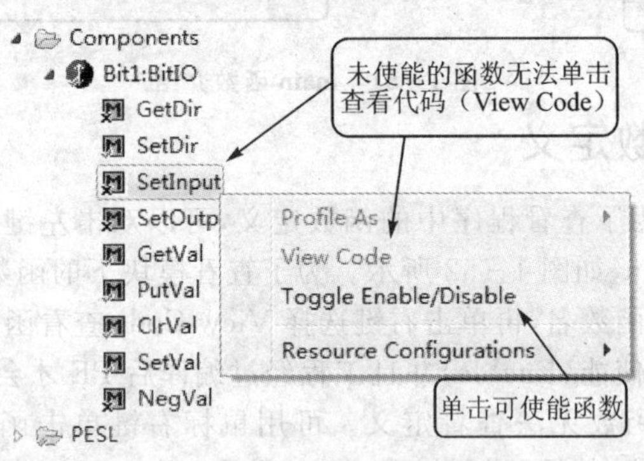

图 1-54　未使能的函数无法单击函数代码查看

使能了但没有经过编译的函数，单击 View Code 会提示 Code for method has not been generated yet 错误，如图 1-55 所示。

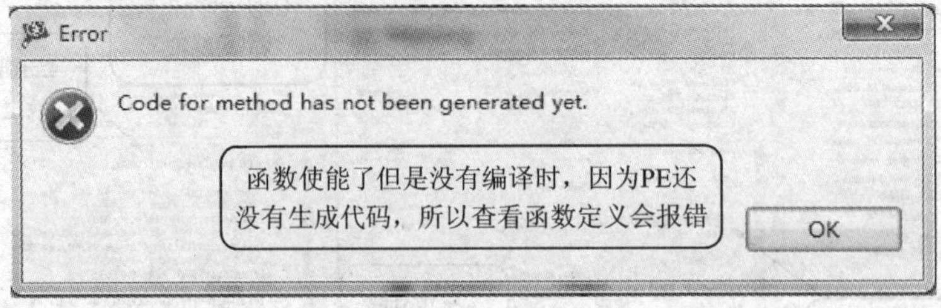

图 1-55　查看代码未生成的函数定义报错

1.6.4　常用快捷键简介

掌握 CW 的一些常用快捷键将会使得编程更加快捷，表 1-1 列举了几种快捷键。

表 1-1 几种 CW 快捷键

快捷键	功　能	使用方法
Ctrl + S	保存当前文件	直接使用快捷键
Ctrl + Shift + S	保存所有文件	直接使用快捷键
Ctrl + /	代码注释、取消注释	选中需要注释的代码，再使用快捷键
Ctrl + I	代码正确缩进	选中需要整理的代码，再使用快捷键
Ctrl + Shift + F	代码格式整理	选中需要整理的代码，再使用快捷键
Tab	向右移动	选中需要整理的代码，再使用快捷键
Shift + Tab	向左移动	选中需要整理的代码，再使用快捷键

1.7 编译与下载

1.7.1 编　译

工程编译时，要保证需要编译的工程处于选中状态(呈现黑体状态)，可以单击工程名，也可以打开该工程的一个文件来选中，选中后单击编译按钮进行编译，如图 1-56 所示。

图 1-56 编译快捷方式

除此之外，还可以右键单击工程，选择 Build Project 来进行工程的编译，也可以选择 CleanProject 来删除之前编译产生的文件，如图 1-57 所示。

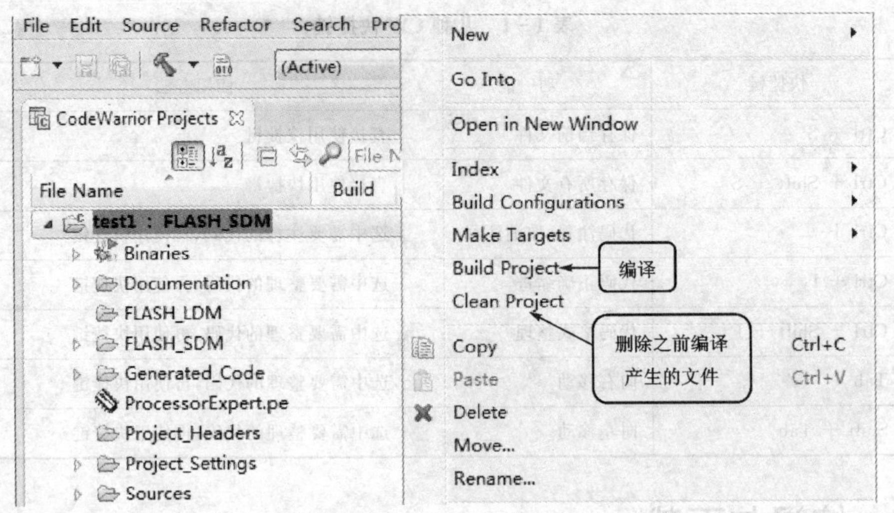

图 1-57　工程编译与删除编译文件

1.7.2　错误查询

编译结束后，在 Problems 窗口将会显示编译信息，即错误（errors）和警告（warnings）。如果有错误，双击错误信息，会在代码显示界面中显示错误所在位置。如图 1-58所示，因为“k＝10”代码后缺少了分号，此时错误代码显示“‘;’expected”，双击会跳转到产生错误的代码位置。

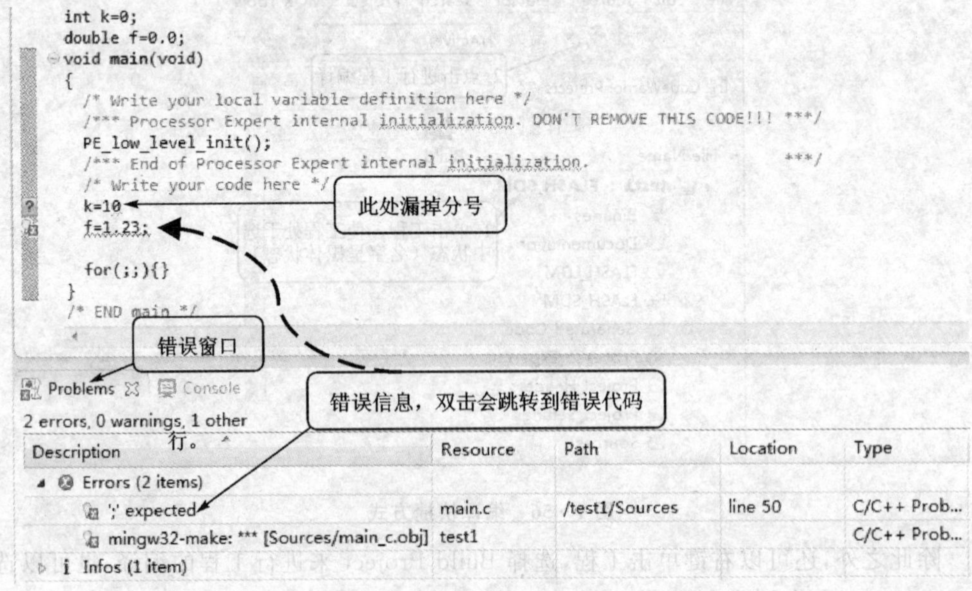

图 1-58　错误与警告

1.7.3 仿真器选择与下载

编译完成后，如果在 Problems 窗口中没有显示错误(error)，则可以单击 Debug 图标，将程序下载到嵌入式芯片中，如图 1-59 所示。

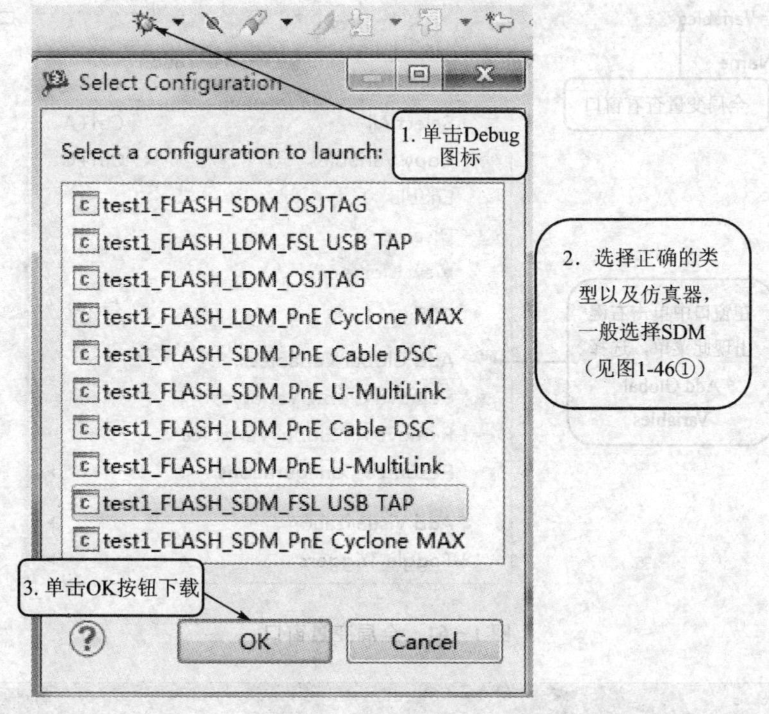

图 1-59 下载快捷方式

1.8 在线调试

1.8.1 运行、暂停、停止调试

程序下载完成后，CW 界面自动跳转到 Debug 界面(如果没有跳转可手动单击 CW 右上角界面切换按钮)，如图 1-60 所示。

图 1-60 在线调试运行、暂停、停止按钮

1.8.2 全局变量查看

在 Debug 界面中有一个 Variables 窗口(如果没有可以参照图 1-26 找到),用于全局变量的查看,如图 1-61、图 1-62 和图 1-63 所示。

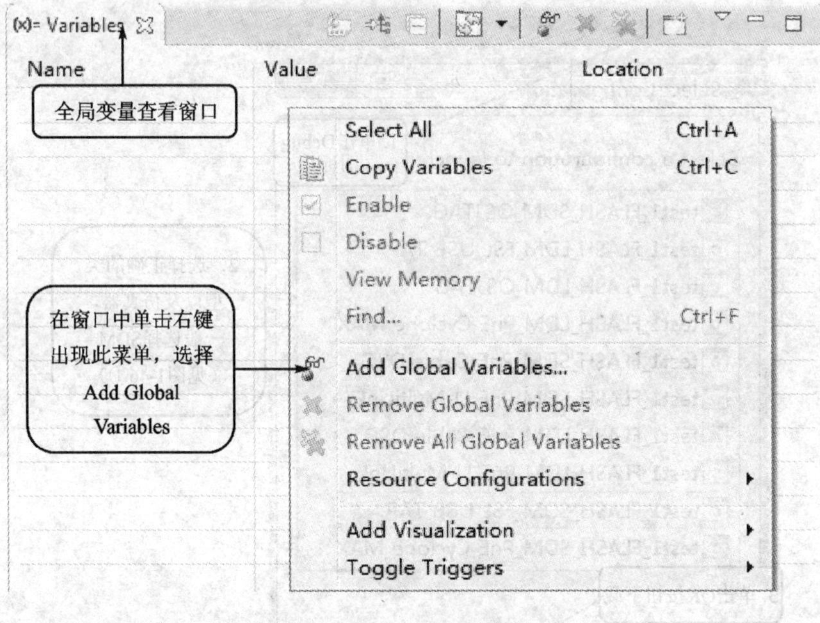

图 1-61　全局变量窗口

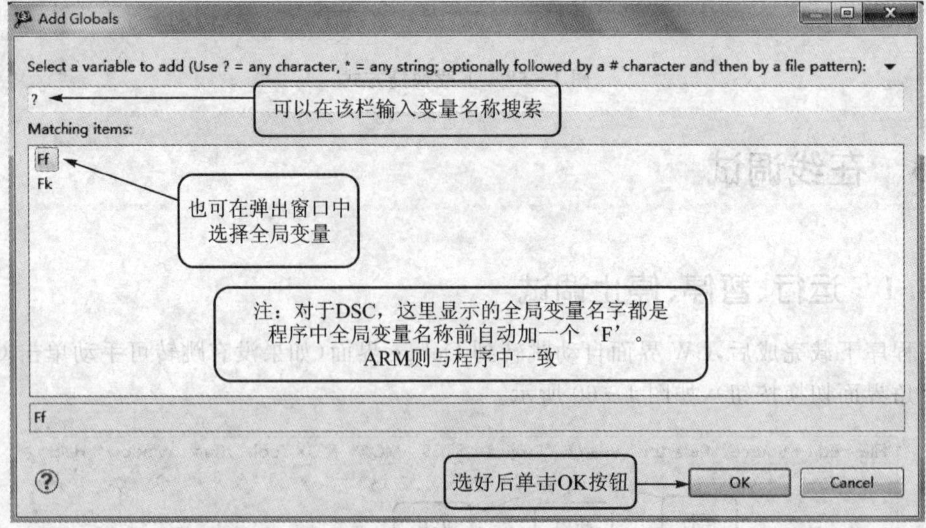

图 1-62　选择全局变量观察

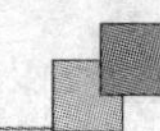

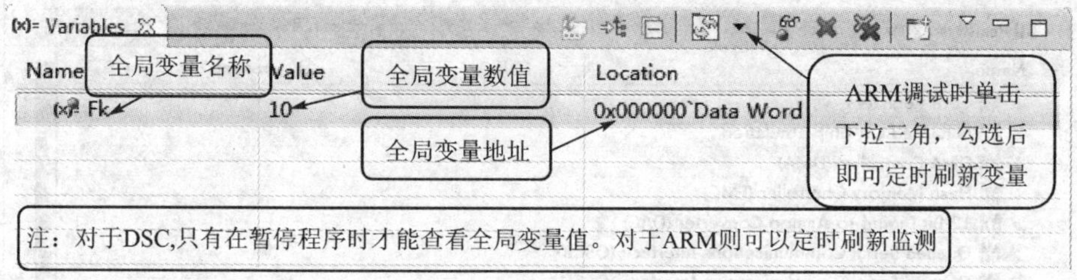

图 1-63　全局变量观察界面

1.8.3　断　点

在可执行程序代码前面的线条上双击即可在该行代码处添加断点。在 Debug 界面中有断点窗口(Breakpoints,如果没有可以参照图 1-26 找到),该窗口显示了程序中所有添加的断点,双击任何一个可以跳转到断点所在代码处,如图 1-64 和图 1-65 所示。

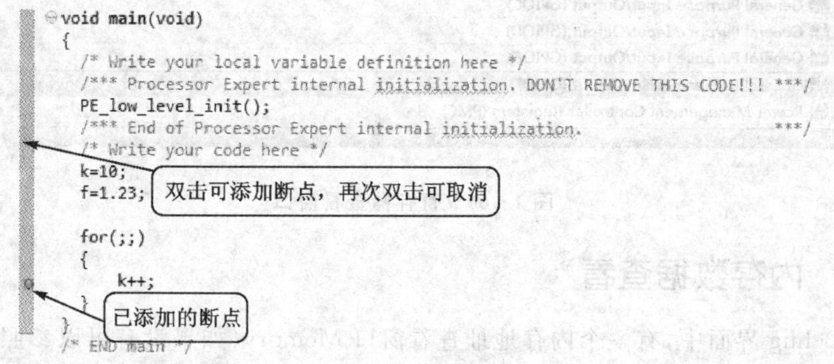

图 1-64　新增断点

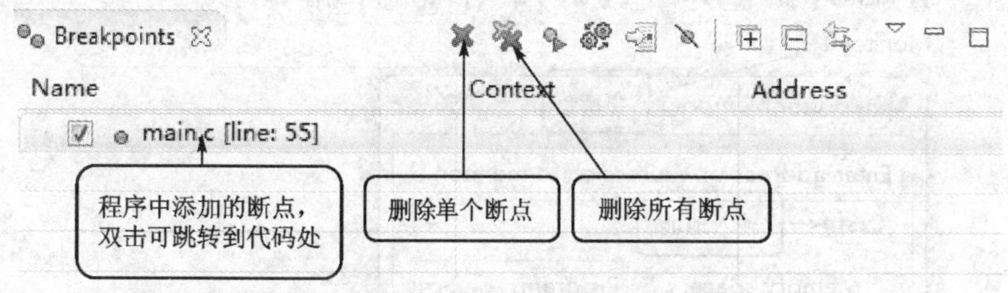

图 1-65　断点管理窗口

1.8.4　寄存器查看

在 Debug 界面中,有一个寄存器查看窗口 Registers(如果没有可以参照图 1-26 找到,图 1-66 窗口内容仅在在线调试时才能显示)。该窗口显示了当前工程使用的嵌入式芯片所有功能模块的寄存器,DSC 只有在暂停模式下才能查看寄存器的值。

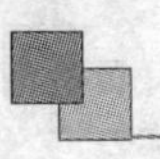

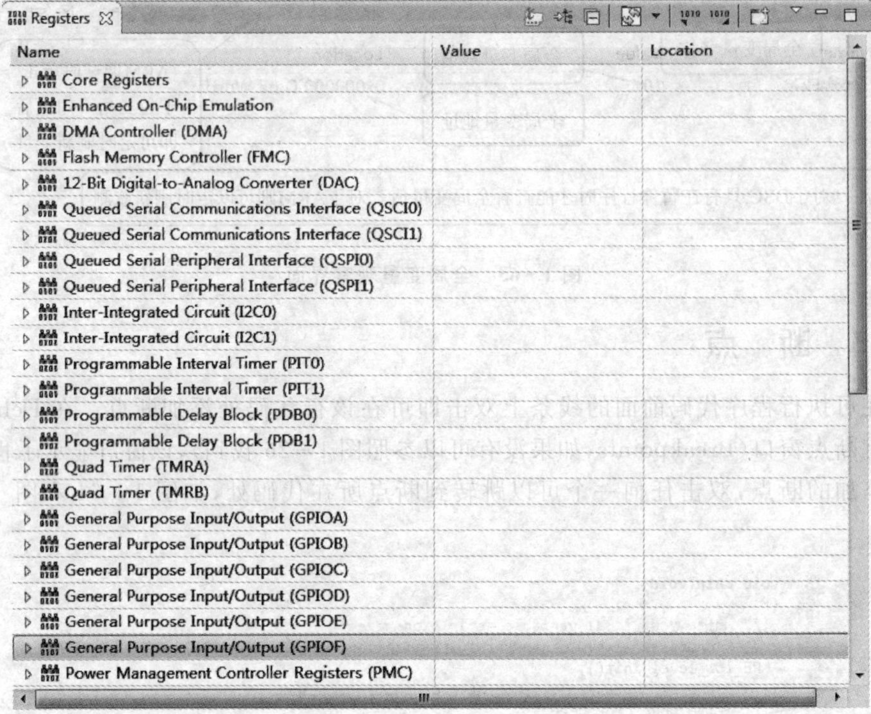

图 1-66 寄存器查看窗口

1.8.5 内存数据查看

在 Debug 界面中，有一个内存地址查看窗口 Memory(如果没有可以参照图 1-26 找到)。在该窗口中输入内存地址就可以查看该地址上的数值，如图 1-67 所示。

图 1-67 内存地址数据查看窗口

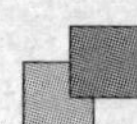

1.9　其他说明

① CodeWarrior10.6 下载参考网址：http://www.freescale.com/zh-Hans/webapp/sps/site/prod_summary.jsp?code=CW-MCU10&fpsp=1&tab=Design_Tools_Tab。

② 本书所有操作都是基于 MC56F84763。

③ 本书参考 Datasheet 文档为 *MC56F847xx Reference Manual*（文件名多简写为 MC56F847XXRM）。

第 2 章

通用输入/输出(GPIO)功能与外部中断

本章主要介绍关于通用输入/输出 GPIO(General-Purpose Input/Output)功能的常规运用,主要包括以下内容:

① 基本输入;

② 基本输出;

③ 中断应用。

GPIO 是嵌入式最容易上手的部分,很多人的嵌入式学习之旅就是从点亮 LED 开始的。本章首先介绍了对单个位(bit)、多个位(bit)输入/输出操作的初始化和实现。然后,对 GPIO 中断的配置方法进行详细的阐述。

2.1 位(BitIO)模块

本模块用于对单个位(Bit)输入/输出的初始化配置。

2.1.1 模块添加

首先,在模块库(Components Library)窗口的 Port I/O 中找到 BitIO 模块并添加,如图 2-1 所示。添加成功后,在模块(Components)窗口将出现 BitIO 模块,双击该模块,将出现初始化配置窗口,如图 2-2 所示。

2.1.2 模块初始化

如图 2-2 所示为 BitIO 模块的配置窗口,Name 栏中带有三角符号的选项,单击后将打开详细配置(再次单击可折叠选项);Value 栏中参数显示蓝色的选项,单击后将打开配置菜单,灰色的选项不可更改;Details 栏中为最后选定的选项。下面对 BitIO 模块的各个初始化配置进行介绍。

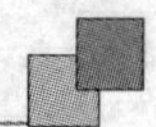

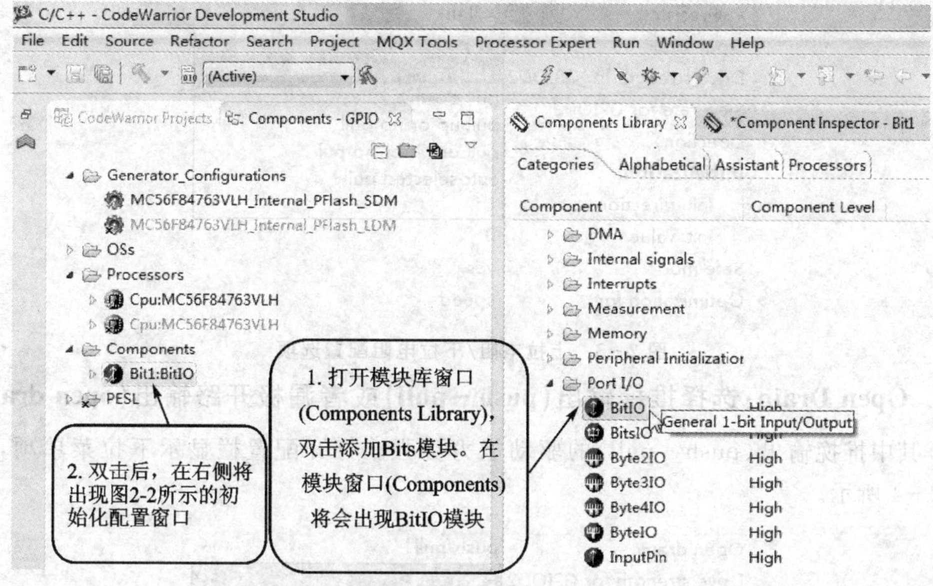

图 2-1 添加位(BitIO)模块

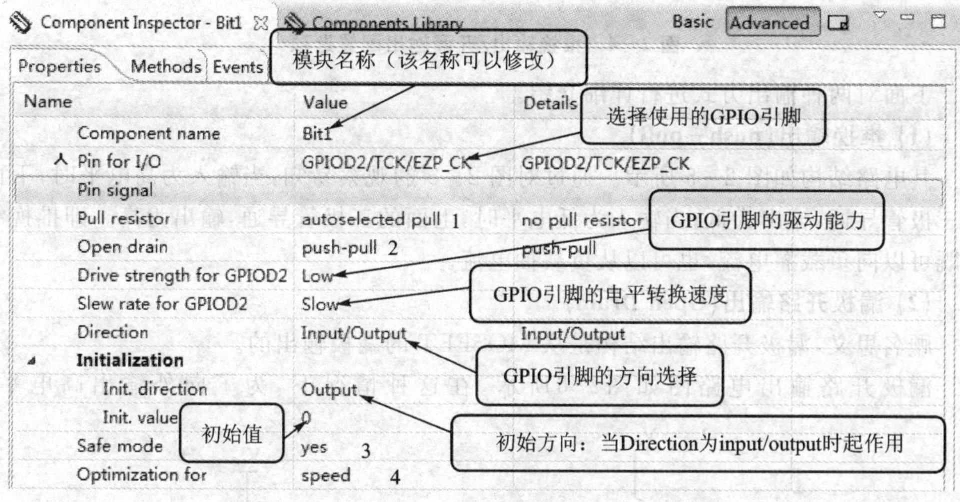

图 2-2 BitIO 模块配置图

1. Pull resistor:选择上拉电阻/下拉电阻

打开配置栏，显示下拉菜单项，如图 2-3 所示。

如果需要上拉电阻，则选择 pull up；如果需要下拉电阻，则选择 pull down；如果最好有上拉电阻，但没有上拉电阻也是可以接受的，则选择 pull up or no pull；如果最好有下拉电阻，但没有下拉电阻也是可以接受的，则选择 pull down or no pull；如果不需要上拉电阻/下拉电阻，则选择 no pull。如果没有特殊要求，此处最好选择 pull up(上拉电阻)。

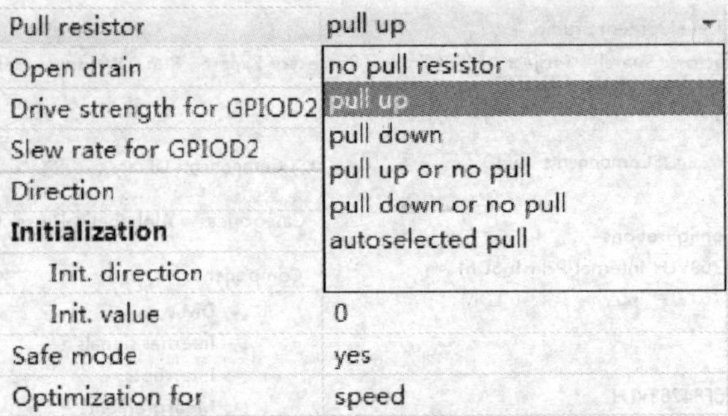

图 2-3　上拉电阻/下拉电阻配置选项

2. Open Drain:选择推挽输出(push-pull)或者漏极开路输出(open drain)

其中推挽输出(push-pull)的驱动能力更强。打开配置栏显示下拉菜单项,如图 2-4 所示。

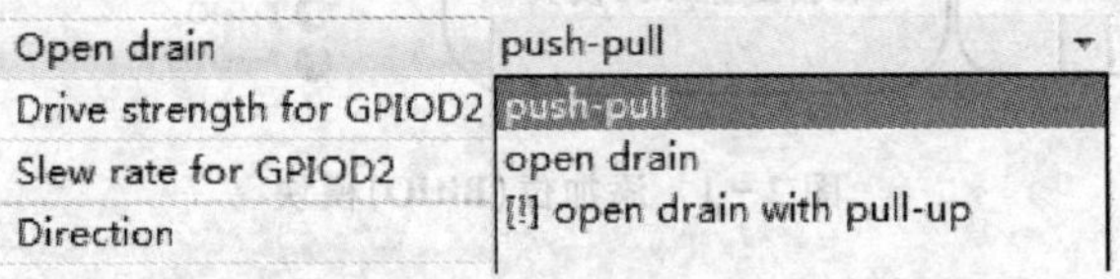

图 2-4　推挽输出/开漏输出配置选项

下面对两种输出方式进行详细介绍。

(1) 推挽输出(push-pull)

其电路结构如图 2-5 所示。通过对图 2-5 的观察易知,当输入为高电平时,下面的三极管导通,输出为低;当输入为低电平时,上面的三极管导通,输出为高。即推挽结构既可以向负载灌电流,也可以从负载抽电流。

(2) 漏极开路输出(Open Drain)

顾名思义,漏极开路输出结构是从 MOSFET 的漏极输出的。

漏极开路输出电路图如图2-6所示。在这种情况下,为了向外输出高电平,

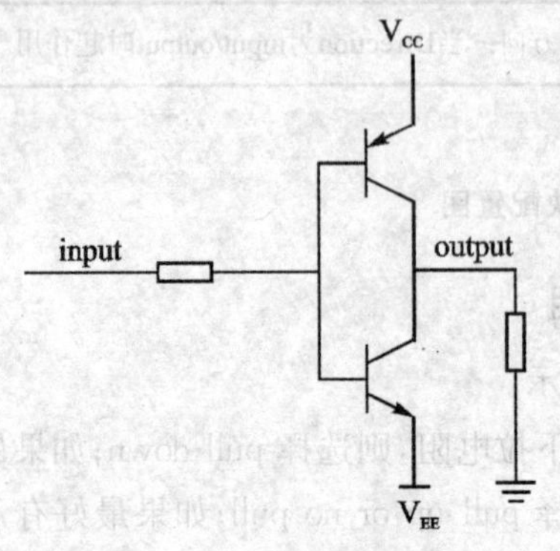

图 2-5　推挽输出电路图

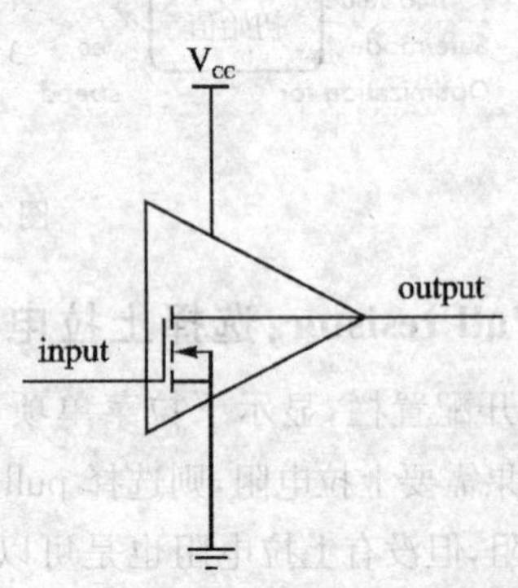

图 2-6　漏极开路输出电路图

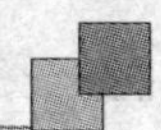

需要在漏极输出端加一个上拉电阻。上拉电阻的阻值大小将会影响上升沿速度,进而可能使输出波形不能满足要求。阻值越大,上升沿速度越慢,功耗越小;阻值越小,上升沿速度越快,功耗越大。阻值取值需考虑芯片的 GPIO 口电流承受能力能否满足要求,故需要综合考虑。

3. Safe Mode:选择是否使能安全模式

安全模式可以保证一个引脚从输出模式改为输入模式,之后又改回输出模式时,其输出值为此前最后一次写入的值。如果对这种功能没有特殊要求的话,可以关闭(disable)这一功能,以获取更加高效的代码。

4. Optimization for:最优化

根据需要选择速度最优(speed)或者代码量最优(code size),一般采用默认的 speed 即可,不需要加以更改。

2.1.3 模块函数简介

调出 BitIO 模块的函数列表,如图 2-7 所示。对函数的具体介绍如表 2-1 所列。

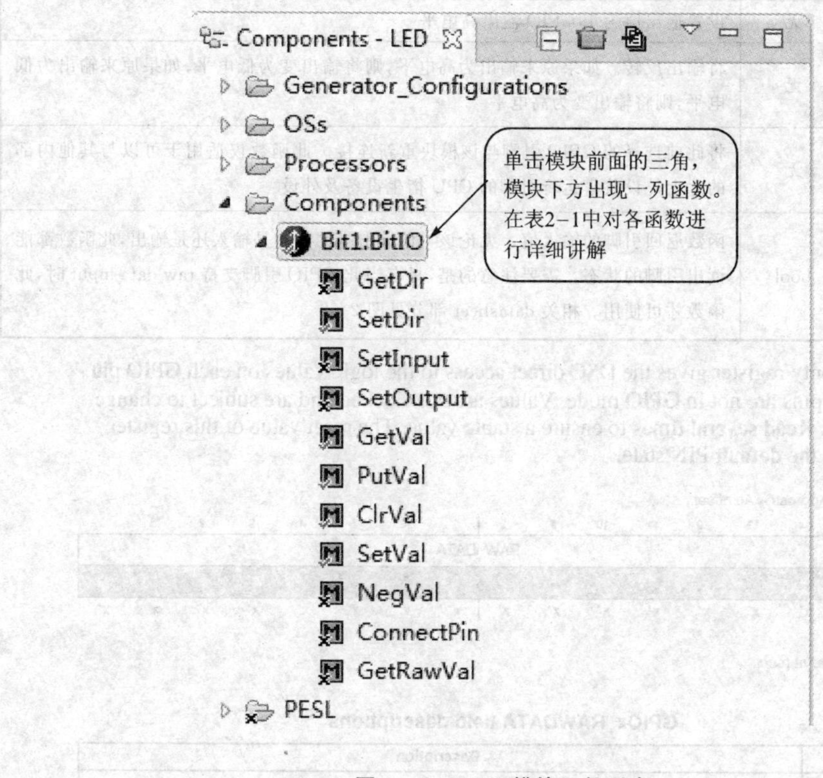

图 2-7　BitIO 模块函数列表

表 2－1 BitIO 模块函数列表

函数名	形　参	返回值	功　能
GetDir	无	bool 类型	返回当前 Bit 模块对应 GPIO 的方向。true 表示 output，false 表示 input
SetDir	boolDir	无	当初始化设置中的 Direction 设为 input/output 时可用。形参 Dir 为 true 时表示设定为输出，形参 Dir 为 fase 时表示设定为输入
SetInput	无	无	当属性设置中的 Direction 设为 input/output 时可用。设定 GPIO 方向为输入
SetOutput	无	无	当属性设置中的 Direction 设为 input/output 时可用。设定 GPIO 方向为输出
GetVal	无	bool 类型	返回 input/output 值。在 input 模式下，将读取并返回输入状态。在 output 模式下，将返回最后写入的状态
PutVal	bool Val	无	设置输出状态。当属性设置中的 Direction 设为 output 或 input/output 时可用。在输出（output）模式下，若形参 Val 为 true，则将输出高电平。若形参 Val 为 false，则将输出低电平；在输入（input）模式下，若此前使能了安全模式（Safe mode），则本函数设定的值将暂时被存储在寄存器或者内存中。等到方向改为输出（output）时，设定值将直接被赋给输出
ClrVal	无	无	设置输出值为 0，GPIO 输出低电平
SetVal	无	无	设置输出值为 1，GPIO 输出高电平
NegVal	无	无	将输出反转。如果原来输出为高电平，则将输出变为低电平；如果原来输出为低电平，则将输出变为高电平
ConnectPin	无	无	将此前选择的 GPIO 引脚与该模块重新连接。此函数仅适用于可以与其他内部的片上外设共享运行引脚的 CPU 衍生设备及外设
GetRawValue	无	bool	函数返回引脚的输入值。无论该 GPIO 引脚的方向是输入还是输出，此函数都能读出引脚的状态。需要注意的是，只有当此 GPIO 引脚支持 raw data input 时，此函数才可使用。相关 datasheet 部分见图 2－8

This read-only register gives the DSC direct access to the logic values on each GPIO pin, even when pins are not in GPIO mode. Values are not clocked and are subject to change at any time. Read several times to ensure a stable value. The reset value of this register depends on the default PIN state.

Address: Base address + Ah offset

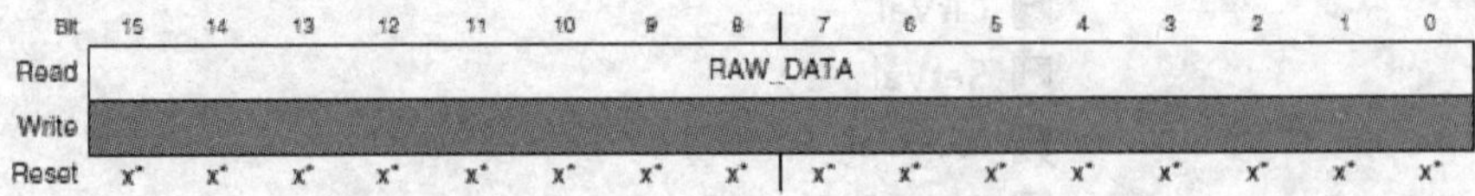

Bit
15
14
13
12
11
10
9
8
7
6
5
4
3
2
1
0
Read
RAW_DATA
Write
Reset
x*

* Notes:

- x = Undefined at reset.

GPIOx_RAWDATA field descriptions

Field	Description
15–0 RAW_DATA	Raw Data Bits

图 2－8 RAWDATA 域介绍（摘自文件 MC56F847XXRM）

2.1.4 位模块应用实例

本实例为键盘扫描与LED控制。在本实验中,将实现利用按键来控制LED的亮灭,采用的硬件电路图如图2-9所示。

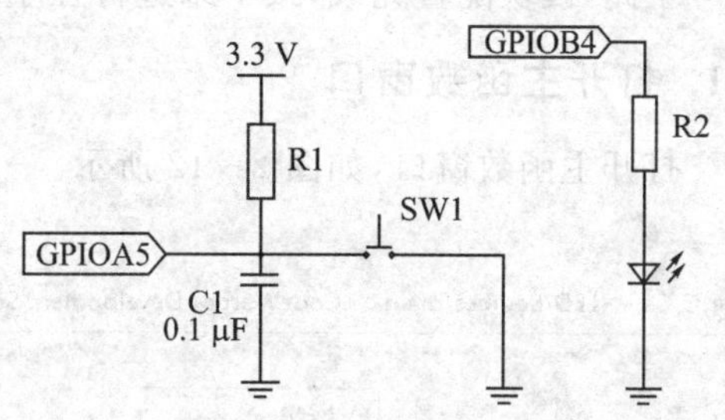

图2-9 实验硬件电路图

为了识别按键的输入,首先,按照前面介绍的添加模块的步骤,添加一个BitIO模块,实现按键识别的功能,需配置部分如图2-10所示。

button模块的其余部分不需要更改,采用默认配置即可。

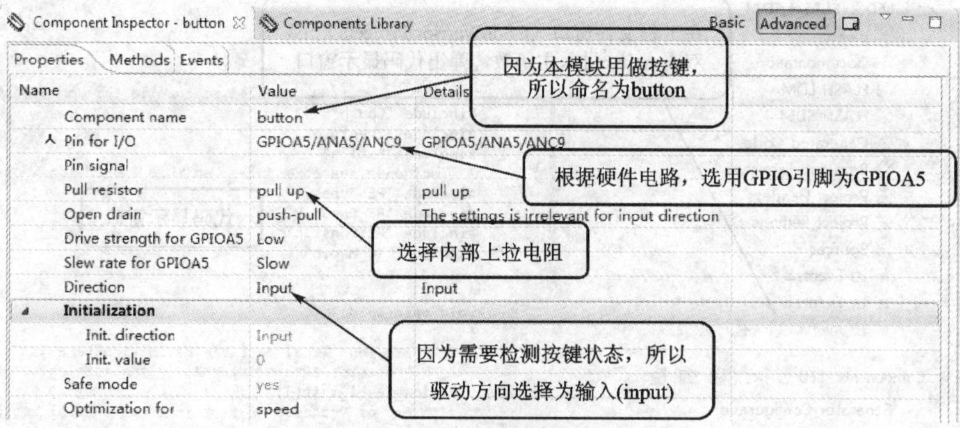

图2-10 按键模块配置

接下来,为了点亮LED灯,添加一个BitIO模块,实现LED灯的功能。需配置的部分如图2-11所示。

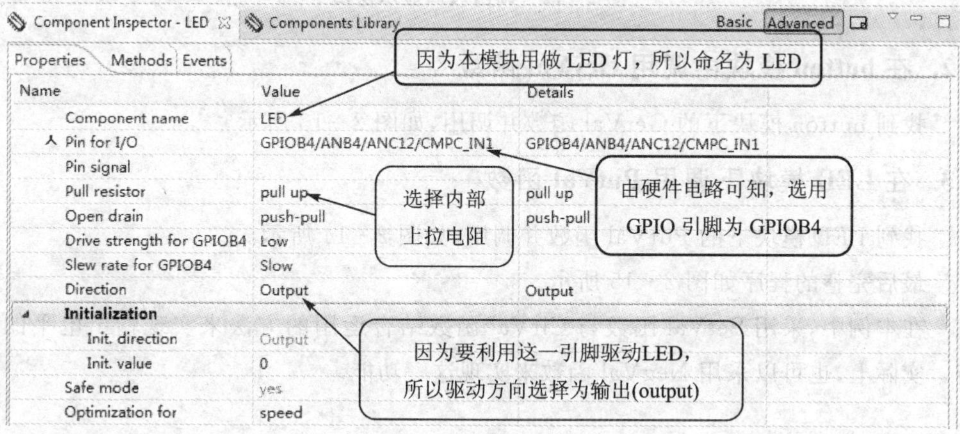

图2-11 LED模块配置

LED 模块的其余部分不需要更改，采用默认配置即可。

至此，模块配置完成，接下来进行程序编写。

1. 打开主函数窗口

打开主函数窗口，如图 2-12 所示。

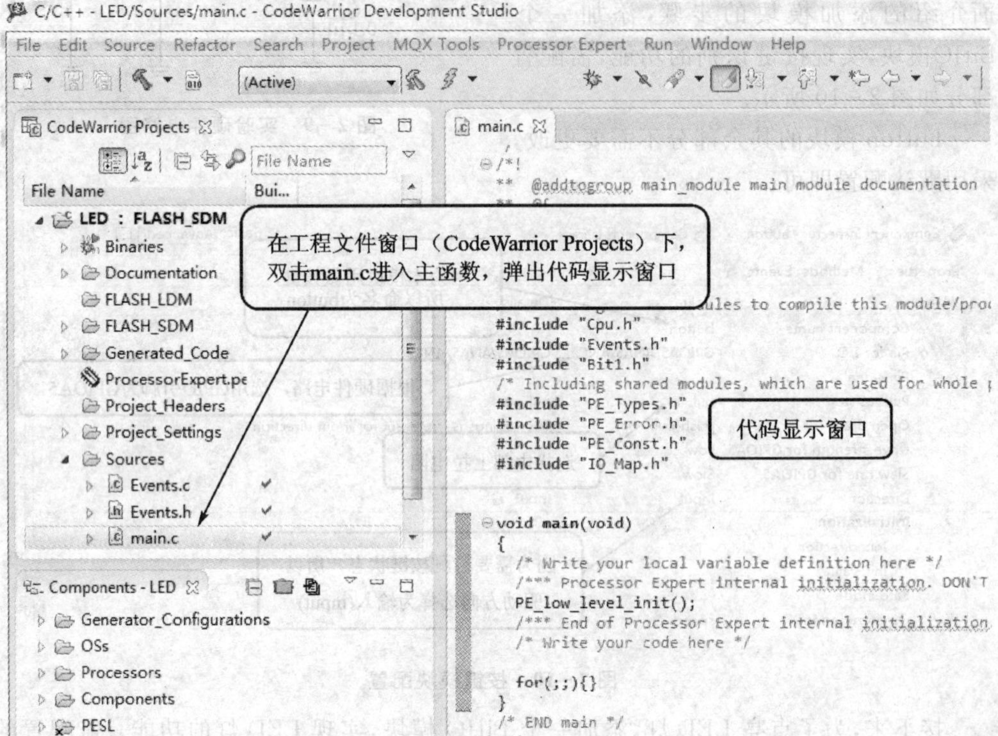

图 2-12 调出代码显示窗口

2. 在 button 模块中调用 GevVal 函数

找到 button 模块下的 GetVal 函数并调用，如图 2-13 所示。

3. 在 LED 模块下调用 PutVal 函数

找到 LED 模块下的 PutVal 函数并调用，如图 2-14 所示。

最后完整的程序如图 2-15 所示。

在本例中，采用 SetVal 函数与 ClrVal 函数结合运用的方法来实现输出电平的翻转。实际上，也可以采用 NegVal 函数来实现这一功能。

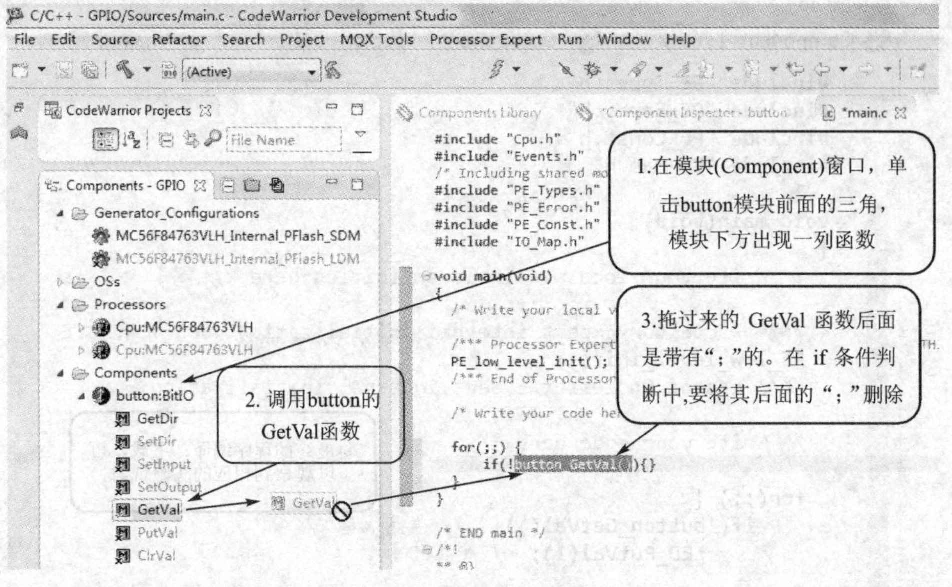

图 2-13　调用模块 button 下的 GetVal 函数

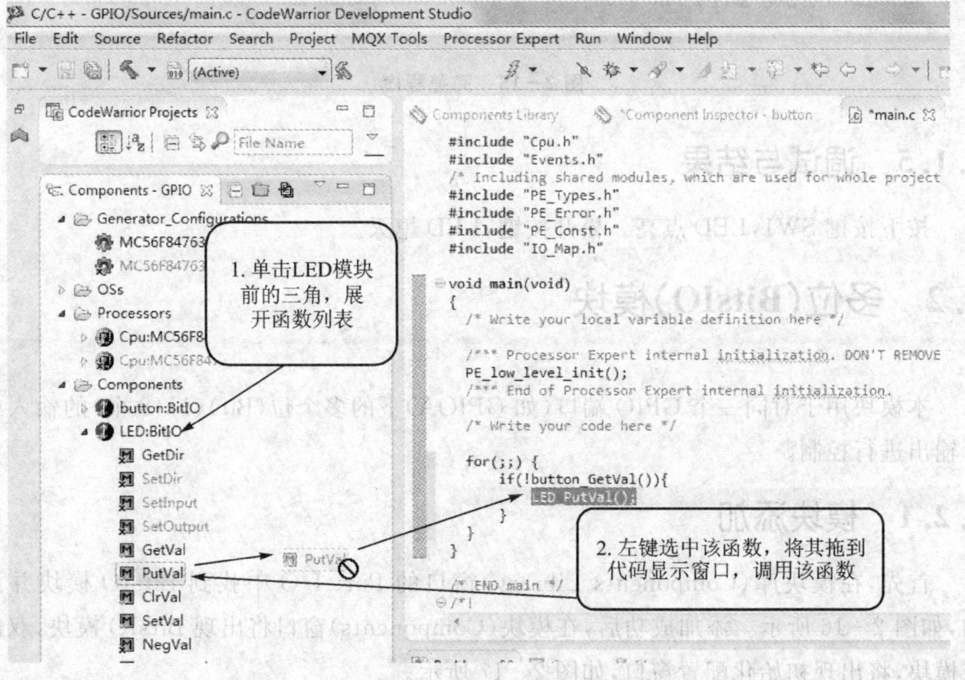

图 2-14　调用 LED 模块的 PutVal 函数

Components Library　　*Component Inspector - button　　*main.c

```c
#include "PE_Types.h"
#include "PE_Error.h"
#include "PE_Const.h"
#include "IO_Map.h"

void main(void)
{
  /* Write your local variable definition here */

  /*** Processor Expert internal initialization. DON'T REMOVE
  PE_low_level_init();
  /*** End of Processor Expert internal initialization.

  /* Write your code here */

  for(;;) {
      if(!button_GetVal()){   //如果按下按键
          LED_PutVal(1);   //点亮LED等
      }
      else LED_PutVal(0);   //否则熄灭LED灯
  }
}

/* END main */
```

将最终的程序编译、下载，可以观察到相应的实验现象

图 2-15　完整程序

2.1.5　调试与结果

按下按键 SW1，LED 点亮。松开按键，LED 熄灭。

2.2　多位(BitsIO)模块

本模块用于对同一个 GPIO 端口(如 GPIOA)下的多个位(Bit)(1～8 个)的输入或者输出进行控制。

2.2.1　模块添加

首先，在模块库(Components Library)窗口的 Port I/O 中找到 BitsIO 模块并添加，如图 2-16 所示。添加成功后，在模块(Components)窗口将出现 BitsIO 模块，双击该模块，将出现初始化配置窗口，如图 2-17 所示。

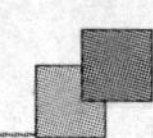

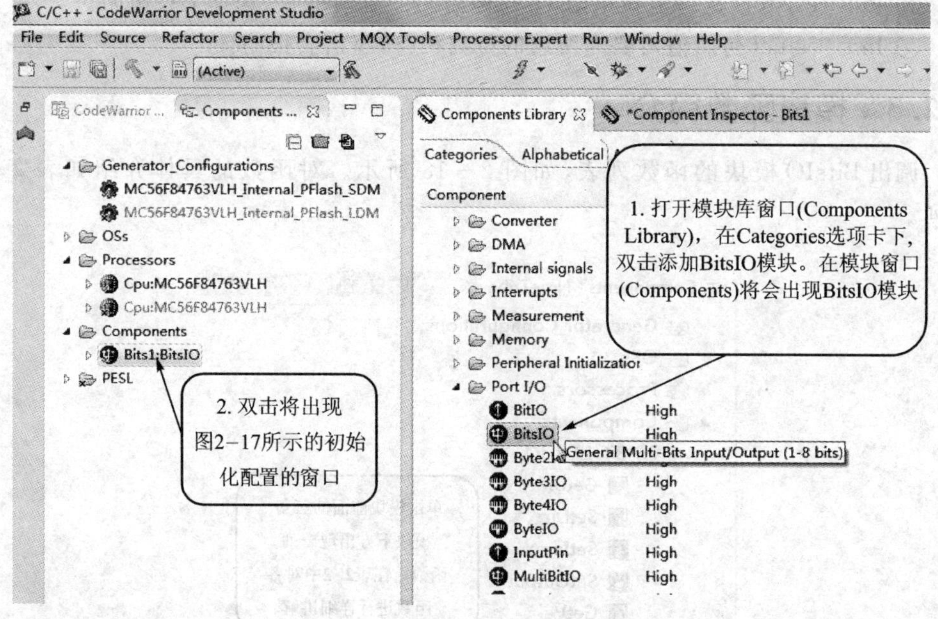

图 2-16　添加多位(BitsIO)模块

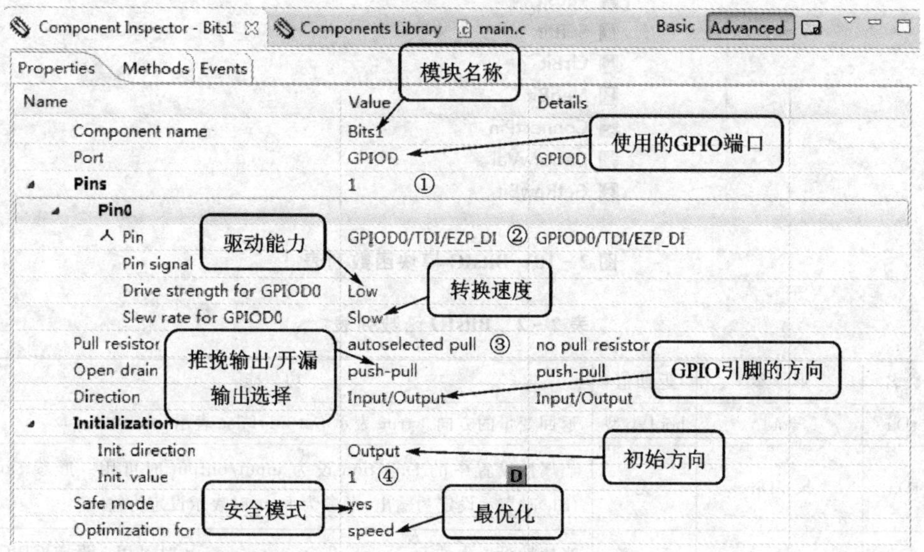

图 2-17　BitsIO 模块配置图

2.2.2　模块初始化

在图 2-17 中，对 BitsIO 模块的各个初始化配置进行介绍。

① Pins(引脚数)：模块对应的引脚个数。增多后 Pins 下面的内容也会相应增多。

② Pin(引脚)：配置相应位对应的引脚。

③ Pull resistor(选择上拉电阻/下拉电阻):一般情况下,选择上拉电阻。

④ Init. value(初始值):要与所选的位数相符,超出会报错。

2.2.3 模块函数简介

调出 BitsIO 模块的函数列表,如图 2-18 所示。对函数的具体介绍如表 2-2 所列。

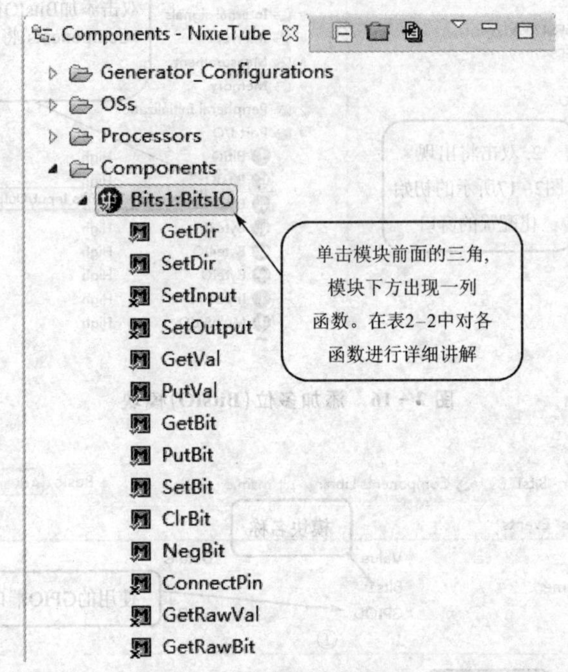

图 2-18　BitsIO 模块函数列表

表 2-2　BitsIO 函数列表

函数名	形　参	返回值	功　能
GetDir	void	bool 类型	返回变量的方向。true 表示 output,false 表示 input
SetDir	boolDir	无	当属性设置中的 Direction 设为 input/output 时可用。形参 Dir 为 true 时表示设定为输出,形参为 false 时表示设定为输入
SetInput	无	无	当属性设置中的 Direction 设为 input/output 时可用。设定 GPIO 方向为输入
SetOutput	无	无	当属性设置中的 Direction 设为 input/output 时可用。设定变量方向为输出
GetValue	无	byte 类型	返回整个变量的 input/output 值(对应多位 Bit)。在 input 模式下,将读取并返回输入值;在 output 模式下,将返回最后写入的数据

续表 2-2

函数名	形 参		返回值	功 能
PutValue	bool Val		无	设置输出值。Val 为所附的值,在输出(output)模式下,若形参 Val 为 true,则将输出高电平;若形参 Val 为 false,则将输出低电平。在输入(input)模式下,若此前使能了安全模式(Safe mode),则本函数设定的值将暂时被存储在存储器或者内存中,等到方向改为输出(output)时,设定值将直接被赋给输出。该函数可以用于 8 位数据总线功能
GetBit	byte Bit		bool 类型	返回模块特定位(即 Bit 位)的值。在 input 模式下,将读取并返回特定位的输入值;在 output 模式下,将返回最后写入特定位的数据
PutBit	byte Bit	bool Val	无	目标值会被赋到输入/输出模块的特定位(即 Bit 位)上。Bit 代表被操作的位,Val 为所赋的值。在输出(output)模式下;若形参 Val 为 true,则相应引脚将输出高电平;若形参 Val 为 false,则将输出低电平。在输入(input)模式下,若此前使能了安全模式(Safe mode),则本函数设定的值将暂时被存储在存储器或者内存中,等到方向改为输出(output)时,设定值将直接被赋给输出。利用这一函数,可以灵活地对各个数据位(Bit)进行赋值
SetBit	byte Bit		无	将模块特定位(即 Bit 位)对应的 GPIO 引脚输出设定为高电平
ClrBit	byte Bit		无	将模块特定位(即 Bit 位)对应的 GPIO 引脚输出设定为低电平
NegBit	byte Bit		无	将模块特定位(即 Bit 位)的输出反转
Connect Pin	wordPinMask		无	将此前选择的 GPIO 引脚与该模块重新连接。PinMask 为所指定进行操作的引脚,其可能的取值为 ComponentName_PIN0_PIN(pin 0)~ComponentName_PIN7_PIN(pin 7)。此函数仅适用于可以与其他内部的片上外设共享运行引脚的 CPU 衍生设备及外设
Get RawVal	无		byte	函数返回端口的输入值。无论该芯片端口的方向是什么,此函数都能读出端口的状态。需要注意的是,只有当此芯片端口支持 raw data input 时,此函数才可使用。其返回值为引脚当前状态值,相关 datasheet 部分见图 2-8
Get RawBit	byte Bit		bool	函数返回引脚的输入值。Bit 为所要读取的引脚值。无论该 GPIO 引脚的方向是输入还是输出,此函数都能读出端口当前的状态。需要注意的是,只有当此芯片端口支持 raw data input 时,此函数才可使用。相关 datasheet 部分见图 2-8

2.2.4 数码管控制应用实例

本例中,将在数码管上循环显示 0~9 加上单独一个小数点,共 11 种状态,时间间隔为 1 s。

利用 BitsIO 模块,可以控制数码管显示不同的数字(利用了模块的数据总线功能)。数码管示意图如图 2-19 所示。

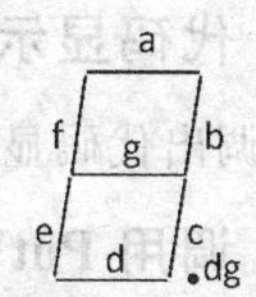

图 2-19 数码管引脚示意图

在本例中,a、b、c、d、e、f、g、dg 分别对应 GPIOF0~7,所采用

数码管为共阴极数码管。

首先,添加一个 BitsIO 模块。需要配置的各部分如图 2-20 所示。

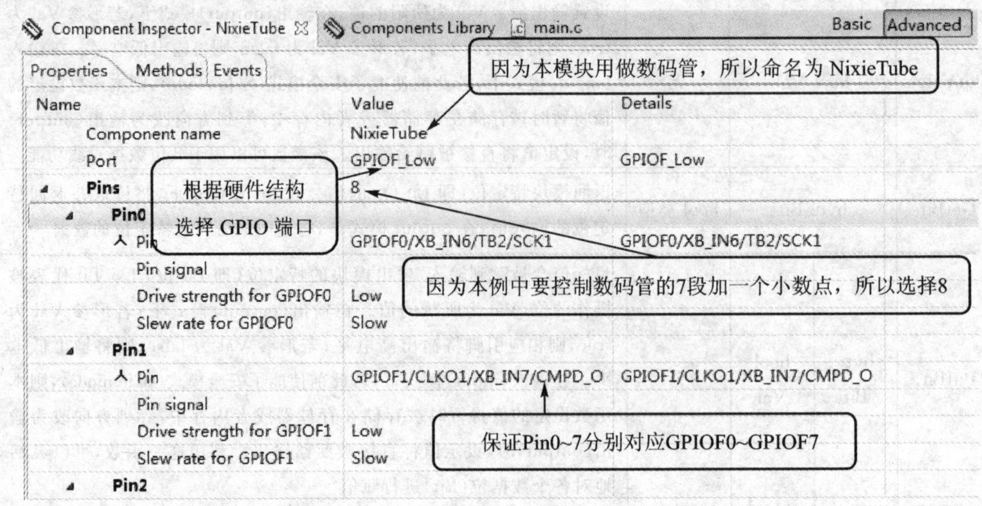

(a) 数码管模块配置1

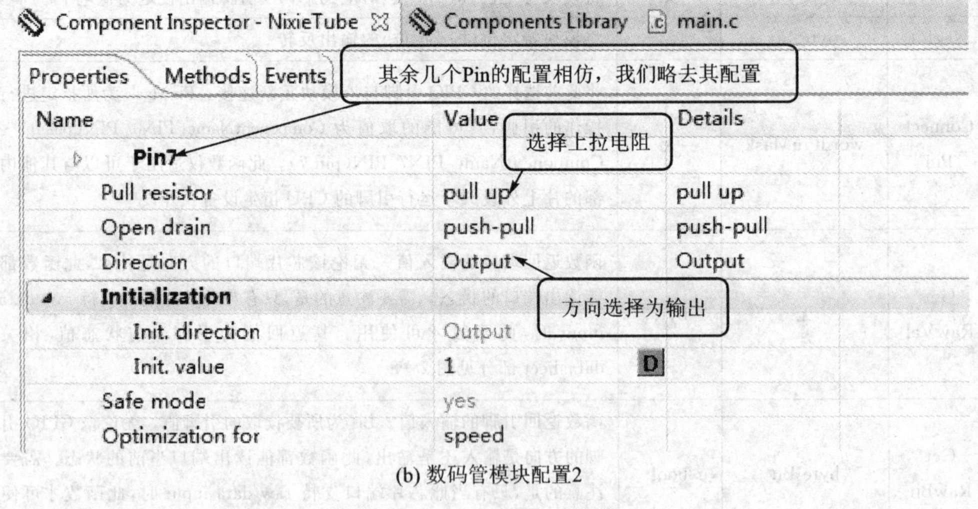

(b) 数码管模块配置2

图 2-20 数码管模块配置

至此,模块配置完成。接下来,进行程序的编写。

1. 代码显示窗口

调出代码显示窗口,如图 2-21 所示。

2. 调用 PutVal 函数

找到 NixieTube 模块下的 PutVal 函数并调用,如图 2-22 所示。

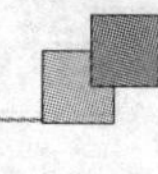

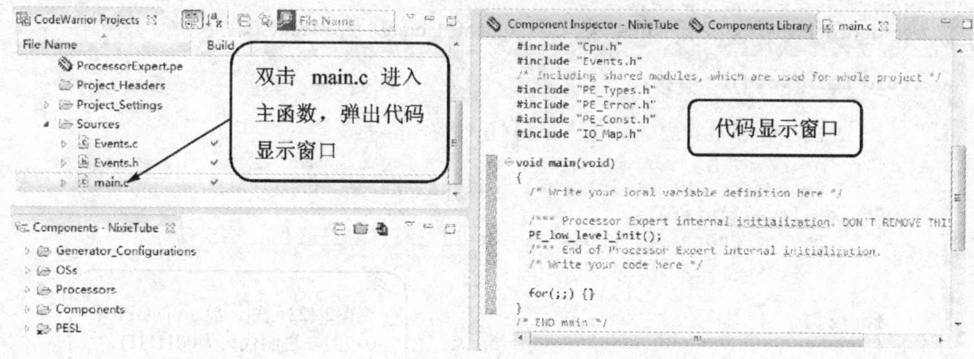

图 2-21　调出代码显示窗口

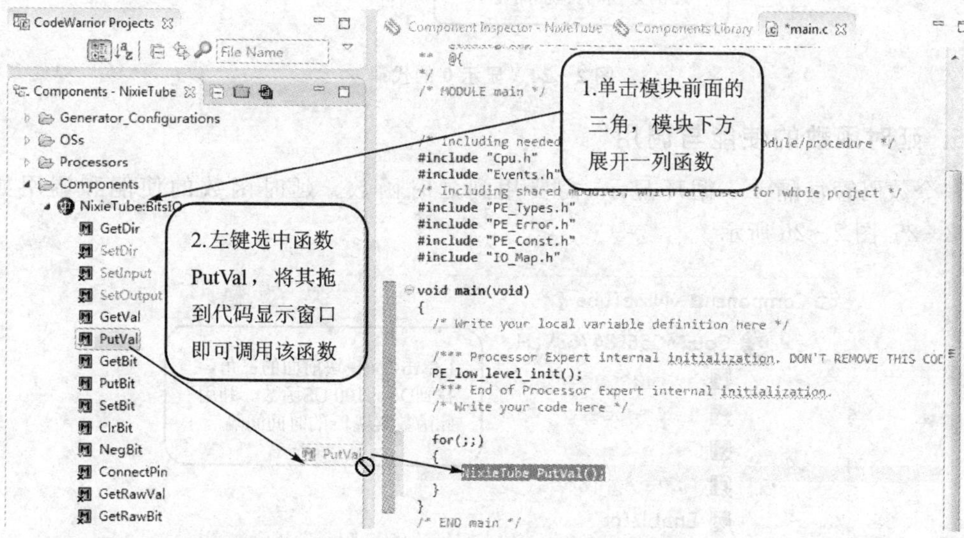

图 2-22　模块 NixieTube 的 PutVal 函数调用

3. 数码管显示

数码管显示的原理如图 2-23 所示。

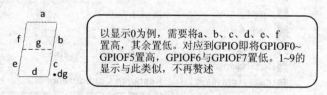

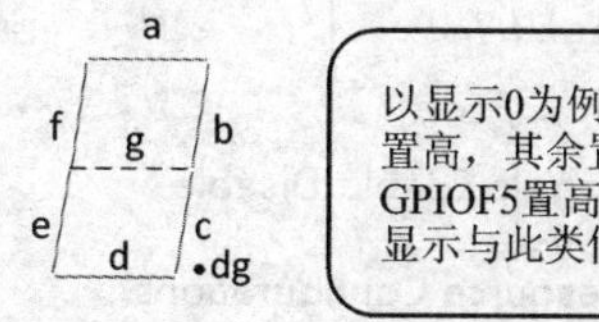

以显示0为例，需要将a、b、c、d、e、f置高，其余置低。对应到GPIO即将GPIOF0~GPIOF5置高，GPIOF6与GPIOF7置低。1~9的显示与此类似，不再赘述

图 2-23　数码管显示 0 的示意图

4. 编写程序代码

编写令数码管显示 0 的代码，如图 2-24 所示。

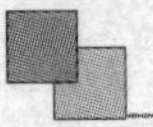

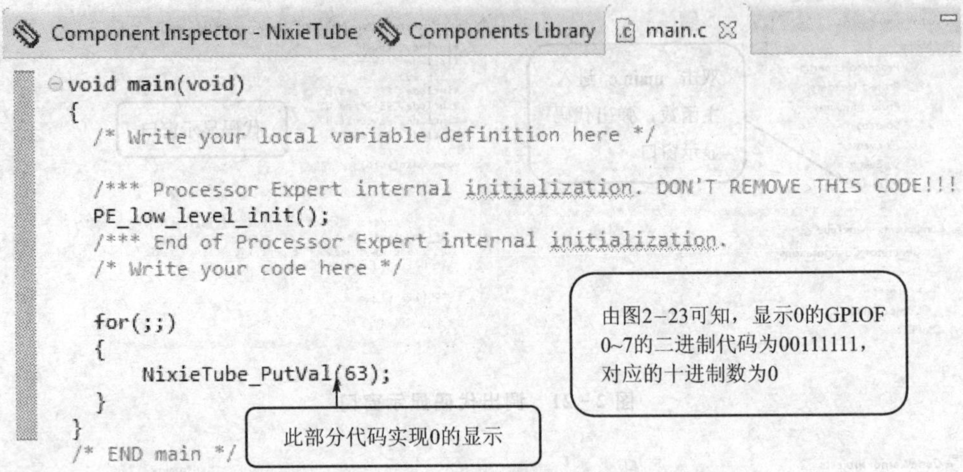

Component Inspector - NixieTube　Components Library　main.c

```
void main(void)
{
  /* Write your local variable definition here */

  /*** Processor Expert internal initialization. DON'T REMOVE THIS CODE!!!
  PE_low_level_init();
  /*** End of Processor Expert internal initialization.
  /* Write your code here */

  for(;;)
  {
      NixieTube_PutVal(63);
  }
}
/* END main */
```

此部分代码实现0的显示

由图2-23可知，显示0的GPIOF 0~7的二进制代码为00111111，对应的十进制数为0

图 2-24　显示 0 的代码

5. 延时函数的使能与调用

令数码管每隔 1 s 循环显示，需要用到延时函数。延时函数的使能和调用如图 2-25、图 2-26 所示。

图 2-25　找到延时函数并使能

图 2-25 中的① 表示该函数形参为 word 类型，形参 100 μs 为总延时时间。注意到函数左下角有一个“×”，这代表该函数被禁用。当函数右下角为“√”时，代表该函数可以使用。

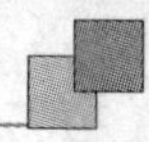

图 2-26　延时函数的调用

6. 完整的程序代码

所有代码在文件 main.c 中编写。完整代码如图 2-27 所示。

```
void main(void)
{
  /* Write your local variable definition here */

  /*** Processor Expert internal initialization. DON'
  PE_low_level_init();
  /*** End of Processor Expert internal initializatio

  /* Write your code here */
  for(;;)
  {
      NixieTube_PutVal(63); //显示0
      Cpu_Delay100US(10000);
      NixieTube_PutVal(6);   //显示1
      Cpu_Delay100US(10000);
      NixieTube_PutVal(91); //显示2
      Cpu_Delay100US(10000);
      NixieTube_PutVal(79); //显示3
      Cpu_Delay100US(10000);
      NixieTube_PutVal(102);//显示4
      Cpu_Delay100US(10000);
      NixieTube_PutVal(109);//显示5
      Cpu_Delay100US(10000);
      NixieTube_PutVal(125);//显示6
      Cpu_Delay100US(10000);
      NixieTube_PutVal(7);   //显示7
      Cpu_Delay100US(10000);
      NixieTube_PutVal(127);//显示8
      Cpu_Delay100US(10000);
      NixieTube_PutVal(111);//显示9
      Cpu_Delay100US(10000);
      NixieTube_PutVal(128);//显示小数点
      Cpu_Delay100US(10000);
  }
}
```

完整代码如下

因为需要1 s的时间间隔，即要得到1 s的延时，故参数为10 000

图 2-27　完整代码

需要注意的是，这种作为数据总线的用法用字节(ByteIO)模块也可以实现。字节(ByteIO)模块可以理解为位数固定(为 8 位)的多位(BitsIO)模块，读者可以根据需要，自行选择实现数据总线功能时使用的模块。

2.2.5 调试与结果

将示例程序编译、下载并运行后，会发现数码管上的数字在 0～9 之间切换，时间间隔为 1 s。

2.3 外部中断(ExtInt)模块

有些时候，用户可能希望根据 GPIO 引脚电平的跳变(上升沿或下降沿)，执行相应的操作，这时可以考虑使用外部中断 (ExtInt)模块。

2.3.1 中断介绍

中断是 DSC 对内部或者外部事件进行实时处理的一种机制。对于支持中断嵌套的嵌入式芯片(包括本书介绍的 MC56F84763)，如果 DSC 并未执行中断程序，或者处于优先级低于新的中断请求对应的优先级时(中断优先级的概念将在后面进行介绍)，一旦中断源产生中断请求，DSC 在当前程序中的运行将被打断，立即响应中断的请求，跳转到相应的中断服务函数中运行。中断服务函数运行完毕后，DSC 将返回之前程序暂停的位置，继续执行之前的程序。中断的整个过程可以简单地用图 2－28 来表示。

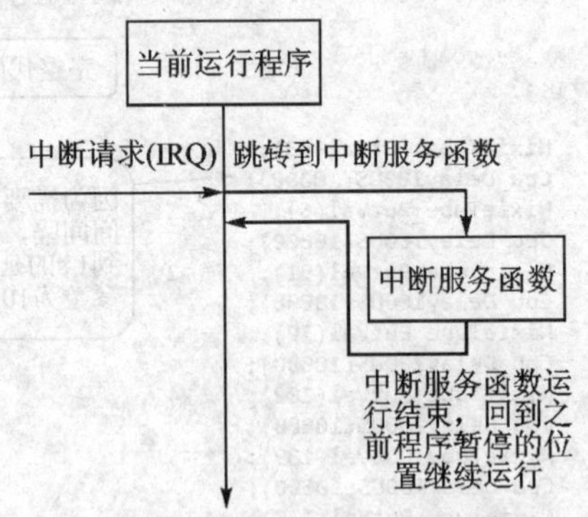

图 2－28　中断流程示意图

当 DSC 接收到一个中断请求时，将判断其中断优先级。DSC 根据其中断优先级的高低，决定是否到中断向量表中查找相应的中断服务函数，并在之后跳转到中断服务函数中运行。

2.3.2 模块添加

首先，在模块库(Components Library)窗口的 Interrupt 中找到 ExtInt 模块并添

加，如图 2-29 所示。添加成功后，在模块(Components)窗口将出现 ExtInt 模块，双击该模块，将出现初始化配置窗口，如图 2-30 所示。

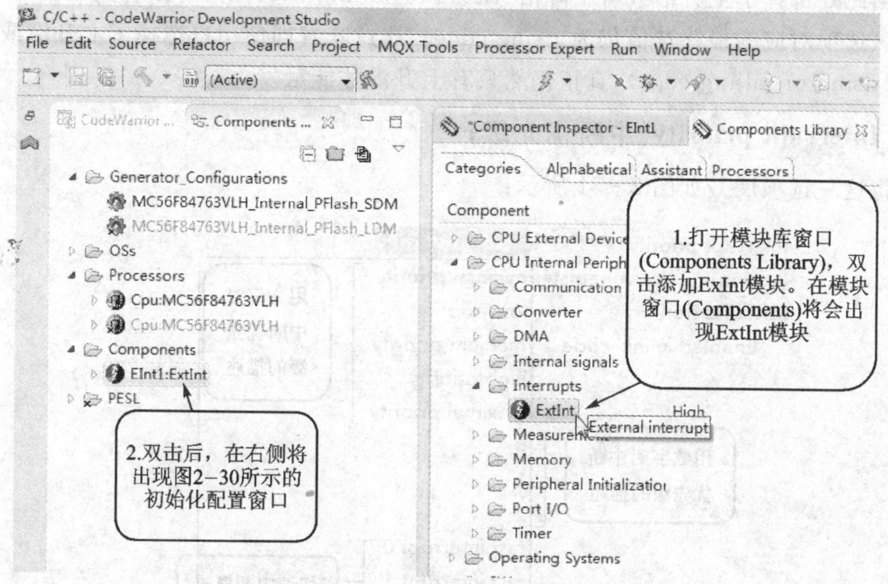

图 2-29　添加外部中断(ExtInt)模块

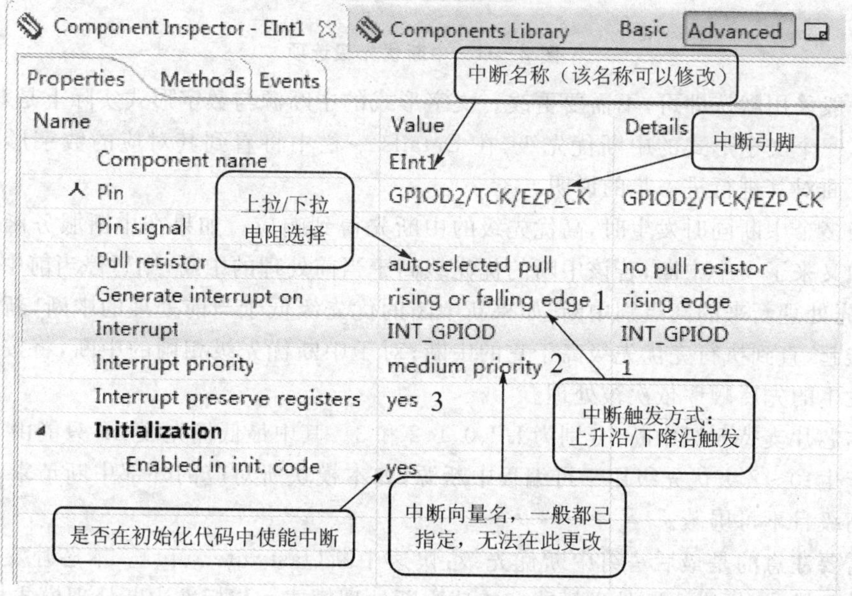

图 2-30　ExtInt 模块配置图

2.3.3　模块初始化

如图 2-30 所示为 ExtInt 模块的配置窗口。下面对 ExtInt 模块的各个初始化配置进行介绍。

1. Generate interrupt on(中断触发方式)

当此处选择了上升沿或者下降沿(rising or falling edge)时,可以看到在 Details 一栏中该选项对应的最终选值仍为 rising edge。这意味着即使用户选择了上升沿或者下降沿(rising or falling edge),真正仍然只有上升沿才能触发。

2. Interrupt priority(中断优先级)

将这一选项展开如图 2-31 所示:

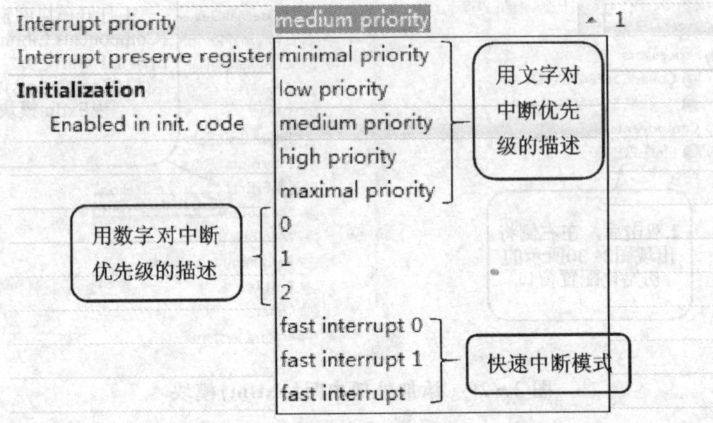

图 2-31 中断优先级选项

一般采用默认即可,不需要更改。文字形式的中断源与数字形式实际上是对应的。选择了一个文字形式的中断优先级,在 Details 一栏中将看到其对应的数字形式优先级。下面对其进行进一步的说明。

当多个中断同时发生时,高优先级的中断先得到响应。如果在中断服务函数运行过程中又来了一个中断,若该中断的优先级高于当前处理的中断,则暂停当前中断服务函数,先处理新来的高级别中断;如果新中断的优先级低于当前处理的中断,新的中断将被挂起,直到执行完优先级高于它的中断;对于中断优先级相同的中断,将按照中断请求发生的先后顺序依次被处理。

本芯片支持 5 级中断,分别为 LP、0、1、2 和 3。其中最低优先级 LP 只能由 SWILP 指令产生;0～2 级优先级用于可编程中断源,如本模块所对应的外部中断请求;级别 3 是最高级且不可屏蔽。

需要注意的是最后一组中断优先级:快速中断(fast interrupt)。本芯片支持两种中断处理模式:标准中断处理模式和快速中断处理模式。与标准中断处理模式相比,快速中断处理模式占用更少的资源,适用于需要快速反应的情景。使用快速中断模式需要保证其中断优先级为 2,不过在 PE 中这一点不需要我们关注。使用了快速中断模式后,可以观察到中断向量表(在 Generated_Code 文件夹下的 Vectors. c 文件中)中相应中断向量的跳转指令由 JSR 变成了 JMP 指令,如图 2-32 所示。详细原文信息可参见图 2-33 所示 datasheet 中的讲解。

图 2-32　采用快速中断后中断向量表中的变化

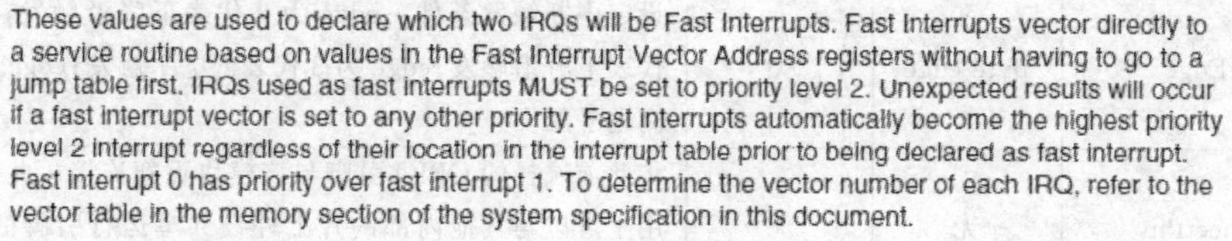

These values are used to declare which two IRQs will be Fast Interrupts. Fast Interrupts vector directly to a service routine based on values in the Fast Interrupt Vector Address registers without having to go to a jump table first. IRQs used as fast interrupts MUST be set to priority level 2. Unexpected results will occur if a fast interrupt vector is set to any other priority. Fast interrupts automatically become the highest priority level 2 interrupt regardless of their location in the interrupt table prior to being declared as fast interrupt. Fast interrupt 0 has priority over fast interrupt 1. To determine the vector number of each IRQ, refer to the vector table in the memory section of the system specification in this document.

图 2-33　对快速中断的解释(摘自文件 MC56F847xxRM)

3. Interrupt preserve registers(中断保护寄存器)

如果这一属性被选为 yes,那么在中断服务函数前面出现的语句#pragma interrupt called 之后会生成一个 saveall 修饰符。这个修饰符通过调用 RunTime 库里面的 INTERRUPT_SAVEALL 和 INTERRUPT_RESTOREALL 函数,保护所有寄存器中的值(将其保存起来)。在这种情况下,应该删去语句#pragma interrupt called。

当这一属性被选为 no 时,用户则必须保证中断函数中需要使用的其他进程中的寄存器在响应中断时都已经被保护起来了。这时候就不能删去语句#pragma interrupt called,必须保证其存在。

2.3.4　模块函数简介

调出 ExtInt 模块的函数列表,如图 2-34 所示。对函数的具体介绍如表 2-3 所列。

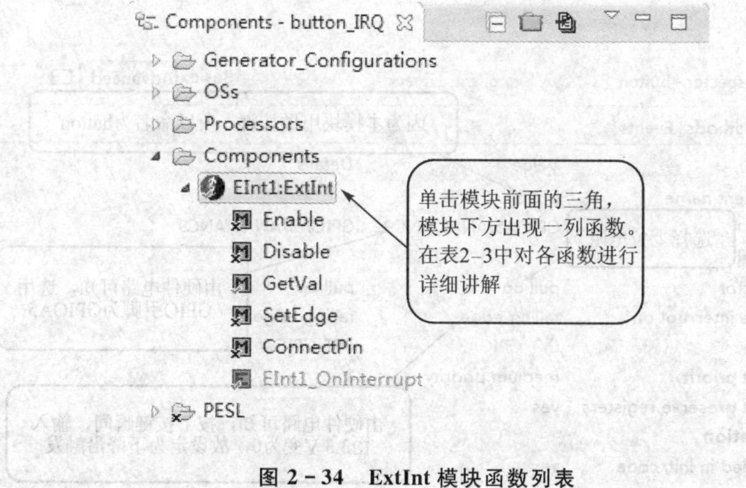

图 2-34　ExtInt 模块函数列表

表 2-3　ExtInt 模块函数列表

函数名	形　参	返回值	功　能
Enable	无	无	使能外部中断
Disable	无	无	禁用外部中断
GetVal	无	bool	获取引脚的输入的状态①
SetEdge	byte edge	无	设定中断触发条件。edge 为 0 代表下降沿触发;edge 为 1 代表上升沿触发;edge 为 3 代表低电平触发;edge 为 4 代表高电平触发
ConnectPin	无	无	将此前选择的 GPIO 引脚与该模块重新连接。此函数仅适用于可以与其他内部的片上外设共享运行引脚的 CPU 衍生设备及外设
Eint1_OnInterrupt	无	无	中断处理函数。PE 将在 Events.c 中自动生成这一函数,不需要我们的操作

① 需要读者注意的是:此函数的返回值并非 bool 类型的 0 或者 1,具体的返回值由端口状态和端口号共同决定。假设该模块当前对应端口为 GPIOC15,端口状态为高电平,那么该函数的返回值为 0b 1000 0000 0000 0000,对应的十进制形式为 32 768。实际上,该函数的返回值为在 RAWDATA 寄存器存储内容的基础上,将对应端口(本例中为 GPIOC15)外的其余端口(GPIOC0~GPIOC14)数据全部置零的结果。为了得到有效的比较结果,读者不能根据返回值是否等于 1 来判断该端口为高电平,可根据返回值是否不等于 0 来进行判断。

如果端口当前为高电平,则下述语句为真:EInt1_GetVal()! =0。

如果端口当前为低电平,则下述语句为真:EInt1_GetVal()==0。

2.3.5　按键中断应用实例

本例中,依然要实现用按键控制 LED 灯的亮灭。不过这次按键的判断是用中断来实现的,电路硬件图如图 2-9 所示。

首先,添加一个 BitIO 模块作为 LED 灯,配置如图 2-11 所示。

此外,还要添加一个 ExtInt 模块,使得按键的下压触发一个外部中断,其配置如图 2-35 所示。

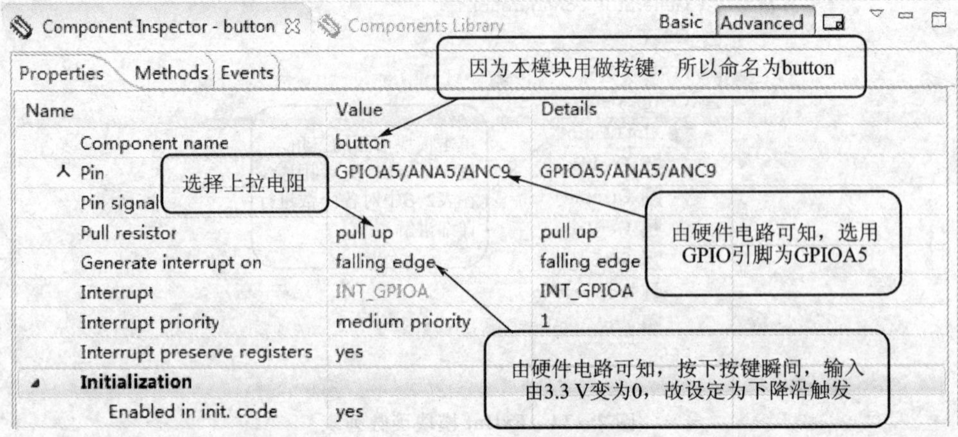

图 2-35　button 模块配置

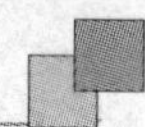

需要注意的是，配置好该模块，需要先单击 进行编译。只有在编译之后，中断服务函数才会出现在文件 Events.c 中。

主函数中不需要任何更改，所有代码都写在中断服务函数中。下面进行代码编写。

1. 打开文件

打开 Events.c 文件如图 2－36 所示，找到按键中断服务函数如图 2－37 所示。

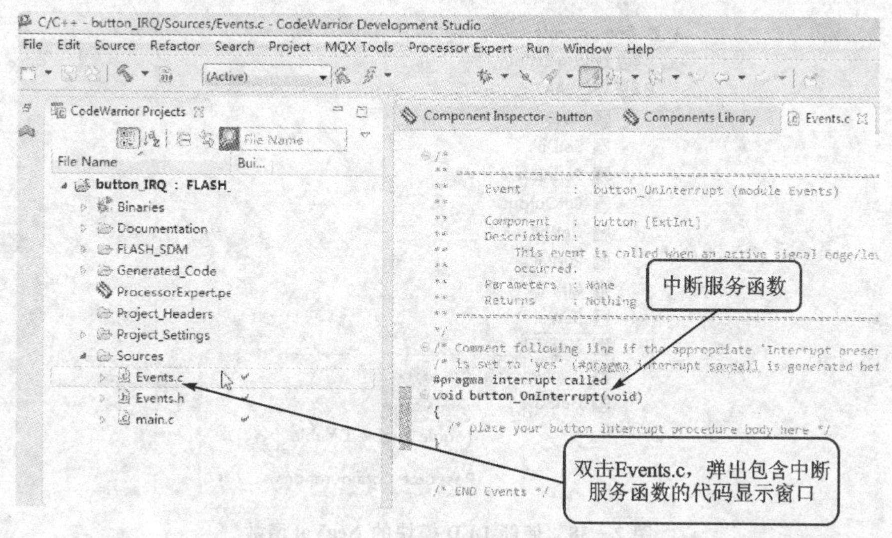

图 2－36　调出中断服务函数

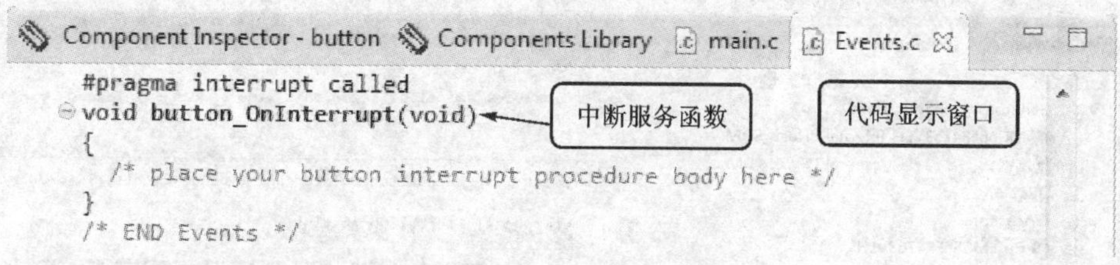

图 2－37　中断服务函数

2. 使能和调用 LED 模块的 NegVal 函数

使能 LED 模块的 NegVal 函数，如图 2－38 所示。然后，调用 NegVal 函数，如图 2－39所示。

至此，代码编写完毕。完整程序如图 2－40 所示。

3. 寻找真正的中断服务函数

如图 2－41～图 2－43 所示，将为用户展示中断服务程序更加底层的一些函数。用户只需跟着打开相应文件，仔细阅读即可，不需进行任何修改。

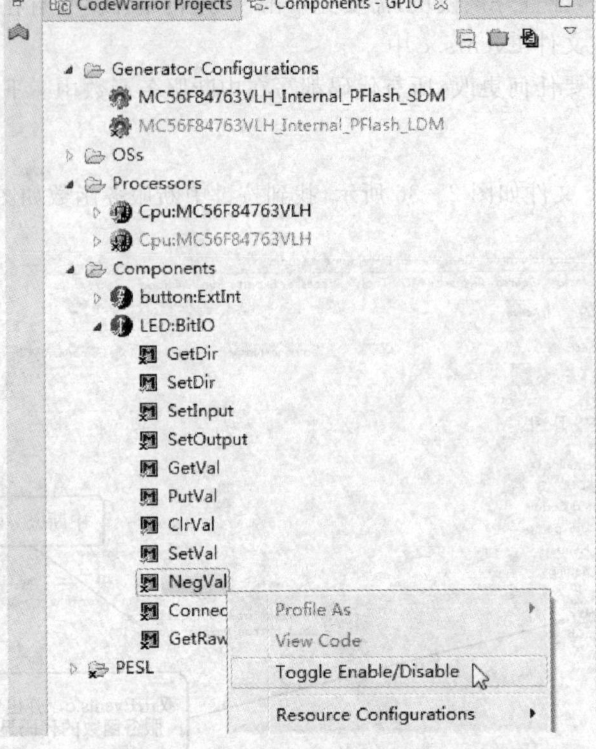

图 2-38 使能 LED 模块的 NegVal 函数

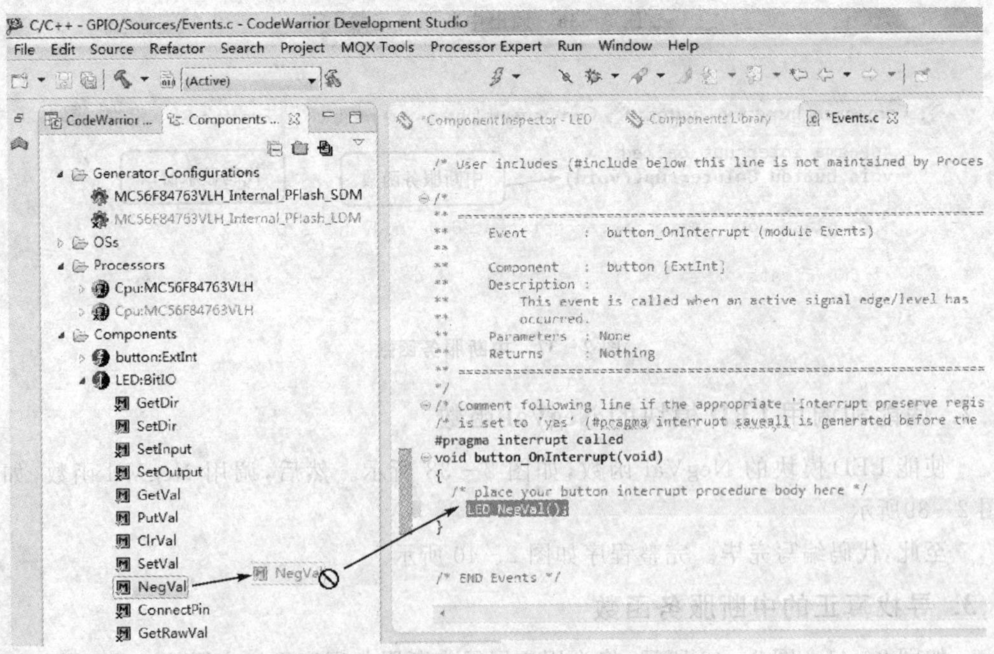

图 2-39 调用 LED 模块的 NegVal 函数

Component Inspector - LED　Components Library　*Events.c

```
**      Parameters   : None
**      Returns      : Nothing
** ==========================================================================
*/
/* Comment following line if the appropriate 'Interrupt preser
/* is set to 'yes' (#pragma interrupt saveall is generated bei
#pragma interrupt called
void button_OnInterrupt(void)
{
  /* place your button interrupt procedure body here */
    //当按下按键时，进入该中断
    LED_NegVal();   //实现LED亮暗的转换
}
/* END Events */
```

按照前述步骤拖过来的函数。至此，本例代码完成

将最终的程序编译、下载，可以观察到相应的实验现象

图 2-40　最终代码

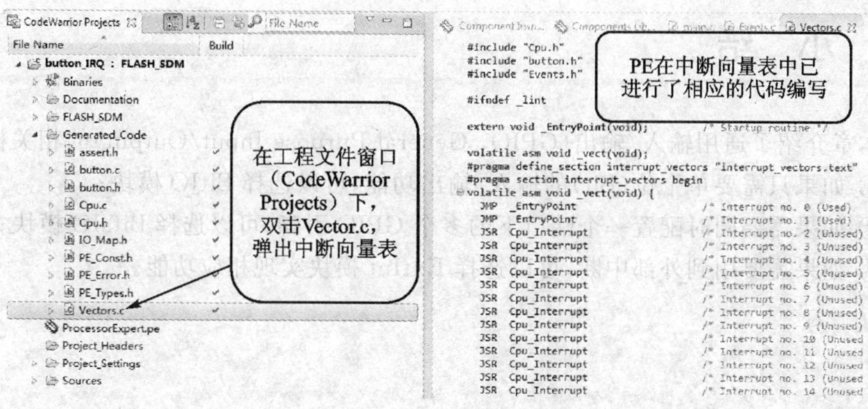

图 2-41　调出中断向量表

Component Inspector - button　Components Library　main.c　Events.c　Vectors.c

```
  JSR   Cpu_Interrupt          /* Interrupt no. 103 (Unused) - ivINT
  JSR   Cpu_Interrupt          /* Interrupt no. 104 (Unused) - ivINT
  JSR   Cpu_Interrupt          /* Interrupt no. 105 (Unused) - ivINT
  JSR   Cpu_Interrupt                                   used) - ivINT
  JSR   button_Interrupt                                 ed)  - ivINT
  JSR   Cpu_Interrupt          /* Interrupt no. 108 (Unused) - ivINT
  JSR   Cpu_Interrupt                          pt no. 109 (Unused) - ivINT
  JSR   Cpu_Interrupt                          pt no. 110 (Unused) - ivINT
}
#pragma section interrupt_vectors end

#endif _lint
```

PE在中断向量表中进行的配置

跳转到它的函数实现中

图 2-42　PE 在中断向量表中的更改

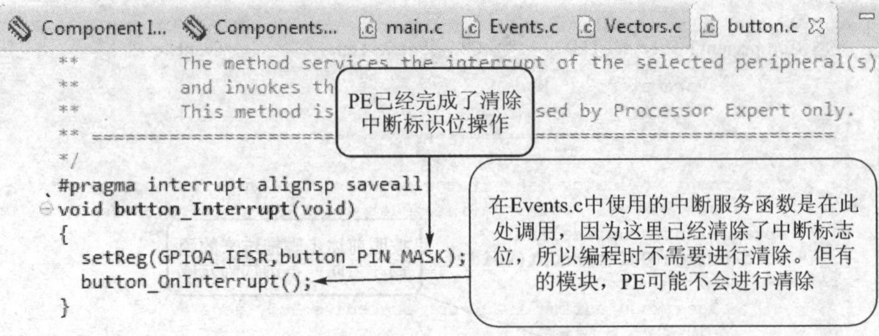

图 2-43 真正的中断服务函数

2.3.6 调试与结果

按下按键 SW1，LED 灯的状态在亮暗之间切换一次。

2.4 小 结

本章介绍了通用输入/输出(GPIO，General-Purpose Input/Output)的相关模块。

① 如果只需要单个位(Bit)的输入/输出功能，可以选择 BitIO 模块；

② 如果需要同时配置一个端口下的多个 GPIO 引脚，可以选择 BitsIO 模块；

③ 如果需要用到外部中断，可以选择 ExtInt 模块实现相应功能。

第 3 章

定时器(Timer)

本章主要介绍关于定时器(计数器)的几种常规运用。

① 使用定时中断完成定时处理功能；

② 输出单路 PWM；

③ 使用计数器对输入脉冲进行计数；

④ 用正交编码功能对输入两路正交方波进行解码；

⑤ 利用 capture 实现输入信号的频率、周期检测；

⑥ 使用看门狗完成对 CPU 的监测。

3.1 定时中断

3.1.1 模块添加

在 PE 模块库中找到定时中断模块(TimerInt)，鼠标左键双击模块名称可以向工程中添加该模块，如图 3－1 所示。

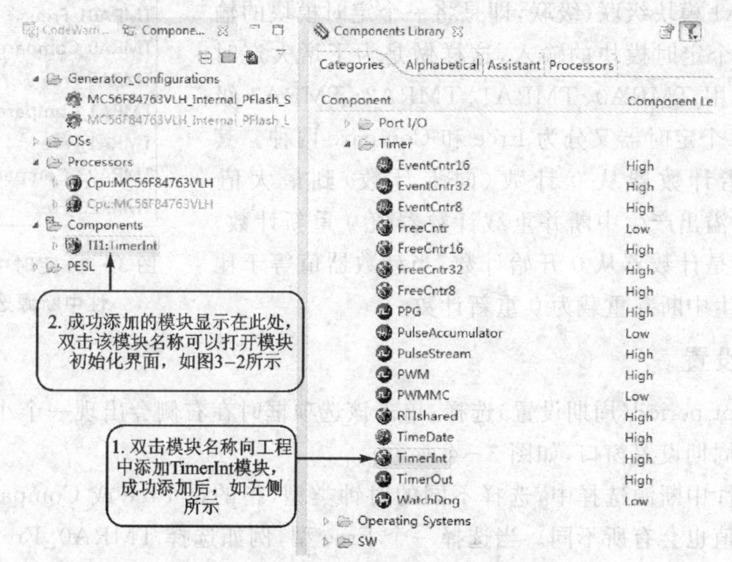

图 3－1　向工程添加 TimerInt 模块

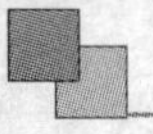

3.1.2 模块初始化

双击添加到工程中的模块，可以打开模块的初始化配置界面，如图 3-2 所示。

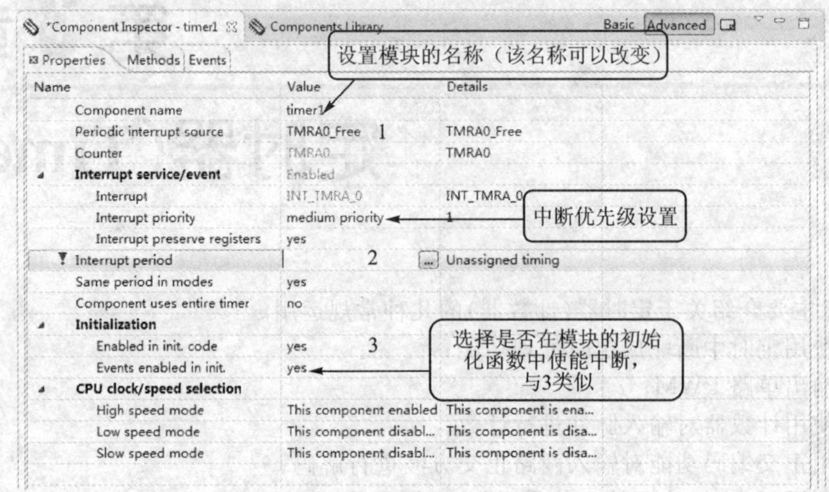

图 3-2　TimerInt 模块初始化配置

1. 周期性中断源

Periodic interrupt source(周期性中断源)选择，单击该选项会出现多种选择，如图 3-3所示。PITx_Modulo (PIT,Periodic Interrupt Timer)是周期性定时中断，可以作为模块的中断信号源。TMRA0、TMRA01、TMRA0123 分别表示单独使用 TMRA0 模块，使用 TMRA0、TMRA1 模块级联(级联，即是将一个定时模块的输出作为另一个定时模块的输入，这样做是为了增大定时器周期)，使用 TMRA0、TMRA1、TMRA2、TMRA3 级联。此外，每个定时器又分为 Free 和 Compare 两种。其中 Free 是指计数器从 0 计数（向上计数）到最大值 65 535，然后溢出产生中断并重载计数器值 0 重新计数。而 Compare 是计数器从 0 开始计数，当计数器值等于比较器值时产生中断并重载为 0 重新计数。

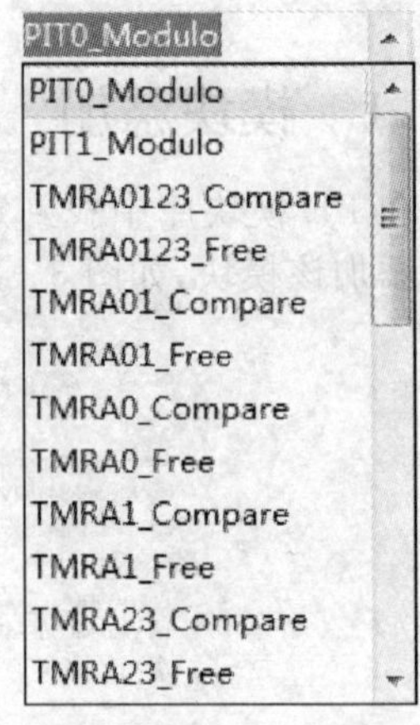

图 3-3　定时中断周期性中断源选择

2. 周期设置

Interrupt period(周期设置)选择，单击该选项框时在右侧会出现一个小按钮，单击按钮将打开周期设置窗口，如图 3-4 所示。

在周期性中断源选择中，选择不同的时钟类型(指的是 Free 或 Compare)，此处可选择的周期值也会有所不同。当选择一个 Free 型，例如选择 TMRA0_Free，周期设置窗口就如图 3-4 所示。

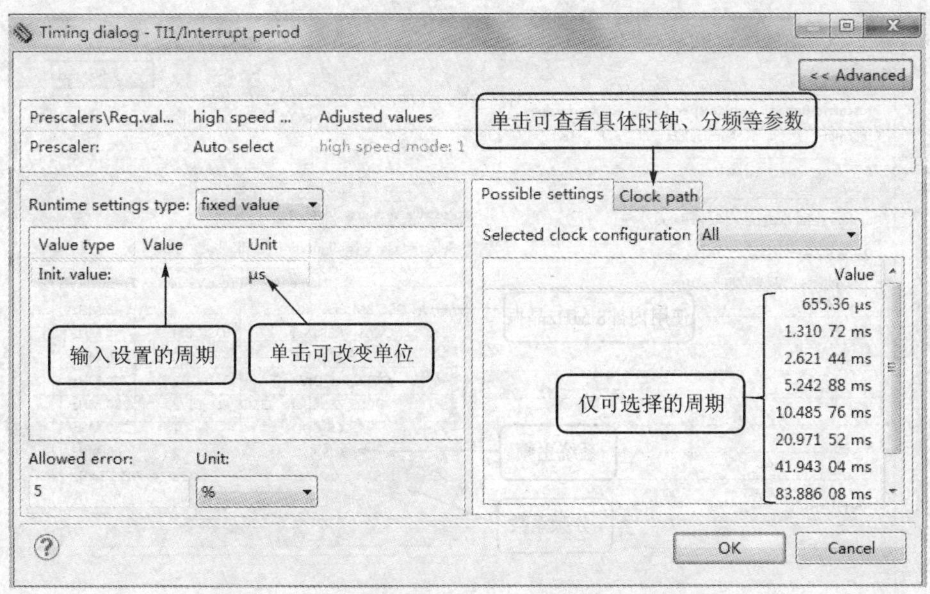

图 3-4 中断周期源为 TMRA0_Free 时周期设置

由图 3-4 可知,可以选择的周期值只有 8 个。那为什么是 8 个呢?因为选择的中断源为 Free 类型时,计数器从 0 计数到 65 535,那么周期 T=65 536×最小时钟单位。而最小时钟单位是由系统时钟及分频来决定的。单击图 3-4 中右侧的 Clock Path,可以看到时钟以及分频的相关信息,如图 3-5 所示。可以看到,系统当前使用的是 8 MHz 内部晶振,经过 PLL 锁相环倍频到 400 MHz,再经过分频得到 100 MHz 的系统时钟。当选择定时周期为最大的时间 83.886 08 ms,可以看到 TMRA0 分频为 128,定时器使用的时钟为系统时钟 100 MHz。而计数器的计数值为 65 536,所以计算定时周期为

$$65\,536 \times \frac{1}{\frac{100 \times 10^6}{128}}\ \text{s} = 83\,883.08 \times 10^{-6}\ \text{s} = 83.886\,08\ \text{ms} \tag{3-1}$$

与可选的值正好对应。系统主频在 CPU 初始化后固定为 100 MHz,而计数范围又是 0~65 535 即 65 536 个时钟信号,那么能够使定时周期变化的只有分频系数了。从定时器控制寄存器 TMRx_nCTRL 中的 PCS 位域知,分频系数只能是 1、2、4、8、16、32、64 和 128(如图 3-6 所示)。这就是为什么图 3-4 中只有 8 种定时周期值可选,改变图 3-5中的周期为其他几个值,可以看到分频系数也会相应地改变。

如图 3-6 所示是分频系数原文对寄存器 PCS(Primary Count Source)的说明。

但很多情况下需要使用特定的定时周期,例如 1 ms、10 ms 等,而 TMRA0_Free 只有 8 个可选周期,常常不能满足工作的需要。这时就可以选择 Compare 类型作为周期性中断源。

由图 3-7 可见,在使用 TMRA0_Compare 时,可以选择的中断周期被分为了 8 个等级(8 个 From…to…,每个等级对应于一个分频系数),但在每个等级下定时周期却可以再次有级(阶梯分别为 0.01 μs,0.02 μs,…,1.28 μs)选择。

很显然,8 个等级是因为有 8 种分频系数,可以看到每个等级的最大定时周期即对应了

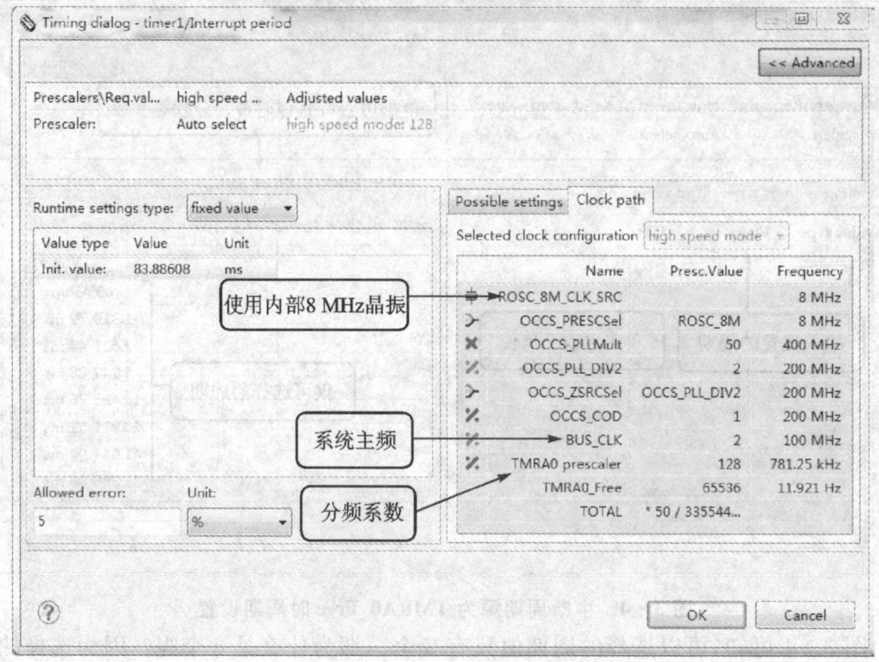

图 3-5 时钟具体参数

TMRA0_Free 的 8 个可选定时周期值。在每一个等级中，又可以再细分为多个等级，这是因为定时器的比较器数值可以从 0～65 535 变化。这时定时器的定时周期可计算：

$$\text{Compare}\times\frac{1}{\dfrac{100\times10^6}{\text{Prescaler}}}\text{s}=\frac{\text{Compare}\times\text{Prescaler}}{100}\times10^{-6}\,\text{s}=\frac{\text{Compare}\times\text{Prescaler}}{100}\,\mu\text{s} \tag{3-2}$$

其中，0≤Compare≤65 535，且为整数；Prescaler 取 1、2、4、8、16、32、64、128。

所以，当需要 1 ms 的定时周期时，有

$$\frac{\text{Compare}\times\text{Prescaler}}{100}=1\,000 \tag{3-3}$$

即

$$\text{Compare}\times\text{Prescaler}=100\times1\,000=10^5 \tag{3-4}$$

由条件可知，Prescaler 必须取 2 或 2 以上，若 Prescaler＝2，则 Compare＝50 000。

但是，使用 PE 进行初始化操作不像写底层初始化，不需要计算这些数据。以上的分析是为了帮助理解定时器是如何工作的，以及 PE 都做了哪些事情。使用 PE，只需要选择适合的周期性中断时钟源，并设置好周期即可，计算以及写寄存器等操作就交给 PE 后台去做。

于是设置好一个周期为 50 ms(可以从图 3-8 中 Details 栏看到实际的定时周期为 49.999 ms)的定时中断，如图 3-8 所示。

3. 定时器模块使能

Enabled in init. code 选择 yes，则 PE 在该模块的初始化函数 TI1_Init(该函数在 main 函数中的 PE_low_level_init 函数中调用)中会生成使能定时器的程序语句，如

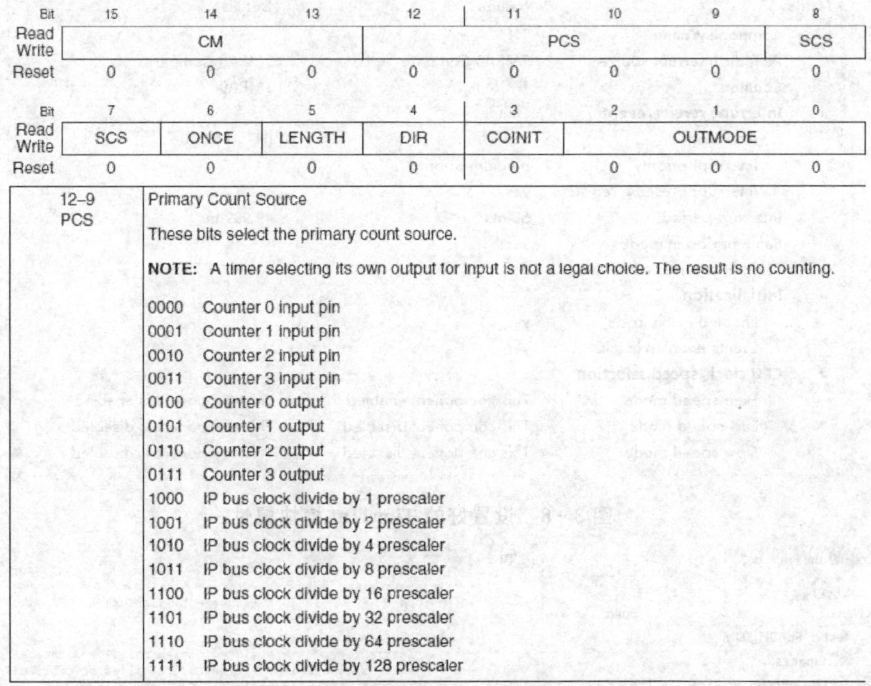

31.5.7 Timer Channel Control Register (TMRx_*n*CTRL)

Address: Base address + 6h offset + (16d × i), where i=0d to 3d

Bit	15	14	13	12	11	10	9	8
Read/Write	CM			PCS				SCS
Reset	0	0	0	0	0	0	0	0

Bit	7	6	5	4	3	2	1	0
Read/Write	SCS	ONCE	LENGTH	DIR	COINIT	OUTMODE		
Reset	0	0	0	0	0	0	0	0

Field	Description
12–9 PCS	Primary Count Source These bits select the primary count source. **NOTE:** A timer selecting its own output for input is not a legal choice. The result is no counting. 0000 Counter 0 input pin 0001 Counter 1 input pin 0010 Counter 2 input pin 0011 Counter 3 input pin 0100 Counter 0 output 0101 Counter 1 output 0110 Counter 2 output 0111 Counter 3 output 1000 IP bus clock divide by 1 prescaler 1001 IP bus clock divide by 2 prescaler 1010 IP bus clock divide by 4 prescaler 1011 IP bus clock divide by 8 prescaler 1100 IP bus clock divide by 16 prescaler 1101 IP bus clock divide by 32 prescaler 1110 IP bus clock divide by 64 prescaler 1111 IP bus clock divide by 128 prescaler

图 3-6　定时器控制寄存器中的分频系数

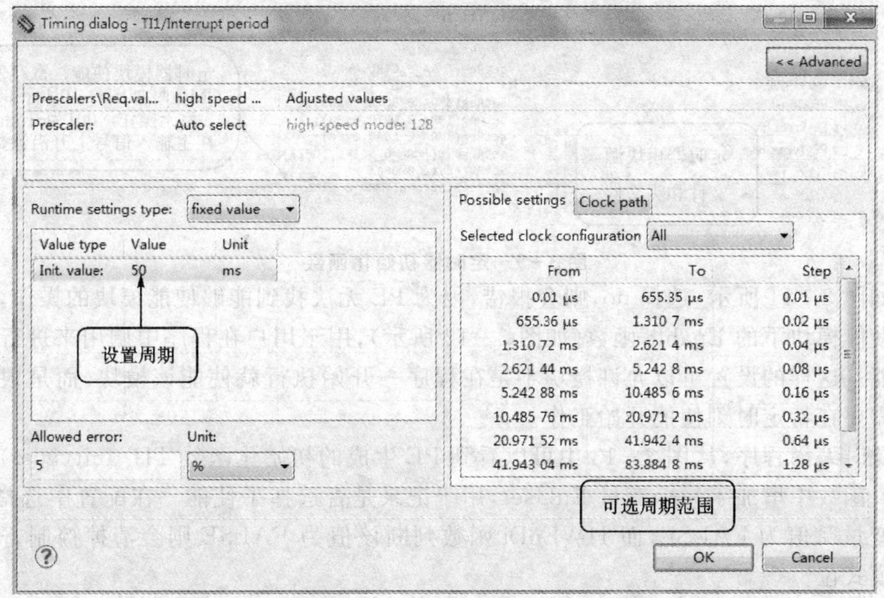

图 3-7　选择 TMRA0_Compare 作为周期性中断源

图 3-9 所示。

如图 3-10 所示下面是分频系数原文对寄存器中 CM(CountMode)的说明。

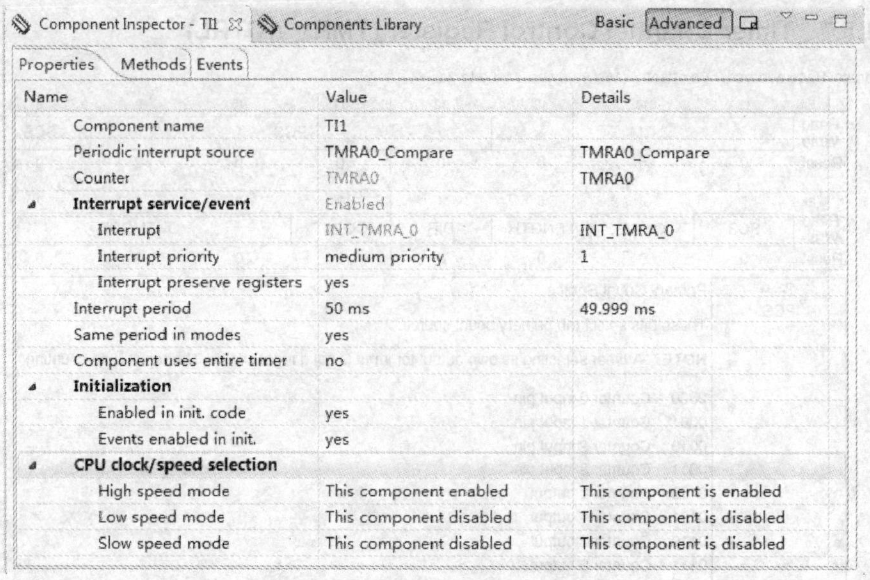

Name	Value	Details
Component name	TI1	
Periodic interrupt source	TMRA0_Compare	TMRA0_Compare
Counter	TMRA0	TMRA0
◢ Interrupt service/event	Enabled	
Interrupt	INT_TMRA_0	INT_TMRA_0
Interrupt priority	medium priority	1
Interrupt preserve registers	yes	
Interrupt period	50 ms	49.999 ms
Same period in modes	yes	
Component uses entire timer	no	
◢ Initialization		
Enabled in init. code	yes	
Events enabled in init.	yes	
◢ CPU clock/speed selection		
High speed mode	This component enabled	This component is enabled
Low speed mode	This component disabled	This component is disabled
Slow speed mode	This component disabled	This component is disabled

图 3-8　设置好的 TimerInt 模块属性

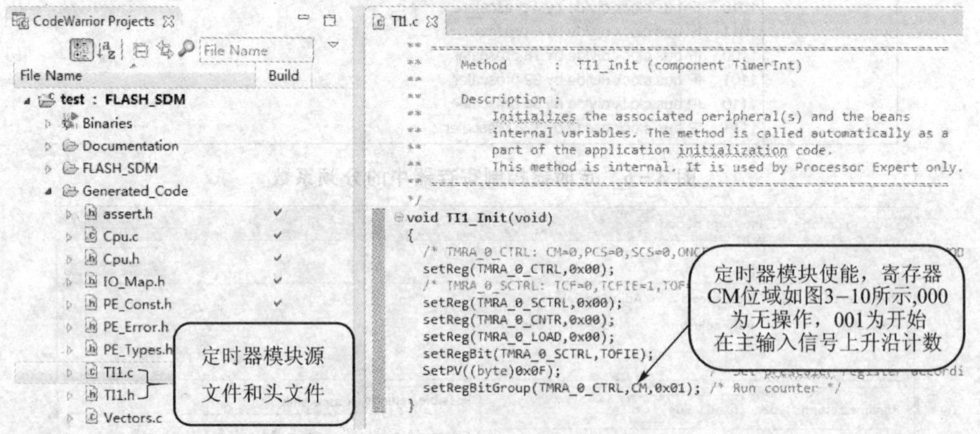

图 3-9　定时器初始化函数

如图 3-11 所示，选择 no，则会报错，因为 PE 无法找到能够使能模块的操作，这时需要使能模块下的 Enable 函数（如图 3-12 所示），用于用户在程序中调用来进行模块的使能。这样的设置可以允许模块不是在程序一开始执行就使能该模块，而是根据用户的需要在特定时刻使能开始工作。

此时编译程序，从图 3-13 中可以看到 PE 生成的初始化函数 TI1_Init(void)有所不同。函数中增加了一个变量 EnUser，用于记录是否选择了使能。在配置中选择 no，则该变量赋值为 FALSE，而 HWEnDi 函数判断该值为 FALSE 则会清掉控制寄存器中的模式位。

如果程序中需要使能该模块，则可以调用模块下的 Enable 函数。函数定义如图 3-14所示，在函数中将 EnUser 赋值为 TRUE，则在 HWEnDi 函数中将控制寄存器的 CM 位置 1，从而使能计数器。

31.5.7 Timer Channel Control Register (TMRx_*n*CTRL)

Address: Base address + 6h offset + (16d × I), where i=0d to 3d

Bit	15	14	13	12	11	10	9	8
Read/Write	CM			PCS				SCS
Reset	0	0	0	0	0	0	0	0

Bit	7	6	5	4	3	2	1	0
Read/Write	SCS	ONCE	LENGTH	DIR	COINIT	OUTMODE		
Reset	0	0	0	0	0	0	0	0

TMRx_*n*CTRL field descriptions

Field	Description
15–13 CM	Count Mode These bits control the basic counting and behavior of the counter. 000 No operation 001 Count rising edges of primary source[1] 010 Count rising and falling edges of primary source[2] 011 Count rising edges of primary source while secondary input high active 100 Quadrature count mode, uses primary and secondary sources 101 Count rising edges of primary source; secondary source specifies direction[3] 110 Edge of secondary source triggers primary count until compare 111 Cascaded counter mode (up/down)[4]

图 3－10　控制寄存器模式选择域

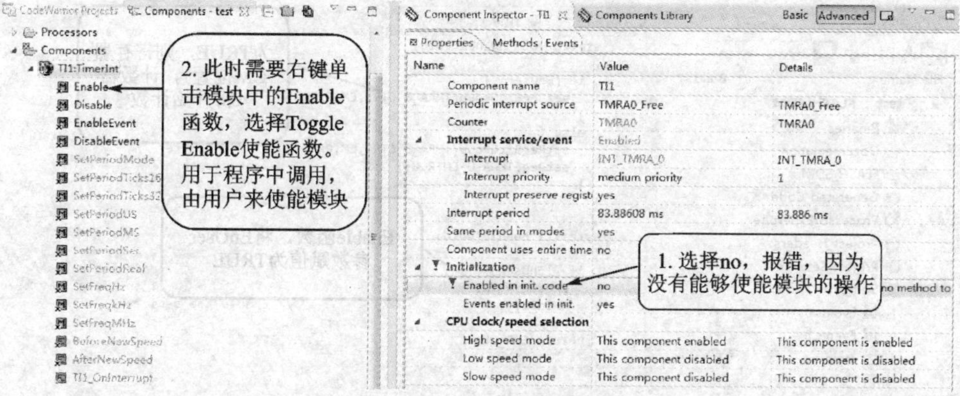

图 3－11　选择 no 报错

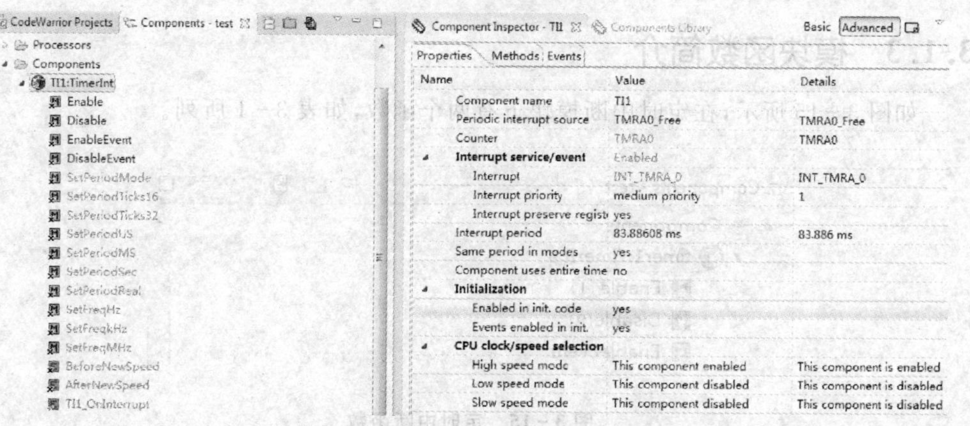

图 3－12　使能模块 Enable 函数则不再报错

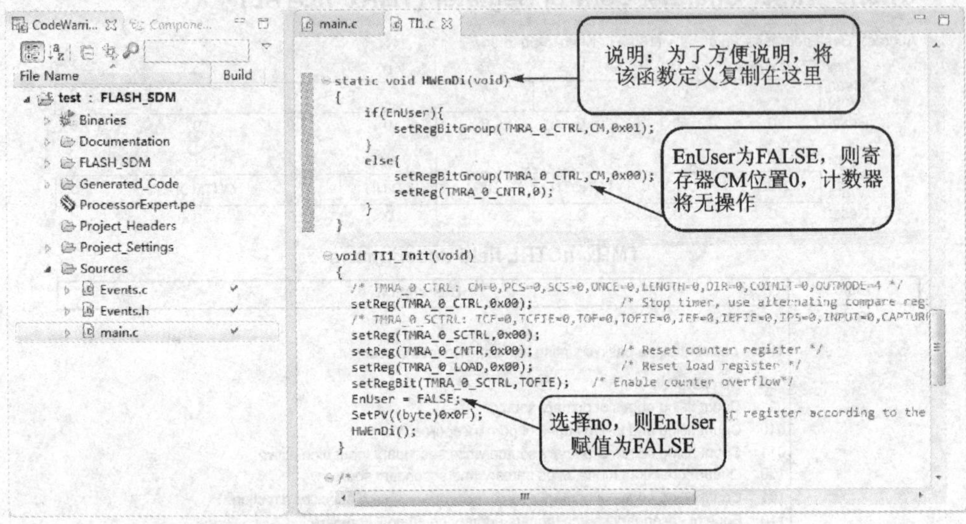

图 3-13 选择 no 的模块初始化函数

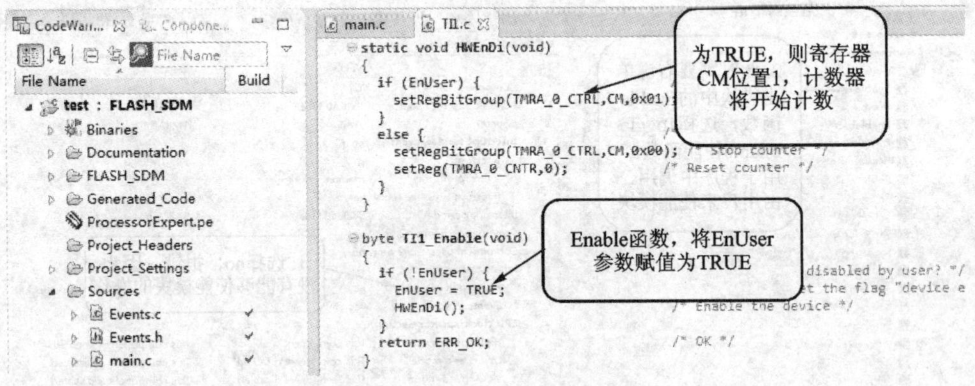

图 3-14 Enable 函数代码

3.1.3 模块函数简介

如图 3-15 所示，在定时中断模块下有两个函数，如表 3-1 所列。

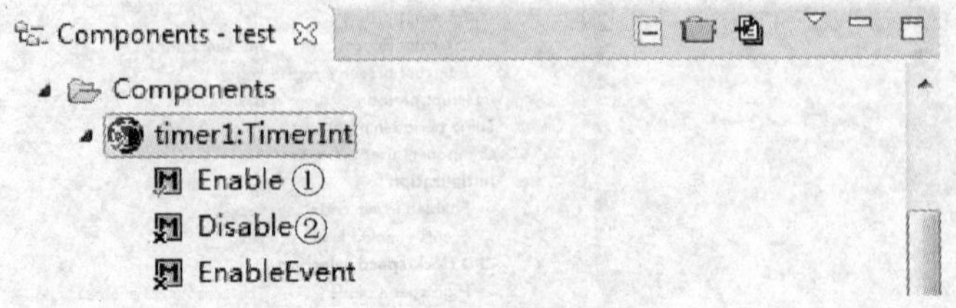

图 3-15 定时中断函数

表3-1 定时中断模块函数简介

序号	函数名	形参	返回值		功能
			类型	值与含义	
①	Enable	无	byte	ERR_OK(0):OK ERR_SPEED(1):器件没有正常工作	启动定时器
②	Disable	无	byte	ERR_OK(0):OK ERR_SPEED(1):器件没有正常工作	停止定时器

如果在模块初始化配置时,没有选择在初始化代码中使能模块,那么应在需要启动定时器的地方调用 Enable 函数;如果在初始化代码中选择了使能模块,那么程序完成初始化操作后(即执行完函数 PE_low_level_init();)定时器即被启动。其他模块的使用也是类似。

3.1.4 定时采样应用实例

回到工程文件窗口,单击工程名字选中工程(此时工程名字呈黑体状态),单击编译按钮编译工程,如图 3-16 所示。

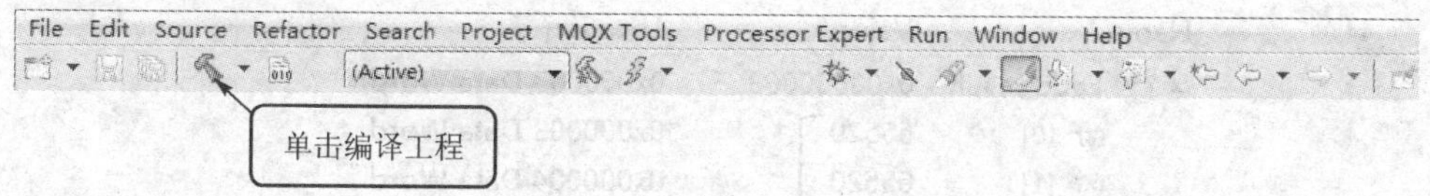

图 3-16 编译工程

双击工程文件下的 Events.c 文件,可以看到文件中多了一个以定时中断模块名"timer1"+"_OnInterrupt"作为函数名的中断服务函数,这是刚建立的定时中断模块的中断服务函数,如图 3-17 所示。需要在定时中断中执行的代码就可以写在这个函数中。

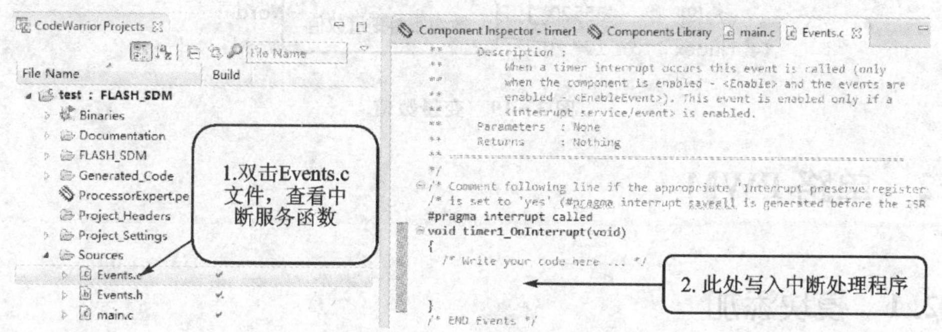

图 3-17 定时中断服务函数

这里要求利用定时器进行等间距采样,故添加一个 ADC 模块(配置详见 ADC 章节),编写实例程序如图 3-18 所示。

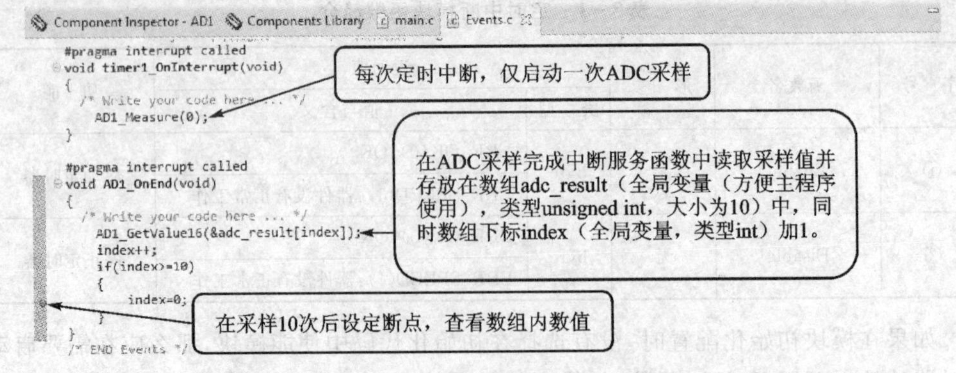

图 3-18 等间距采样实例编程

3.1.5 调试与结果

编译下载程序，在线调试，当程序运行到断点时，在全局变量查看窗口中添加变量进行查看，如图 3-19 所示是仅仅给了一个高电平的采样结果。

(x)= Variables

Name	Value	Location
Fadc_result	0x00000003	0x000003`Data Word
[0]	65520	0x000003`Data Word
[1]	65520	0x000004`Data Word
[2]	65520	0x000005`Data Word
[3]	65520	0x000006`Data Word
[4]	65520	ata Word
[5]	65520	ata Word
[6]	65520	0x000009`Data Word
[7]	65520	0x00000a`Data Word
[8]	65520	0x00000b`Data Word
[9]	65520	Vord
Findex	10	Vord

十次采样数值

数组下标变量数值

图 3-19 变量数值

3.2 单路 PWM

3.2.1 模块添加

在 PE 模块库中找到 PWM 模块，双击模块名称，向工程中添加一个该模块，如图 3-20所示，成功添加后如图 3-21 左侧所示。

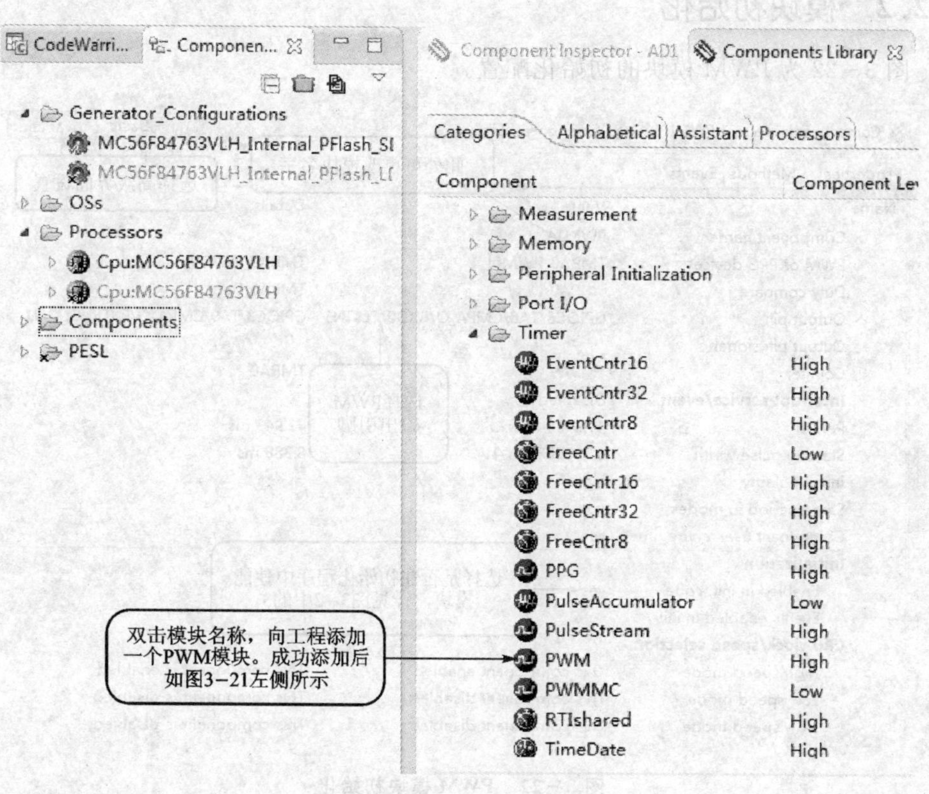

图 3－20　添加 PWM 模块

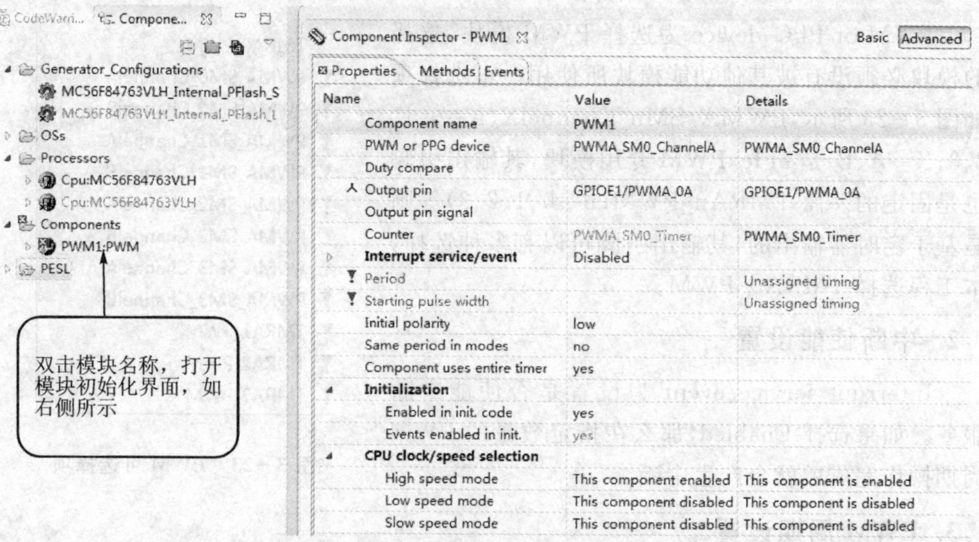

图 3－21　PWM 初始化界面

3.2.2 模块初始化

图 3-22 为 PWM 模块的初始化配置。

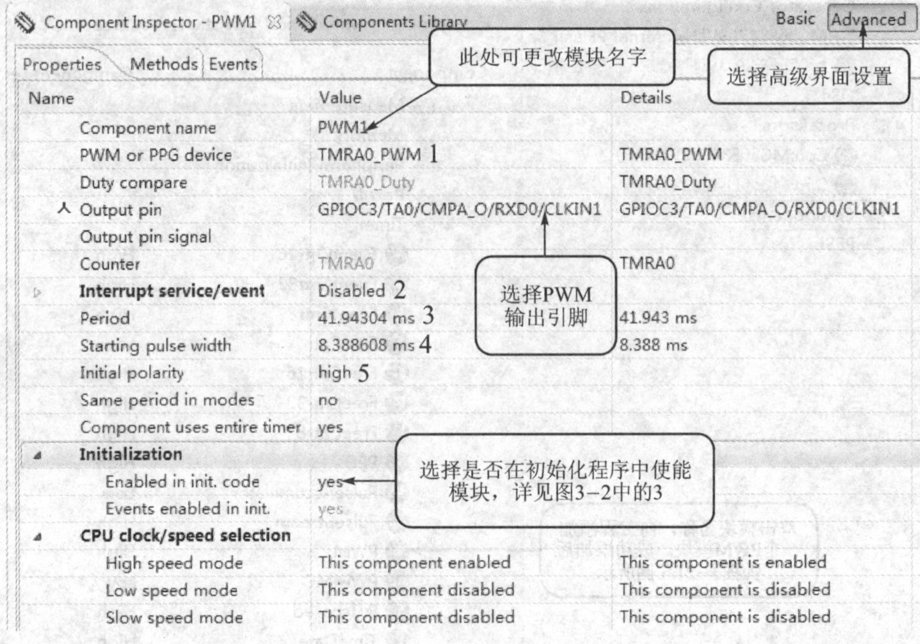

图 3-22 PWM 模块初始化

1. 选择 PWM 模块

PWM or PPG device 为选择 PWM 模块，选择的模块必须没有被其他功能模块所使用。可选择项如图 3-23 所示，PWMA_SMn_ChannelX(n=0、1、2、3；X=A、B)是 eFlexPWM 专用模块，其输出引脚也是固定的。而 TMRAn_PWM(n=0、1、2、3)等则是基于定时器输出的，其输出引脚可以有多种选择，本工程选择 TMRA0_PWM。

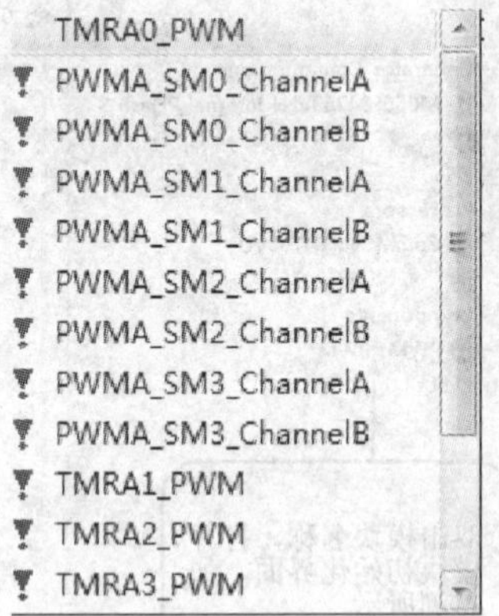

图 3-23 PWM 可选择项

2. 中断使能设置

Interrupt service/event 为设置是否使能中断服务。如果选择 Enabled，那么在指定数量的 PWM 周期操作完成后就会产生中断。

3. PWM 周期设置

Period 为 PWM 周期设置，单击该属性框，会在属性框右侧出现一个小按钮，单击该按钮可打开周期设置窗口，如图 3-24 所示。这里设置 PWM 周期为 41.943 04 ms(设置值需满足右侧的范围要求)。

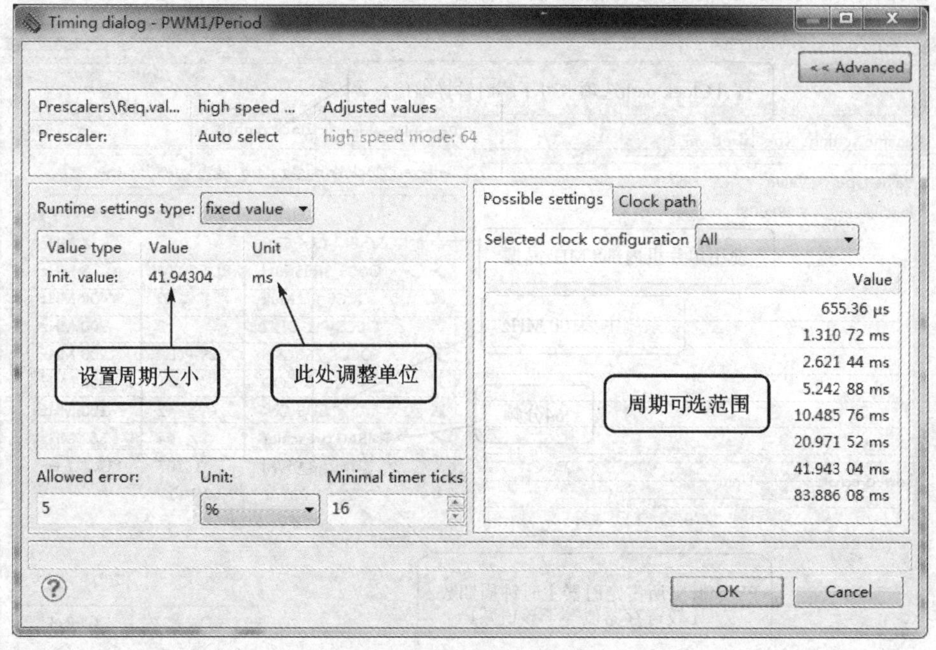

图 3-24 周期设置

4. 初始脉宽设置

Starting pulse width 为初始脉宽设置,同样单击该属性框出现小按钮,单击按钮打开设置窗口,如图 3-25 所示。从图可见,当设置好 PWM 周期后,可选脉宽大小即被限定在周期范围之内,这里设置初始脉宽为 8.388 608 ms。这样就得到了一个占空比为 20%的 PWM 波(这里初始极性为 high)。

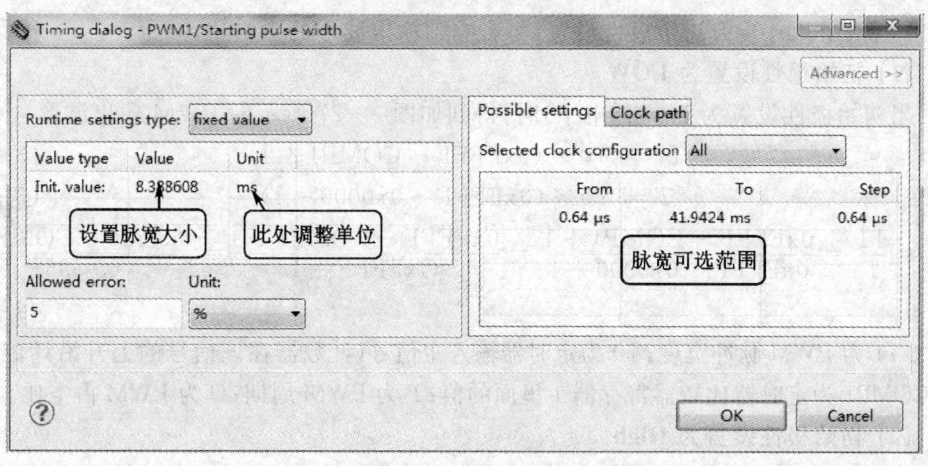

图 3-25 初始脉宽设置

单击图 3-25 中 Clock path 可查看选择当前脉宽(8.388 608 ms)的时钟详细信息,如图 3-26 所示。可知定时器比较寄存器的值为 13 107－1＝13 106。

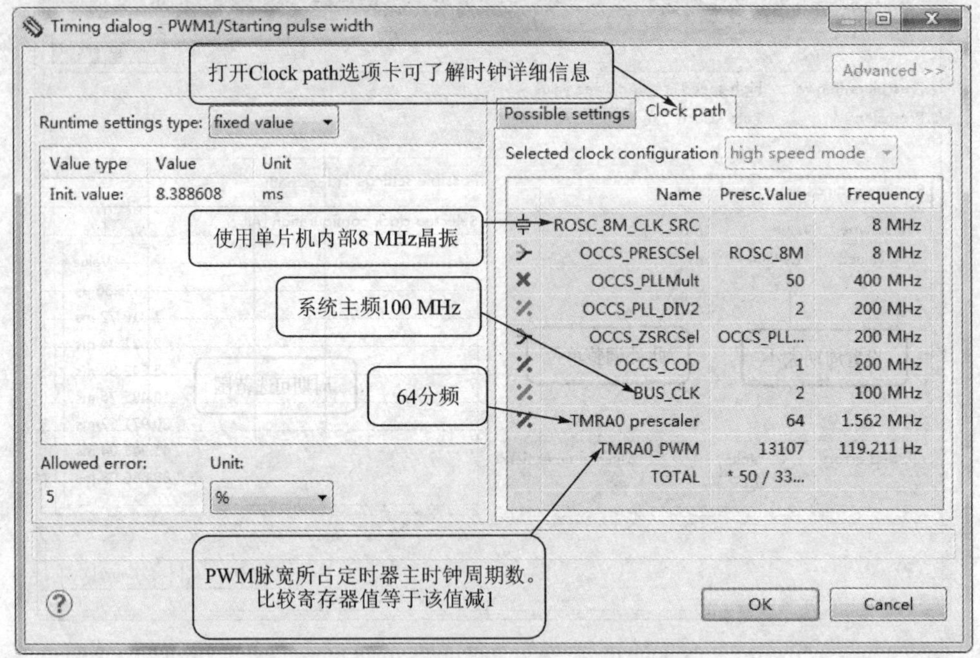

图 3-26　设置脉宽后可见详细时钟信息

在 Timer 模块下的 PWM 功能,使用的是定时器的输出功能。计数器从 0 开始,在每一个主信号源的上升沿加 1,当计数器的值等于比较器 1(TMRx_nCOMP1)的值则翻转 OFLAG 输出,当计数器值达到溢出值 0xFFFF(65 535,16 位计数器最大值)时,计数器发生翻转,计数器值置 0,同时再次翻转 OFLAG 输出。

5. 初始极性设置

Initial polarity 为初始极性设置,将影响到输出波形的占空比。

(1) 初始极性设置为 LOW

当初始极性设置为 low(低电平)时,得到如图 3-27 所示的 PWM 输出波形。

$$T1 = T0 \times (0xFFFF - COMP1 + 1) \tag{3-5}$$

$$T = T0 \times (0xFFFF - 0x0000 + 1) \tag{3-6}$$

$$D = \frac{T1}{T} = \frac{0xFFFF - COMP1 + 1}{0xFFFF - 0x0000 + 1} = \frac{0xFFFF - COMP1 + 1}{OxFFFF + 1} = \frac{65\ 536 - COMP1}{65\ 536} \tag{3-7}$$

其中,T1 为 PWM 脉冲宽度;T0 为定时器输入主信号(计数器在该信号的上升沿计数)周期;COMP1 为定时器比较器寄存器 1 里面的值;T 为 PWM 周期;D 为 PWM 占空比。

(2) 初始极性设置为 High

当初始极性设置为 high(高电平)时,得到如图 3-28 所示的 PWM 输出波形。

$$T1 = T0 \times (COMP1 - 0x0000 + 1) \tag{3-8}$$

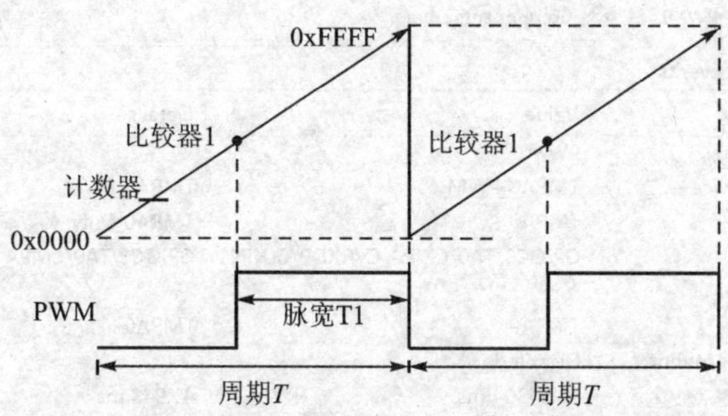

图 3-27　初始极性为 low 时 PWM 输出波形

$$T = \mathrm{T0} \times (0\mathrm{xFFF} - 0\mathrm{x0000} + 1) \tag{3-9}$$

$$D = \frac{\mathrm{T1}}{T} \frac{\mathrm{COMP1} - 0\mathrm{x0000} + 1}{0\mathrm{xFFFF} - 0\mathrm{x0000} + 1} = \frac{\mathrm{COMP1} + 1}{0\mathrm{xFFFF} + 1} = \frac{\mathrm{COMP1} + 1}{65\,536} \tag{3-10}$$

其中，T1 为 PWM 脉冲宽度；T0 为定时器输入主信号（计数器在该信号的上升沿计数）周期；COMP1 为定时器比较器寄存器 1 的值；T 为 PWM 周期；D 为 PWM 占空比。

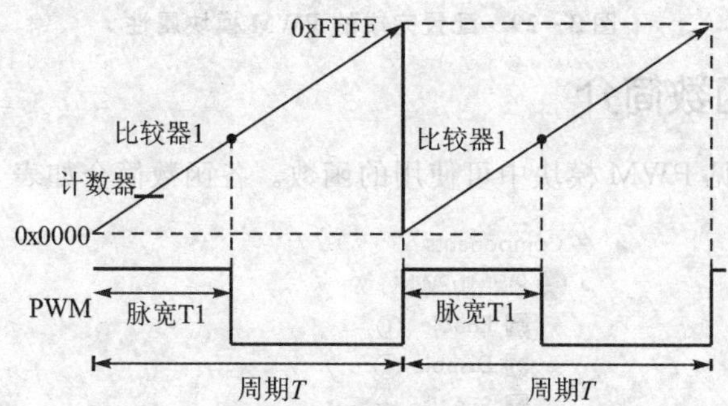

图 3-28　初始极性为 high 时 PWM 输出波形

所以为了能够使得输出波形占空比为 20%，即：

$$D = \frac{8.388\,608}{41.943\,04} \times 100\% = 20\% \tag{3-11}$$

由图 3-26 可知 COMP1＝13 106，设置初始极性为 low（低电平）时，带入公式(3-7)得到：

$$D = \frac{T1}{T} == \frac{65\,536 - \mathrm{COMP1}}{65\,536} = \frac{65\,536 - 13\,106}{65\,536} = 0.8 = 80\% \tag{3-12}$$

设置初始极性为 high（高电平）时，带入公式(3-10)得到：

$$D = \frac{\mathrm{T1}}{T} \frac{\mathrm{COMP1} + 1}{65\,536} + \frac{13\,106 + 1}{65\,536} = 0.2 = 20\% \tag{3-13}$$

所以，初始极性应该设置为 high（高电平）。

完成设置后，如图 3-29 所示。

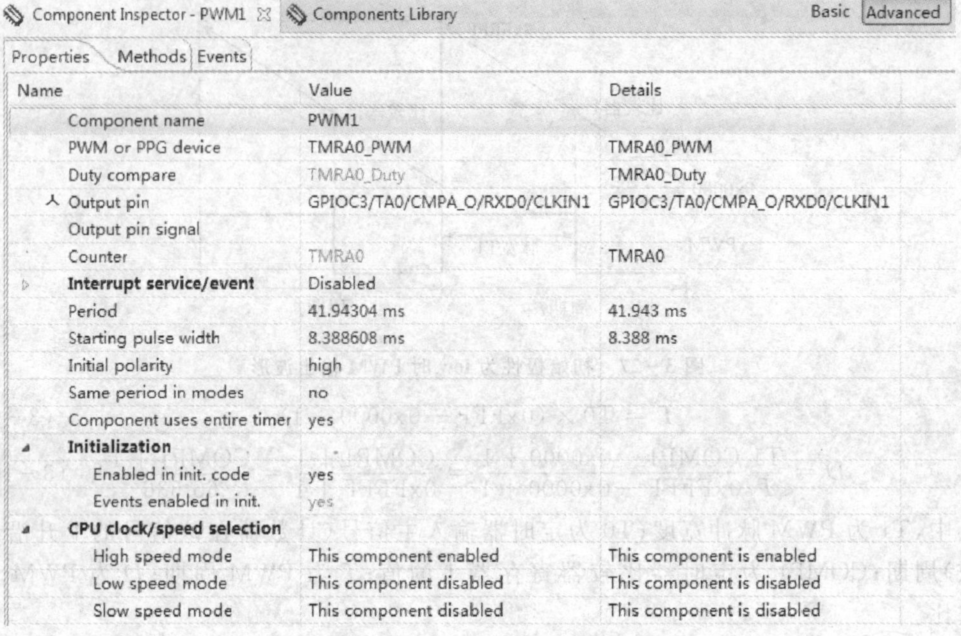

Name	Value	Details
Component name	PWM1	
PWM or PPG device	TMRA0_PWM	TMRA0_PWM
Duty compare	TMRA0_Duty	TMRA0_Duty
Output pin	GPIOC3/TA0/CMPA_O/RXD0/CLKIN1	GPIOC3/TA0/CMPA_O/RXD0/CLKIN1
Output pin signal		
Counter	TMRA0	TMRA0
Interrupt service/event	Disabled	
Period	41.94304 ms	41.943 ms
Starting pulse width	8.388608 ms	8.388 ms
Initial polarity	high	
Same period in modes	no	
Component uses entire timer	yes	
Initialization		
Enabled in init. code	yes	
Events enabled in init.	yes	
CPU clock/speed selection		
High speed mode	This component enabled	This component is enabled
Low speed mode	This component disabled	This component is disabled
Slow speed mode	This component disabled	This component is disabled

图 3-29　配置完成的 PWM 模块属性

3.2.3　模块函数简介

由图 3-30 可见 PWM 模块中可使用的函数。各函数简介如表 3-2 所列。

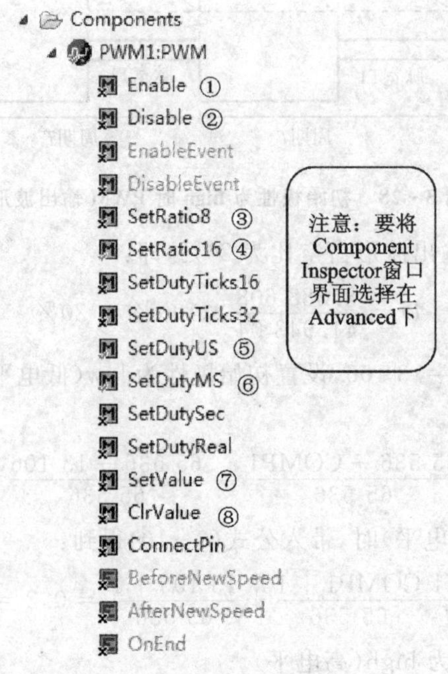

图 3-30　PWM 模块包含的函数

表 3-2 PWM 模块包含的函数简介

序 号	函数名	形 参	返回值		功 能
			类 型	值与含义	
①	Enable	无	byte	ERR_OK(0):OK ERR_SPEED(1):器件未正常工作	启动 PWM
②	Disable	无	byte	ERR_OK(0):OK ERR_SPEED(1):器件未正常工作	停止 PWM
③	SetRatio8	byte,0～256 对应 0～100%占空比	byte	ERR_OK(0):OK ERR_SPEED(1):器件未正常工作	设置 PWM 占空比
④	SetRatio16	Byte,0～65535 对应 0～100%占空比	byte	ERR_OK(0):OK ERR_SPEED(1):器件未正常工作	设置 PWM 占空比
⑤	SetDutyUS	word,即 unsigned int,脉宽时间,单位为 μs	byte	ERR_OK(0):OK ERR_SPEED(1):器件未正常工作 ERR_MATH(5):赋值溢出 ERR_RANGE(2):参数超出范围	设置脉宽,单位为 μs
⑥	SetDutyMS	word,即 unsigned int,脉宽时间,单位为 ms	byte	ERR_OK(0):OK ERR_SPEED(1):器件未正常工作 ERR_MATH(5):赋值溢出 ERR_RANGE(2):参数超出范围	设置脉宽,单位为 ms
⑦	SetValue	无	byte	ERR_OK(0):OK ERR_SPEED(1):器件未正常工作 ERR_ENABLED(6):模块已经使能,该函数只有在模块未使能时调用	设置 PWM 初始极性,见 3.2.2 小节的 5
⑧	ClrValue	无	byte	ERR_OK(0):OK ERR_SPEED(1):器件未正常工作 ERR_ENABLED(6):模块已经使能,该函数仅在模块未使能时调用	设置 PWM 初始极性,见 3.2.2 小节的 5

注:ERR_OK、ERR_SPEED、ERR_MATH、ERR_RANGE、ERR_ENABLED 等参数为 PE 中的返回标志,在 PE_Error.h 文件中宏定义。

3.2.4 调试与结果

在工程文件窗口中单击选中工程,编译无错后下载并运行。用示波器观察 PWM 输出引脚 GPIOC3 的电平波形,得到如图 3-31 所示波形。

通过在 main 函数中调用 SetRatio16 函数,将占空比调整为 50%,代码如图 3-32 所示。

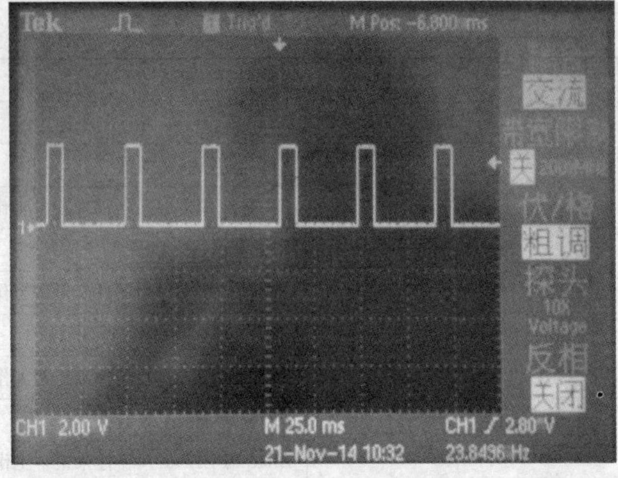

图 3-31　输出占空比 20%的 PWM 波形

```
void main(void)
{
  /* Write your local variable definition here */

  /*** Processor Expert internal initialization. DON'T REMOVE THIS CODE!!! ***/
  PE_low_level_init();
  /*** End of Processor Expert internal initialization.                    ***/

  /* Write your code here */
  PWM1_SetRatio16(32768);

  for(;;) {}
}
```

调用SetRatio16函数改变占空比，形参0~65 535对应占空比0~100%，故要得50%占空比，形参为32 768

图 3-32　调用 SetRatio16 函数改变占空比

编译、下载代码并运行，观察到如图 3-33 所示波形。

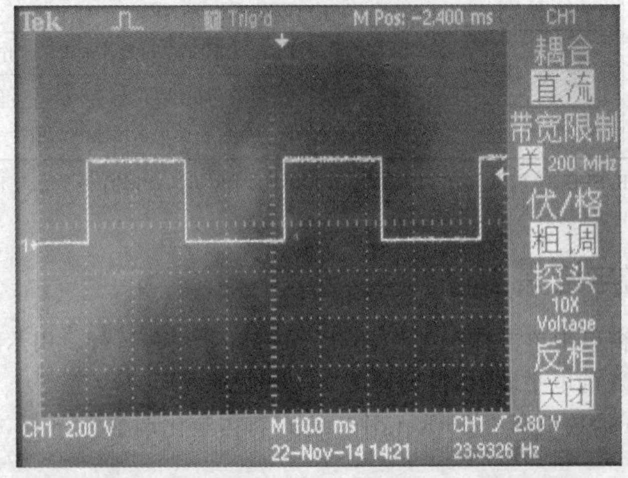

图 3-33　输出占空比设 50%的 PWM 波形

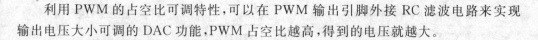

利用 PWM 的占空比可调特性,可以在 PWM 输出引脚外接 RC 滤波电路来实现输出电压大小可调的 DAC 功能,PWM 占空比越高,得到的电压就越大。

3.3 计数器

3.3.1 模块添加

在 PE 模块库中找到事件计数器(EventCntr16)模块,鼠标左键双击模块名称,向工程中添加一个计数器模块,如图 3-34 所示。

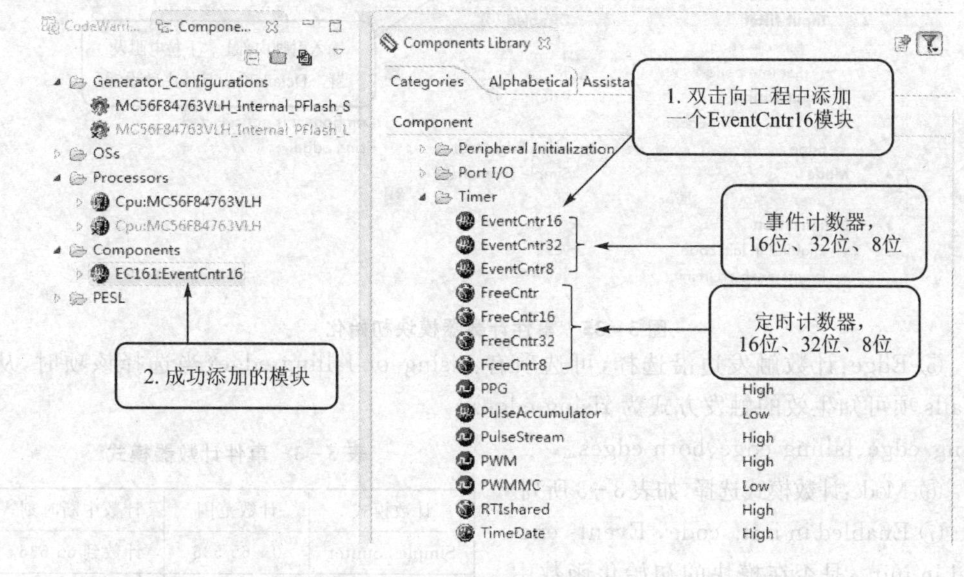

图 3-34 添加 EventCntr16 模块

3.3.2 模块初始化

双击成功添加的 EventCntr16 模块,可以打开模块初始化配置界面,如图 3-35 所示。

① Counter:计数模块选择。

② Interrupt priority:中断优先级设置,根据需要选择合适优先级。

③ Input filter:输入滤波器设置,如果需要可以使能(Enabled)。滤波方式为:通过周期性(周期为设置的 Sample period 个系统时钟)地采样输入信号的极性,如果多次(设置的 Sample count)采样极性相同,则接受该极性。

④ Input source:PE 会根据选择的触发信号自动识别该信号是外部信号(通过 GPIO 引脚输入)还是内部信号(其他模块产生)。如果是内部信号,则需要选择产生该信号的模块,如果工程中没有该模块,则需要添加。

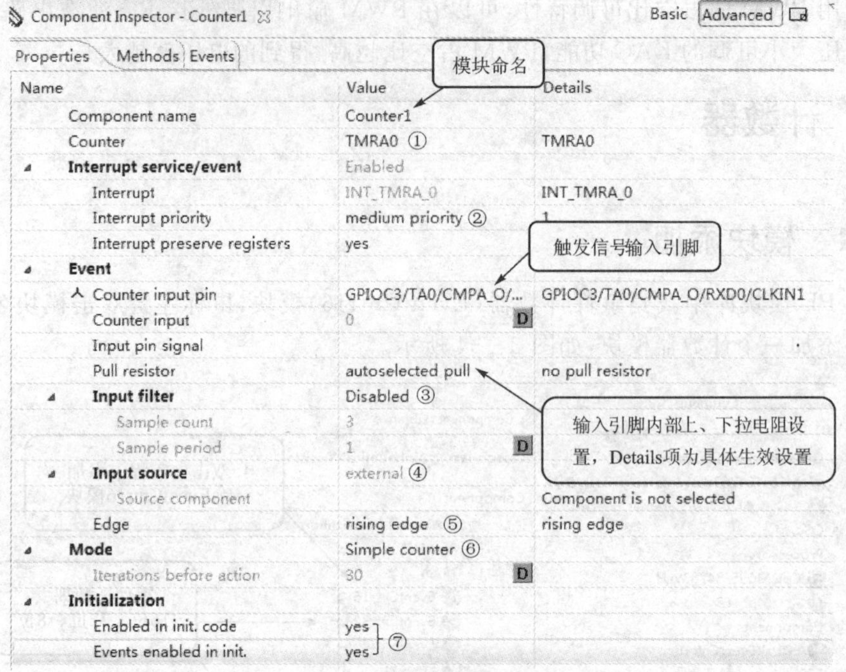

图 3-35　事件计数器模块初始化

⑤ Edge：计数触发边沿选择，可选项有：rising or falling edge（当选择该项时，从 details 项可知生效的触发方式为 rising edge）、rising edge、falling edge、both edges。

⑥ Mode：计数模式选择，如表 3-3 所列。

⑦ Enabled in init. code，Events enabled in init.：是否在模块的初始化函数中使能计数器和中断，详见图 3-2 中的 3。

表 3-3　事件计数器模式

计数模式	计数范围	计数中断时刻
Simple counter	0～65 536	计数到 65 536
Repetive	0～设定值	计数到设定值

3.3.3　模块函数简介

事件计数器模块提供了几个函数供用户调用，如图 3-36 所示。表 3-4 为常用函数的简介。

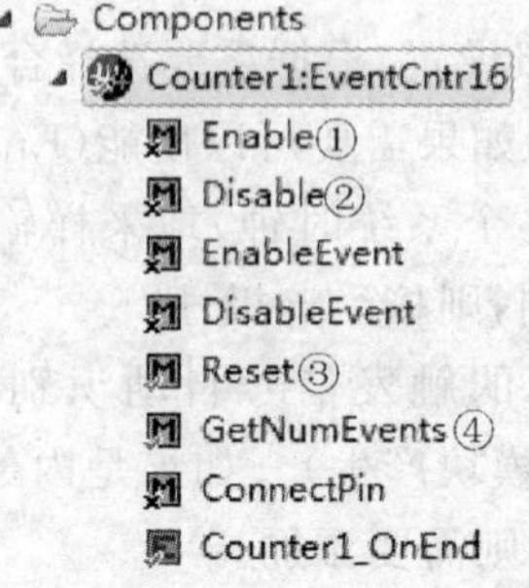

图 3-36　事件计数器模块函数

表 3-4 事件计数器模块常用函数简介

序 号	函数名	形 参	返回值		功 能
			类 型	值与含义	
①	Enable	无	byte	ERR_OK(0):OK	启动 PWM
				ERR_SPEED(1):器件没有正常工作	
②	Disable	无	byte	ERR_OK(0):OK	停止 PWM
				ERR_SPEED(1):器件没有正常工作	
③	Reset	无	byte	ERR_OK(0):OK	重置计数器
④	GetNum Events	Word,即 unsigned int。存储当前计数值	byte	ERR_OK(0):OK	读取计数器当前值
				ERR_OVERFLOW(4):计数溢出	
				ERR_SPEED(1):器件没有正常工作	
				ERR_ENABLED(6):模块已经使能,该函数只有在模块未使能时调用	

3.3.4 计数器应用实例

利用计数器检测周期性波形频率,将计数器的触发信号引脚设置为 GPIOC4;再添加一个 PWM 模块,输出引脚设置为 GPIOC3,周期设置为 655.36 μs(频率为 1 526 Hz);再添加一个定时中断模块,定时周期设置为 1 s。将 PWM 模块的输出引脚连接到计数器的输入引脚,在定时中断服务函数中读取计数器的计数值。

在定时中断服务函数中编写代码如图 3-37 所示,先读取计数器的计数值,再将读到的值存放到数组中,数组下标再增加 1 用于存放下一次读取的值。

```
/* Comment following line if the appropriate 'Interrupt preserve registers' property */
/* is set to 'yes' (#pragma interrupt saveall is generated before the ISR)          */
#pragma interrupt called
void TI1_OnInterrupt(void)
{
  /* Write your code here ... */
    Counter1_GetNumEvents(&count);
    result[index]=count;
    index++;
    if(index>=99) index=99;
}
```

周期为1 s的定时中断

count: unsigned int, 全局变量
result: unsigned int [100]全局变量
index: int, 全局变量

图 3-37 实例主要程序

3.3.5 调试与结果

编译、下载、运行工程,暂停后在全局变量窗口中添加程序中的 result 数组变量,可观察数据如图 3-38 所示。

可见定时中断产生了 3 次,分别读取到的计数器数值为 1 525、3 051、4 577,则可计算输入方波在 1 s 内的上升沿个数为 3 051-1 525=1 526(或 4 577-3 051=1 526),

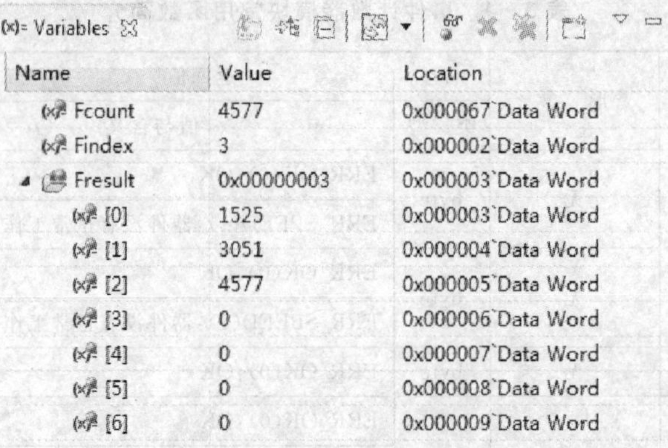

(x)= Variables
Name
Value
Location
Fcount 4577 0x000067`Data Word
Findex 3 0x000002`Data Word
Fresult 0x00000003 0x000003`Data Word
[0] 1525 0x000003`Data Word
[1] 3051 0x000004`Data Word
[2] 4577 0x000005`Data Word
[3] 0 0x000006`Data Word
[4] 0 0x000007`Data Word
[5] 0 0x000008`Data Word
[6] 0 0x000009`Data Word

图 3-38　调试中参数值

与输入 PWM 信号的频率一致。

3.4　正交编码

3.4.1　模块添加

在 PE 模块库中双击 PulseAccumulator(脉冲累加器)模块，向工程中添加该模块，如图 3-39 所示。

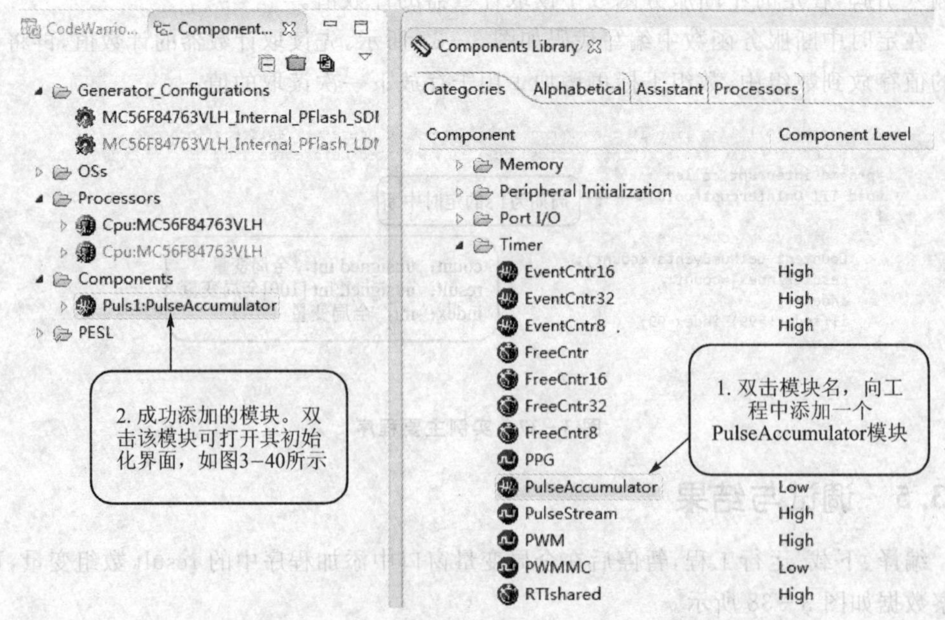

图 3-39　向工程添加 PulseAccumulator 模块

3.4.2 模块初始化

双击添加到工程中的模块,可以打开模块初始化配置界面,如图 3-40 所示。

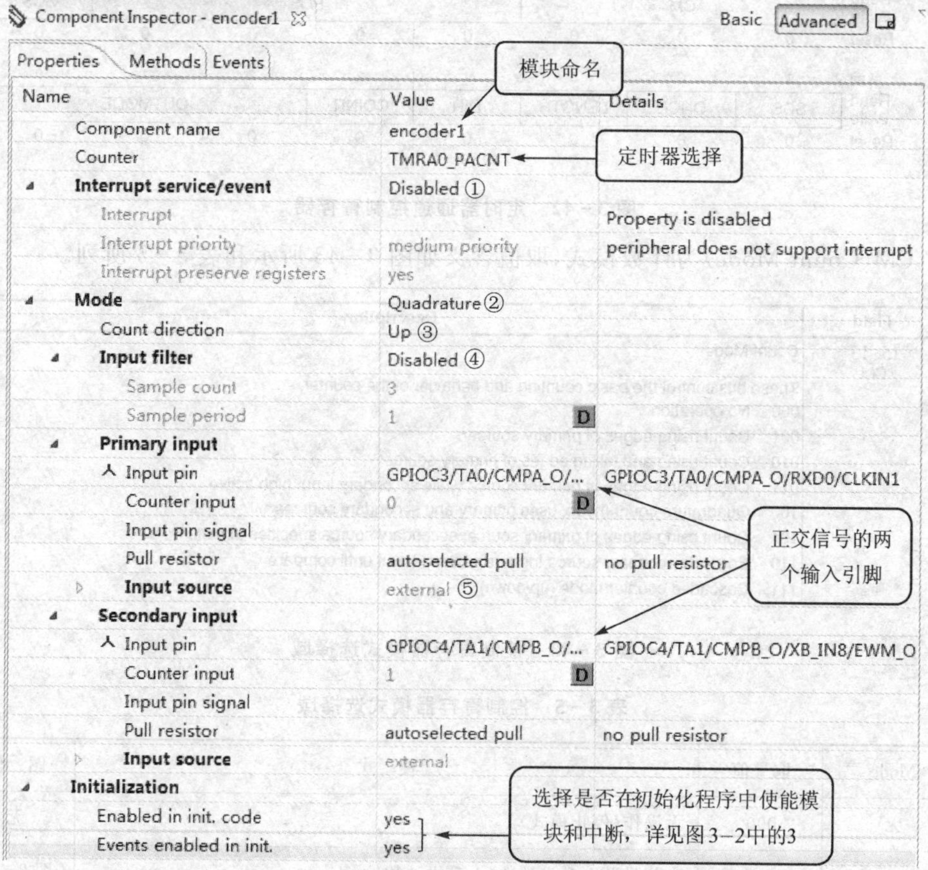

Component Inspector - encoder1　　Basic　Advanced

Properties　Methods　Events

Name	Value	Details
Component name	encoder1	
Counter	TMRA0_PACNT	
Interrupt service/event	Disabled ①	
Interrupt		Property is disabled
Interrupt priority	medium priority	peripheral does not support interrupt
Interrupt preserve registers	yes	
Mode	Quadrature ②	
Count direction	Up ③	
Input filter	Disabled ④	
Sample count	3	
Sample period	1	
Primary input		
Input pin	GPIOC3/TA0/CMPA_O/...	GPIOC3/TA0/CMPA_O/RXD0/CLKIN1
Counter input	0	
Input pin signal		
Pull resistor	autoselected pull	no pull resistor
Input source	external ⑤	
Secondary input		
Input pin	GPIOC4/TA1/CMPB_O/...	GPIOC4/TA1/CMPB_O/XB_IN8/EWM_O
Counter input	1	
Input pin signal		
Pull resistor	autoselected pull	no pull resistor
Input source	external	
Initialization		
Enabled in init. code	yes	
Events enabled in init.	yes	

模块命名

定时器选择

正交信号的两个输入引脚

选择是否在初始化程序中使能模块和中断,详见图3-2中的3

图 3-40　模块初始化配置

① Interrupt service/event:中断服务设置。

② Mode:计数模式选择,可选项如图 3-41 所示。模式由控制寄存器(TMRx_nCTRL)的 CM 位域决定,为了对照方便,将原文列出,如图 3-42 和图 3-43 所示。

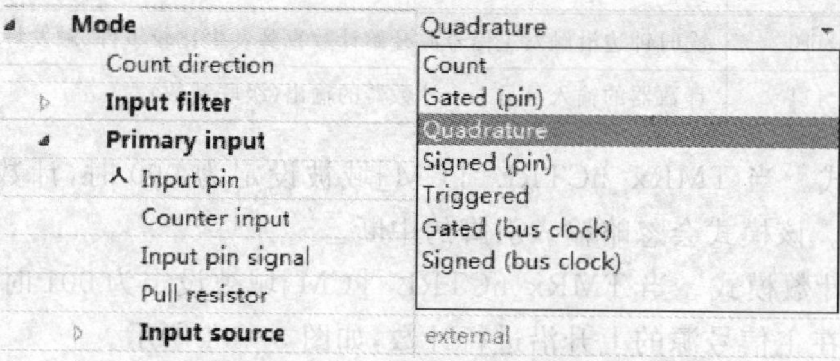

图 3-41　计数器模式选项

31.5.7 Timer Channel Control Register (TMRx_*n*CTRL)

Address: Base address + 6h offset + (16d × i), where i=0d to 3d

Bit	15	14	13	12	11	10	9	8
Read / Write	CM			PCS				SCS
Reset	0	0	0	0	0	0	0	0

Bit	7	6	5	4	3	2	1	0
Read / Write	SCS	ONCE	LENGTH	DIR	COINIT	OUTMODE		
Reset	0	0	0	0	0	0	0	0

图 3-42 定时器通道控制寄存器

CM(Count Mode)为计数模式,取值含义如图 3-43 所示和表 3-5 所列。

Field	Description
15~13 CM	Count Mode These bits control the basic counting and behavior of the counter. 000 No operation 001 Count rising edges of primary source[1] 010 Count rising and falling edges of primary source[2] 011 Count rising edges of primary source while secondary input high active 100 Quadrature count mode, uses primary and secondary sources 101 Count rising edges of primary source; secondary source specifies direction[3] 110 Edge of secondary source triggers primary count until compare 111 Cascaded counter mode (up/down)[4]

图 3-43 控制寄存器模式选择域

表 3-5 控制寄存器模式选择域

Mode	取 值	模 式	图 例
无	000	无操作(停止模式)	无
Count	001	主信号源上升沿计数(上升沿计数)	图 3-44
Count	010	主信号源上升、下降沿都计数(边沿计数)	图 3-45
Gated	011	次级输入信号为高时,主信号源上升沿计数(门控计数)	图 3-46
Quadrature	100	正交计数模式,同时使用主次信号源(正交计数)	图 3-47
signed	101	主信号源上升沿计数,次信号源指定计数方向(符号计数)	图 3-48
Triggered	110	次时钟边沿触发主信号源开始计数直到发生比较事件(触发计数)	图 3-49
无	111	计数器的输入是另一个计数器的输出(级联计数)	无

a. 停止模式。当 TMRx_nCTRL [CM]域被设定为 000 时,计数器处于停止模式,不进行计数。该模式会忽略输入引脚的中断。

b. 上升沿计数模式。当 TMRx_nCTRL [CM]域被设定为 001 时,计数器处于上升沿计数模式,在主信号源的上升沿进行计数,如图 3-44 所示。

该模式主要用于产生定时中断,或者对某些传感器产生的信号进行计数。例如生

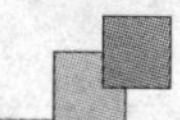

产线上对产品数量进行统计,当一件产品经过光电传感器位置时,会遮挡光线,使得光电传感器输出一个脉冲波形,对脉冲的上升沿进行计数即可知道生产的产品数量。

状态与控制寄存器 TMRx_nSCTRL[IPS]位,可以对输入信号的极性进行翻转,当该位置 1 时,输入信号极性被反转,对应的上升沿变成了下降沿。为方便,这里不考虑输入信号反转的情况(后同),即 IPS 位设为 0,如果读者有需要可自行设置。

图 3－44 中计数方式选择的是向上计数,在每一个时钟上升沿计数器加 1,向下计数类似,只是在每一个时钟上升沿计数器减 1,这里统一使用向上计数进行讲述。

c. 边沿计数模式。当 TMRx_nCTRL [CM]域被设定为 010 时,计数器处于边沿计数模式,在主信号源的上升沿和下降沿均进行一次计数,如图 3－45 所示。

该种模式主要用于对外部环境的变化进行计数,例如对一个简单的单轮编码器旋转计数。

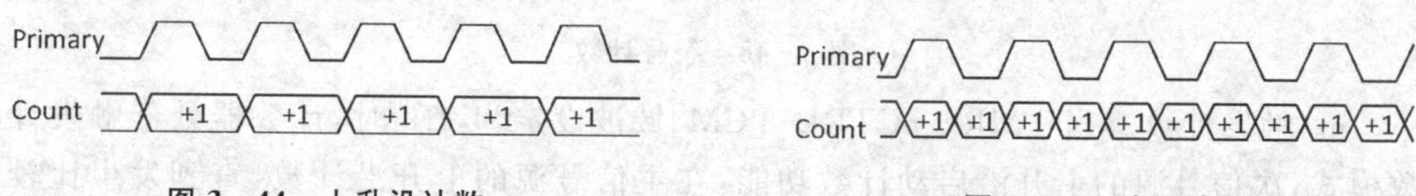

图 3－44　上升沿计数　　图 3－45　边沿计数

d. 门控计数。当 TMRx_nCTRL [CM]域被设定为 011 时,计数器处于门控计数模式,当次信号源输入为高电平时,在主信号源上升沿进行计数;当次信号源为低电平时,不进行计数,如图 3－46 所示。

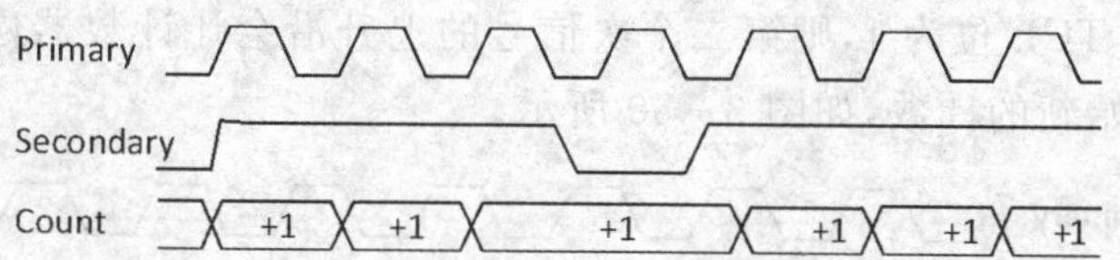

图 3－46　门控计数

该模式主要用于对外部事件的持续时间进行计时,主信号源往往使用系统时钟,次信号源则使用外部时间输入信号。这样,信号持续时间＝ 计数值×最小时钟单位。如果想测外部信号低电平持续时间,只需要将 TMRx_nSCTRL[IPS]位置位,将输入信号极性反向即可。

e. 正交计数。当 TMRx_nCTRL [CM]域被设定为 100 时,计数器处于正交计数模式,计数器对主信号源和次信号源使用正交编码模式进行解码,如图 3－47 所示。

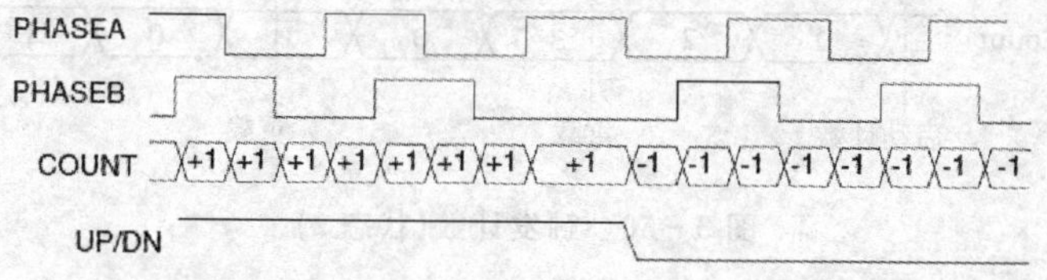

图 3－47　正交计数

顾名思义，该模式主要用于对正交编码器的解码上。例如，电机控制中常常使用正交编码器来测量电机转速等参数，就可以使用该种模式来获得需要的参数。该模式除了能够得到转动的位置计数，还可以得到转动的方向。主信号源上升沿对应次信号源低电平或高电平分别对应两种相反的旋转方向。在寄存器 TMRx_nCSCTRL[UP]位记录了最后的计数方向，通过读取该位的值即可知道当前的旋转方向。

f. 符号计数模式。当 TMRx_nCTRL [CM]域被设定为 101 时，计数器处于符号计数模式，次信号源作为主信号源计数方向标志，如图 3－48 所示。

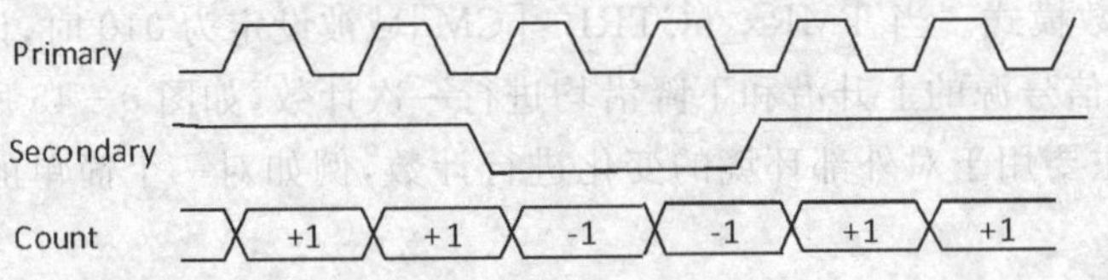

图 3－48　符号计数

g. 触发计数。当 TMRx_nCTRL [CM]域被设定为 110 时，计数器处于触发计数模式，次信号源的上升沿启动计数功能，在主信号源的上升沿计数，直到发生比较事件。

但该模式有两种状态，取决于比较状态和控制寄存器 TMRx_nCSCTRL 的 TCI 位。当次信号源的一个上升沿启动了计数器后，若 TCL 位为 0，则下一个次信号的上升沿会停止计数，再下一个上升沿再次启动计数并继续计数，直到发生比较事件，如图 3－49所示；若 TCL 位为 1，则第二个次信号的上升沿会让计数器停止计数，并重载计数器的值后开始新的计数，如图 3－50 所示。

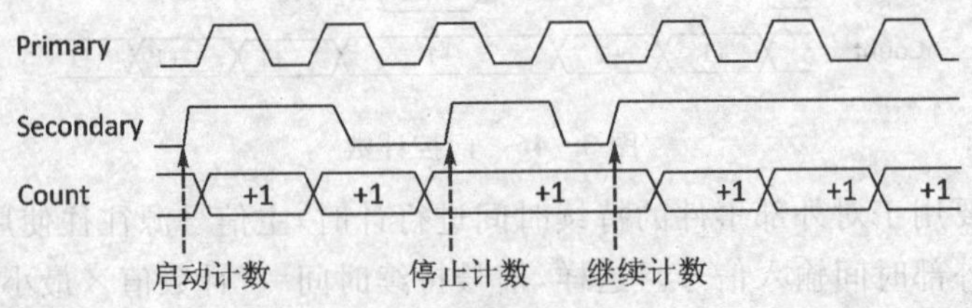

图 3－49　触发计数(状态 1)

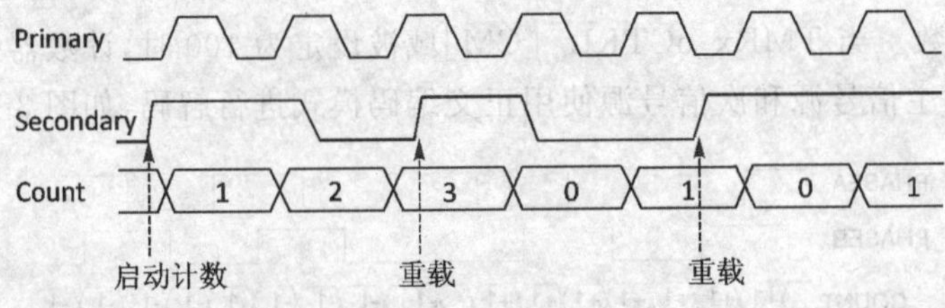

图 3－50　触发计数(状态 2)

③ Count direction：计数方向，选择 Up 为向上计数；选择 Down 则为向下计数。

④ Input filter：详见图 3－35 的③。

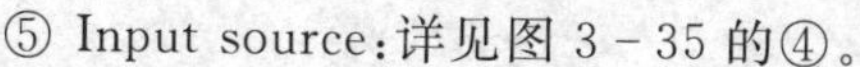

⑤ Input source：详见图 3－35 的④。

3.4.3　模块函数简介

脉冲累加器模块提供给用户调用的函数如图 3－51 所示，如表 3－6 所列为常用函数简单介绍。

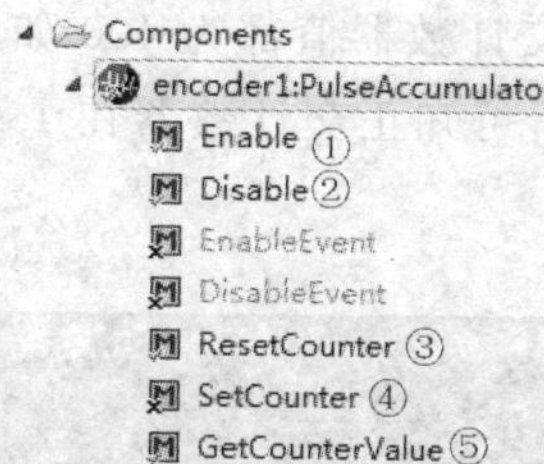

图 3－51　脉冲累加器模块包含的函数

表 3－6　脉冲累加器模块常用函数简介

序　号	函数名	形　参	返回值		功　能
			类　型	值与含义	
①	Enable	无	byte	ERR_OK(0)：OK	启动模块
②	Disable	无	byte	ERR_OK(0)：OK	停止模块
③	ResetCounter	无	byte	ERR_OK(0)：OK	计数器值清零
④	SetCounter	encoder1_TCounterValue，即 unsigned int	无		设置计数器值
⑤	GetCounerValue	encoder1_TCounterValue，即 unsigned int	无		读取计数器值

3.4.4　正交编码应用实例

对两路正交信号解码，使用两路正交的方波信号分别从 GPIOC3、GPIOC4 输入，在周期为 1 s 的定时中断中读取计数器的值，同时将计数器清零重新开始计数。定时中断服务函数写在 events.c 中，如图 3－52 所示。

```
/* Comment following line if the appropriate 'Interrupt preserve registers' property */
/* is set to 'yes' (#pragma interrupt saveall is generated before the ISR)           */
#pragma interrupt called
void TI1_OnInterrupt(void)
{
  /* Write your code here ... */
  encoder_GetCounterValue(&count);                    //读取当前计数器值
  encoder_ResetCounter();                             //计数器清零，重新开始计数
  result[index]=count;                                //读取的值存入数组
  index++;                                            //数组下标递增
  if(index>=99) index=0;
}
```

图 3－52　实例部分代码

3.4.5 调试与结果

使用 eFlexPWM 模块产生两路频率为 100 Hz，占空比 50％的正交信号如图 3－53 所示，连接到正交计数器的输入引脚 GPIOC3、GPIOC4。编译、下载程序并在线调试，暂停程序后在全局变量查看窗口中添加数组 result 变量查看内部数据，可以看到定时中断产生了 9 次，读取到的 9 次正交计数器值都为 400 如图 3－54 所示。根据正交计数的特点(见图 3－47)，理论上分析可知正交计数器在 1 s 内计数值应该为 4×100＝400，与调试结果符合。

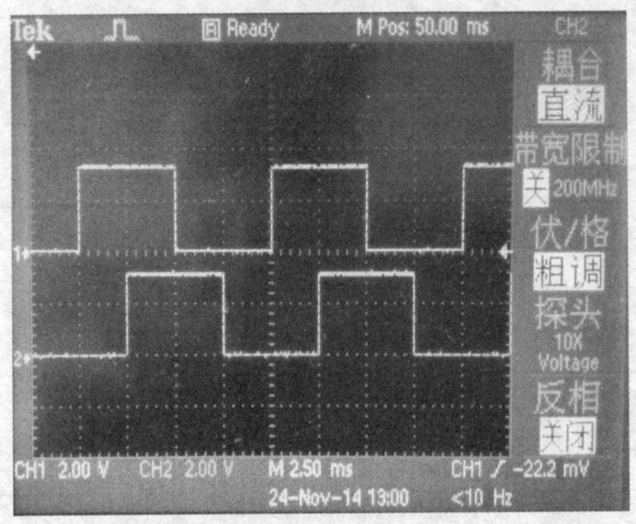

图 3－53　产生的正交信号

(x)= Variables

Name	Value	Location
Fcount	400	0x000000`Data Word
Findex	9	0x000065`Data Word
Fresult	0x00000001	0x000001`Data Word
[0]	400	0x000001`Data Word
[1]	400	0x000002`Data Word
[2]	400	0x000003`Data Word
[3]	400	0x000004`Data Word
[4]	400	0x000005`Data Word
[5]	400	0x000006`Data Word
[6]	400	0x000007`Data Word
[7]	400	0x000008`Data Word
[8]	400	0x000009`Data Word
[9]	0	0x00000a`Data Word

图 3－54　读取的正交编码器计数值

3.5 Capture

3.5.1 模块添加

在 PE 模块库中双击 Capture 模块名，向工程中添加该模块，如图 3-55 所示。

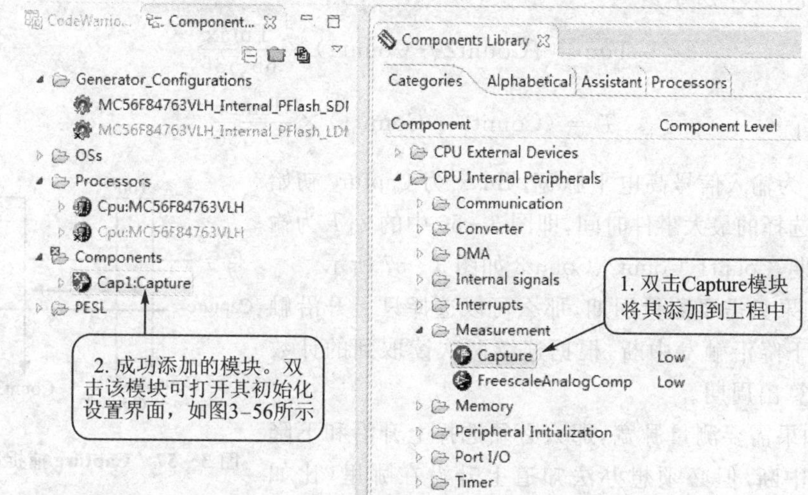

图 3-55 向工程中添加一个 Capture 模块

3.5.2 模块初始化

双击添加到工程的 Capture 模块，打开初始化界面进行配置，如图 3-56 所示。

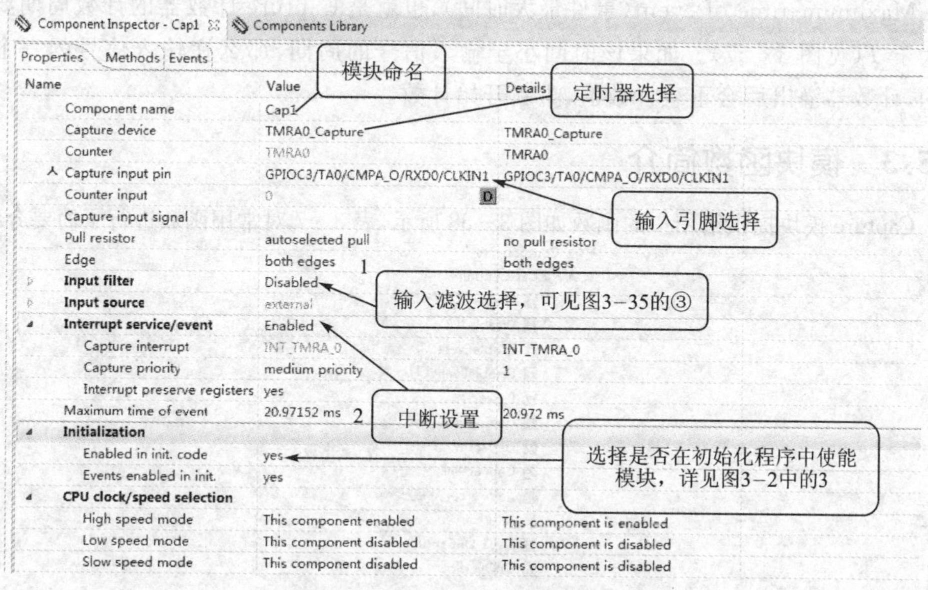

图 3-56 Capture 模块初始化

1. Capture 跳变沿

Edge:Capture 捕捉到特定的跳变沿(上升沿、下降沿)后,把计数寄存器当前的值锁存到通道寄存器。如果在输入捕捉控制寄存器中设定为允许输入捕捉中断,系统会产生一次输入捕捉中断。如果在上升沿和下降沿中断中都读出对应的计数器值,则两次中断的时间间隔即为脉宽时间。两次从计数器读出的值之差乘以时钟宽度即为脉宽时间,如图 3-57 所示。

$$\text{Ton} = (\text{Count2} - \text{Count1}) \times \frac{\text{Tmax}}{65\,536} \tag{3-14}$$

$$T = (\text{Count3} - \text{Count1}) \times \frac{\text{Tmax}}{65\,536} \tag{3-15}$$

其中,Ton 为输入信号高电平脉宽;Tmax 为 Capture 初始化设置中选择的最大事件时间,即图 3-56 中的 2;T 为输入信号周期;Count1、Count2、Count3 如图 3-57 所示。

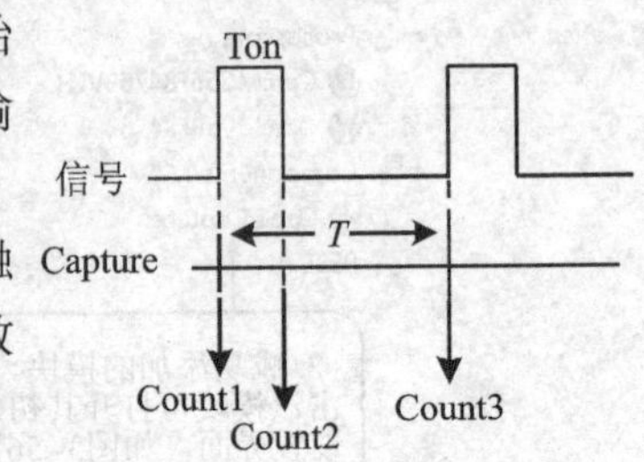

图 3-57 Capture 捕捉跳变沿

① 如果只需要测量周期,那么可以选择只上升沿触发或者只下降沿触发中断,根据连续两次读取到的计数器值可计算出周期。

② 如果需要测量脉宽,那么必须选择上升沿和下降沿都触发中断,但必须想办法知道上升沿在哪里(比如在中断中查询引脚电平高低来确定上升沿或者下降沿)。

③ 如果需要既测量周期又测量脉宽,则结合以上两种方式。

2. 事件最大时间

Maximum time of event(事件最大时间),也就是 Capture 计数器的计数周期要满足大于 T(见图 3-57)。如果该时间小于输入信号的周期,那么在输入信号的一个周期内,计数器溢出后会重载计数值,重新开始计数。

3.5.3 模块函数简介

Capture 模块提供给用户的函数如图 3-58 所示,表 3-7 对常用函数进行了简要介绍。

图 3-58 Capture 模块函数

表 3-7 Capture 模块常用函数简介

序号	函数名	形参	返回值		功能
			类型	值与含义	
①	Enable	无	byte	ERR_OK(0):OK ERR_SPEED(1):器件没有正常工作	启动模块
②	Disable	无	byte	ERR_OK(0):OK ERR_SPEED(1):器件没有正常工作	
③	EnableEvent	无	byte	ERR_OK(0):OK ERR_SPEED(1):器件没有正常工作	使能中断
④	DisableEvent	无	byte	ERR_OK(0):OK ERR_SPEED(1):器件没有正常工作	关闭中断
⑤	Reset	无	byte	ERR_OK(0):OK	将计数器清零,重新计数
⑥	GetCaptureValue	Cap1_TCapturedValue 即 unsigned int。存放读取的计数器值	byte	ERR_OK(0):OK	读取当前计数器值

3.5.4 Capture 应用实例

利用 Capture 测量输入周期性波形频率、周期,添加一个 PWM 模块,周期设置为 10.485 76 ms,脉宽设置为 3 ms,通过 GPIOC4 引脚输出,Capture 的设置如图 3-56 所示。将 PWM 输出引脚与 Capture 输入引脚 GPIOC3 连接。

在 Capture 模块的中断服务函数中将计数器的值读出并存入数组中,代码如图 3-59所示。

```
/* Comment following line if the appropriate 'Interrupt preserve registers' property */
/* is set to 'yes' (#pragma interrupt saveall is generated before the ISR)           */
#pragma interrupt called
void Cap1_OnCapture(void)
{
  /* Write your code here ... */
  Cap1_GetCaptureValue(&temp);  //读取当前计数器值
  count[index]=temp;            //读取到的值存入数组
  index++;                      //数组下标加1
  if(index>99) index=0;         //防止数组溢出
}
```

图 3-59 Capture 模块测试程序

3.5.5 调试与结果

对工程进行编译、下载和在线调试。暂停后在全局变量查看窗口添加数组变量，可以看到读取到的寄存器值如图 3-60 所示。

(x)= Variables

Name	Value	Location
Findex	36	0x000066`Data Word
Fcount	0x00000002	0x000002`Data Word
[0]	9375	0x000002`Data Word
[1]	32768	0x000003`Data Word
[2]	42143	0x000004`Data Word
[3]	0	0x000005`Data Word
[4]	9375	0x000006`Data Word
[5]	32768	0x000007`Data Word
[6]	42143	0x000008`Data Word
[7]	0	0x000009`Data Word
[8]	9375	0x00000a`Data Word
[9]	32768	0x00000b`Data Word
[10]	42143	0x00000c`Data Word
[11]	0	0x00000d`Data Word

图 3-60 读取的寄存器值

由图 3-60 可知，连续的 3 次跳变沿计数器读取的值分别为 9 375、32 768、42 143。则可以将数值带入式(3-14)和式(3-15)计算(由于这里知道输入信号占空比小于 50%，故知道相邻两个计数器之差最小的即为脉宽)：

$$\text{Ton} = (42\,143 - 32\,768) \times \frac{20.971\,52\ \text{ms}}{65\,536} = 3\ \text{ms}$$

$$T = (42\,143 - 9\,375) \times \frac{20.971\,52\ \text{ms}}{65\,536} = 10.485\,76\ \text{ms}$$

可见，计算结果与 PWM 信号的周期和脉宽完全相同，精确度很高。

3.6 看门狗

3.6.1 模块添加

在 PE 模块库中双击 WatchDog 模块，向工程中添加该模块，如图 3-61 所示。

图3-61 向工程中添加一个WatchDog模块

3.6.2 模块初始化

双击添加到工程中的WatchDog模块，打开初始化配置界面，如图3-62所示。

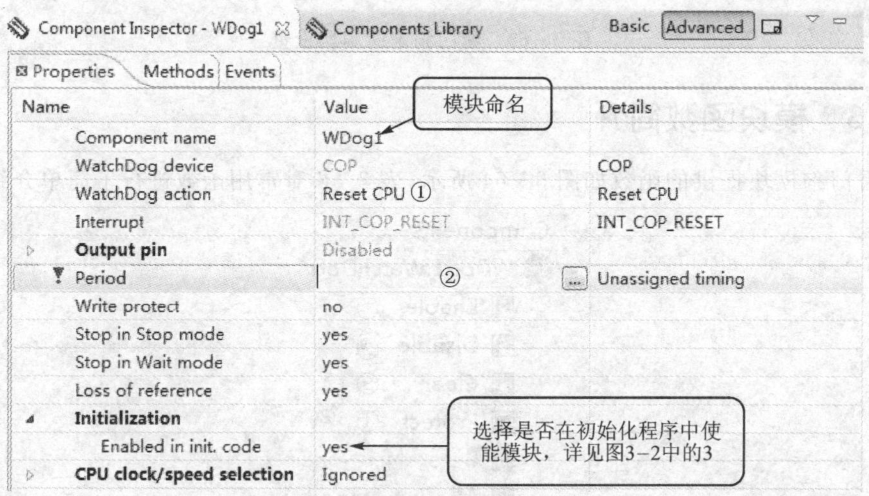

图3-62 WatchDog模块初始化配置

① WatchDog action：看门狗动作类型，可选项有Reset CPU(复位CPU)、Non maskable interrupt(产生不可屏蔽中断)、Output to pin(在引脚上产生输出)，但

MC56F84763 只支持 Reset CPU。

② Period:单击 Value 框,会在右侧出现一个小按钮,单击按钮进入看门狗定时周期选择,如图 3-63 所示。

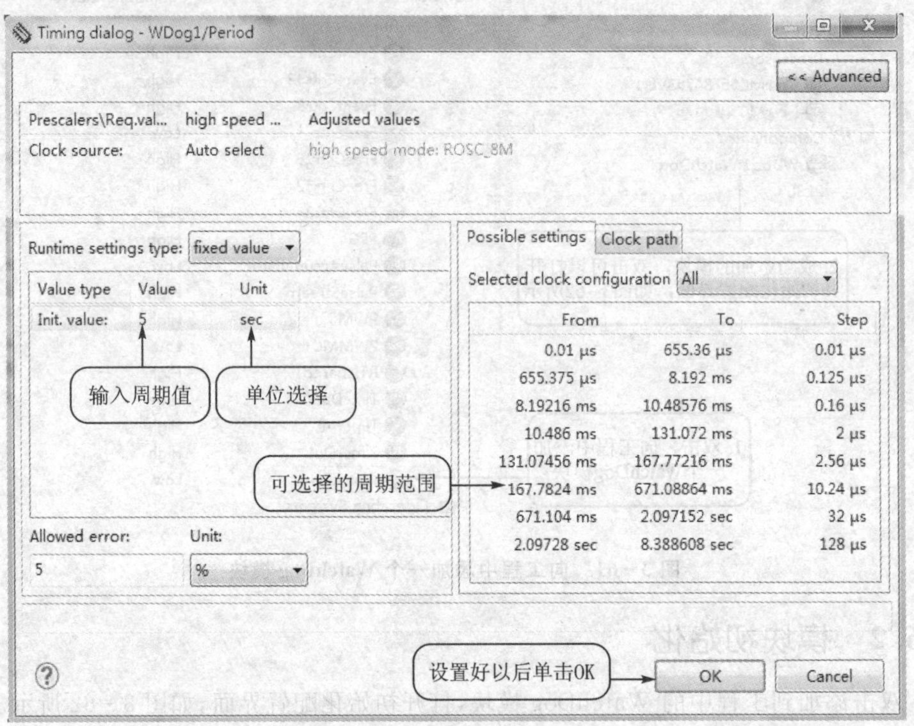

图 3-63 看门狗定时周期设置

3.6.3 模块函数简介

看门狗模块提供的函数如图 3-64 所示,表 3-8 对常用函数进行了简单介绍。

图 3-64 看门狗模块函数

表 3-8 看门狗函数简介

序号	函数名	形参	返回值		功能
			类型	值与含义	
①	Enable	无	byte	ERR_OK(0):OK ERR_SPEED(1):器件未正常工作 ERR_PROTECT(22):器件被保护	启动看门狗
②	Disable	无	byte	ERR_OK(0):OK ERR_SPEED(1):器件未正常工作 ERR_PROTECT(22):器件被保护	停止看门狗
③	Clear	无	byte	ERR_OK(0):OK ERR_SPEED(1):器件未正常工作 ERR_PROTECT(22):器件被保护	清除看门狗定时器,重新计时
④	Protect	无	byte	ERR_OK(0):OK ERR_SPEED(1):器件未正常工作 ERR_PROTECT(22):器件被保护	保护看门狗,以避免修改状态和定时周期

3.6.4 看门狗应用实例

为了测试看门狗,定义全局整型变量 flag,在 main 函数的死循环中累加,每隔 3 s 进行一次“喂狗”操作,这样看门狗就不会动作(复位 CPU),如图 3-65 所示。

```
int flag=0;
void main(void)
{
  /* Write your local variable definition here */

  /*** Processor Expert internal initialization. DON'T REMOVE THIS CODE!!! ***/
  PE_low_level_init();
  /*** End of Processor Expert internal initialization.                    ***/

  /* Write your code here */

  for(;;)
  {
      flag++;         //变量累加
      Cpu_Delay100US(30000);  //延时3s
      WDog1_Clear();  //清除看门狗定时器,重新计数.(喂狗)
  }
}
```

图 3-65 “喂狗”程序

在外部中断(由一个按键动作产生)函数中,将 flag 赋值 999,同时调用了延时 6 s 的延时函数。当外部中断产生后,CPU 将在中断服务函数中“滞留”6 s,肯定会错过看门狗的“喂狗”时间,看门狗动作,CPU 会被复位。在调试过程中可以设置断点来检测外部中断的产生，如图 3－66 所示。

```
/* Comment following line if the appropriate 'Interrupt preserve registers' property */
/* is set to 'yes' (#pragma interrupt saveall is generated before the ISR)          */
#pragma interrupt called
void EInt1_OnInterrupt(void)
{
  /* place your EInt1 interrupt procedure body here */
  flag=999;
  Cpu_Delay100US(60000);    //延时6 s，因为看门狗定时器需要在5 s内喂狗。
                            //模拟CPU跑飞的情况。
}
```

图 3－66 外部中断模拟 CPU"跑飞"情景

3.6.5 调试与结果

对工程进行编译、下载、在线调试，程序运行 15 s 后单击暂停，可在全局变量窗口中添加并查看 flag 的值，如图 3－67 所示，此时 flag＝5。

(x)= Variables

Name	Value	Location
(x)= us100	24894	$Y0
(x) Fflag	5	0x000001`Data Word

图 3－67 正常"喂狗"flag 累加

继续运行程序，并产生外部中断，单击继续运行并马上暂停，可见此时 flag＝999，如图 3－68 所示。

(x)= Variables

Name	Value	Location
(x)= us100	20958	$Y0
(x) Fflag	999	0x000001`Data Word

图 3－68 进入外部中断服务函数

继续运行，大约 10 s 后单击暂停，由图 3－69 知 flag＝2 可知 CPU 刚经过复位，flag 归零后重新累加。

(x)= Variables

Name	Value	Location
(x)= us100	21685	$Y0
(x) Fflag	2	0x000001`Data Word

图 3－69 看门狗动作 CPU 复位成功

3.7 小　结

本章主要讲述了定时器的多种常规运用。

① 定时中断,可以用来处理周期性事务,如等间距采样等。

② 单路PWM,利用了定时器的比较与输出功能,通过定时器的比较和翻转来改变输出引脚的电平极性,可用于驱动单个开关器件,也可以用于生成的DAC。

③ 事件计数器利用了定时器的计数特点,可用于对生产流水线产品的计算等需要对脉冲计数的场合。

④ 正交编码器利用了定时器的正交编码计数模式,可用于对正交拨码开关、电机正交编码器的译码。

⑤ Capture与计数器类似,利用了定时器的计数功能,通过对输入信号跳变沿时刻的计数来完成对输入信号周期、脉宽(有限制)的计算。

⑥ 看门狗利用了定时器的周期性定时功能,如果在一定时间内没有得到"喂狗"(定时器没有复位),就会复位CPU,可以防止CPU"跑飞"的情况发生。

第 4 章 ADC 模块与 DAC 模块

嵌入式系统内部处理的是数字量，而在很多情况下，系统需要输入或输出一些模拟量。ADC 与 DAC 是连接嵌入式系统内外数字世界和模拟世界之间的桥梁：模拟量通过 ADC 转换为数字量，再由嵌入式系统进行处理；数字量通过 DAC 转换为模拟量，再由系统输出。

本章介绍 ADC 模块与 DAC 模块。

① ADC 模块的配置方法及应用实例；

② Init_ADC 模块的配制方法、DMA 存储及应用实例；

③ DAC 模块的配置方法。

4.1 ADC 模块

ADC(A/D Converter)是用于模数转换的基本模块。MC56F84763 的 ADC 模块分为 ADC12 和 ADC16。ADC12 是 12 位循环型 ADC，分为 ADC12A 和 ADC12B 两个转换器，每个转换器有 8 个输入通道(ADC12A：GPIOA0～7；ADC12B：GPIOB0～7)和独立的 12 位采样保持(S/H)电路；ADC16 是 16 位逐次逼近型 ADC。ADC12 的转换速度快于 ADC16。

本节将围绕 ADC 采样的实现，介绍 ADC 模块的配置方法和基本功能。

4.1.1 模块添加

首先，在模块库(Components Library)窗口的 Converter 中找到 ADC 模块并添加，如图 4－1 所示。添加成功后，在模块(Components)窗口将出现 ADC 模块，双击该模块，将出现初始化配置窗口，如图 4－2 所示。

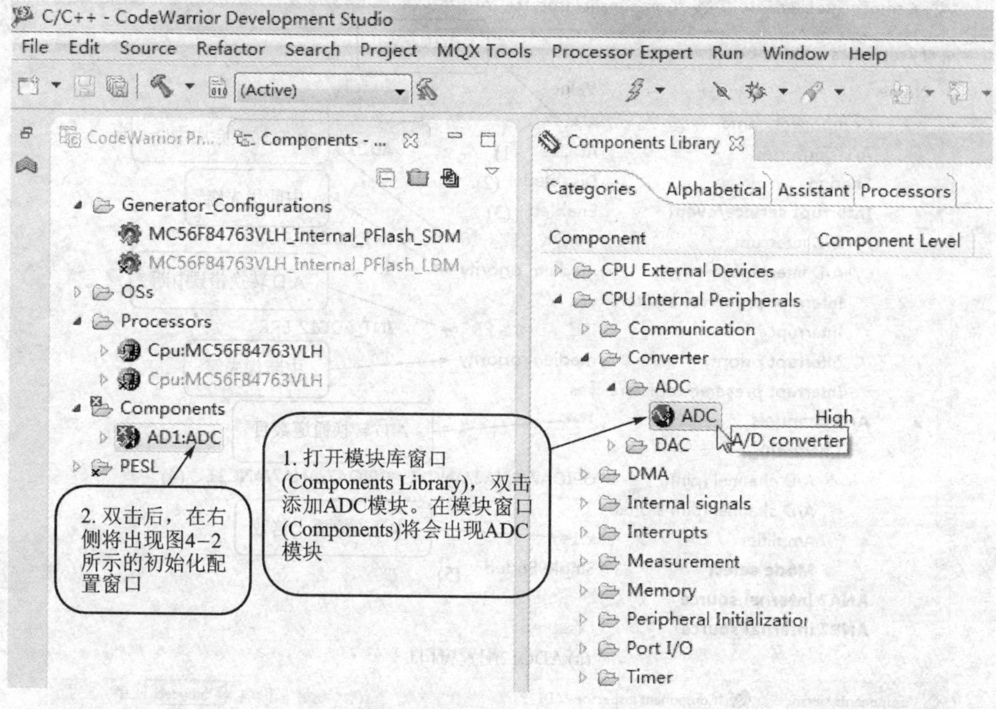

图 4-1　向工程添加 ADC 模块

4.1.2　模块初始化

ADC12 和 ADC16 的配置不同，以下将分别介绍。

1. ADC12

图 4-2 所示为 ADC12 的配置窗口，Name 栏中带有三角符号的选项，单击后将显示详细配置(再次单击可折叠选项)；Value 栏中参数显示蓝色的选项，单击后将打开配置菜单，灰色的选项不可更改；Details 栏中为最后选定的选项。图中标注数字序号对应以下标题号。

(1) A/D converter(ADC 选择)

单击该选项将弹出选择菜单，可以进行选择 ADC12 或 ADC16，如图 4-3 所示，这里以选择 ADC12 为例。

(2) Sharing(是否允许其他模块共享此 ADC)

如果选择使能(enable)，将允许其他 ADC 模块共享此 ADC，但同时将导致一些功能失效，如不能禁用中断服务(interrupt service/event)。如果没有特殊要求，保持默认禁用(disable)即可。

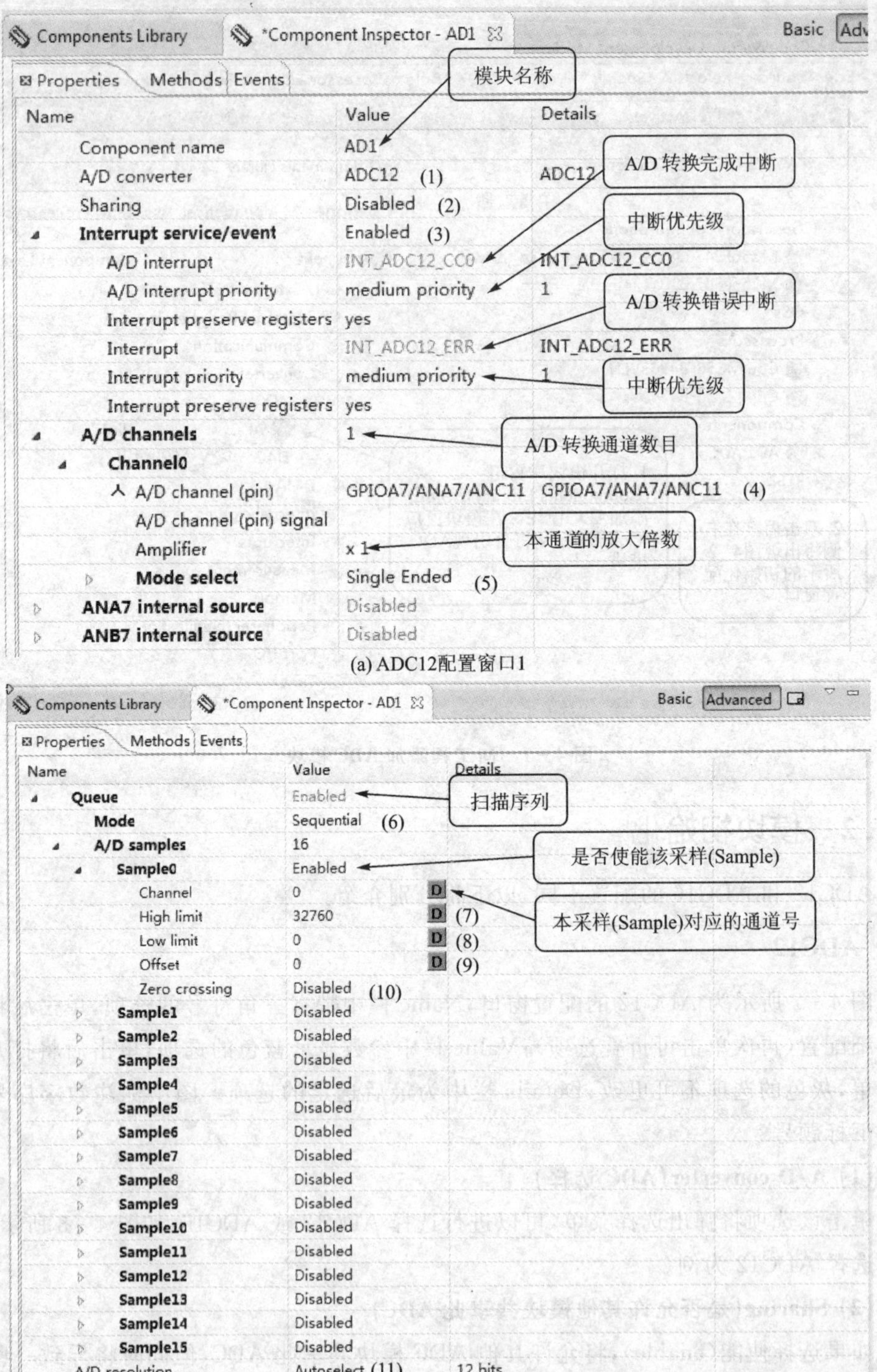

(a) ADC12配置窗口1

(b) ADC12配置窗口2

图 4-2 ADC12 配置窗口

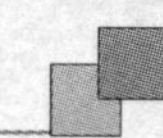

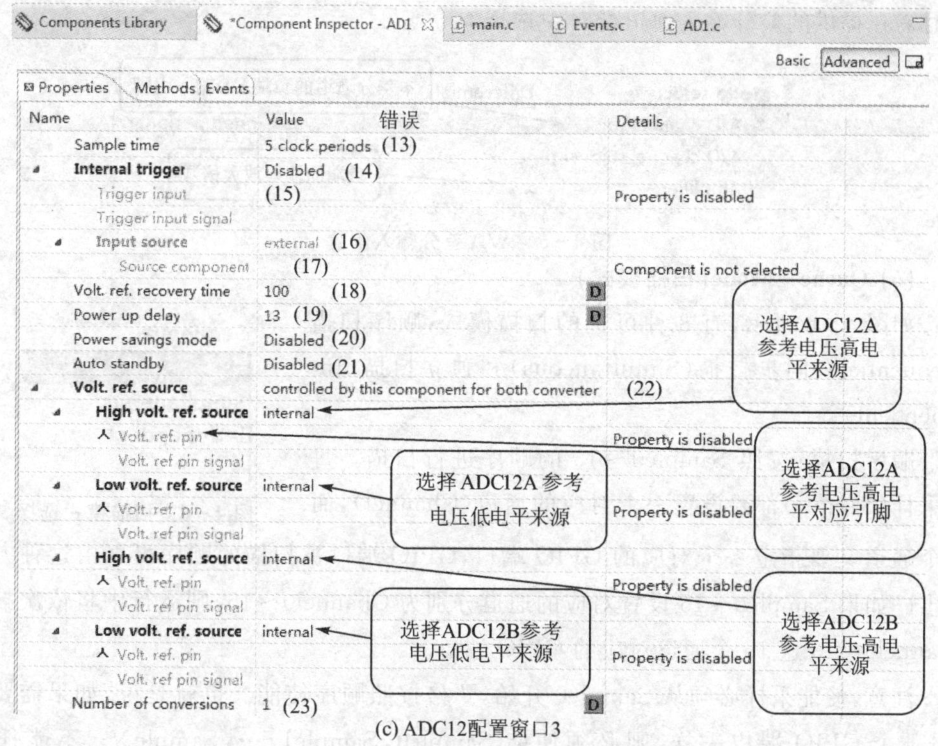

(c) ADC12配置窗口3

图 4-2 ADC12 配置窗口(续)

(3) Interrupt service/event(是否使能中断服务)

包括两个类型的中断:A/D 转换完成中断(A/D interrupt)与 A/D 转换错误中断(Interrupt)。前者在本次 A/D 转换完成时触发,后者在发生过零错误和上/下限溢出错误时触发。

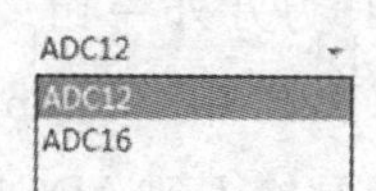

图 4-3 ADC 选择

(4) A/D channel pin(A/D 通道引脚选择)

选择本 A/D 通道对应的引脚,单击此项将弹出可供选择的所有引脚,如图 4-4 所示。对 ADC12,可供选择的引脚为 GPIOA0～A7 与 GPIOB0～B7,根据需要选择相应的引脚即可。

(5) Mode select(输入模式选择)

配置单端(Single Ended)输入或差分(Differential)输入。若选择差分输入,下一步配置如图 4-5 所示。MC56F84763 提供的差分输入通道对有:GPIOA0 与 GPIOA1;GPIOA2 与 GPIOA3;GPIOA4 与 GPIOA5;GPIOA6 与 GPIOA7;GPIOB0 与 GPIOB1;GPIOB2 与 GPIOB3;GPIOB4 与 GPIOB5;GPIOB6 与 GPIOB7(前为正端输入,后为负端输入)。配

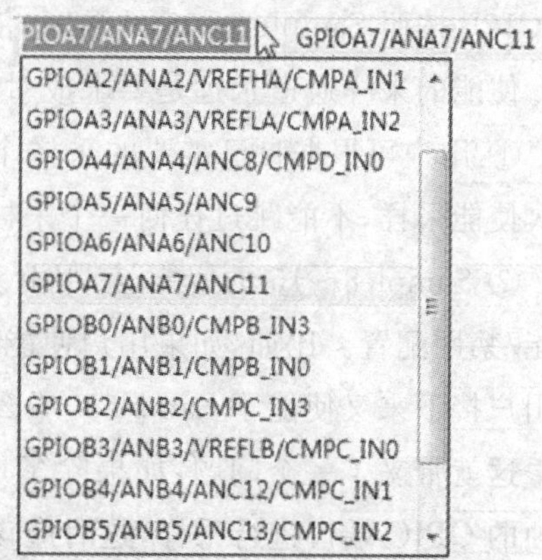

图 4-4 A/D 通道引脚选择

置时需在提供的差分输入通道配对中选择。

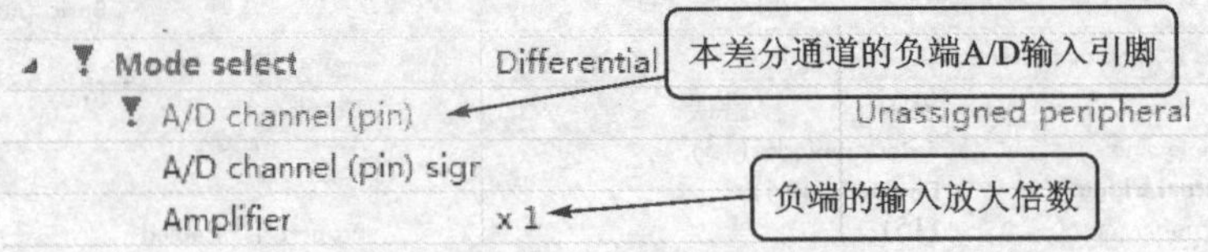

图 4-5　A/D 差分输入配置

(6) Quene→Mode(扫描模式)

如图 4-6 所示,有 3 种可选的扫描模式:顺序扫描(Sequential)、同步扫描(Simultaneous)和独立扫描(Independent)。

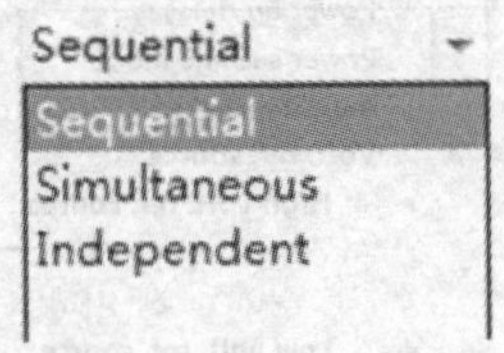

图 4-6　扫描模式选择

顺序扫描:按照 Sample0～15 的顺序进行扫描。每个采样(Sample)都要设置一个对应的通道(Channel),而每个通道又要指定一个对应的 GPIO 端口,GPIO 端口被扫描的顺序可以由这种方式推出。如果 Sample0～15 设置对应的通道分别为 Channel0～15,则运行中将依次扫描 Channel0～15 这 16 个通道对应的 GPIO 端口。

注意,使能采样必须从 Sample0 开始,严格按照顺序使能。也就是说,如果需要对 $N+1$ 个 GPIO 端口采样,则必须使能 Sample0,Sample1,…,Sample$N$。不能任选 $N+1$个 Sample,否则会报错。

同步扫描:在该模式下,16 个 Sample 被分成两组:Sample0～7 为一组,而 Sample 8～15为另外一组。两组采样分别输入到 DSC 内部的两个转换器(ADC12A 与 ADC12B)中。Sample0～7 的采样结果被输入到 ADC12A 中,而 Sample8～15 的采样结果被输入到 ADC12B 中。这意味着 Sample0～7 对应的 GPIO 端口必须是 GPIOA 0～7,Sample8～15 对应的 GPIO 端口必须是 GPIOB0～7。两个转换器将同时对各自 Sample 序列按照顺序扫描的方式并行处理,即 ADC12A 按照 Sample0～7 的顺序、ADC12B 按照 Sample8～15 的顺序,依次对各个 Sample 对应的 Channel 进行处理。

使能的采样通道永远是要求成对的:

① 用户可根据自己需要的采样个数,在 Sample0～7 中严格按照从前到后的顺序依次使能采样,不能跳过任何一个采样。

② Sample8～15 的使能/禁用由系统处理,根据 Sample0～7 的配置情况自动进行使能/禁用配置。比如,如果用户使能了 Sample0,那么 Sample8 将同时自动被使能;如果用户接下来又使能了 Sample1,那么 Sample9 将同时被使能,以此类推。

这就带来了一个问题:如果除了成对的 GPIOA、GPIOB 端口,用户还需要对一个单独的 GPIO 端口进行采样,这时应该怎么做呢?

例如:如果希望同时对 GPIOA0 与 GPIOB0 进行采样;此外仅仅还需要对

GPIOA1 进行单独采样，如何处理呢？可以按照如下步骤：

① 设置 Channel0、Channel1、Channel2 分别对应 GPIOA0、GPIOA1、GPIOB0。

② 首先使能 Sample0，同时 Sample8 也就被使能。

③ 设置 Sample0 对应的通道为 Channel0，Sample8 对应的通道为 Channel2，这保证了 GPIOA0 与 GPIOB0 将被同步采样。

④ 使能 Sample1，同时 Sample9 将被自动使能。

⑤ 设置 Sample1 对应的通道为 Channel1（对应 GPIOA1），设置 Sample9 对应的通道仍为 Channel2(GPIOB0)。至此，配置完毕。

采用上述配置后，具体采样流程如表 4－1 所列。在时刻 1，同时对 Sample0、Sample8 进行采样；在时刻 2，同时对 Sample1、Sample9 进行采样。

表 4－1　配置后的采样流程

时　刻	ADCA	ADCB
1	Sample0(Channel0:GPIOA0)	Sample8(Channel2:GPIOB0)
2	Sample1(Channel1:GPIOA1)	Sample9(Channel2:GPIOB0)

由于 Sample8、Sample9 采样的数据分别存储在其对应的寄存器里，故 Sample9 的采样数据不会影响 Sample8 采样的结果，也就是不会影响 GPIOB0 的采样结果；仅仅配合 GPIOA1 采样需要 Sample9，它里面的数据是没有意义的。

本例中对应 GPIOB 的通道只有一个 Channel2，所以只能选择 Sample9 对应 Channel2。

再次强调，Sample0～7 必须对应 GPIOA 的端口，Sample8～15 必须对应 GPIOB 的端口，而 GPIOA0～7 和 GPIOB0～7 可以对应任意 Channel，所以 Sample 和 Channel 没有序号的对应关系。

独立扫描：在该模式下，仅仅使用 DSC 内部两个 ADC 中的一个（ADC12A 或 ADC12B)。选择独立扫描方式后，该选项下方将弹出一个新的选项——Part of A/D converter，要求用户选择使用的 ADC。单击该选项后，弹出供选择的 ADC，如图 4－7 所示。

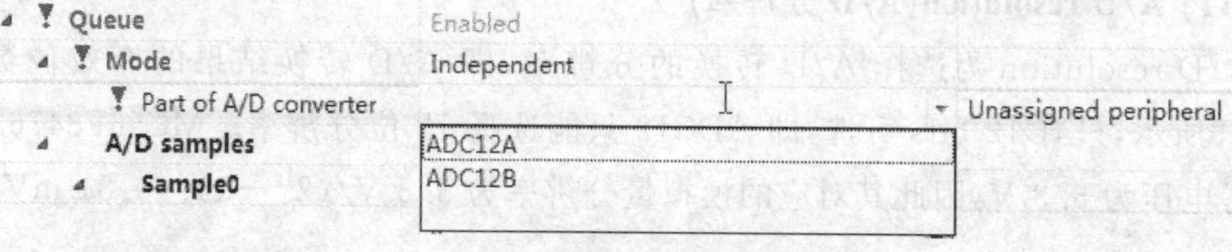

图 4－7　独立扫描模式下 ADC 的选择

在这种模式下，只有前 8 个 Sample 序列是可用的(Sample0～7)，Sample8～15 被系统禁用，用户无法使能，当然也就无法使用。如果选择了 ADC12A，则只有 GPIOA0～A7可供用户使用；如果选择了 ADC12B，则只有 GPIOB0～B7 可供用户使用。

(7) High limit(A/D 转换结果上限(数字量))

如图 4－2(b)所示，High limit 取值范围为 0～32 760，字母 D 表示十进制，单击可以切换为对应的十六进制。如果 A/D 转换的结果超出该值，在使能了中断服务/事件(Interrupt Service/event)情况下将触发 OnHighLimit 中断(默认禁用，需要手动使能)。此取值范围是由 12 位采样数据在寄存器中的存储方式决定，12 位采样数据存储在寄存器 ADC_RSLTn 的 3～14 位，datasheet 中相关内容具体如图 4-29 所示。因此，12 位数据的最大值对应到寄存器上要向左移动 3 位，即乘 8。所以，这里的上限为$(2^{12}-1)\times8=32\ 760$。用户如果希望设定其他上限，可根据这种方法进行折算。无特殊要求保持默认即可。

(8) Low limit(A/D 转换结果下限(数字量))

如图 4-2(b)所示，Low limit 取值范围为 0～32 760(原理同上限)，字母 D 表示十进制，单击可以切换为对应的十六进制。如果 A/D 转换的结果低于该值，在使能了中断服务/事件(Interrupt Service/event)情况下将触发 OnLowLimit 中断(默认禁用，需要手动使能)。无特殊要求保持默认值 0 即可。

(9) Offset(A/D 转换结果偏移量(数字量))

将得到的 A/D 转换结果减去该偏移量，取值范围为 0～32 760(原理同上限)。无特殊要求保持默认值 0 即可。

(10) Zero crossing(A/D 转换结果的过零中断)

当 A/D 转换结果符号改变(过零)时触发中断 OnZeroCrossing(默认禁用，需手动使能)。当 A/D 转换结果偏移量不为 0 时，该选项有意义。选择该项后的选项如图 4-8所示，有 Disabled(禁用)、Pos to neg sign change(正号变负号触发)、Neg to pos sign change 及(负号变正号触发)Any sign change(任意符号变化触发)4 种选择。

选择 Pos to neg sign change，A/D 转换的结果从正变为负时触发中断；选择 Neg to pos sign change，A/D 转换的结果从负变为正时触发中断；选择 Any sign change，只要 A/D 转换的结果过零，无论是从正变负还是从负变正，都会触发中断。需要注意的是，只有使能了中断服务/事件(Interrupt Service/event)且禁用了函数 MeasureChan 和 EnableIntChanTrigger，本项才可使用。若无特殊要求，保持默认 Disabled 即可。

(11) A/D resolution(A/D 分辨率)

A/D resolution 为选择 A/D 转换的分辨率，即 A/D 转换结果的有效位数。如图 4-9所示，只有 12 bits 可选，即 ADC12 只能选择 12 位分辨率。MC56F84763 默认的参考电压为 3.3 V，因此其对应的模拟量分辨率为 3.3 V/$(2^{12}-1)$=0.81 mV。

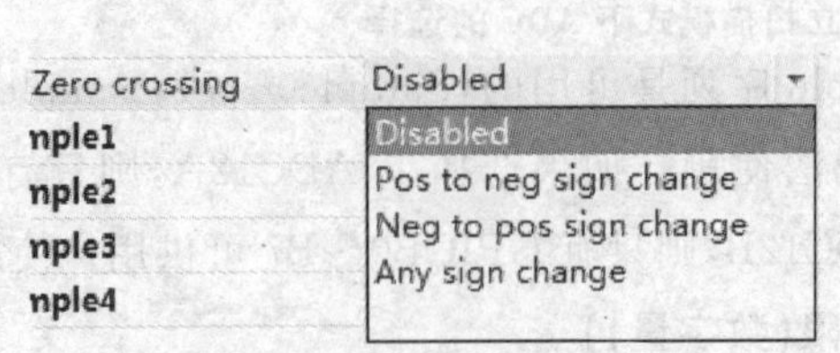

图 4-8 过零中断选择

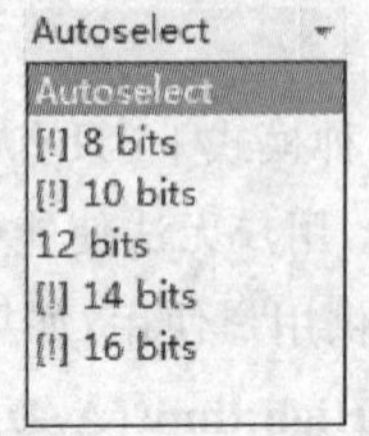

图 4-9 分辨率选择

（12）Conversion time（转换时间选择）

选择该项，弹出转换时间设置对话框，如图 4－10 所示。需要注意的是，A/D 转换的时间并非是任意选取的，有一个选择的范围。MC56F84763 的 ADC 时钟频率上限为 20 MHz，单次转换（single conversion）时间为 8.5 个 ADC 时钟周期，附加转换（additional conversion）时间为 6 个 ADC 时钟周期。在并行模式下完成 8 次转换，通过 ADCA 与 ADCB 两个 ADC 各自同时进行 4 次转换，故总的转换时间为 8.5＋3×6＝26.5 个 ADC 时钟周期。

ADC 时钟频率可在 Clock path 选项卡中查看，如图 4－11 所示。图 4－10 中的 ADC 时钟频率即为最高频率 20 MHz，所以最小转换时间为 0.05 μs×8.5＝0.425 μs。可供选择的其他转换时间，也都是其他 ADC 时钟周期的 8.5 倍。

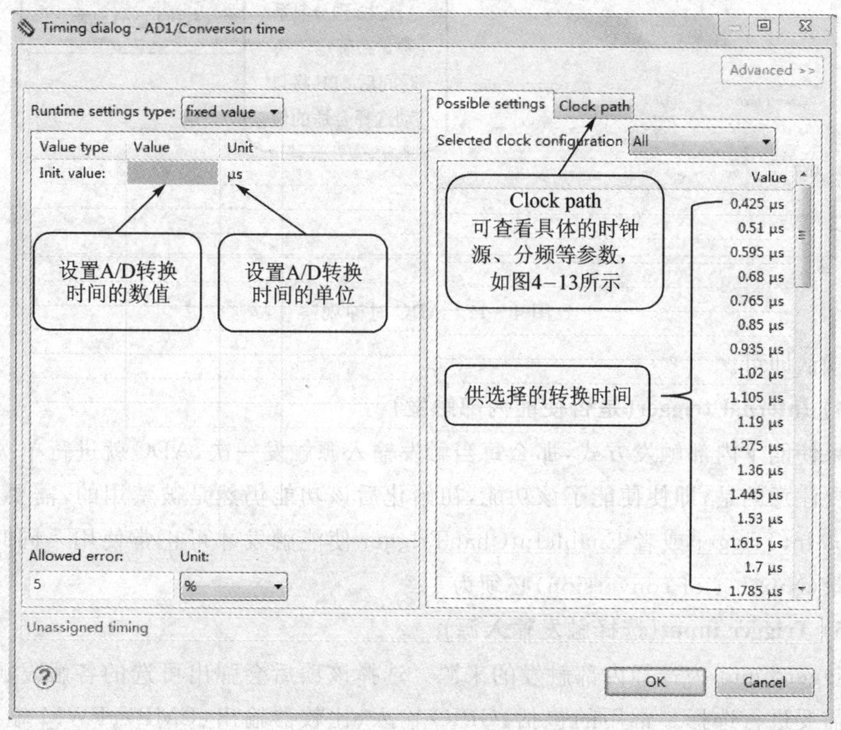

图 4－10　转换时间选择

（13）Sample time（选择采样时间长度）

以 ADC 时钟周期为单位。采样时间长度既会影响总时间（Total conversion time），又会影响到采样准确度：采样时间越长，采样准确度越高。

ADC 时钟频率在选好了转换时间（Conversion time）之后就已经确定。其实，在确定了转换时间之后，在采样时间选项的 Details 一栏中将会自动显示出对应当前转换时间（Conversion time）与采样时间（Sample time）的总时间（Total conversion time）。一

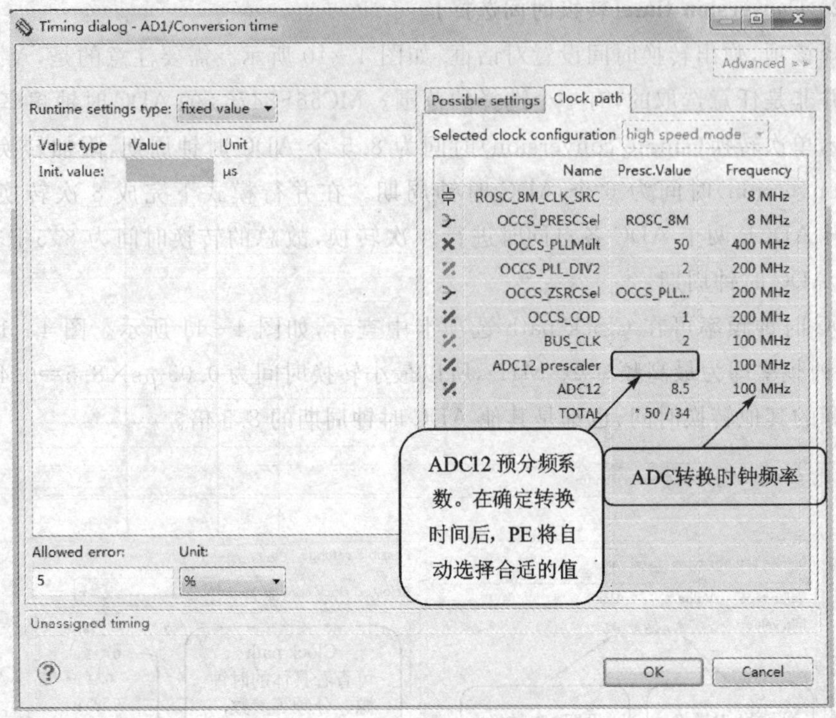

图 4-11 ADC 时钟观察

般保持默认即可。

(14) Internal trigger(是否使能内部触发)

如果使能了内部触发方式，那么每当触发输入源触发一次，ADC 就进行单次采样。

需要注意的是，即使使能了该功能，初始化后该功能仍然是被禁用的，需要调用函数 EnableIntTrigger 或者 EnableIntChanTrigger 使能触发才可正常使用。同时，A/D 转换数量(Number of conversion)必须为 1。

(15) Trigger input(选择触发输入源)

Trigger input 为选择内部触发的来源。选择该项后会弹出可选的各触发源，用户可根据需要进行选择。常用的包括：GPIO 输入、比较器输出(CMP)、PWM 输出和计数器输出等几类。

(16) Input source(输入触发源来自内部或外部)

PE 自动进行变更，用户不可选。使能内部触发后此项有效。

(17) Source component(内部触发源对应的模块)

未配置内部触发源对应的模块时，可选择该项，根据提示新建相应模块。

注：(14)、(15)、(17)将在实例应用 1 中进一步说明。

(18) Volt. ref. recovery time(参考电压恢复时间)

ADC 模块初始化后采样参考电压恢复的时间，一般保持默认即可。

(19) Power up delay(设置上电延时)

ADC 模块从掉电模式(power down mode)退出进行上电(power up),或者在省电模式(power saving mode)下开始进行转换所需要的 ADC 时钟周期数,取值范围为 0~63。如果这一项设得太小,ADC 转换的准确度降低。

(20) Power savings mode(是否使能省电模式)

在省电模式下,当 A/D 转换器不工作时,两个 ADC 都将掉电(power down)。当扫描开始时,经历过上电延时(如(19)所述)选项中所设置的 ADC 时钟周期数目后,ADC 上电(power up),进行后继工作。当整个扫描过程结束后,ADC 再次掉电。

(21) Auto standby(是否使能自动备用状态)

在自动备用状态下,当 ADC 不工作时,将采用备用时钟(standby clock,100 kHz)作为 ADC 时钟源,ADC 将进入备用电流模式(standby current mode)。开始进行A/D转换时,将采用转换时钟(conversion clock)作为 ADC 时钟源。等待(19)上电延时选项中所设置的 ADC 时钟周期数目后,ADC 将初始化扫描过程。当 ADC 再次返回闲置状态时,备用时钟将再次成为 ADC 时钟源,且 ADC 再次进入备用电流模式。

(22) Volt. ref. source(选择参考电压源)

首先配置以下的参考电压源设置用于哪个 ADC,如图 4-12 所示。

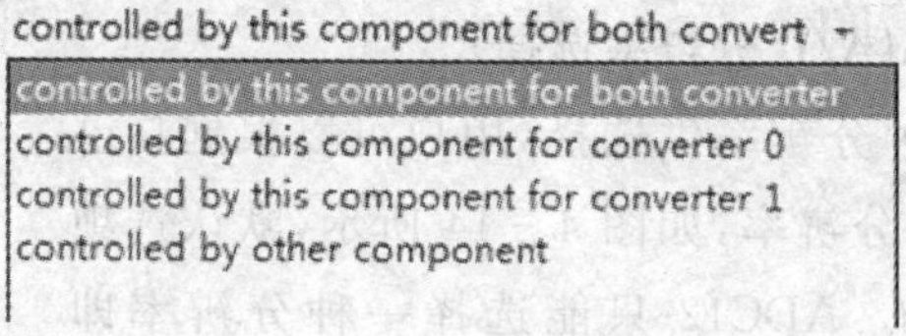

controlled by this component for both convert
controlled by this component for both converter
controlled by this component for converter 0
controlled by this component for converter 1
controlled by other component

图 4-12 参考电压源设置对象

4 个选项分别是:控制两个 ADC、控制 ADC12A(converter 0)、控制 ADC12B(converter 1)、由另一个模块来控制。

MC56F84763 提供两种参考电压方式:利用内部的 3.3 V 电压作为参考源和利用外部输入的基准电压作为参考源。其中,GPIOA2 对应 ADC12A 参考电压的高电平,GPIOA3 对应 ADC12A 参考电压的低电平;GPIOB2 对应 ADC12B 参考电压的高电平,GPIOB3 对应 ADC12B 参考电压的低电平。

(23) Number of conversions(选择转换次数)

最后 A/D 转换的结果将是多次转换结果的平均值。

2. ADC16

在 A/D Converter 中选择 ADC16,将打开 ADC16 的详细配置,如图 4-13 所示。

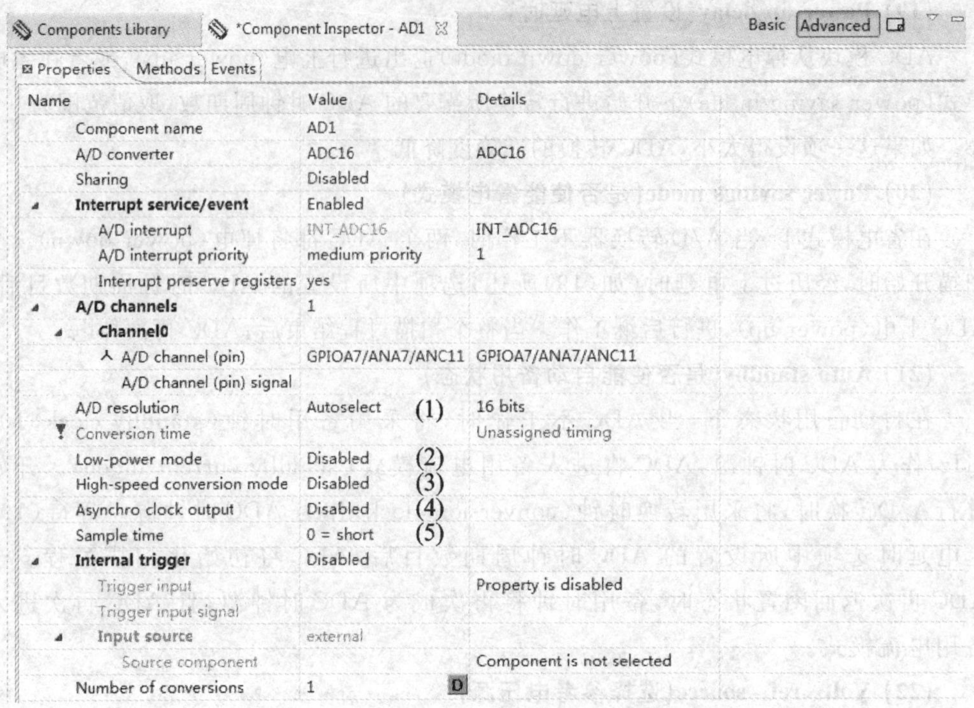

图 4-13 ADC16 配置

(1) A/D resolution(A/D 分辨率选择)

ADC16 提供了多种分辨率供选择,用户可以根据自己的需要选择自己需要的分辨率,如图 4-14 所示,默认选项(Autoselect)为 16 bits。ADC12 只能选择一种分辨率即 12 bits。

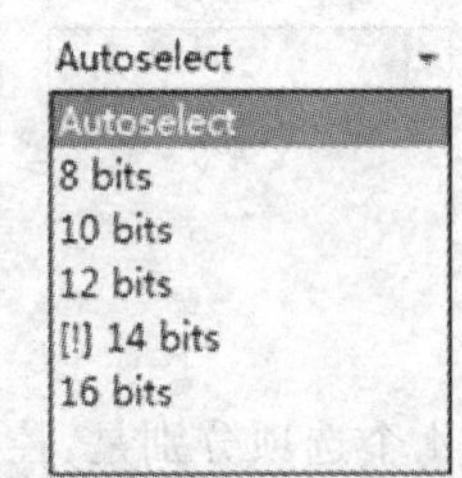

图 4-14 ADC16 分辨率选择

ADC16 中用于存放 A/D 转换结果的寄存器为 16 位。当需要用到的分辨率低于 16 位时,将从 0 位开始存放。

(2) Low-power mode(是否使能低功耗模式)

控制 ADC16 的转换速度与功耗配置。当用户不需要很高的转换精度,又对功耗有特殊要求时,可以使能该项(详见 MC56F847xxRM: 25.4.6.1 Low Power Modes)。

(3) High-speed conversion mode(是否使能高速转换模式)

在高速转换模式下,ADC16 能够以更高的转换频率进行工作,尽管这个高速转换模式 A/D 转换将多用 4 个 ADC 时钟周期,但总的转换时间还是缩短的。

(4) Asynchro clock output(是否使能异步时钟输出)

此项用于使能/禁用异步时钟或者其输出,与 ADC 的状态无关。

(5) Sample time(设置额外的采样时间)

为了获得更高的采样准确度,可以通过这一选项延长采样时间。这一选项影响着总的转换时间和A/D转换准确度(更长的转换时间将带来更高的转换准确度)。所选择的数字代表着采样时间增加几个额外的ADC时钟周期。如果没有特殊要求,可以采用默认配置。

4.1.3 模块函数简介

调出ADC模块的函数列表,如图4-15所示。对函数的具体介绍如表4-2所列。

图4-15 ADC模块函数

表4-2 ADC模块函数简介

函数名	形参		返回值		功能
	类型	含义	类型	值与含义	
Enable	无	无	byte	ERR_OK(0):程序正确执行	使能ADC模块
				ERR_SPEED(1):模块没有正常工作	
Disable	无	无	byte	ERR_OK(0):程序正确执行	禁用ADC模块
				ERR_SPEED(1):模块没有正常工作	
Enable Event	无	无	byte	ERR_OK(0):程序正确执行	使能ADC完成中断
				ERR_SPEED(1):模块没有正常工作	
Disable Event	无	无	byte	ERR_OK(0):程序正确执行	禁用ADC完成中断
				ERR_SPEED(1):模块没有正常工作	
Start	无	无	byte	ERR_OK(0):程序正确执行	启动循环扫描。即在一次扫描结束后立即开始下一次扫描
				ERR_SPEED(1):模块没有正常工作	
				ERR_DISABLED(7):ADC模块被禁用	
				ERR_BUSY(8):有转换正在进行	

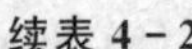

续表 4-2

函数名	形参		返回值		功 能
	类 型	含 义	类 型	值与含义	
Stop	无	无	byte	ERR_OK(0):程序正确执行	停止循环扫描或单次触发扫描
				ERR_SPEED(1):模块没有正常工作	
				ERR_BUSY(8):没有运行中的循环扫描。也没有被使能的内部或外部触发	
Measure	bool	WaitForResult:是否在该函数中等待转换结束①	byte	ERR_OK(0):程序正确执行	在所有配置过的通道进行一次测量②
				ERR_SPEED(1):模块没有正常工作	
				ERR_DISABLED(7):ADC 模块被禁用	
				ERR_BUSY(8):有转换正在进行	
Measure Chan	bool	WaitForResult:同上	byte	ERR_OK(0):程序正确执行	在特定的一个通道进行一次测量②
				ERR_SPEED(1):模块没有正常工作	
	byte	Channel:函数对应的通道号		ERR_DISABLED(7):ADC 模块被禁用	
				ERR_BUSY(8):有转换正在进行	
En-ableInt Trigger	无	无	byte	ERR_OK(0):程序正确执行	对所有配置过的通道使能内部中断模式③
				ERR_BUSY(8):有转换正在进行	
Enab leInt Chan Trigger	byte	Channel:函数对应的通道号	byte	ERR_OK(0):程序正确执行	使能特定通道的内部中断模式
				ERR_BUSY(8): 有转换正在进行	
				ERR_RANGE(2):参数 Channel 对应的通道超出了选择范围	
Get Value	void*④	Values:一个指向数组的指针。数组中将存储测量数据	byte	ERR_OK(0):程序正确执行	获取所有通道的上次测量值,存储在指针 Values 所指向的数组中
				ERR_SPEED(1):模块没有正常工作	
				ERR_ NOTAVAIL(9):无法获得测量值	
Get Chan Value	byte	Channel:函数对应的通道号	byte	ERR_OK(0):程序正确执行	获取所选通道的上次测量值,存储在指针 Values 所指向的变量中
				ERR_SPEED(1):模块没有正常工作	
	void*④	Values:一个指针类型变量,指向存储上次测量数据的变量		ERR_ NOTAVAIL(9):无法获得测量值	
				ERR_RANGE(2):参数 Channel 对应的通道超出了选择范围	
Get Value8	byte*	Values:一个指向 byte 类型数组的指针。数组中存储上一次的测量值	byte	ERR_OK(0):程序正确执行	获取所有通道的上次测量值(分辨率不能超过 8),存储在指针 Values 所指向的数组中⑤
				ERR_SPEED(1):模块没有正常工作	
				ERR_ NOTAVAIL(9):无法获得测量值	

续表 4-1

函数名	形参		返回值		功能
	类型	含义	类型	值与含义	
Get Chan Value8	byte	Channel：函数对应的通道号	byte	ERR_OK(0)：程序正确执行	获取所选通道的上次测量值（分辨率不能超过 8），存储在指针 Values 所指向的变量中⑤
				ERR_SPEED(1)：模块没有正常工作	
	byte*	Values：一个指向 byte 类型变量的指针。变量中存储上一次的测量值		ERR_NOTAVAIL(9)：无法获得测量值	
				ERR_RANGE(2)：参数 Channel 对应的通道超出了选择范围	
Get Value16	word*	Values：一个指向 word 类型数组的指针。数组中存储上一次的测量值	byte	ERR_OK(0)：程序正确执行	获取所有通道的上次测量值（分辨率不能超过 16），存储在指针 Values 所指向的数组中⑥
				ERR_SPEED(1)：模块没有正常工作	
				ERR_NOTAVAIL(9)：无法获得测量值	
Get Chan Value16	byte	Channel：函数对应的通道号	byte	ERR_OK(0)：程序正确执行	获取所选通道的上次测量值（分辨率不能超过 16），存储在指针 Values 所指向的变量中⑤
				ERR_SPEED(1)：模块没有正常工作	
	word*	Values：一个指向 word 类型变量的指针。变量中存储上一次的测量值		ERR_NOTAVAIL(9)：无法获得测量值	
				ERR_RANGE(2)：参数 Channel 对应的通道超出了选择范围	
SetHigh Chan Limit	byte	Channel：函数对应的通道号	byte	ERR_OK(0)：程序正确执行	设定所选通道测量结果的上限。如果 ADC 结果大于设定值，中断 OnHigh-Limit 将被触发
				ERR_RANGE(2)：参数 Channel 对应的通道超出了选择范围	
	word	Limit：设定的上限⑦		ERR_BUSY(8)：有转换正在进行	
SetLow Chan Limit	byte	Channel：函数对应的通道号	byte	ERR_OK(0)：程序正确执行	设定所选通道测量结果的下限。如果 ADC 结果小于设定值，中断 OnLow-Limit 将被触发
				ERR_RANGE(2)：参数 Channel 对应的通道超出了选择范围	
	word	Limit：设定的下限⑦		ERR_BUSY(8)：有转换正在进行	
SetChan Offset	byte	Channel：函数对应的通道号	byte	ERR_OK(0)：程序正确执行	设定所选通道的偏移值。偏移值将被从 ADC 结果中减去，得到最后结果⑧
				ERR_RANGE(2)：参数 Channel 对应的通道超出了选择范围	
	word	Offset：设定所选通道的偏移值		ERR_BUSY(8)：有转换正在进行	
GetHigh Limit Status	无	无	word	所有采样(sample)的上限状态	返回所有采样的上限状态

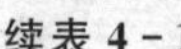

续表 4-1

函数名	形参		返回值		功能
	类型	含义	类型	值与含义	
GetLow Limit Status	无	无	word	所有采样(sample)的下限状态	返回所有采样的下限状态
GetZero Cross Status	无	无	word	所有采样(sample)的过零状态	返回所有采样的过零状态[9]
Connect Pin	dword	PinMask：要重新连接的引脚	无	无	重新连接所请求的引脚，该引脚与 ADC 模块配置中所选的外设相关
AD1_On End	无	无	无	无	中断函数，在测量完成时被触发
OnHigh Limit	无	无	无	无	当任意一个通道的测量值超过上限时被触发[10]
OnLow Limit	无	无	无	无	当任意一个通道的测量值低于下限时被触发[10]
OnZero Crossing	无	无	无	无	当任意一个通道的测量值过零时被触发[9][10]

① 如果中断服务被禁用，A/D 外设不支持同时测量所有通道或者在自动扫描模式(Autoscan mode)没有被使能的同时，测量次数又大于 1，那么参数 WaitForResult 将被忽略，函数每次都会等待转换结束。如果中断服务被禁用并且转换次数大于 1，参数也将被忽略，函数每次都会等待转换结束。

② 如果测量次数(Number of conversions)大于 1，则进行相应次数的测量。

③ 当图 4-2(c)中的(14)使能时该函数有效，转换将跟随内部同步脉冲被触发(脉冲源在图 4-2(c)的(15)和(17)中设置)。如果测量次数大于 1，单次触发下 ADC 将进行相应数目次 A/D 转换。触发模式可由 Stop 函数退出。

④ 参数指针对应数组的数据类型可能是 byte、word 或 int。最终的选择取决于 ADC 所支持的模式、分辨率等。

⑤ 当测量次数大于 1，AD 分辨率小于或等于 8 时，此函数返回的数据比 GetValue 函数更精确。

⑥ 当测量次数大于 1，AD 分辨率小于或等于 16 时，此函数返回的数据比 GetValue 函数更精确。

⑦ 在设定 12 位数据的上/下限时要注意，数据必须存放在 word 类型变量(16 位)的 3～14 位。

⑧ 得到无符号结果时(通过函数 GetValue 或 GetChanValue)，此处值必须设为 0，最后的 ADC 结果为 0～32 760。注意，偏移值只对函数 GetValue 和 GetChanValue 有影响，对函数 GetValue8、GetChanValue8、GetValue16 和 GetChanValue16 无影响。

⑨ 只有当函数 MeasureChan 和 EnableIntTrigger 都被禁用时，该函数才可用。

⑩ 当测量次数大于 1 时，测量次数数值为该中断服务函数最多被触发的次数。

4.1.4 单端采样与差分采样应用实例

1. 实例 1：ADC 单端采样

采样要求：利用 ADC 模块（ADC12 部分）实现对 GPIOA6、GPIOA7 两个输入电压值的测量，以计时器中断作为内部触发源，每 1 ms 进行一次 A/D 转换。

首先，按照前面介绍的添加 ADC 模块的步骤，添加一个 ADC 模块。对其进行初始化配置，如图 4 - 16(a)、(b)和(c)所示。

单击图 4 - 16(c)中的①和②选项，将弹出图 4 - 17 所示的界面，提供可由用户选择的内部触发源。在本例中，选择时钟类型的内部模块作为触发源，故选择 TAx_OUT（本例中选择 TA0_OUT，对应 TimerA0）。选好以后，将自动弹出图 4 - 18 所示对话框，对应选项②，选择对应内部触发源的内部模块（当选择的内部触发源为外部 GPIO 时，将不会弹出该窗口。当然，此时用户也不需要对选项②进行相应的配置）。如果没有弹出，可以单击②选项，在弹出的下拉窗口中选择新建模块。本例中选择定时中断作

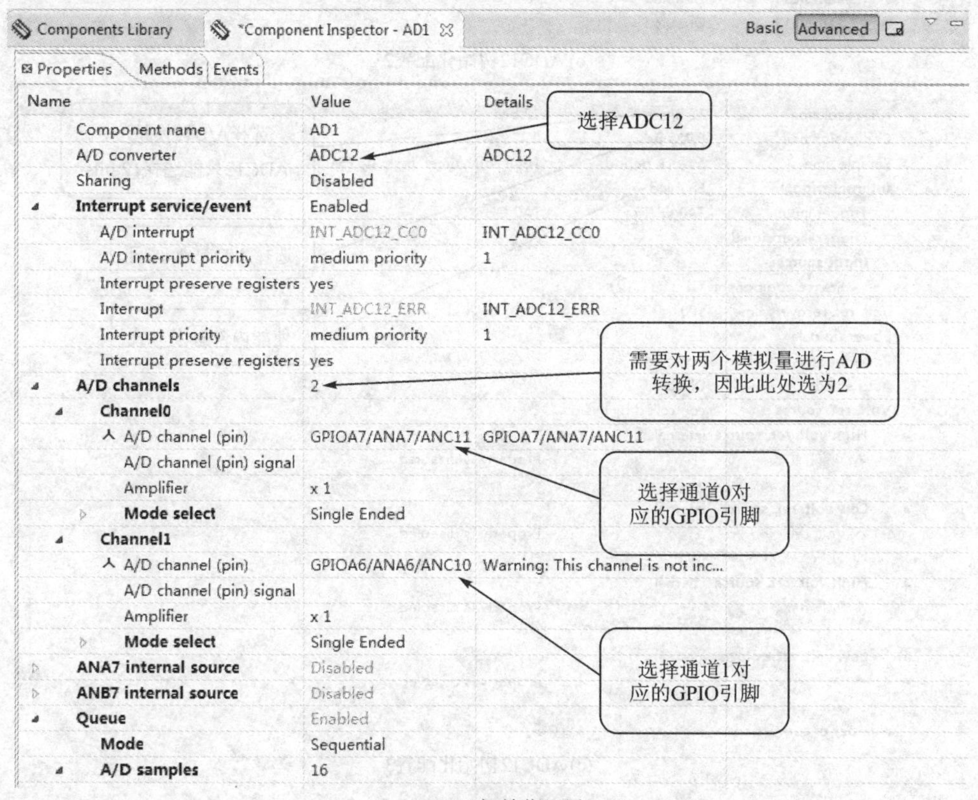

(a) ADC12初始化配置1

图 4 - 16 ADC12 初始化配置

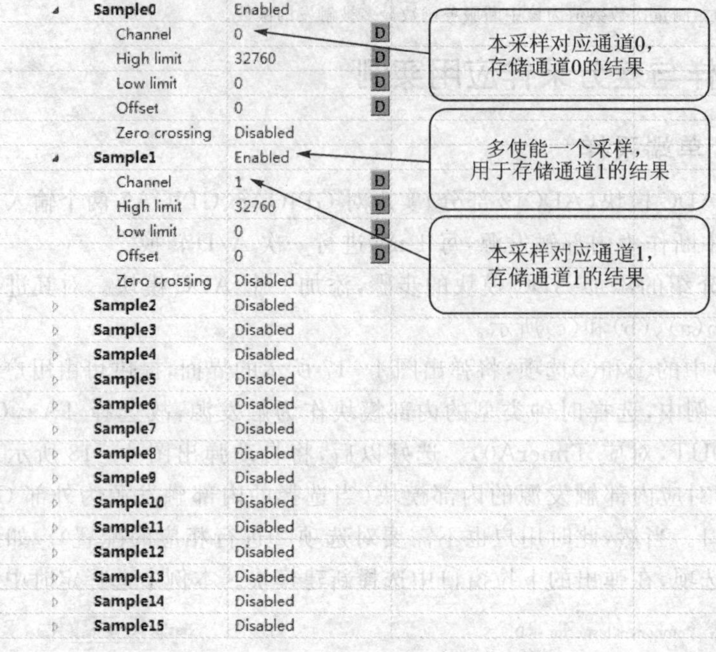

(b) ADC12初始化配置2

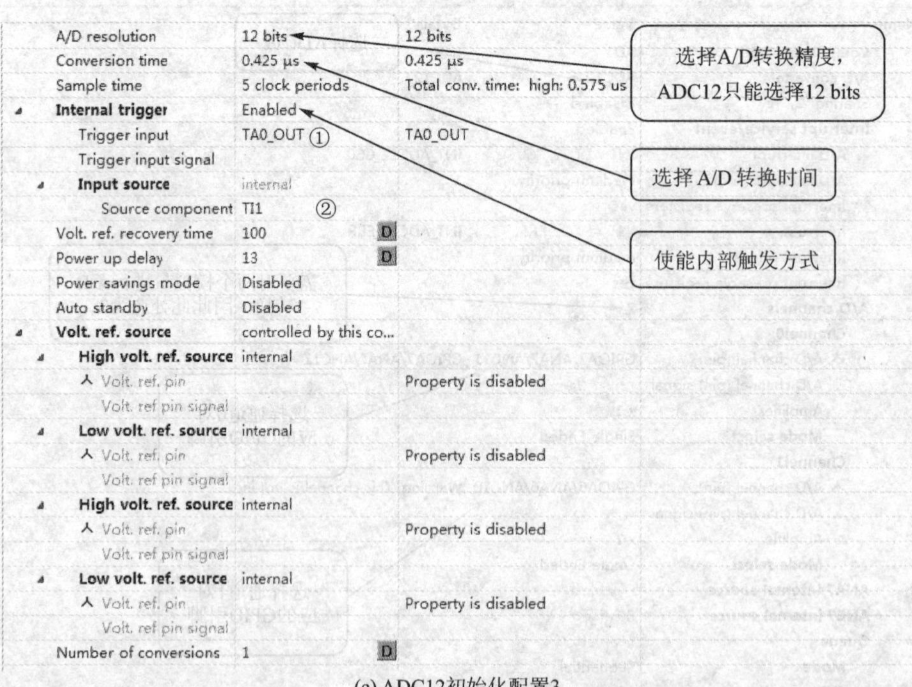

(c) ADC12初始化配置3

图 4-16 ADC12 初始化配置(续)

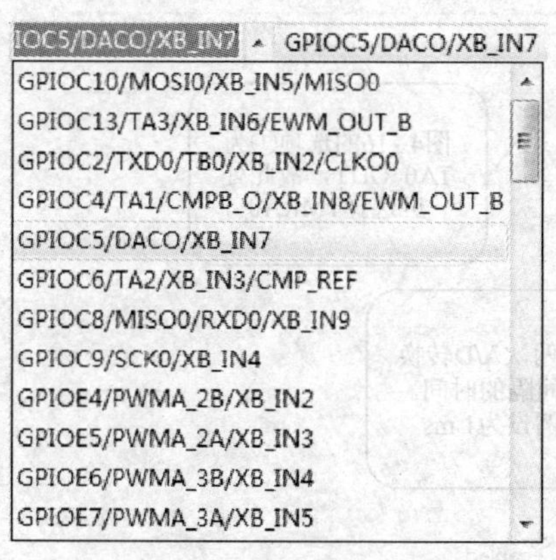

图4-17　内部触发源选择

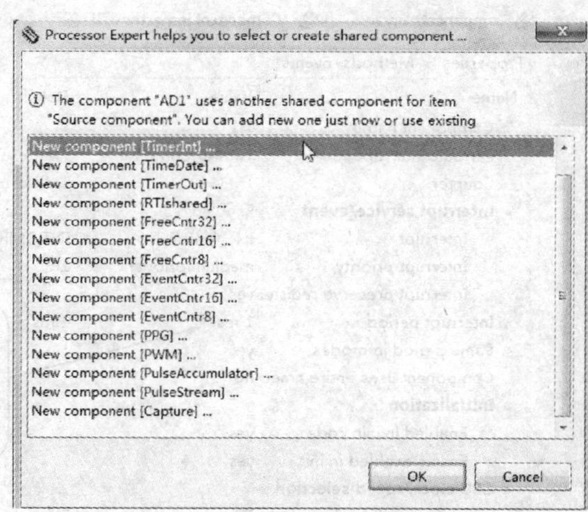

图4-18　选择对应内部触发源的模块

为触发源，故应选择TimerInt。这时，在模块窗口(Component)将自动添加一个TimerInt模块，如图4-19所示。

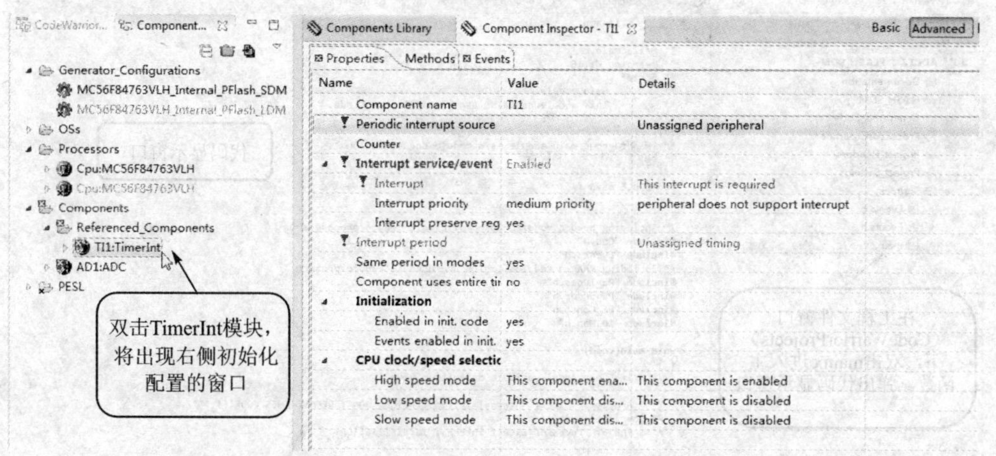

图4-19　添加TimerInt模块

TimerInt的具体介绍参考3.1节。本例中对TimerInt模块的配置如图4-20所示。

至此，模块配置部分完成。接下来，进行代码编写：

① 单击编译图标，让PE生成基础代码及框架。

② 打开主函数窗口，如图4-21所示。

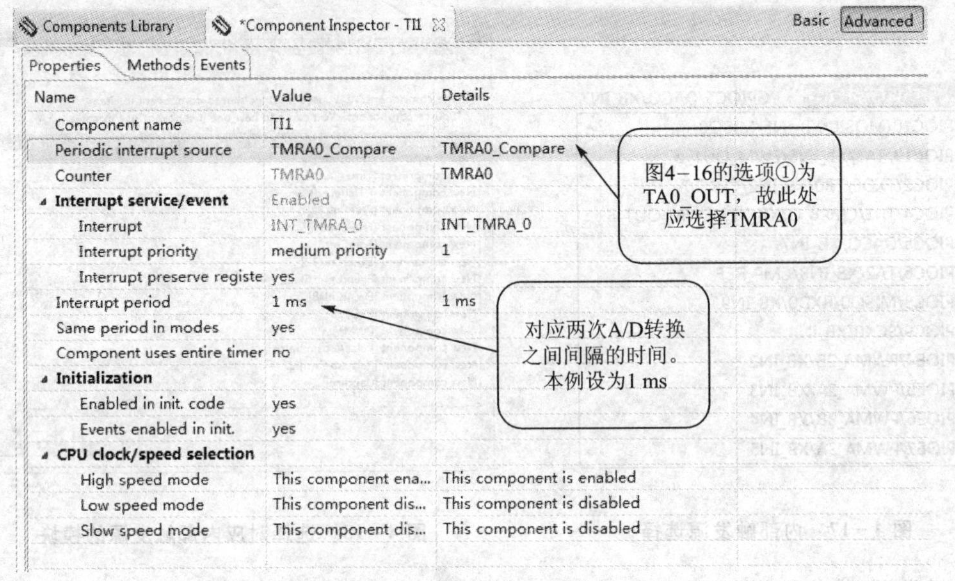

图 4 - 20　TimerInt 模块配置

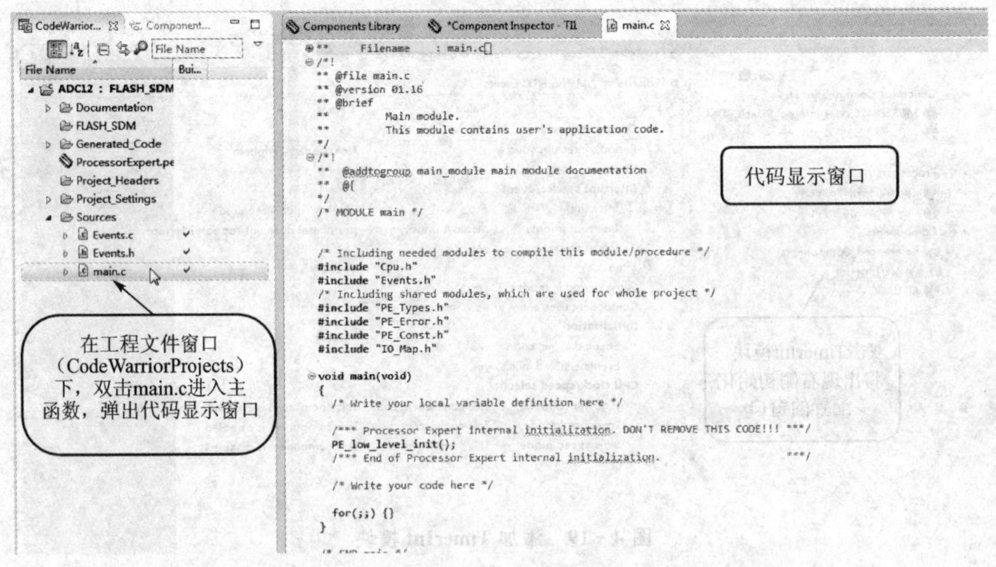

图 4 - 21　调出代码显示窗口

③ 找到 ADC 模块的函数，如图 4 - 22 所示。

图 4 - 23 中的①内部触发(Internal Trigger)即使已经使能(Enabled)，仍需要在程序中调用该函数才可真正使能内部触发模式。

④ 在中断服务函数中写入读取 A/D 转换结果部分的代码。调出中断服务函数，如图 4 - 24 所示。

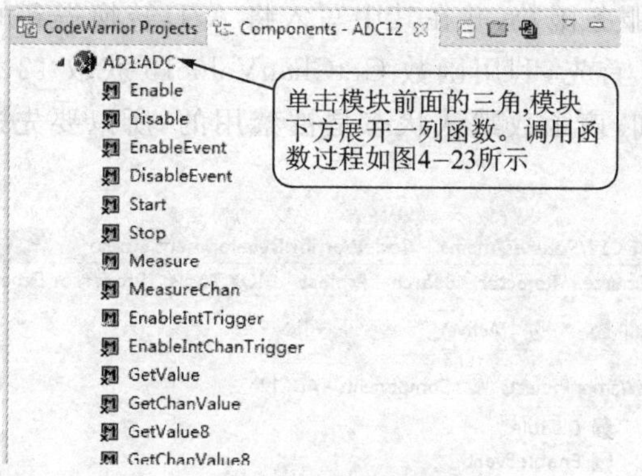

图 4-22　ADC 模块的函数列表

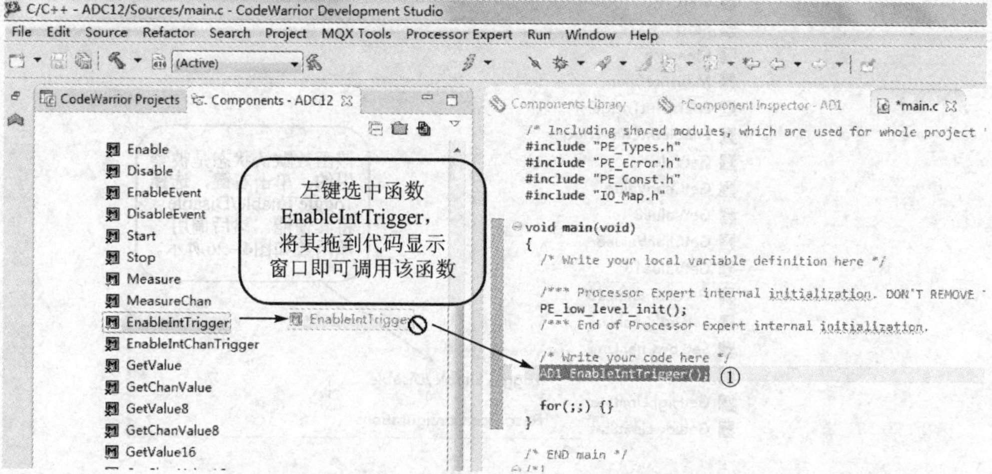

图 4-23　模块 ADC 的 EnableIntTrigger 函数的调用

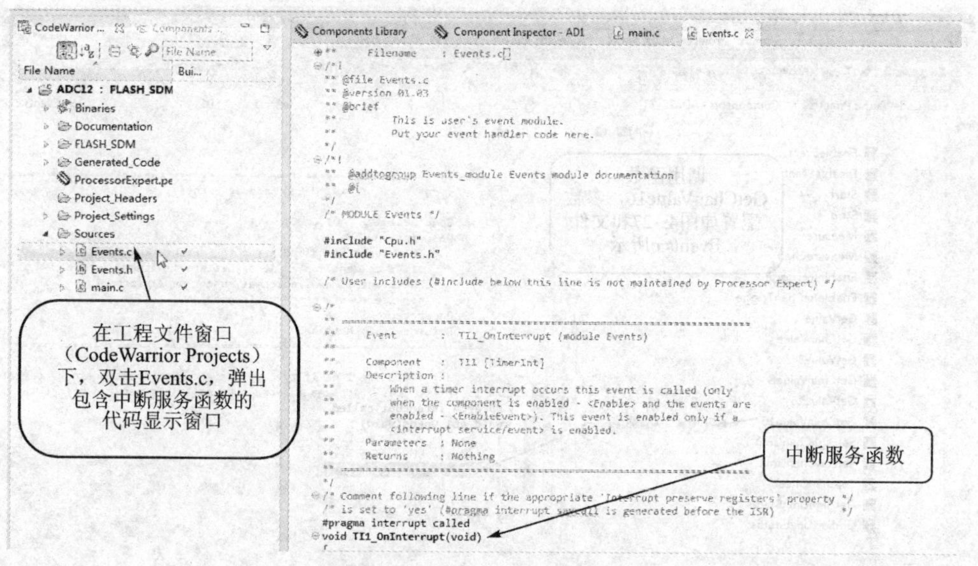

图 4-24　调出中断服务函数

找到 A/D 转换中断服务函数，并在其中写入将 A/D 转换得到的 12 位数字量转化成模拟量的处理程序。首先，利用函数 GetChanValue16 获取 12 位数字量。观察 ADC 模块的函数列表可知，该函数默认状态是被禁用的，所以要先进行使能，如图 4－25 所示。

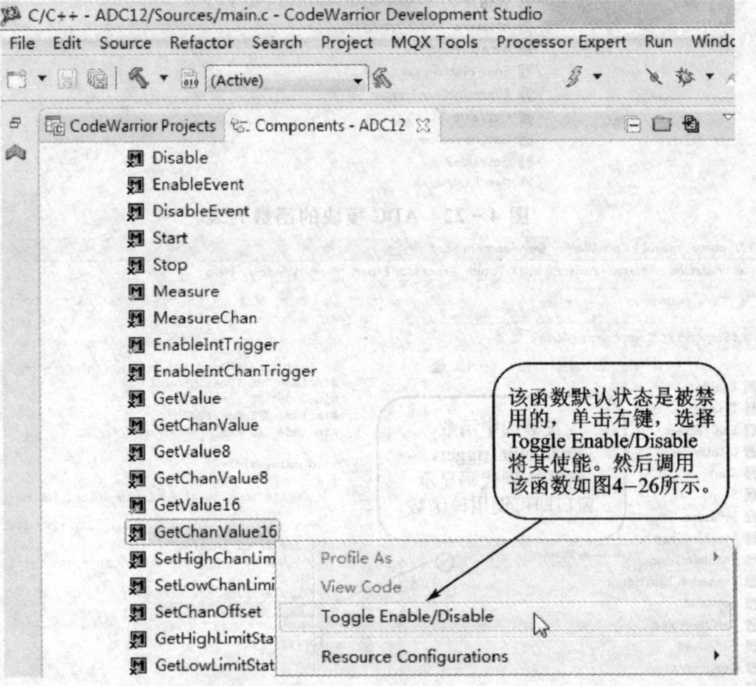

图 4－25　使能函数 GetChanValue16

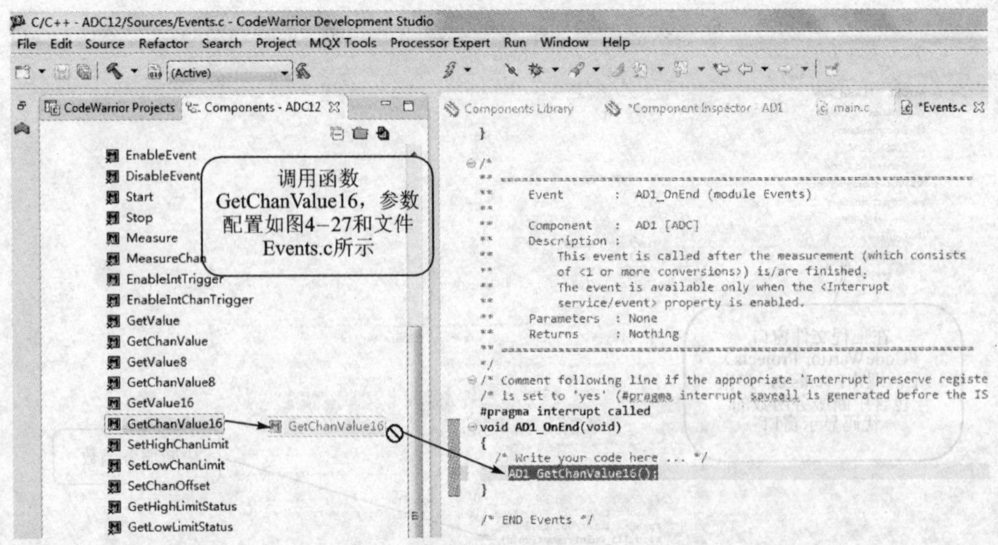

图 4－26　调用函数 GetChanValue16

然后，在 main.c 文件中声明 4 个全局变量，分别用于存储通道 0、通道 1 的 12 位数字量结果和通道 0、通道 1 转换后的模拟量结果，如图 4－27 所示。

```
unsigned int v0_origin; //存储通道0的12位数据量结果
unsigned int v1_origin; //存储通道1的12位数据量结果
float v0;               //存储通道0转换后的模拟量结果
float v1;               //存储通道1转换后的模拟量结果
void main(void)
{
/* Write your local variable definition here */
/*** Processor Expert internal initialization. DON'T REMOVE THIS CODE!!! ***/
  PE_low_level_init();
/*** End of Processor Expert internal initialization.                    ***/
/* Write your code here */
  AD1_EnableIntTrigger();
for(;;) {}
}
```

首先，在主函数中声明全局变量

图 4－27 主函数中声明全局变量

对于上述 4 个全局变量，在文件 Events.c 中，声明的外部变量。此外，将通道 0 与通道 1 的 A/D 转换数据储存在相应的变量中。Events.c 文件对函数 Getchan Value16 的参数进行配置，下面对文件进行编辑。

```
#pragma interrupt called
extern unsigned int v0_origin;        //在文件 Events.c 中再次声明外部变量
extern unsigned int v1_origin;        //在文件 Events.c 中再次声明外部变量
extern float v0;                      //在文件 Events.c 中再次声明外部变量
extern float v1;                      //在文件 Events.c 中再次声明外部变量
void AD1_OnEnd(void)
{
    /* Write your code here ... */
    //获取通道 0 的结果，存储在变量 v0_origin 中
    AD1_GetChanValue16(0,&v0_origin);   ①
    //获取通道 1 的结果，存储在变量 v1_origin 中
    AD1_GetChanValue16(1,&v1_origin);
}
```

程序中的①根据 1.6 节的介绍，查看该函数的具体实现，如图 4－28 所示（因为该函数一开始是被禁用的，所以要先单击编译图标，让 PE 生成该函数的实现，然后才可利用该方法查看）。

可以看出，在函数中，12 位的数据被左移了一位。如图 4－29 所示为 ADC12 存储 12 位数据寄存器的 datasheet，显示 12 位数据被存在寄存器 ADCx_RSLTn 的 3～14 位（从 0 开始计数）。综上，12 位有效数据存储在函数 16 位返回值的 4～15 位（从 0 开始计数）。

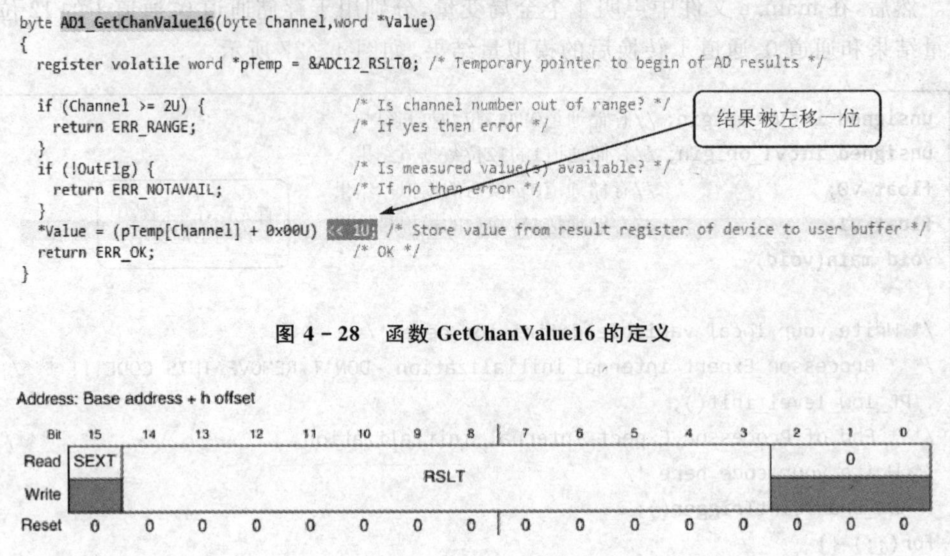

```
byte AD1_GetChanValue16(byte Channel,word *Value)
{
  register volatile word *pTemp = &ADC12_RSLT0; /* Temporary pointer to begin of AD results */

  if (Channel >= 2U) {                    /* Is channel number out of range? */
    return ERR_RANGE;                     /* If yes then error */
  }
  if (!OutFlg) {                          /* Is measured value(s) available? */
    return ERR_NOTAVAIL;                  /* If no then error */
  }
  *Value = (pTemp[Channel] + 0x00U) << 1U; /* Store value from result register of device to user buffer */
  return ERR_OK;                          /* OK */
}
```


图 4-28　函数 GetChanValue16 的定义

图 4-29　寄存器 ADCx_RSLTn 示意图

要想得到正常的有效数据,需要将返回的数据右移 4 位,编写 Events.c 文件 PE 为用户提供了数个取值函数,用于不同分辨率下的情况。对于这些不同的取值函数,需要对数据进行不同的移位处理。具体的对应关系将在 4.1.6 小节中进行总结。完整的中断服务函数如下:

```
#pragma interrupt called
extern unsigned int v0_origin;          //声明外部变量
extern unsigned int v1_origin;          //声明外部变量
extern float v0;                        //声明外部变量
extern float v1;                        //声明外部变量
void AD1_OnEnd(void)
{
    /* Write your code here ... */
    //获取通道 0 的结果,存储在变量 v0_origin 中
    AD1_GetChanValue16(0,&v0_origin);
    v0_origin = v0_origin >> 4; //将数据右移 4 位
    v0 = (float)v0_origin/4095 * 3.3; ①
    //获取通道 1 的结果,存储在变量 v1_origin 中
    AD1_GetChanValue16(1,&v1_origin);
    v1_origin = v1_origin >> 4; //将数据右移 4 位
    v1 = (float)v1_origin/4095 * 3.3;
}
```

程序中的①将 12 位数字量转化成模拟量。在 A/D 转换过程中,0～3.3 V 的电压被转化成了 0～4 095 的数字量,如图 4-30 所示。现在,要得到 12 位数字量对应的模拟量,要进行的是相反的过程。

至此,程序编写全部完成,下面给出调试结果。

利用稳压源给 GPIOA6 输入 2.0 V 的电压，给 GPIOA7 输入 3.0 V 的电压。将程序编译并下载，可在调试窗口的全局变量窗口查看 v0、v1 的值，如图 4-31 所示。

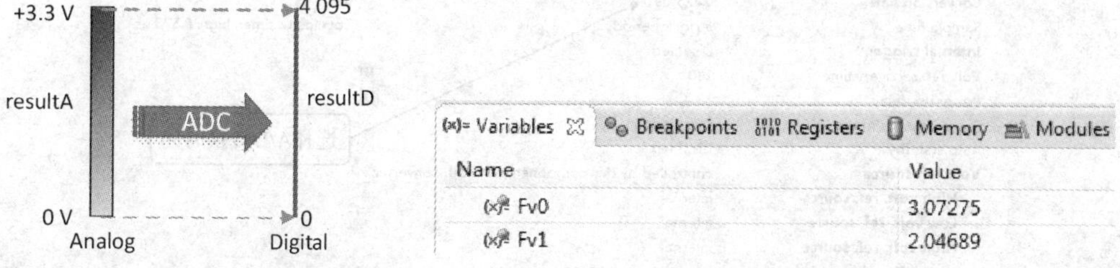

图 4-30　A/D 转换的原理示意图　　　　图 4-31　A/D 转换结果

2. 实例 2:ADC 差分采样

采样要求：利用 ADC12，对 GPIOA0、GPIOA1 两个通道的输入进行差分采样，每 1 ms进行一次 A/D 转换，采用 Measure 函数在定时中断里触发测量。

① 配置 ADC 模块：添加一个 ADC 模块，对其进行初始化配置，如图 4-32 所示。

图 4-32(a)中的①当选择的差分采样输入的差分对不是 GPIOA0 与 GPIOA1、GPIOA2 与 GPIOA3 时，在使用的过程中会发生错误，其原因将在 4.1.5 小节"PE 在差分采样配置中存在的问题"中详细解释。

② 添加一个 TimerInt 模块，实现定时中断。TimerInt 模块添加的过程见 3.1 节。TimerInt 模块的各项配置见图 4-33。

③ 配置好上面两个模块后，单击编译图标 ，让 PE 生成基础代码及框架。

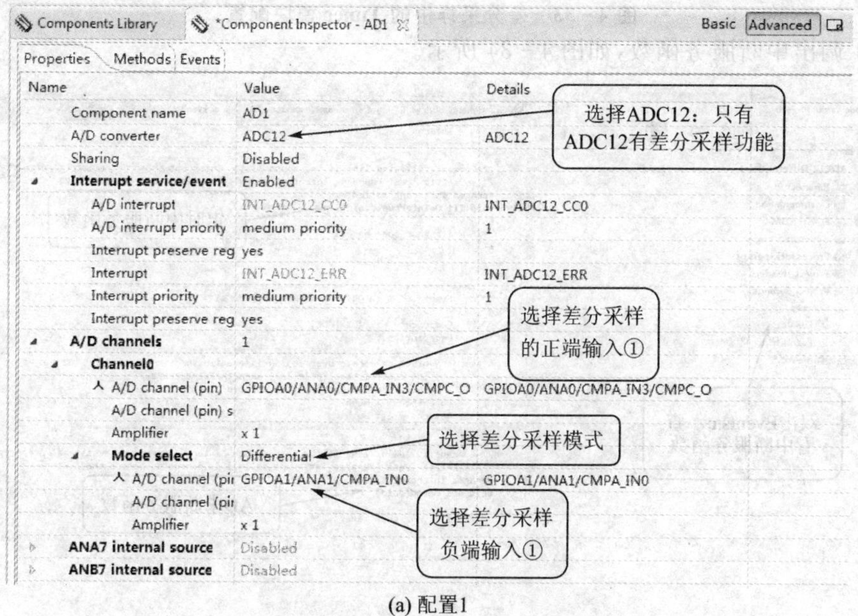

(a) 配置1

图 4-32　差分采样中的 ADC 模块配置

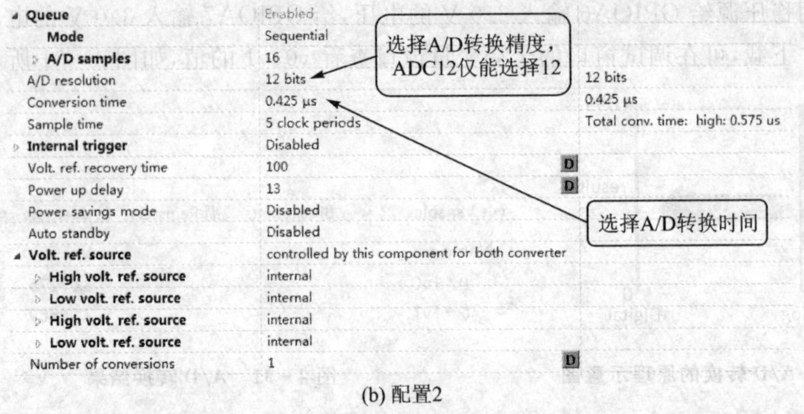

(b) 配置2

图 4-32　差分采样中的 ADC 模块配置(续)

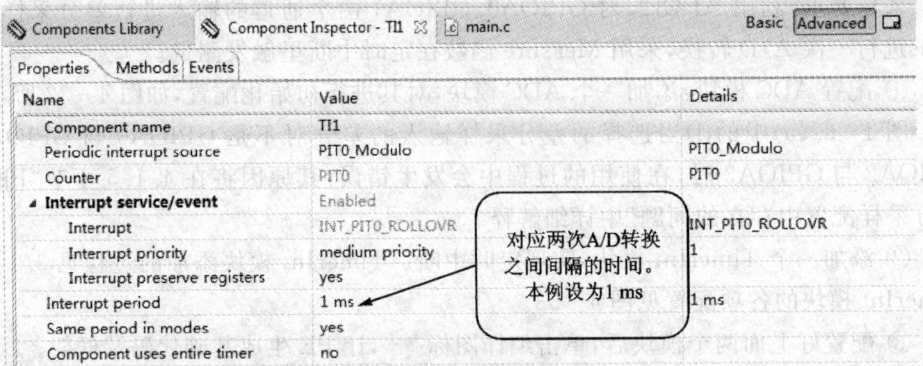

图 4-33　差分采样中的 Timer 模块配置

④ 调出中断服务函数，如图 4-34 所示。

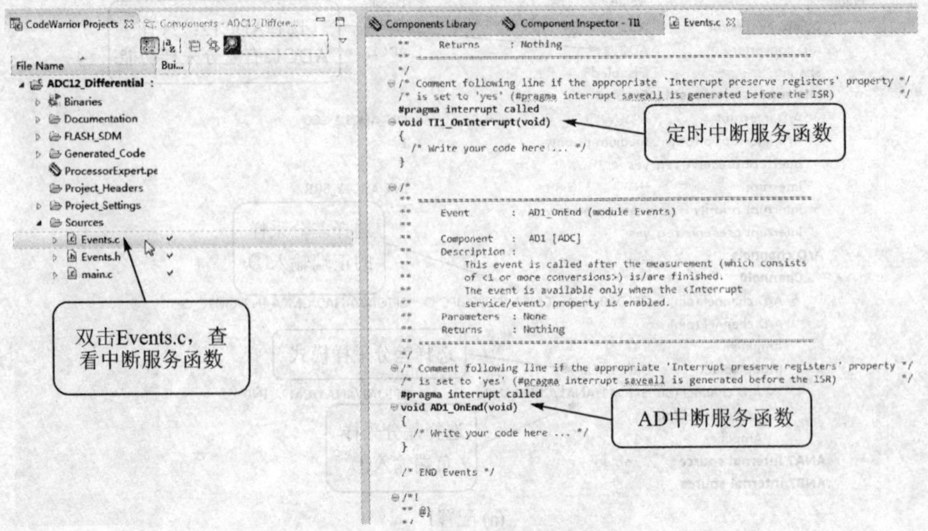

图 4-34　调出中断服务函数

本例中，通过在定时中断里调用 Measure 函数来触发 AD 中断。Measure 函数来自 ADC 模块的函数列表，如图 4-35 所示。

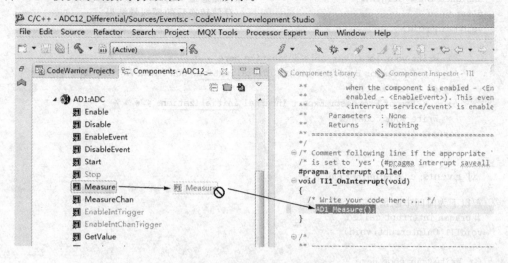

图 4-35 调用 Measure 函数

Measure 函数有一个参数（WaitingForResult），在中断中该参数必须设置为 0。Measure 函数的实现如图 4-36 所示。可以看出，当参数 WaitingForResult 被设置成 1 时，函数将判断变量 AD1_ModeFlg 是否等 MEASURE。只有两者不相等时，函数才会结束运行。此处函数所期望的变量 AD1_ModeFlg 的改变来自 AD 中断服务函数 AD1_InterruptCC，如图 4-37 所示。但是因为函数 Measure 是在定时中断服务函数中被调用的，AD 中断服务函数 AD1_InterruptCC 将被挂起，在函数 Measure 结束运行之前无法进入该中断，即 AD1_ModeFlg 的值将永远不会改变！因此，程序将在此处跑死，无法向下继续运行。

```
byte AD1_Measure(bool WaitForResult)
{
  if (AD1_ModeFlg != IDLE) {              /* Is the device in running mode? */
    return ERR_BUSY;                      /* If yes then error */
  }
  AD1_ModeFlg = MEASURE;                  /* Set state of device to the measure mode */
  HWEnDi();                               /* Enable the device */
  if (WaitForResult) {                    /* Is WaitForResult TRUE? */
    while (AD1_ModeFlg == MEASURE) {}     /* If yes then wait for end of measurement */
  }
  return ERR_OK;                          /* OK */
}
```

AD1_ModeFlg不等于MEASURE时代表A/D转换结束

图 4-36 函数 Measure 的实现

```
#pragma interrupt alignsp saveall
void AD1_InterruptCC(void)
{
  setRegBits(ADC12_STAT,0x0800);          /* Clear EOSI flag */
  OutFlg = TRUE;                          /* Measured values are available */
  AD1_ModeFlg = IDLE;                     /* Set the component to the idle mode */
  AD1_OnEnd();                            /* If yes then invoke user event */
}
```

图 4-37 AD 中断服务函数

最后完整的程序，对 main. c 文件的编写如下：

```
unsigned int v_origin;                          //存储通道 0 的 12 位数字量结果
float v;                                        //存储转换后的模拟量结果
void main(void)
{
    /* Write your local variable definition here */
    /*** Processor Expert internal initialization. DON'T REMOVE THIS CODE!!! ***/
    PE_low_level_init();
    /*** End of Processor Expert internal initialization. ***/
    /* Write your code here */
    for(;;) {}
}
```

对 Events. c 文件的编写如下：

```
//以下为时间中断函数
#pragma interrupt called
voidTI1_OnInterrupt(void)
{
/* Write your code here ... */
    AD1_Measure(0);                             //函数 Measure 的参数设为 0
}
//以下为 ADC 中断函数
#pragma interrupt called
externunsignedint v_origin;                     //声明外部变量
externfloat v;                                  //声明外部变量
voidAD1_OnEnd(void)
{
/* Write your code here ... */
    AD1_GetChanValue16(0,&v_origin);
    v_origin = v_origin>>4;
    v = (float)v_origin/4095 * 6.6 - 3.3;      ①
}
```

程序中的① 即两个差分输入通道允许输入的对地电压范围都为 0～3.3V。也就是说，当正端输入为 3.3 V，负端输入为 0 V 时，差分输入最大，为 3.3 V，对应的 12 位精度数字量为 4 095。当正端输入为 0 V，负端输入为 3.3 V 时，差分输入最小，为－3.3 V，对应的 12 位精度数字量为 0，如图 4－38 所示。因此，将数字量还原为模拟量的算法与应用实例 1（普通 A/D 转换）的算法不同。

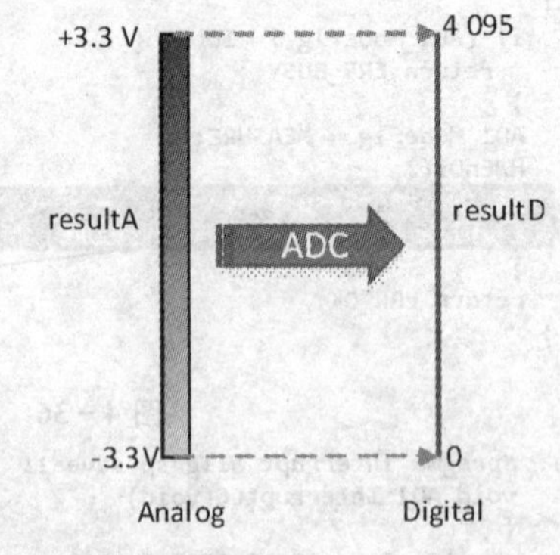

图 4－38 差分输入的 A/D 转换示意图

调试结果：

利用稳压源给 GPIOA0 输入 2.0 V 的电压，GPIOA1 输入 3.0 V 的电压。将程序编译并下载，可在调试窗口的全局变量窗口查看 v 的值，如图 4－39 所示。

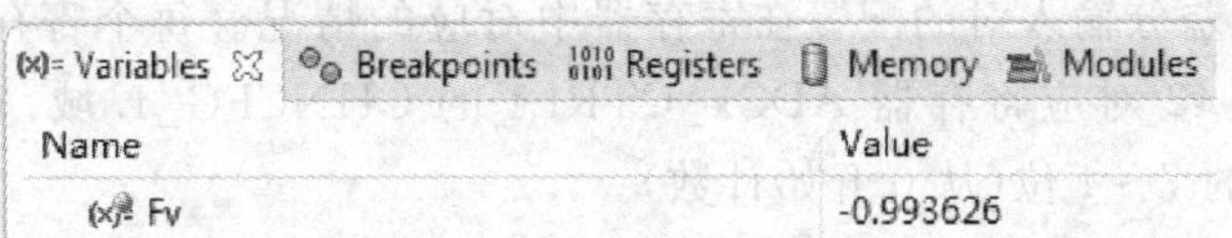

图 4-39　差分 AD 转换结果

4.1.5　PE 在差分采样配置中存在的问题

在实例 2 中，采用的差分通道为差分输入对 GPIOA0 与 GPIOA1，获得的结果没有问题。而如果采用某些差分输入对时(除 GPIOA0 与 GPIOA1、GPIOA2 与 GPIOA3 外的差分对)，将获得错误的结果。下面通过一个例子看这个问题。

将差分输入的正端、负端分别改为 GPIOB6 与 GPIOB7，如图 4-40 所示，其他部分的配置仿照实例 2 的配置(图 4-32、图 4-33)。

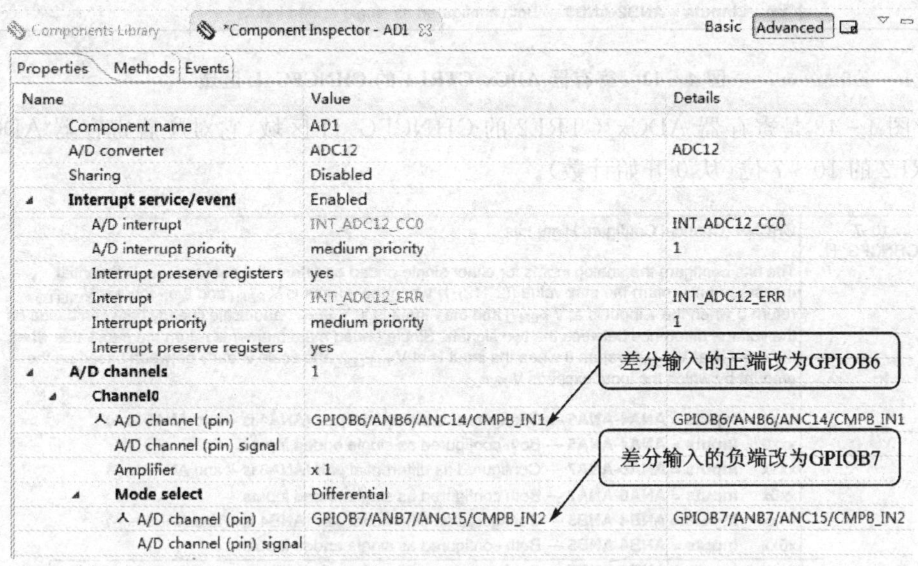

图 4-40　ADC 模块配置与实例 2 不同的部分

函数的书写与实例 2 完全相同。

利用稳压源给 GPIOB6 输入 0.5 V 的电压，GPIOB7 输入 2.0 V 的电压。将程序编译并下载，可在调试窗口的全局变量窗口查看 v 的值，如图 4-41 所示。

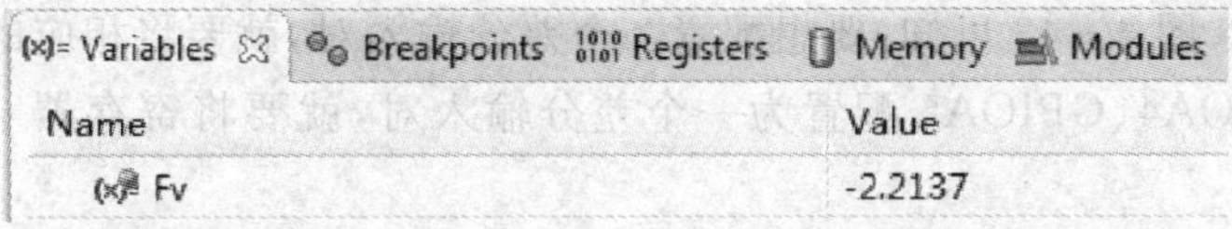

Name	Value
Fv	-2.2137

图 4-41　采用 GPIOB6 与 GPIOB7 作为输入时的结果 1

显然，得到的结果与实际结果(-1.5 V)不同。什么原因呢？

先了解一下差分输入对的配置在寄存器中对应的情况。每个寄存器共有 16 个位(0～15)。图 4－42 对应寄存器 ADCx_CTRL1 的 CHNCFG_L 域，它对应着寄存器 ADCx_CTRL1 的 7～4 位(从 0 开始计数)。

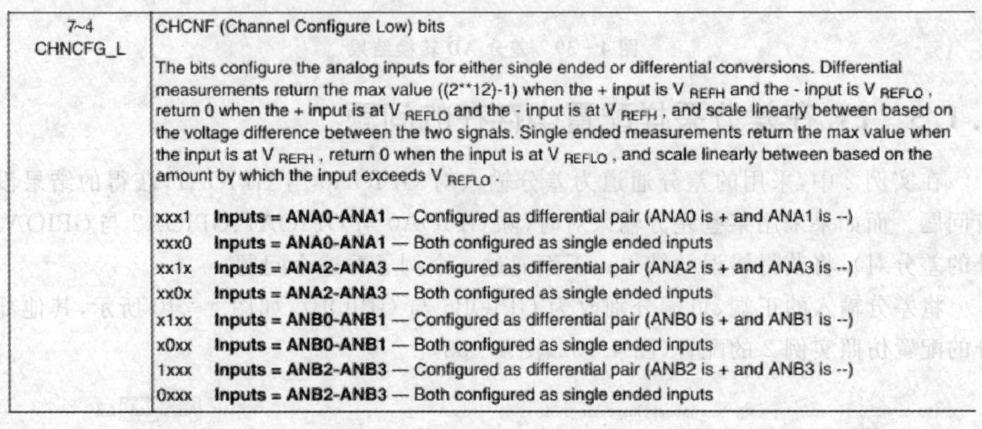

7~4 CHNCFG_L	CHCNF (Channel Configure Low) bits The bits configure the analog inputs for either single ended or differential conversions. Differential measurements return the max value ((2**12)-1) when the + input is V_{REFH} and the - input is V_{REFLO}, return 0 when the + input is at V_{REFLO} and the - input is at V_{REFH}, and scale linearly between based on the voltage difference between the two signals. Single ended measurements return the max value when the input is at V_{REFH}, return 0 when the input is at V_{REFLO}, and scale linearly between based on the amount by which the input exceeds V_{REFLO}. xxx1 **Inputs = ANA0-ANA1** — Configured as differential pair (ANA0 is + and ANA1 is --) xxx0 **Inputs = ANA0-ANA1** — Both configured as single ended inputs xx1x **Inputs = ANA2-ANA3** — Configured as differential pair (ANA2 is + and ANA3 is --) xx0x **Inputs = ANA2-ANA3** — Both configured as single ended inputs x1xx **Inputs = ANB0-ANB1** — Configured as differential pair (ANB0 is + and ANB1 is --) x0xx **Inputs = ANB0-ANB1** — Both configured as single ended inputs 1xxx **Inputs = ANB2-ANB3** — Configured as differential pair (ANB2 is + and ANB3 is --) 0xxx **Inputs = ANB2-ANB3** — Both configured as single ended inputs

图 4－42　寄存器 ADCx_CTRL1 的 CHNCFG_L 区域

图 4－43 是寄存器 ADCx_CTRL2 的 CHNCFG_H 区域，它对应着寄存器 ADCx_CTRL2 的 10～7 位(从 0 开始计数)。

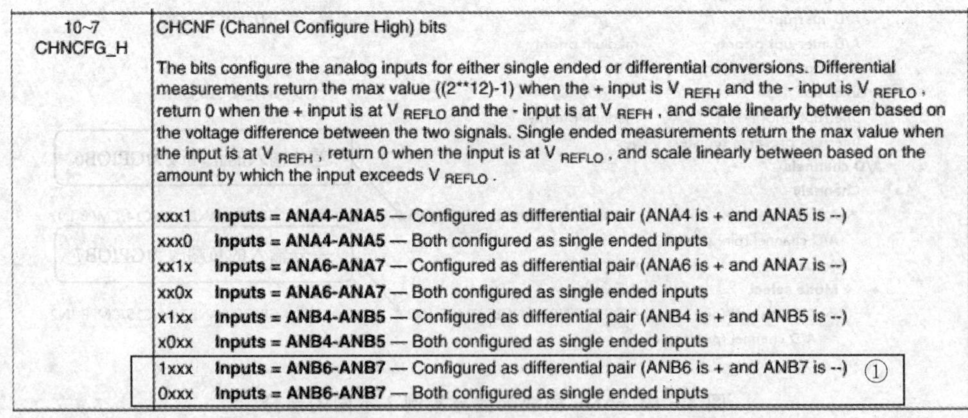

10~7 CHNCFG_H	CHCNF (Channel Configure High) bits The bits configure the analog inputs for either single ended or differential conversions. Differential measurements return the max value ((2**12)-1) when the + input is V_{REFH} and the - input is V_{REFLO}, return 0 when the + input is at V_{REFLO} and the - input is at V_{REFH}, and scale linearly between based on the voltage difference between the two signals. Single ended measurements return the max value when the input is at V_{REFH}, return 0 when the input is at V_{REFLO}, and scale linearly between based on the amount by which the input exceeds V_{REFLO}. xxx1 **Inputs = ANA4-ANA5** — Configured as differential pair (ANA4 is + and ANA5 is --) xxx0 **Inputs = ANA4-ANA5** — Both configured as single ended inputs xx1x **Inputs = ANA6-ANA7** — Configured as differential pair (ANA6 is + and ANA7 is --) xx0x **Inputs = ANA6-ANA7** — Both configured as single ended inputs x1xx **Inputs = ANB4-ANB5** — Configured as differential pair (ANB4 is + and ANB5 is --) x0xx **Inputs = ANB4-ANB5** — Both configured as single ended inputs 1xxx **Inputs = ANB6-ANB7** — Configured as differential pair (ANB6 is + and ANB7 is --) ① 0xxx **Inputs = ANB6-ANB7** — Both configured as single ended inputs

图 4－43　寄存器 ADCx_CTRL2 的 CHNCFG_H 区域

图 4－43 中的① 本例中采用 GPIOB6 与 GPIOB7 作为一对差分输入对，故应按此选项配置。

由图 4－42、图 4－43 可知：要想配置一个差分输入对，就要将相应的位设为 1。比如，要想将 GPIOA4、GPIOA5 配置为一个差分输入对，就要将寄存器 ADCx_CTRL2 的 7 位设为 1。

接下来，找到 PE 对 ADC 模块进行初始化的代码(函数 AD1_Init)，如图 4－44、图 4－45所示。观察其对相应位的配置是否正确。根据上文的介绍，可以看出，配置 GPIOB6、GPIOB7 为差分输入对需要将寄存器 ADCx_CTRL2 的 10 位设为 1。

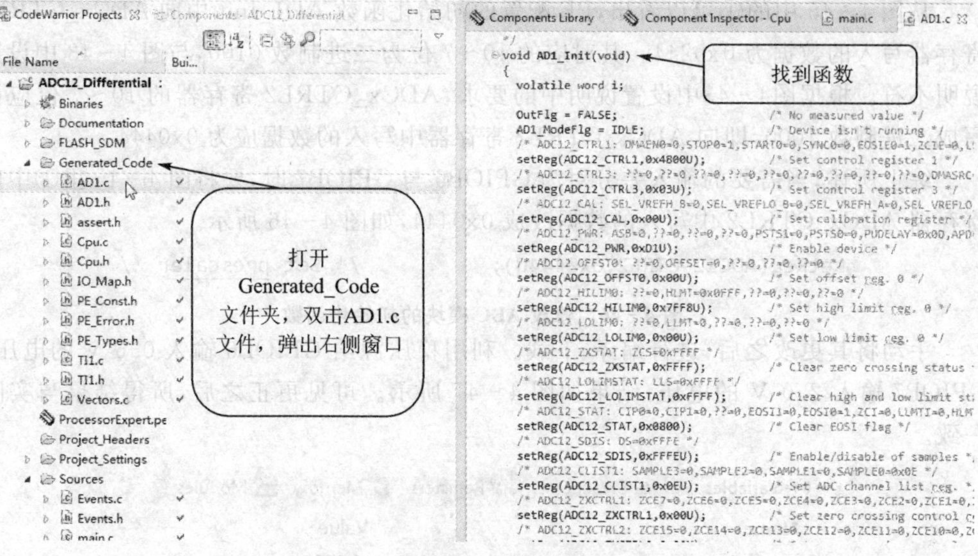

图 4-44　调出 ADC 模块的初始化函数

```
void AD1_Init(void)
{
  volatile word i;
  OutFlg = FALSE;                          /* No measured value */
  AD1_ModeFlg = IDLE;                      /* Device isn't running */
  /* ADC12_CTRL1: DMAEN0=0,STOP0=1,START0=0,SYNC0=0,EOSIE0=1,ZCIE=0,LLMTIE
  setReg(ADC12_CTRL1,0x4800U);             /* Set control register 1 */
  /* ADC12_CTRL3: ??=0,??=0,??=0,??=0,??=0,??=0,??=0,??=0,??=0,DMASRC=0,SC
  setReg(ADC12_CTRL3,0x03U);               /* Set control register 3 */
  /* ADC12_CAL: SEL_VREFH_B=0,SEL_VREFLO_B=0,SEL_VREFH_A=0,SEL_VREFLO_A=0,
  setReg(ADC12_CAL,0x00U);                 /* Set calibration register */
  /* ADC12_PWR: ASB=0,??=0,??=0,??=0,PSTS1=0,PSTS0=0,PUDELAY=0x0D,APD=0,??
  setReg(ADC12_PWR,0xD1U);                 /* Enable device */
  /* ADC12_OFFST0: ??=0,OFFSET=0,??=0,??=0,??=0 */
  setReg(ADC12_OFFST0,0x00U);              /* Set offset reg. 0 */
  /* ADC12_HILIM0: ??=0,HLMT=0x0FFF,??=0,??=0,??=0 */
  setReg(ADC12_HILIM0,0x7FF8U);            /* Set high limit reg. 0 */
  /* ADC12_LOLIM0: ??=0,LLMT=0,??=0,??=0,??=0 */
  setReg(ADC12_LOLIM0,0x00U);              /* Set low limit reg. 0 */
  /* ADC12_ZXSTAT: ZCS=0xFFFF */
  setReg(ADC12_ZXSTAT,0xFFFF);             /* Clear zero crossing status flag
  /* ADC12_LOLIMSTAT: LLS=0xFFFF */
  setReg(ADC12_LOLIMSTAT,0xFFFF);          /* Clear high and low limit status
  /* ADC12_STAT: CIP0=0,CIP1=0,??=0,EOSI1=0,EOSI0=1,ZCI=0,LLMTI=0,HLMTI=0,
  setReg(ADC12_STAT,0x0800);               /* Clear EOSI flag */
  /* ADC12_SDIS: DS=0xFFFE */
  setReg(ADC12_SDIS,0xFFFEU);              /* Enable/disable of samples */
  /* ADC12_CLIST1: SAMPLE3=0,SAMPLE2=0,SAMPLE1=0,SAMPLE0=0x0E */
  setReg(ADC12_CLIST1,0x0EU);              /* Set ADC channel list reg. */
  /* ADC12_ZXCTRL1: ZCE7=0,ZCE6=0,ZCE5=0,ZCE4=0,ZCE3=0,ZCE2=0,ZCE1=0,ZCE0=
  setReg(ADC12_ZXCTRL1,0x00U);             /* Set zero crossing control reg. *
  /* ADC12_ZXCTRL2: ZCE15=0,ZCE14=0,ZCE13=0,ZCE12=0,ZCE11=0,ZCE10=0,ZCE9=0
  setReg(ADC12_ZXCTRL2,0x00U);             /* Set zero crossing control reg. *
  /* ADC12_CTRL2: DMAEN1=0,STOP1=0,START1=0,SYNC1=0,EOSIE1=0,CHNCFG_H=4,SI
  setReg(ADC12_CTRL2,0x0244U); ①           /* Set prescaler */
```

图 4-45　ADC 模块的初始化函数

从图 4-45 中的①可以看出，PE 配置的初始化函数 AD1_Init 中向 ADCx_CTRL2 寄存器写入的数据为 0x0244。其对应的 10～7 位为二进制数 0100，与图 4-43 中设置说明不符。根据图4-43中设置说明中的要求，ADCx_CTRL2 寄存器的 10～7 位应该写成二进制数 1000，即向 ADCx_CTRL2 寄存器中写入的数据应为 0x0444。

综上所述，当需要的输入差分对为 GPIOB6 与 GPIOB7 时，要将图 4-45 里①中向寄存器 ADCx_CTRL2 中写入的数据改成 0x0444，如图 4-46 所示。

```
setReg(ADC12_CTRL2,0x0444U);                /* Set prescaler */
```

图 4-46　修改 ADC 模块的初始化函数

手动将其更改之后，进行编译、下载。利用稳压源给 GPIOB6 输入 0.5 V 的电压，GPIOB7 输入 2.0 V 的电压，结果如图 4-47 所示。可见更正之后，所得结果与实际一致。

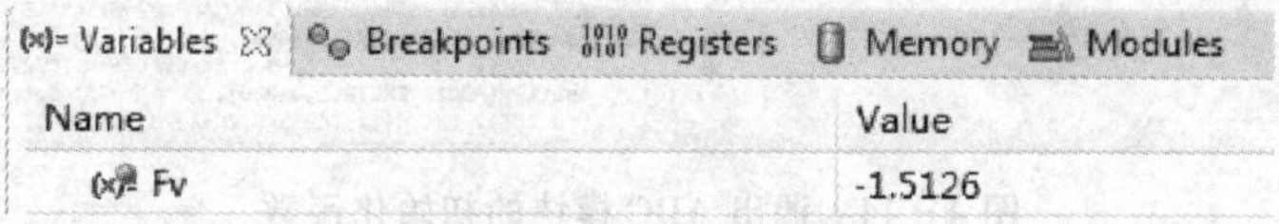

Name	Value
Fv	-1.5126

图 4-47　采用 GPIOB6 与 GPIOB7 作为输入的结果 2

在实例 2 中，采用的差分输入对为 GPIOA0、GPIOA1，得到了正确的结果。根据前面的推论，在这种配置下，PE 配置的初始化函数 AD1_Init 的相关配置应该是正确的，即 ADCx_CTRL1 的 4 位应该为 1。

下面根据图 4-44，找到函数 AD1_Init，查看当差分输入对配置为 GPIOA0 和 GPIOA1 时的 AD1_Init 函数（进行过相应配置后要进行编译，PE 才会更改相应部分代码），如图 4-48 所示。

```
void AD1_Init(void)
{
  volatile word i;

  OutFlg = FALSE;                       /* No measured value */
  AD1_ModeFlg = IDLE;                   /* Device isn't running */
  /* ADC12_CTRL1: DMAEN0=0,STOP0=1,START0=0,SYNC0=0,EOSIE0=1,ZCIE=0,LL
  setReg(ADC12_CTRL1,0x4810U); ①       /* Set control register 1 */
  /* ADC12_CTRL3: ??=0,??=0,??=0,??=0,??=0,??=0,??=0,??=0,??=0,DMASRC=
  setReg(ADC12_CTRL3,0x03U);            /* Set control register 3 */
  /* ADC12_CAL: SEL_VREFH_B=0,SEL_VREFLO_B=0,SEL_VREFH_A=0,SEL_VREFLO_
  setReg(ADC12_CAL,0x00U);              /* Set calibration register */
  /* ADC12_PWR: ASB=0,??=0,??=0,??=0,PSTS1=0,PSTS0=0,PUDELAY=0x0D,APD=
  setReg(ADC12_PWR,0xD2U);              /* Enable device */
  /* ADC12_OFFST0: ??=0,OFFSET=0,??=0,??=0,??=0 */
  setReg(ADC12_OFFST0,0x00U);           /* Set offset reg. 0 */
  /* ADC12_HILIM0: ??=0,HLMT=0x0FFF,??=0,??=0,??=0 */
  setReg(ADC12_HILIM0,0x7FF8U);         /* Set high limit reg. 0 */
  /* ADC12_LOLIM0: ??=0,LLMT=0,??=0,??=0,??=0 */
  setReg(ADC12_LOLIM0,0x00U);           /* Set low limit reg. 0 */
  /* ADC12_ZXSTAT: ZCS=0xFFFF */
  setReg(ADC12_ZXSTAT,0xFFFF);          /* Clear zero crossing status f
  /* ADC12_LOLIMSTAT: LLS=0xFFFF */
  setReg(ADC12_LOLIMSTAT,0xFFFF);       /* Clear high and low limit sta
  /* ADC12_STAT: CIP0=0,CIP1=0,??=0,EOSI1=0,EOSI0=1,ZCI=0,LLMTI=0,HLMT
  setReg(ADC12_STAT,0x0800);            /* Clear EOSI flag */
```

图 4-48　差分输入对为 GPIOA0 与 GPIOA1 时 ADC 模块的初始化函数

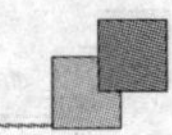

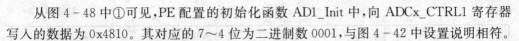

从图4-48中①可见,PE配置的初始化函数AD1_Init中,向ADCx_CTRL1寄存器写入的数据为0x4810。其对应的7～4位为二进制数0001,与图4-42中设置说明相符。

除了差分输入对GPIOA0与GPIOA1、差分输入对GPIOA2与GPIOA3之外,其他的差分输入对都存在问题。读者需要根据自己选择的差分输入对,根据图4-42和图4-43中对不同差分输入对的配置情况,手动配置AD1_Init函数中向寄存器ADCx_CTRL1或向寄存器ADCx_CTRL2中写入的数据。

此情况说明:目前,PE还是有一些漏洞,当发现PE初始化后,程序运行出现问题,需考虑对照PE生成的函数与芯片文档中的设置说明,看看两者是否吻合。

4.1.6 小 结

ADC模块主要有两种类型的ADC:ADC12与ADC16。ADC12为12位循环型ADC,可在模块中配置差分A/D转换,分辨率只有一种即12位。ADC16为16位逐次逼近型ADC,无法在模块中配置差分A/D转换,分辨率有8位、10位、12位、16位4种,可根据需要选择。

对应不同的分辨率,有时可能需要不同的取值函数。对于不同的取值函数,需要对取值结果进行不同的移位操作,现总结于表4-3中。

表4-3 取值函数的移位

模块名	分辨率	函数名	移位方式
ADC12	12	GetValue16	右移4位
		GetChanValue16	右移4位
		GetValue8	无法使用
		GetChanValue8	无法使用
		GetValue	右移3位
		GetChanValue	右移3位
ADC16	16	GetValue16	不移位
		GetChanValue16	不移位
		GetValue8	无法使用
		GetChanValue8	无法使用
		GetValue	不移位
		GetChanValue	不移位
	12	GetValue16	右移4位
		GetChanValue16	右移4位
		GetValue8	无法使用
		GetChanValue8	无法使用
		GetValue	不移位
		GetChanValue	不移位

续表 4-3

模块名	分辨率	函数名	移位方式
ADC16	10	GetValue16	右移 6 位
		GetChanValue16	右移 6 位
		GetValue8	无法使用
		GetChanValue8	无法使用
		GetValue	不移位
		GetChanValue	不移位
	8	GetValue16	右移 8 位
		GetChanValue16	右移 8 位
		GetValue8	不移位
		GetChanValue8	不移位
		GetValue	不移位
		GetChanValue	不移位

4.2 Init_ADC 模块与 DMA

Init_ADC 模块用于对 MC56F84763 内部的 ADC(包括 ADC12 和 ADC16)进行初始化配置。与 ADC 模块相比,Init_ADC 有如下特点:

① 可以配置对 DMA(直接内存读取)的请求(本功能只针对于 ADC12,ADC16 无法实现);

② 使用更加灵活。

与 ADC 模块不同的是,该模块只用于对 ADC 进行初始化。至于具体的功能,则需要通过对寄存器的读写来实现:Init_ADC 模块提供了一些常用的对特定寄存器读写的函数。

本节介绍利用模数转换初始化(Init_ADC)模块、定时中断 (TimerInt)模块实现定时采样功能;再通过直接内存读取初始化(Init_DMA)模块,将得到的采样值依次存放在一个指定数组中,在采样值获取完毕后,进入 DMA 中断。

实例要求:实现对 GPIOA0 的定时采样。通过 DMA 将采样值一次存放在一个长度为 256 的指定数组中。当数组满时,进入 DMA 中断。

4.2.1 模块添加

在 Components Library 的 Peripheral Initialization 中找到 Init_ADC 模块并双击添加,如图 4-49 所示。

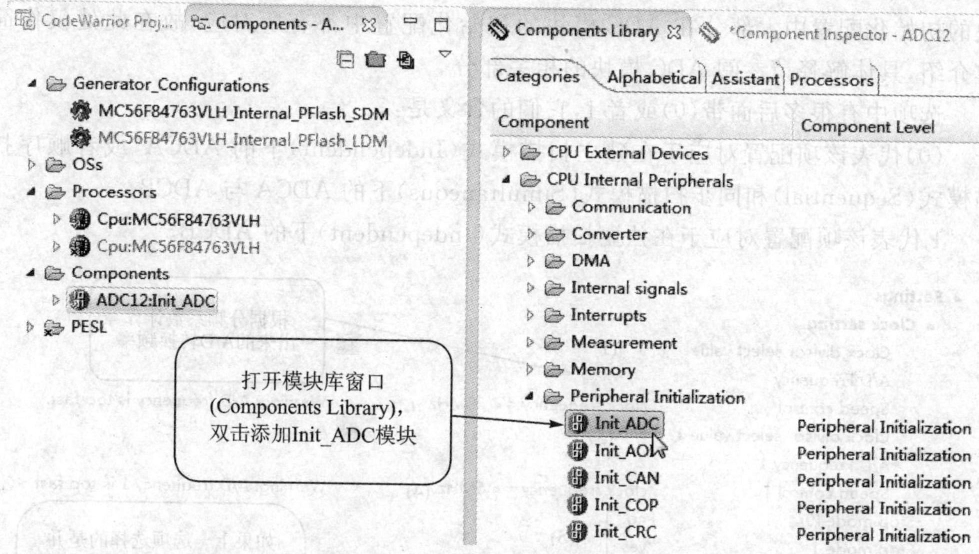

图 4－49　向工程添加 Init_ADC 模块

4.2.2　模块初始化(ADC12)

在模块窗口(Components)中，双击添加到工程中的 Init_ADC 模块，将打开 ADC 初始化模块的配置界面，如图 4－50 所示。

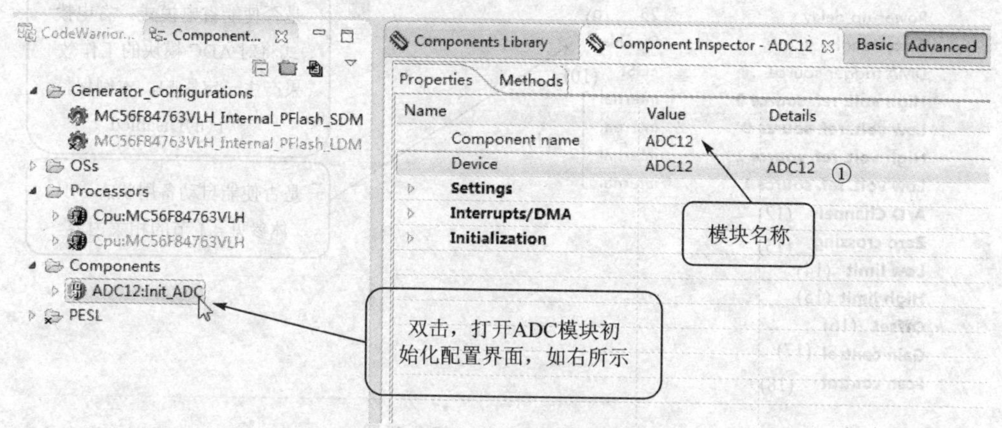

图 4－50　打开模块配置界面

图 4－50 中的①为 ADC 选择：选择需要进行初始化的 ADC，即选择对 ADC12 进行配置还是对 ADC16 进行配置。对于本选项的不同选择，后面各项的配置将有些许不同。本例中使用的是 ADC12，因此将先对 ADC12 模块对应的各项配置进行介绍。

Init_ADC 模块的配置主要分基本设置(Settings)、中断/DMA 配置(Interrupt/DMA)和初始化配置(Initialization)3 个部分。

1. 基本设置(Settings)

将基本设置(Settings)部分展开，该部分各配置项如图 4－51 所示。Init_ADC 模块的初始化配置中大部分在 ADC 模块的初始化配置中都有所对应，故在此处仅作简单介绍，具体解释请参阅 ADC 模块的相关部分。

选项中有很多后面带(0)或者 1，它们的含义是：

(0)代表该项配置对应于在独立扫描模式(Independent)下的 ADCA，或者顺序扫描模式(Sequential)和同步扫描模式(Simultaneous)下的 ADCA 与 ADCB。

1 代表该项配置对应于在独立扫描模式(Independent)下的 ADCB。

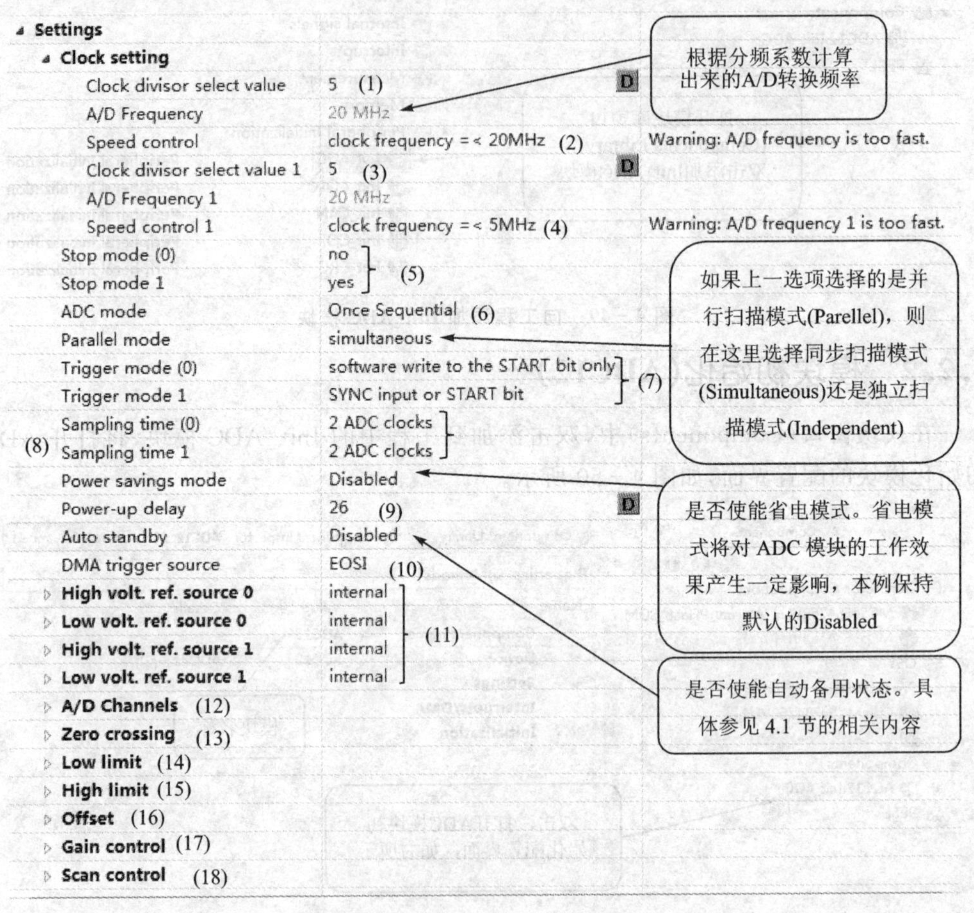

图 4-51　Settings 部分配置

(1) Clock divisor select value(分频系数)

在顺序扫描模式(Sequential)和同步扫描模式(Simultaneous)下，该分频系数同时被 ADCA 和 ADCB 采用；在独立扫描模式(Independent)下，该分频系数仅被 ADCA 采用。

(2) Speed control(速度控制)

选择允许的 A/D 转换频率范围。要与上面的 A/D 转换频率(A/D Frequency)相配合。此处由初始的"=<5 MHz"改为"=<20 MHz"。不同的频率允许范围会对应不同的电流。需要注意的是，由于 PE 的漏洞(Bug)，即使已经令速度控制与 A/D 转换频率相配合，在 Speed control 一项中仍会报警。此时用户不必理睬。

(3) Clock divisor select value 1(分频系数1)

在独立扫描模式(Independent)下,该分频系数被ADCB采用;在其他扫描模式下,该分频系数不起作用。

(4) Speed control 1(速度控制1)

与(2)类似,与A/D转换频率1(A/D Frequency 1)相匹配。本例中将采用顺序扫描模式,因此分频系数1将不起作用,进而A/D Frequency 1也将没有意义。所以此项不必进行更改。

(5) Stop mode(终止位)

如果选择yes,那么当前扫描进程将被终止,且下一次扫描无法被开启,直到该位被清零。如果选择no,则没有上述情况。

本例中将采用顺序扫描模式,且不希望ADCA与ADCB扫描进程停止,故Stop mode(0)选择no。Stop mode 1项保持默认即可。

(6) ADC mode(ADC(扫描)模式)

选择进行A/D转换的模式。有6种扫描模式供用户选择:

- Once Sequential:每当开始采样或者接收到使能过的同步信号后,进行单次顺序采样。
- Once Parallel:每当开始或者接收到使能同步信号后,进行单次并行采样(同步采样或者独立采样)。
- Loop Sequential:每当开始采样或者接收到使能过的同步信号后,循环进行顺序采样,直到接收到终止指令(CTRL1[STOP0]位被置为1)。
- Loop Parallel:每当开始采样或者接收到使能过的同步信号后,循环进行并行采样(同步采样或者独立采样),直到接收到终止指令(CTRL1[STOP0]位被置为1)。
- Triggered Sequential:每当开始采样或者接收到使能过的同步信号后,进行单次顺序采样。与Once Sequential不同的是,在该模式下,输入的同步信号不用每次重新配置。
- Triggered Parallel:每当开始采样或者接收到使能过的同步信号后,进行单次并行采样(同步采样或者独立采样)。与Once Parallel不同的是,在该模式下,输入的同步信号不用每次重新配置。

在本例中,将初始的Triggered Parallel改为Once Sequential。

(7) Trigger mode(触发模式)

在两种触发模式中选择一种:

① 仅用软件写START位的方式(software write to START bit only)。

② 采用同步信号输入或软件写START位的方式(SYNC input or START bit)。

Trigger mode (0)在顺序扫描模式(Sequential)或同步扫描模式(Simultaneous)

下，同时作用于 ADCA 和 ADCB；在独立扫描模式(Independent)下，仅作用于 ADCA。

Trigger mode 1 仅在独立扫描模式(Independent)下作用于 ADCB。在其他模式下，该选项不起作用。

本例中，将 Trigger mode(0)由初始的 SYNC input or START bit 改成 software write to START bit only。

(8) Sampling time(采样时间)

选择进行采样的时间，以 ADC 时钟周期为单位。

(9) Power-up delay(上电延时)

确定 ADC 从掉电模式中退出或在省电模式下开始进行转换所需要的 ADC 时钟周期数。

(10) DMA trigger source(选择 DMA 触发源)

在顺序扫描模式(Sequential)和同步扫描模式(Simultaneous)下，该项在 EOSI(End of Scan Interrupt，扫描结束中断)与 RDY(ADCx_RDY)之间选择；在独立扫描模式(Independent)下，该项在 ADCA 的 EOSI0、ADCB 的 EOSI1 与 RDY 之间选择。本例中，该项选择默认的 EOSI。

(11) High/Low volt. ref source 0/1(选择参考源)

外部参考源还是内部参考源。依次分别对应 ADCA 的高电压参考(对应外部引脚为 GPIOA2)、ADCA 的低电压参考(对应外部引脚为 GPIOA3)、ADCB 的高电压参考(对应外部引脚为 GPIOB2)、ADCB 的低电压参考(对应的外部引脚为 GPIOB3)。

将第一个选项展开，选择对应的外部引脚，效果如图 4-52 所示。

◢ High volt. ref. source 0	external	
Volt. ref. pin	GPIOA2/ANA2/VREFHA/CMPA_IN1	GPIOA2/ANA2/VREFHA/CMPA_IN1

图 4-52 ADCA 的高电压外部参考

当然，在本例中，所有参考源依然为内部参考，即所有 4 个选项都选择为 Internal。

(12) A/D Channels(对各个通道(Channel)的配置)

A/D Channels 展开如图 4-53 所示。

(13) Zero crossing(过零检测)

Zero crossing 为是否进行过零检测。过零检测有 3 种方式：由正变负，由负变正或者是两者任意一种。本部分展开如图 4-54 所示。

(14) Low limit(确定 A/D 转换的下限)

Low limit 用于下限检测，展开如图 4-55 所示，取值范围为 0～7FF8(十六进制)。

(15) High limit(确定 A/D 转换的上限)

High limit 用于上限检测，展开如图 4-56 所示，取值范围为 0～7FF8(十六进制)。

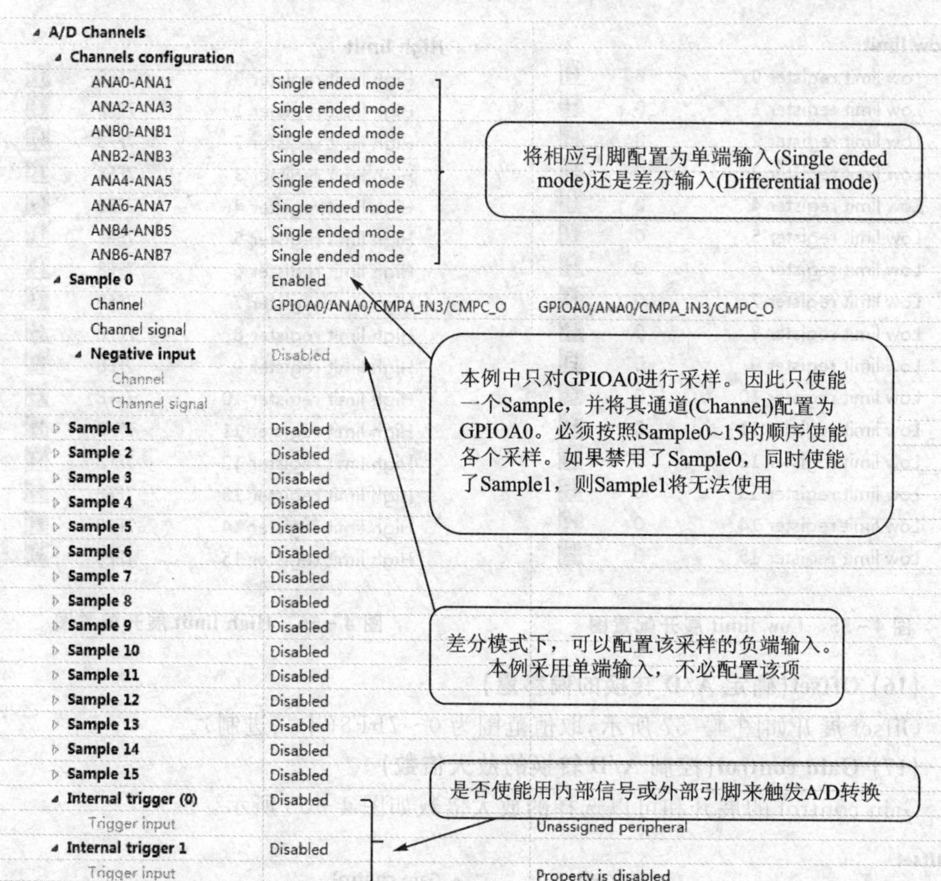

图 4-53 A/D Channels 展开各项

Zero crossing

Sample 0 disabled

Sample 1

Sample 2

Sample 3

Sample 4

disabled

+ to - sign change

- to + sign change

any sign change

Sample 5 disabled

Sample 6 disabled

Sample 7 disabled

Sample 8 disabled

Sample 9 disabled

Sample 10 disabled

Sample 11 disabled

Sample 12 disabled

Sample 13 disabled

Sample 14 disabled

Sample 15 disabled

本例中，这部分全部保持disabled

图 4-54 Zero crossing 展开各项

◢ Low limit		
Low limit register 0	0	H
Low limit register 1	0	H
Low limit register 2	0	H
Low limit register 3	0	H
Low limit register 4	0	H
Low limit register 5	0	H
Low limit register 6	0	H
Low limit register 7	0	H
Low limit register 8	0	H
Low limit register 9	0	H
Low limit register 10	0	H
Low limit register 11	0	H
Low limit register 12	0	H
Low limit register 13	0	H
Low limit register 14	0	H
Low limit register 15	0	H

图 4-55　Low limit 展开配置图

◢ High limit		
High limit register 0	7FF8	H
High limit register 1	7FF8	H
High limit register 2	7FF8	H
High limit register 3	7FF8	H
High limit register 4	7FF8	H
High limit register 5	7FF8	H
High limit register 6	7FF8	H
High limit register 7	7FF8	H
High limit register 8	7FF8	H
High limit register 9	7FF8	H
High limit register 10	7FF8	H
High limit register 11	7FF8	H
High limit register 12	7FF8	H
High limit register 13	7FF8	H
High limit register 14	7FF8	H
High limit register 15	7FF8	H

图 4-56　High limit 展开配置图

(16) Offset(确定 A/D 转换的偏移量)

Offset 展开如图 4-57 所示，取值范围为 0～7FF8(十六进制)。

(17) Gain control(控制 A/D 转换的放大倍数)

Gain control 的展开和可以选择的放大倍数如图 4-58 所示。

◢ Offset		
Offset register 0	0	H
Offset register 1	0	H
Offset register 2	0	H
Offset register 3	0	H
Offset register 4	0	H
Offset register 5	0	H
Offset register 6	0	H
Offset register 7	0	H
Offset register 8	0	H
Offset register 9	0	H
Offset register 10	0	H
Offset register 11	0	H
Offset register 12	0	H
Offset register 13	0	H
Offset register 14	0	H
Offset register 15	0	H

图 4-57　Offset 展开配置图

◢ Gain control	
ANA0	x1 amplification
ANA1	x1 amplification / x2 amplification / x4 amplification
ANA2	
ANA3	
ANA4	x1 amplification
ANA5	x1 amplification
ANA6	x1 amplification
ANA7	x1 amplification
ANB0	x1 amplification
ANB1	x1 amplification
ANB2	x1 amplification
ANB3	x1 amplification
ANB4	x1 amplification
ANB5	x1 amplification
ANB6	x1 amplification
ANB7	x1 amplification

本例中全部保持初始的x1

图 4-58　Gain control 展开配置图

(18) Scan control(扫描控制)

Scan control 确定采样是立刻开始(Continue)还是由使能过的同步信号触发开始。同步输入必须在当前采样完成后发生，该项展开如图 4-59 所示。

图 4－59　Scan control 展开配置图

2. 中断/DMA 配置(Interrupt/DMA)

将 Interrupt/DMA 部分展开，如图 4－60 所示。

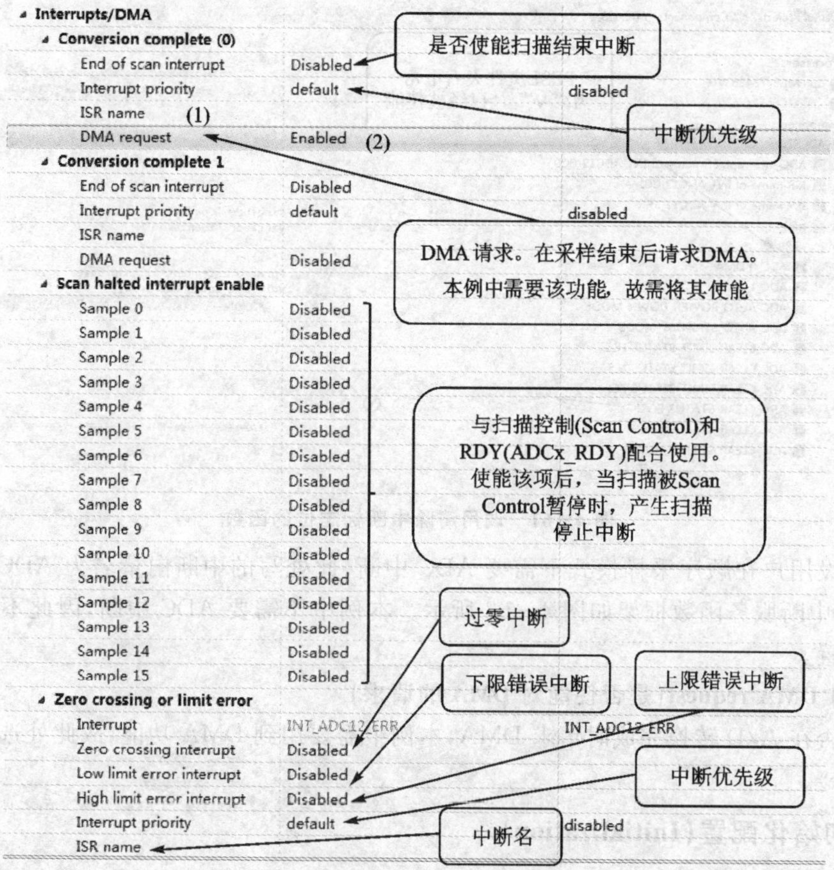

Interrupts/DMA		
Conversion complete (0)		
End of scan interrupt	Disabled	
Interrupt priority	default	disabled
ISR name (1)		
DMA request	Enabled (2)	
Conversion complete 1		
End of scan interrupt	Disabled	
Interrupt priority	default	disabled
ISR name		
DMA request	Disabled	
Scan halted interrupt enable		
Sample 0	Disabled	
Sample 1	Disabled	
Sample 2	Disabled	
Sample 3	Disabled	
Sample 4	Disabled	
Sample 5	Disabled	
Sample 6	Disabled	
Sample 7	Disabled	
Sample 8	Disabled	
Sample 9	Disabled	
Sample 10	Disabled	
Sample 11	Disabled	
Sample 12	Disabled	
Sample 13	Disabled	
Sample 14	Disabled	
Sample 15	Disabled	
Zero crossing or limit error		
Interrupt	INT_ADC12_ERR	INT_ADC12_ERR
Zero crossing interrupt	Disabled	
Low limit error interrupt	Disabled	
High limit error interrupt	Disabled	
Interrupt priority	default	disabled
ISR name		

是否使能扫描结束中断

中断优先级

DMA请求。在采样结束后请求DMA。本例中需要该功能，故需将其使能

与扫描控制(Scan Control)和RDY(ADCx_RDY)配合使用。使能该项后，当扫描被Scan Control暂停时，产生扫描停止中断

过零中断

下限错误中断

上限错误中断

中断优先级

中断名

图 4－60　Interrupt/DMA 部分展开配置图

(1) ISR name(中断服务函数名称)

在 Init_ADC 模块中,中断服务函数需要用户自己写在 Events. c 文件中,PE 不会帮用户生成。需要注意,写在 Events. c 中的中断函数名与此处的 ISR 要保持一致。此外,要记得在中断服务函数中清除中断标志位。Init_ADC 模块下的 PESL 文件夹中有提供实现清除中断标志位的函数:

① ADC_CLEAR_STATUS_EOSI:在顺序采样模式或者同步采样模式下,该函数作用于 ADC 转换器;在独立采样模式下,该函数作用于 ADCA 转换器;

② ADC_CLEAR_STATUS_EOSI1:在独立采样模式下,该函数作用于 ADCB 转换器。

需要注意的是,PESL 文件夹中的函数默认处于禁用状态(左下角有"x")。如果当前 PESL 文件夹中的函数处于禁用状态,在调用 PESL 文件夹中的函数前,需要先使能 PESL 文件夹:右击 PESL 文件夹,在弹出的菜单中选择 PESL Enable,之后方可调用。调用过程如图 4-61 所示。

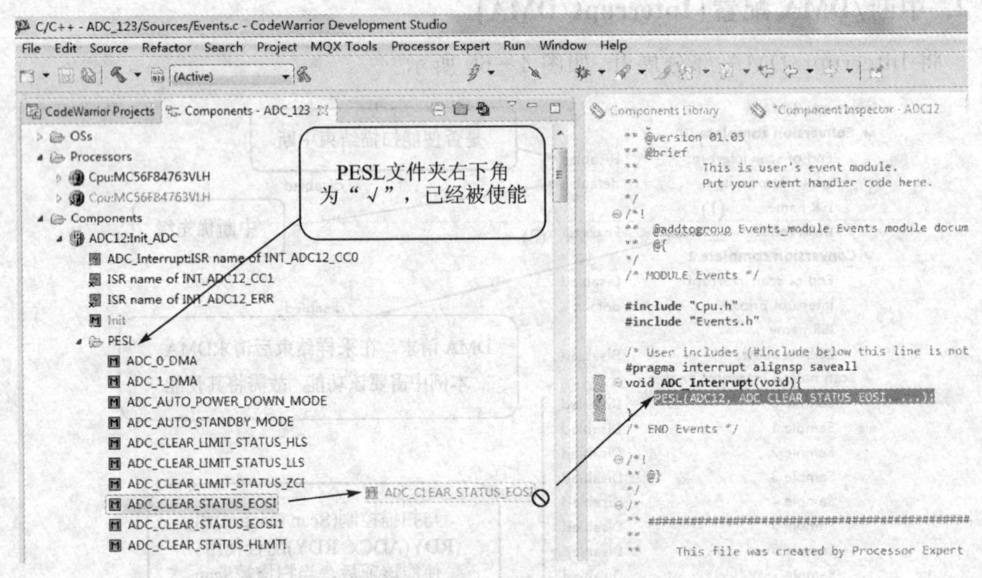

图 4-61　调用清除中断标志位的函数

假设用户在顺序采样模式下需要 ADC 中断,此处写的中断向量名为 ADC_Interrupt,则中断服务函数框架如图 4-62 所示。本例中不需要 ADC 中断,因此不需进行相关配置。

(2) DMA request(是否使能对 DMA 的请求)

是否在 A/D 转换完成时请求 DMA,本例中需要用到 DMA 功能,故此处选择使能(Enable)。

3. 初始化配置(Initialization)

将 Initialization 部分展开,各配置项如图 4-63 所示。

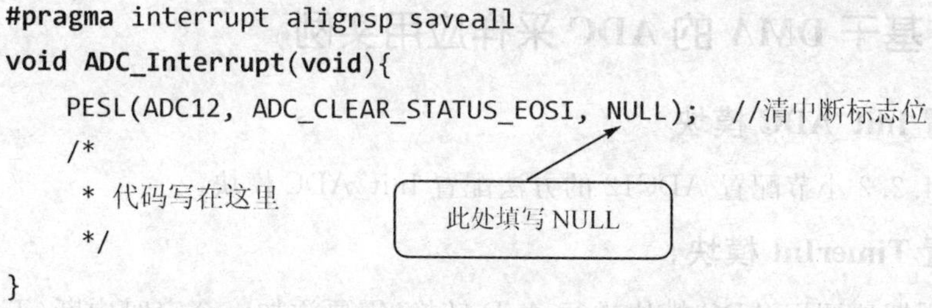

图 4-62 Init_ADC 模块的中断服务函数

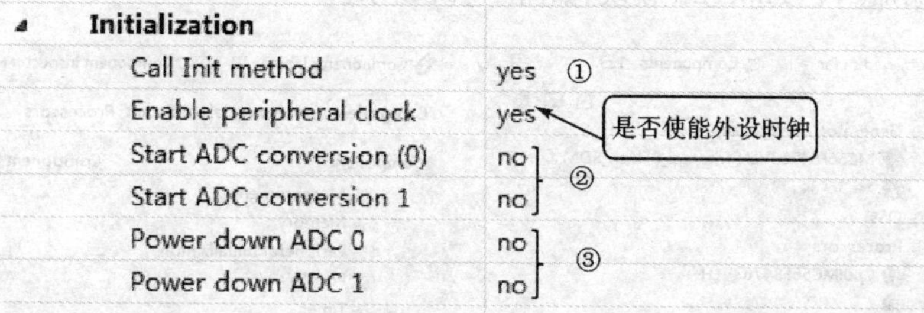

图 4-63 Initialization 部分配置

① Call Init method(是否调用初始化函数)。如果选择 yes,那么 PE 将在系统初始化函数 PE_low_level_init()中调用 ADC 的初始化函数 ADC12_Init;如果选择 no,那么 PE 将不会在函数 PE_low_level_init()中调用 ADC 的初始化函数。用户可根据需要在合适的地方调用 ADC 初始化函数。

② Start ADC conversion (0)/1(开始 ADC 转换),表示是否在程序运行开始就进行 ADC 转换(相关语句位于模块的初始化函数 ADC12_Init 中)。

③ Power down ADC 0/1(是否令 ADC 掉电)。如果选择 yes,则在程序中需要添加令 ADC 上电的相关语句,之后才能令 ADC 工作;如果选择 no,即 ADC 带电,则不需要用户再在程序中给 ADC 上电。Power down ADC 0 针对 ADCA;Power down ADC 1 针对 ADCB。

4.2.3 模块函数简介

Init_ADC 模块函数介绍如表 4-4 所列。

表 4-4 Init_ADC 模块函数介绍

函数名	形参		返回值		功能
	类型	含义	类型	值与含义	
Init	无	无	无	无	初始化 ADC 模块,当 Call Init method 选项选择 no 时需要调用

4.2.4 基于 DMA 的 ADC 采样应用实例

1. 配置 Init_ADC 模块

按照 4.2.2 小节配置 ADC12 的方法配置 Init_ADC 模块。

2. 配置 TimerInt 模块

为了周期地调用 ADC 模块进行 A/D 转换，需要添加一个定时中断(TimerInt)模块，在 Timer 中断中实现对 ADC 模块的调用。

首先添加一个 TimerInt 模块，如图 4-64 所示。

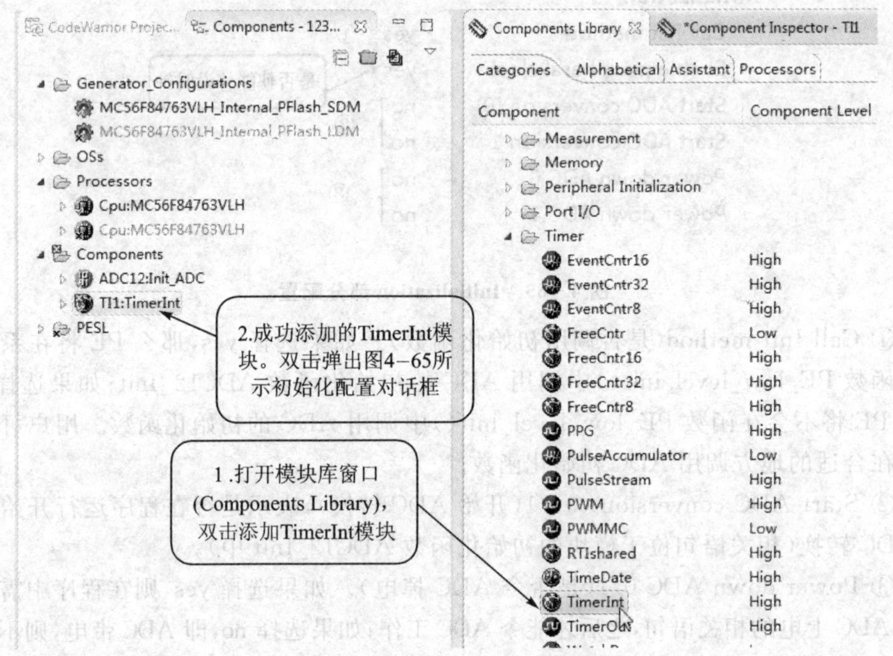

图 4-64 添加 TimerInt 模块

其次，对 TimerInt 模块进行配置。在本例中，希望每 1 ms 进行一次 A/D 转换，因此将 Timer 中断的时间设置为 1 ms。对 TimerInt 模块的配置如图 4-65 所示。

3. 配置 DMA 模块

为了使用 DMA 功能，还需要添加一个 Init_DMA 模块。在第 9 章中，将对 Init_DMA 模块进行详细介绍。在这里，只介绍在本场景下如何应用，即各项具体的配置情况。首先，添加一个 Init_DMA 模块。

此后，类似其他模块的相关部分内容，双击模块(Components)窗口下的 Init_DMA 模块，调出 Init_DMA 模块的配置窗口，对各项进行配置，如图 4-66 所示。

(1) Component name(模块名称)

可以在此处更改此模块的名称。其默认为 DMA，需要读者注意的是，不能使用默

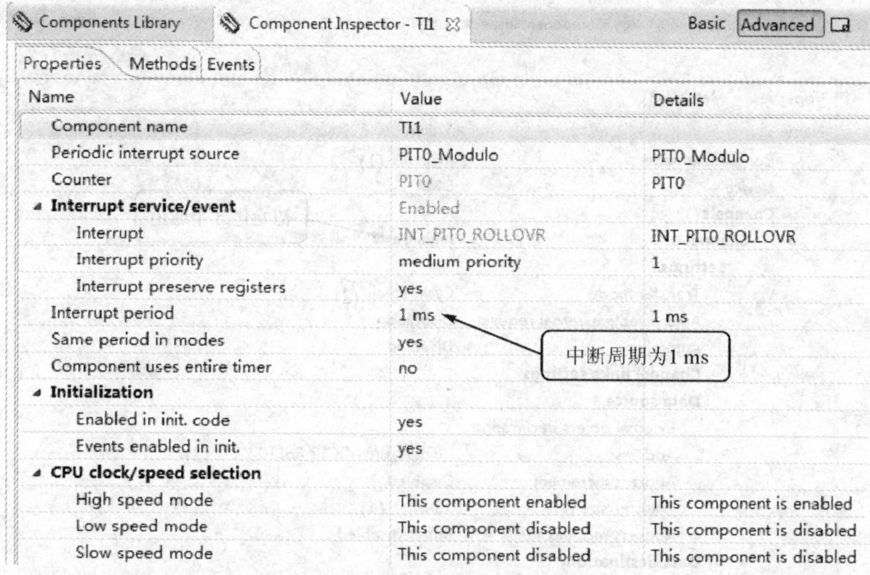

图 4-65 TimerInt 模块的配置

认的名称，否则后面调用 Init_DMA 模块相应的函数时，CodeWarrior 将会报错(因为模块名称与 PE 自动生成的某些变量冲突)，这是软件的一个漏洞(bug)。此处改为 myDMA。

(2) Transfer mode(数据传输模式)

因为 DMA 模块每接收到一次 ADC 模块传递过来的请求信号，会将本次采样的数据传递到指定数组中，即对于一次请求，仅传递一组数据。因此采用 Cycle - steal 模式。

(3) Data source→Address(读取数据的地址)

DMA 读取数据的起始地址。本例中需要将 ADC 采集到的数据传输出去，而在 Init_ADC 中使用的通道为 Channel0，其采样数据的存储地址名为 ADC12_RSLT0(通过查阅 CodeWarrior 底层文件可知(IO_Map.c)。因为在 MC56F84763 中采用的是字地址，而 DMA 的使用的数据读取地址和数据写入地址是字节地址，因此需要对变量 ADC12_RSLT0 进行取值后再乘以 2。因为 MC56F84763 为 32 位机，所以再对得到的地址进行强制类型转换，将其转换成 32 位的无符号数(uint32_t：unsigned long int)。

(4) Data source→Transfer size(传输数据的长度)

本例中传输的是寄存器 ADCx_RSLTn 中的 RSLT 域，通过查阅 datasheet 可知数据长度为 16bit。

(5) Data destination→External object declaration(目标变量的外部声明)

这里提供对 DMA 过程的目标变量进行外部声明功能。本例中希望将数据存储在 256 位的 unsigned int 类型的数组 Result 中，因此在这里输入：extern unsigned int Result[256];。

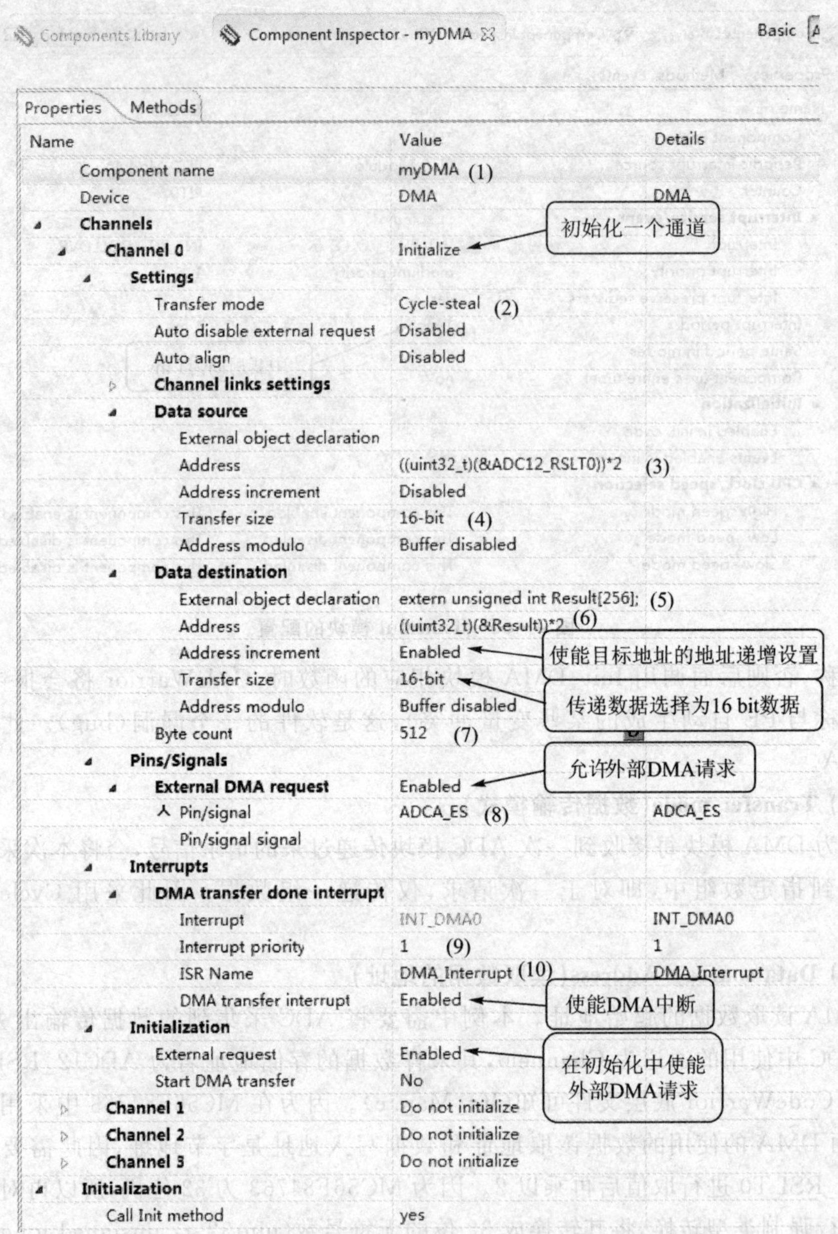

图 4-66 Init_DMA 模块的配置

(6) Data destination→Address(目标变量的地址)

DMA 过程的目标变量的地址。本例中希望将数据存储在 256 位的 unsigned int 类型的数组 Result 中,因此这里需要填入的是数组 Result 的地址。整个 DMA 传递过程如图 4-67 所示。

(7) Data destination→Byte count(字节计数)

该数据记录剩余需要传递的字节数。本例中传递的数据大小为16 bit,因此每次该值会减少2。总共需要传递的数据数目为256个(Result数组尺寸),因此本例中该项写入数值为512。

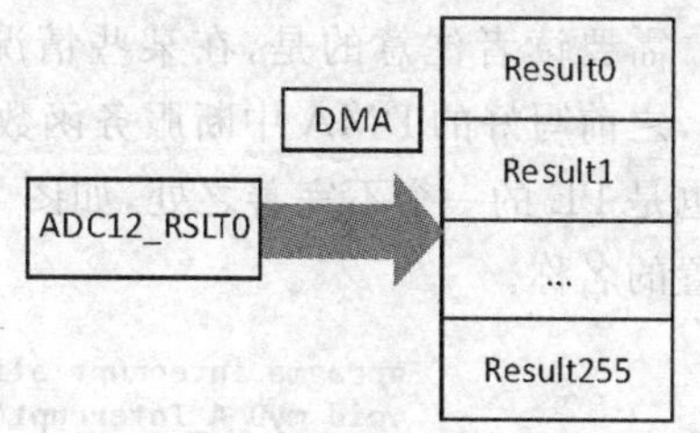

图4-67 DMA过程简图

(8) External DMA request(外部DMA请求来源)

本例中DMA中断请求来源于ADC12(工作状态为单次顺序采样),因此此处引脚选择ADCA_ES。

(9) Interrupt priority(DMA中断优先级)

本例中共有两个中断:Timer中断(后面将会提到)和DMA中断,两个中断相对的优先级可根据需要自行设置。本例中假设需要DMA中断优先级高于Timer中断优先级,故在此处将DMA中断优先级设为1。

(10) ISR name(DMA中断服务程序名)

本例中设为DMA_Interrupt。用户可根据需要选择DMA中断名,但须注意与Events.c中写入的DMA中断程序名保持一致。Events.c文件中的DMA中断服务程序需要用户自行添加,PE不会为用户生成。添加方法如图4-68所示。

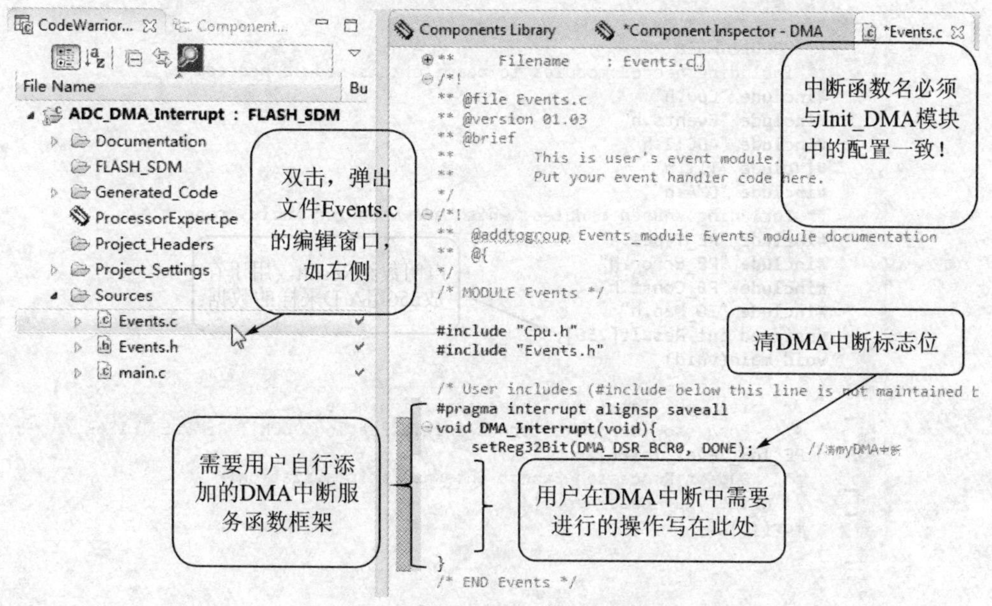

图4-68 DMA中断服务函数的添加

4. 编写程序

①单击编译图标 ,让PE添加一些初始化程序和程序框架。编译之后CodeWarrior会报错,这是因为之前在Init_DMA模块中添加的一些变量(在Init_ADC

模块中声明的数组 Result)在这个时候还没有声明，用户暂且不必理会，后面会进行相应声明。

需要读者注意的是，在某些情况下(比如在编译后改变了模块名称，此后再次编译)，之前写好的 DMA 中断服务函数也会被 PE 根据 Init_DMA 模块的名称进行更改，这也是 PE 的一个不完善之处，如图 4-69 所示。此时读者需要将函数名改回到原先配置的名称。

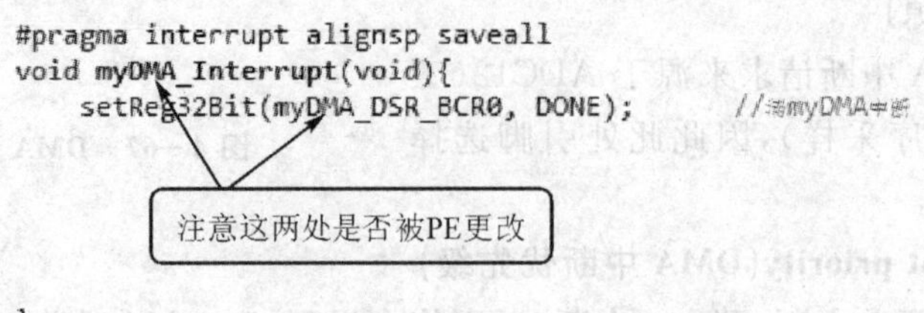

图 4-69　编译后被 PE 改错的 DMA 中断服务函数

② 在文件 main.c 中声明数组 Result，如图 4-70 所示。至此，文件 main.c 中的代码编写完毕。

```
Components Library   Component Inspector   Events.c   *main.c
** @{
*/
/* MODULE main */
/* Including needed modules to compile this module/procedure */
#include "Cpu.h"
#include "Events.h"
#include "ADC12.h"
#include "TI1.h"
#include "DMA.h"
/* Including shared modules, which are used for whole project */
#include "PE_Types.h"
#include "PE_Error.h"
#include "PE_Const.h"
#include "IO_Map.h"
unsigned int Result[256];
void main(void)
{
  /* Write your local variable definition here */
  /*** Processor Expert internal initialization. DON'T REMOVE THIS
  PE_low_level_init();
  /*** End of Processor Expert internal initialization.
  /* Write your code here */
  for(;;) {}
}
```

声明数组Result，用于存放256组A/D采样的数据

图 4-70　在 main.c 中声明所需变量

接下来，在文件 Events.c 中编写中断处理部分的程序。

① 在 Events.c 中声明外部变量：unsigned int Result[256]，如图 4-71 所示。

② 找到定时中断对应的中断服务函数：TI1_OnInterrupt。正如前面说过的，每次

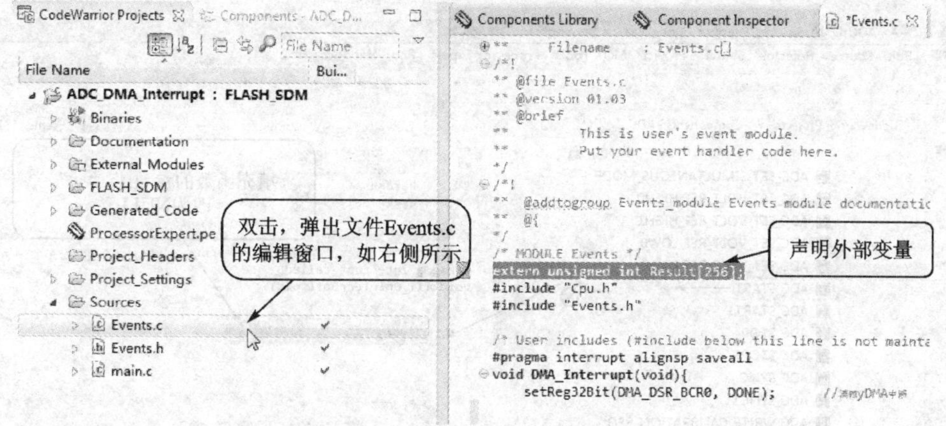

图 4-71 在 Events. c 中声明所需外部变量

A/D 转换的开始指令是在周期为 1 ms 的定时中断中发出的。A/D 转换的开始命令可以通过直接对寄存器进行写操作来实现，在 Init_ADC 模块的 PESL 文件夹下可以找到相关操作。具体调用方法如图 4-72 所示。

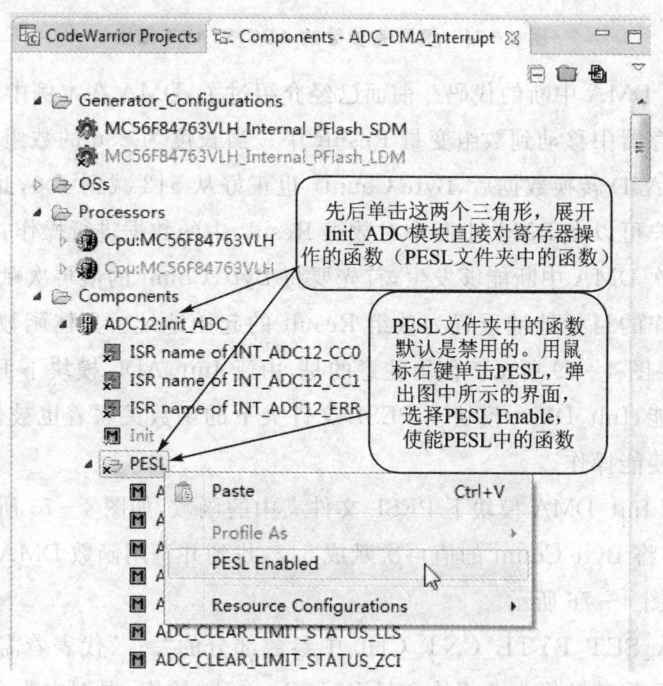

图 4-72 使能 Init_ADC 模块下 PESL 中的函数

③ 在 PESL 文件夹下，找到函数 ADC_START。该函数的功能为开始 A/D 转换。函数调用过程如图 4-73 所示。函数的第二个形式参数图中的"...")应填为 NULL，如图 4-74 所示。

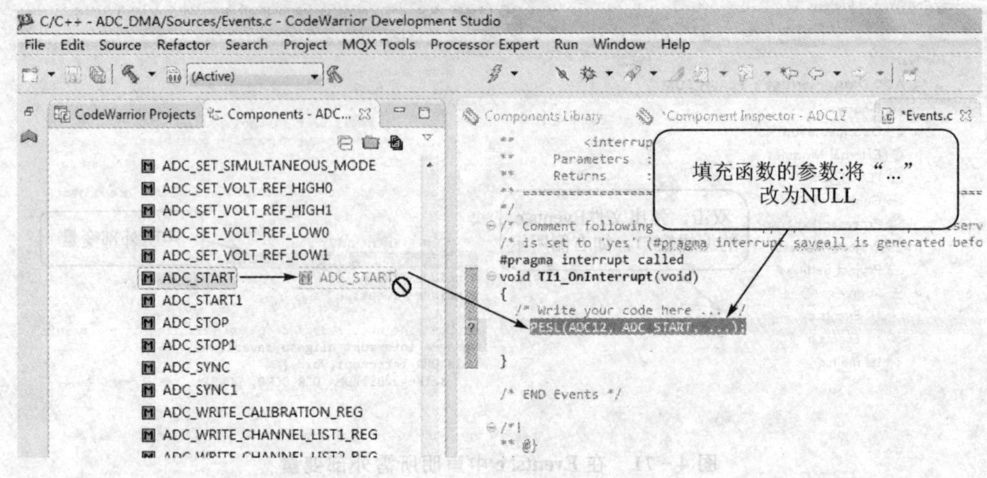

图 4-73　调用函数 ADC_START

```
PESL(ADC12, ADC_START, NULL);   //开启A/D转换
```

图 4-74　填写完参数的 ADC_START 函数

然后，编写 DMA 中断的代码。前面已经介绍过了，DMA 在本例中负责把 A/D 转换的数据从寄存器中移动到数组变量 Result 中。当长度为 256 的数组 Result 中已经存储了 256 个 A/D 转换数据后，Byte Count 也正好从 512 减到了 0，此时 DMA 中断将被触发。用户可以在 DMA 中断中对数组 Result 中的数据进行操作，如 FFT 等。

为了下一次 DMA 中断能够发生，首先要将 Byte Count 的值再次赋成 512；同时还要将 DMA 操作的目标地址重置为数组 Result 的起始地址。具体函数调用及程序编写如图 4-75～图 4-79 所示。值得注意的是，由于 Init_ADC 模块下 PESL 文件夹中的函数已被使能，Init_DMA 模块下 PESL 文件夹下的函数关联着也被使能了，不需要用户再去进行使能操作。

首先，展开 Init_DMA 模块下 PESL 文件夹中的函数，如图 4-75 所示。

其次，为了将 Byte Count 的值再次赋成 512，找到并调用函数 DMA_SET_BYTE_CNT_CH0，如图 4-76 所示。

函数 DMA_SET_BYTE_CNT_CH0 中参数部分的“...”代表着需要用户填写的参数。用户需要将其替换为希望给变量 Byte Count 赋的值，本例中为 512。填写好参数后完整的函数如图 4-77 所示。

最后，为了将 DMA 操作的目标地址重置为数组 Result 的起始地址，需要调用函数 DMA_SET_DEST_ADDR_CH0。调用过程如图 4-78 所示。

函数 DMA_SET_DEST_ADDR_CH0 中参数部分的“...”.代表着需要用户填写

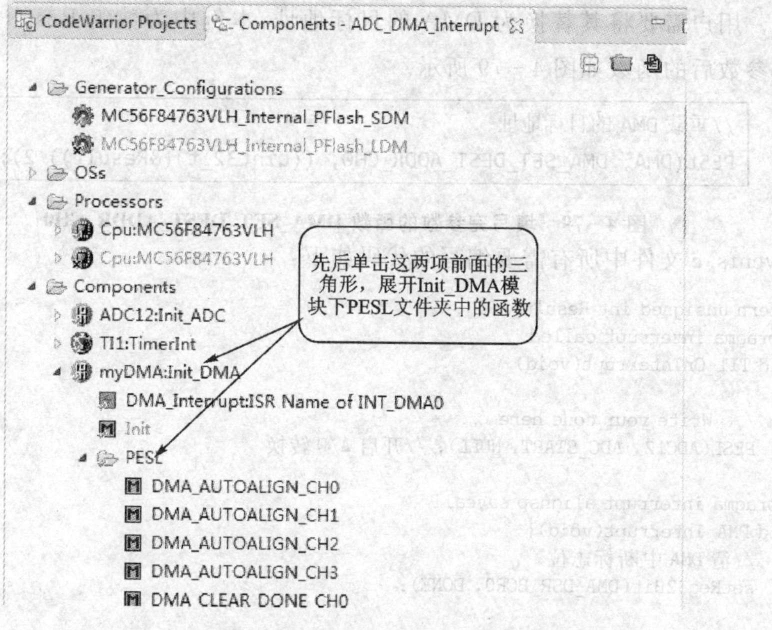

图 4－75 展开 Init_DMA 模块下 PESL 文件夹中的函数

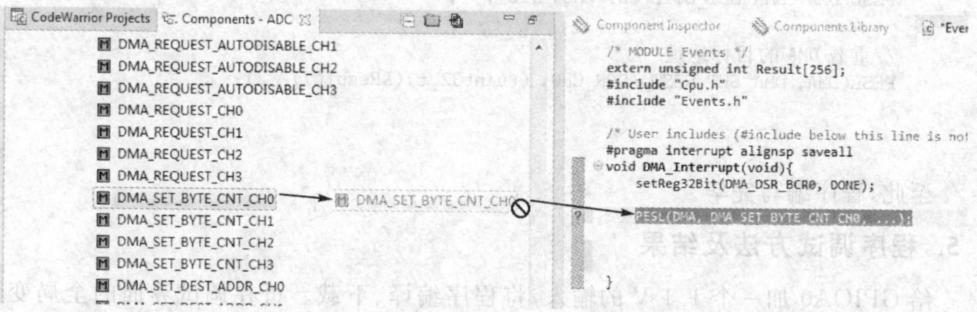

图 4－76 调用函数 DMA_SET_BYTE_CNT_CH0

```
PESL(DMA, DMA_SET_BYTE_CNT_CH0,512);    //重载变量 Byte_Count 的值
```

图 4－77 填写完参数的函数 DMA_SET_BYTE_CNT_CH0

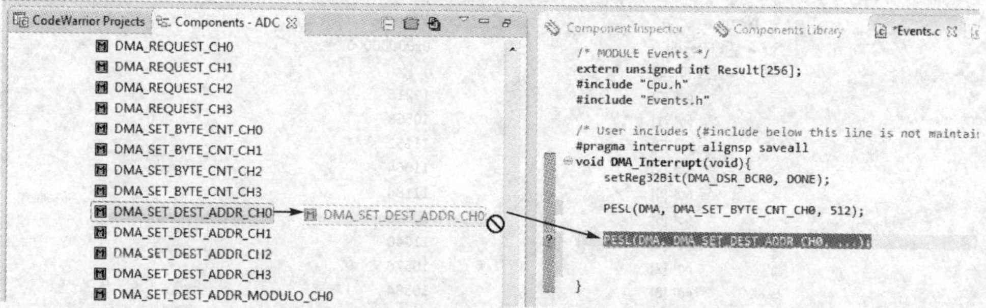

图 4－78 调用函数 DMA_SET_DEST_ADDR_CH0

的参数。用户需要将其替换为 DMA 的目标地址，本例中为数组 Result 的起始地址。填写好参数后的函数如图 4-79 所示。

```
//重载 DMA 的目标地址
PESL(DMA, DMA_SET_DEST_ADDR_CH0, ((uint32_t)(&Result))*2);
```

图 4-79　填写完参数的函数 DMA_SET_DEST_ADDR_CH0

Events.c 文件中所有需要编写的代码如下：

```
extern unsigned int Result[256];
#pragma interrupt called
void TI1_OnInterrupt(void)
{
    /* Write your code here ... */
    PESL(ADC12, ADC_START, NULL); //开启 A/D 转换
}
#pragma interrupt alignsp saveall
void DMA_Interrupt(void){
    //清 DMA 中断标志位
    setReg32Bit(DMA_DSR_BCR0, DONE);

    //重载变量 Byte Count 的值
    PESL(DMA, DMA_SET_BYTE_CNT_CH0, 512);

    //重载 DMA 的目标地址
    PESL(DMA, DMA_SET_DEST_ADDR_CH0, ((uint32_t)(&Result)) * 2);

}
```

至此，程序编写完毕。

5. 程序调试方法及结果

给 GPIOA0 加一个 1.1 V 的输入，将程序编译、下载。可在调试界面的全局变量窗口查看数组 Result 中各项的值，如图 4-80 所示。任意取一组数据，如第一个数据：11 216。将其转换为对应的模拟量为：

$$11\ 216 \div 8 \div 4\ 095 \times 3.3\ \text{V} = 11.3\ \text{V}$$

测得结果与实际相符。计算的具体原理参见 4.1 节中的相关内容。

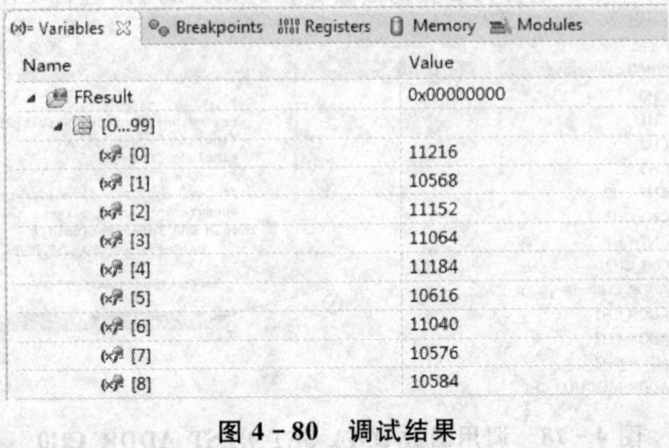

(x)= Variables | Breakpoints | Registers | Memory | Modules

Name	Value
FResult	0x00000000
[0...99]	
[0]	11216
[1]	10568
[2]	11152
[3]	11064
[4]	11184
[5]	10616
[6]	11040
[7]	10576
[8]	10584

图 4-80　调试结果

4.2.5 模块初始化(ADC16)

A/D 转换器选择了 ADC16 时，模块配置窗口如图 4-81 所示。

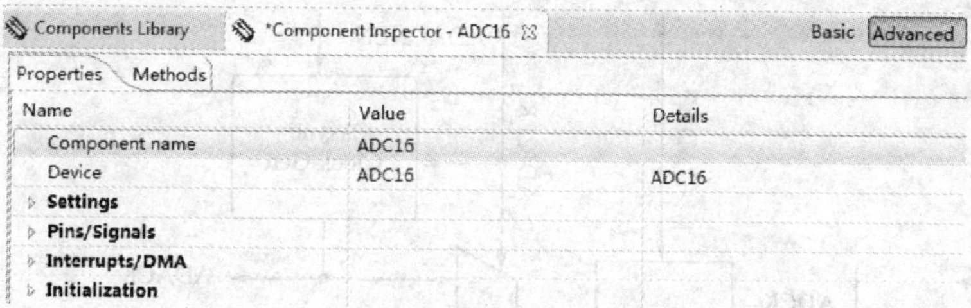

Components Library | *Component Inspector - ADC16 | Basic | Advanced

Properties | Methods

Name	Value	Details
Component name	ADC16	
Device	ADC16	ADC16
▷ **Settings**		
▷ **Pins/Signals**		
▷ **Interrupts/DMA**		
▷ **Initialization**		

图 4-81 ADC16 的模块配置界面

ADC16 的模块配置界面主要分基本设置(Settings)、引脚/信号配置(Pin/Signals)、中断/DMA 配置(Interrupt/DMA)、初始化配置(Initialization)4 个部分。因为本例不涉及其使用，所以仅对该模块进行简单介绍。

1. 基本设置

将基本设置(Settings)部分展开，如图 4-82 所示。

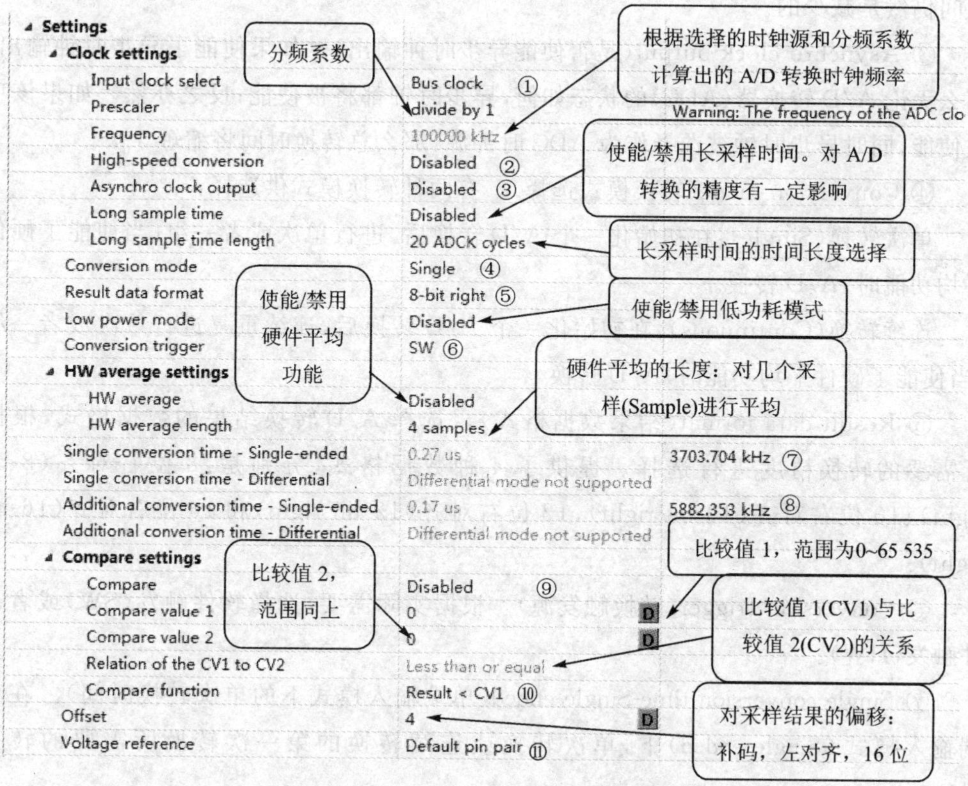

Name	Value	Details
◢ **Settings**		
◢ **Clock settings**		
Input clock select	Bus clock ①	
Prescaler	divide by 1	
Frequency	100000 kHz	Warning: The frequency of the ADC clo
High-speed conversion	Disabled ②	
Asynchro clock output	Disabled ③	
Long sample time	Disabled	
Long sample time length	20 ADCK cycles	
Conversion mode	Single ④	
Result data format	8-bit right ⑤	
Low power mode	Disabled	
Conversion trigger	SW ⑥	
◢ **HW average settings**		
HW average	Disabled	
HW average length	4 samples	
Single conversion time - Single-ended	0.27 us	3703.704 kHz ⑦
Single conversion time - Differential	Differential mode not supported	
Additional conversion time - Single-ended	0.17 us	5882.353 kHz ⑧
Additional conversion time - Differential	Differential mode not supported	
◢ **Compare settings**		
Compare	Disabled ⑨	
Compare value 1	0	D
Compare value 2	0	D
Relation of the CV1 to CV2	Less than or equal	
Compare function	Result < CV1 ⑩	
Offset	4	D
Voltage reference	Default pin pair ⑪	

分频系数

根据选择的时钟源和分频系数计算出的 A/D 转换时钟频率

使能/禁用长采样时间。对 A/D 转换的精度有一定影响

长采样时间的时间长度选择

使能/禁用硬件平均功能

使能/禁用低功耗模式

硬件平均的长度：对几个采样(Sample)进行平均

比较值 1，范围为0~65 535

比较值 2，范围同上

比较值 1(CV1)与比较值 2(CV2)的关系

对采样结果的偏移：补码，左对齐，16 位

图 4-82 ADC16 的 Settings 部分配置

① Input clock select(输入时钟源选择)。ADC16 有 4 种时钟源可供选择:总线时钟(Bus clock)、总线时钟的二分频(Bus clock/2)、备用时钟(Alternate clock)、异步时钟(Asynchro clock)。ADC16 内部时钟关系如图 4-83 所示。

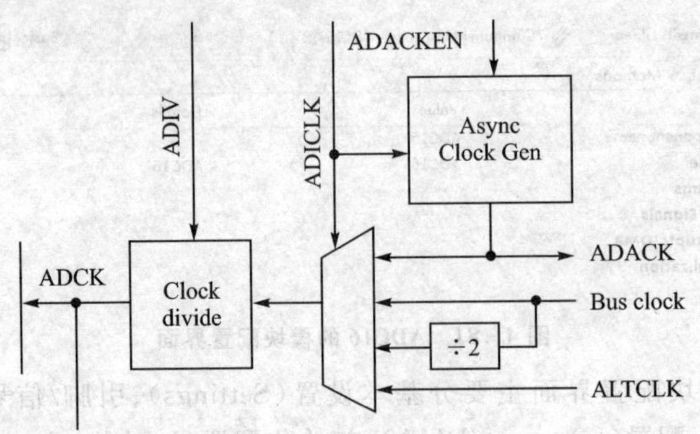

图 4-83 ADC16 内部的时钟关系

② High-speed conversion(是否使能高速转换模式)。在高速转换模式下,A/D 转换能够以更高的转换频率进行。虽然 A/D 转换需要两个额外的 ADCK 周期,但是总时间仍然是减少的。

③ Asynchro clock output(是否使能异步时钟输出)。如果使能了异步时钟输出,那么无论 A/D 转换器(ADC)的状态如何,异步时钟都将被使能;反之亦然。如果该项被使能,同时异步时钟被选择作为 ADC 时钟源,那么总转换时间将缩短 5 μs。

④ Conversion mode(转换模式选择)。有两种转换模式供选择:

单次转换(Single):在初始化一个 A/D 转换后,进行单次或者一组(当使能了硬件平均功能时)A/D 转换。

连续转换(Continuous):在初始化一个 A/D 转换后,连续重复进行单次或者一组(当使能了硬件平均功能时)A/D 转换。

⑤ Result data format(结果数据格式)。选择 A/D 转换结果的数据格式,根据所需要的转换精度进行选择。提供了 4 种数据格式,分别是:8 位右对齐(8-bit right)、10 位右对齐(10-bit right)、12 位右对齐(12-bit right)和 16 位右对齐(16-bit right)。

⑥ Conversion trigger(转换触发源)。根据实际需要,选择软件触发(SW)或者硬件触发(HW)。

⑦ Single conversion time-Single-ended(单端输入模式下的单次转换时间)。在单端输入模式(Single-ended)下,单次转换或连续转换的第一次转换所需要的转换时间。

⑧ Additional conversion time-Single-ended(单端输入模式下的附加转换时间)。

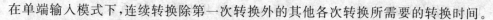

在单端输入模式下，连续转换除第一次转换外的其他各次转换所需要的转换时间。

⑨ Compare(是否使能对转换结果的比较处理)。

⑩ Compare function(转换结果的比较处理方式)。选择对转换结果与两个比较值比较的方法。共有6种比较方式：

- 采样结果＜比较值1(Result＜CV1)；
- 采样结果≥比较值1(Result≥CV1)；
- 采样结果在＜比较值1;比较值2＞之外(Result outside ＜CV1 ; CV2＞)；
- 采样结果在＜比较值1;比较值2＞之内(Result inside ＜CV1 ; CV2＞)；
- 采样结果在(比较值2;比较值1)之内(Result inside (CV2 ; CV1))；
- 采样结果在(比较值2;比较值1)之外(Result outside(CV2 ; CV1))。

如果采样结果满足所选择的比较条件，则采样成功；否则，采样结果将被丢弃。

⑪ Offset(参考电压的选择)。两种选择：

- 默认引脚对(Default pin pair)：选择默认引脚对(VREFH/VREFL)作为ADC16的参考电压。
- 内部能带隙电压(Internal bandgap)：选择内部能带隙(bandgap)和与之相关联的地(VBGH/VBGL)作为ADC16的参考电压。

2. 引脚/信号配置

将Pins/Signals部分展开，各配置项如图4-84所示(为排版方便，将从Channel 16起排到了右侧)。

Pins/Signals		Pins/Signals	
Channel 0	Disabled ①	Channel 16	Disabled
Channel 1	Disabled	Channel 17	Disabled
Channel 2	Disabled	Channel 18	Disabled
Channel 3	Disabled	Channel 19	Disabled
Channel 4	Disabled	Channel 20	Disabled
Channel 5	Disabled	Channel 21	Disabled
Channel 6	Disabled	Channel 22	Disabled
Channel 7	Disabled	Channel 23	Disabled
Channel 8	Disabled	Channel 24	Disabled
Channel 9	Disabled	Channel 25	Disabled
Channel 10	Disabled	Channel 26	Disabled
Channel 11	Disabled	Channel 27	Disabled
Channel 12	Disabled	Channel 28	Disabled
Channel 13	Disabled	Channel 29	Disabled
Channel 14	Disabled	Channel 30	Disabled
Channel 15	Disabled	Trigger A	Disabled ②

图4-84 ADC16的Pins/Signals部分配置

① 是否使能通道 0(Channel 0)。Channel 0 展开如图 4－85 所示。

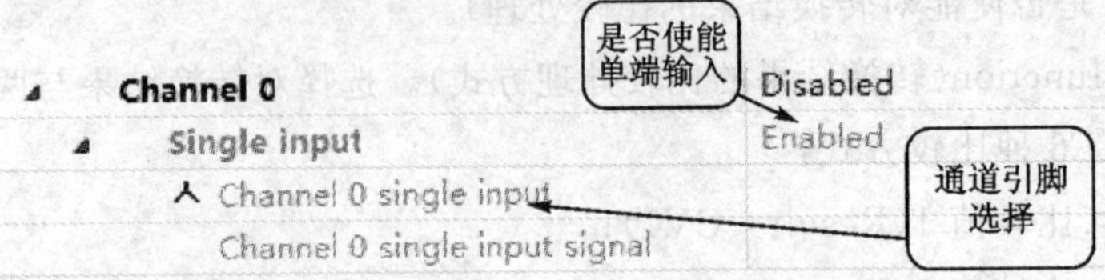

图 4－85　Channel 0 展开各项配置

需要注意的是，每个通道对应的引脚都是确定的，且并不是每个通道都有与之对应的引脚。每个通道对应的引脚如表 4－5 所列。

表 4－5　各通道对应输入端口介绍

通　道	对应输入端口
Channel 0	DAC12b_Output(12 位 DAC 的输出)
Channel 1	LargeRegulator_1_2V(电源管理控制器的 1.2 V 输出)
Channel 2	SmallRegulator_1_2V(小功率的 1.2 V 输出)
Channel 3	SmallRegulator_2_7V(小功率的 2.7 V 输出)
Channel 8	GPIOA4
Channel 9	GPIOA5
Channel 10	GPIOA6
Channel 11	GPIOA7
Channel 12	GPIOB4
Channel 13	GPIOB5
Channel 14	GPIOB6
Channel 15	GPIOB7
Channel 24	DAC6b_Output(6 位 DAC0～3 输出)
Channel 26	TempSensor(温度传感器)
Channel 27	Bandgap(内部缓冲带隙基准电压(buffered bandgap))
Channel 29	V_refsh(参考电压:高端)
Channel 30	V_refsl(参考电压:低端)

② 是否使能触发 A 源：Trigger A 展开如图 4－86 所示。

3. 中断/DMA 配置

将 Interrupts/DMA 部分展开，如图 4－87 所示。

图 4-86 Trigger A 展开各项配置

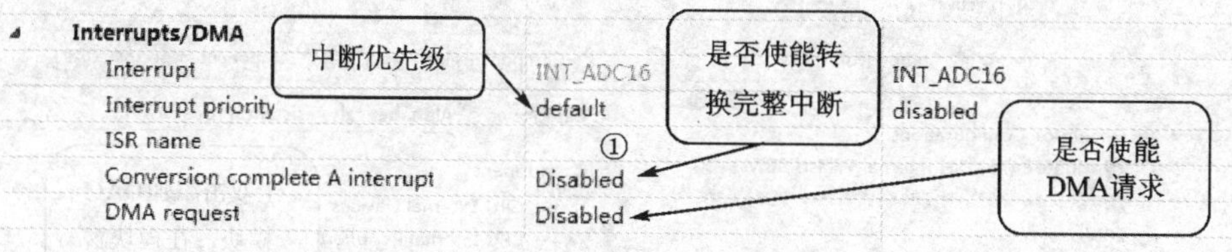

图 4-87 Interrupts/DMA 展开各项配置

图 4-87 中的① ISR name 是中断服务函数名。

如果使能了转换完成中断，则在此处填写中断函数名。此后，类似前文 ADC12 中相关选项的处理方法（图 4-60 的(1)），在 Events.c 文件中添加 A/D 转换中断函数。

4. 初始化配置

将 Initialization 展开，如图 4-88 所示。

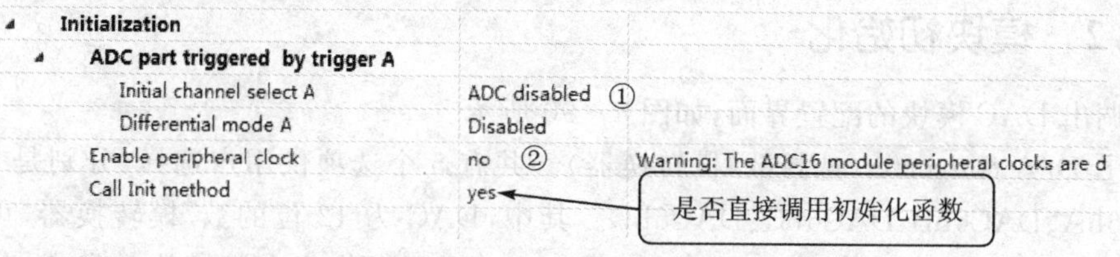

图 4-88 Initialization 展开各项配置

① Initial channel select A（选择 trigger A 对应的初始通道）。

② Enable peripheral clock（是否使能外围时钟）。是否使能 ADC16 的外设总线时钟（IPBus clock），一般情况时选择 yes。

4.3 DAC 模块

DAC 模块可以为外部引脚提供一个特定的模拟输出电压，或者为一些片上模块提供参考电压（如比较器）。除此之外，它还能用做波形发生器，可以发出三角波、方波和锯齿波。

本节介绍一种利用 DAC 模块在 GPIO C5 引脚输出 1.65 V 电压的方法。

4.3.1 模块添加

在 Component Library 的 Converter 中找到 DAC 模块,双击添加模块,如图 4-89 所示。

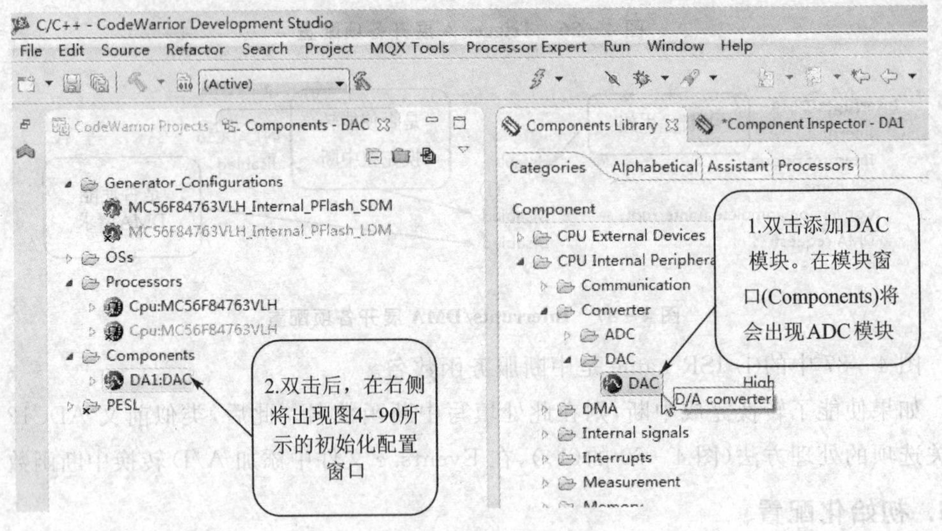

图 4-89 添加 DAC 模块

4.3.2 模块初始化

调出 DAC 模块的配置界面,如图 4-90 所示。

① D/A converter(选择数/模转换器)。共有 5 个选项供用户选择,分别是 DAC、DAC6bA、DAC6bB、DAC6bC、DAC6bD。其中,DAC 为 12 位的数/模转换器,可输出一指定模拟量,可直接输出到引脚 GPIOC5 上,也可以作为内部模块的参考,如比较器;DAC6bA、DAC6bB、DAC6bC、DAC6bD 为 6 位的数/模转换器,仅能作为内部模块的参考,且分别对应着 CMPA(DAC6bA)、CMPB(DAC6bB)、CMPC(DAC6bC)、CMPD(DAC6bD)。

② Channel output pin(是否使能通道输出引脚)。只有当 D/A converter 项选择 DAC 时,Channel output pin 项才可选择 Enabled(使能),即将模拟量输出到外部引脚上,与①中的介绍一致。

③ Init value(初始值)。初始状态输出模拟量对应的数字量。DAC 满量程输出的模拟量为 3.3 V,12 位 DAC 满量程的数字量为 4 095,对应关系如图 4-91 所示。如果希望得到的模拟量输出为 1.65 V,则对应的数字量应为 $4\ 095\times\frac{1.65\ \text{V}}{3.3\ \text{V}}=2\ 047$。

④ D/A resolution(D/A 转换的分辨率)。当①选择了 DAC 时,此项应选择 12 bits,即分辨率为 12 位。当①选择了其余 4 项中的 1 项时,此项应选择 6 bits,即分辨率为 6 位。

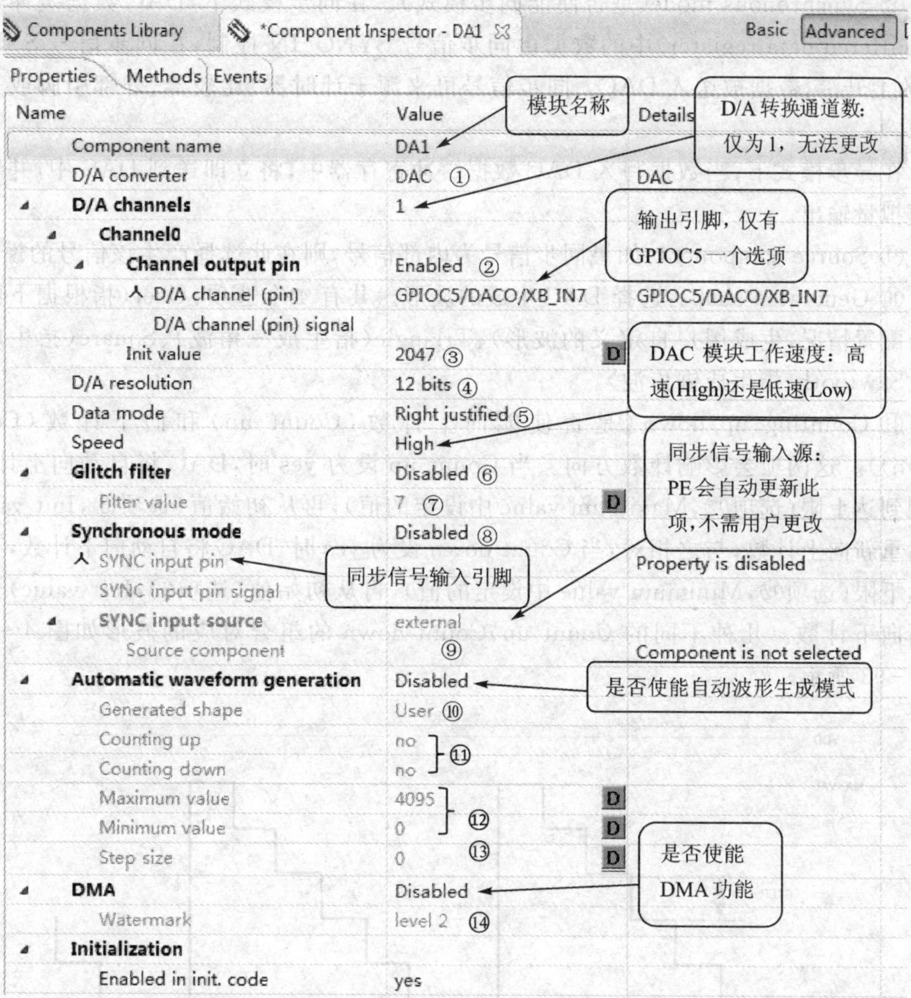

Components Library | *Component Inspector - DA1 | Basic | Advanced

Properties | Methods | Events

Name	Value	Details
Component name	DA1	
D/A converter	DAC ①	DAC
D/A channels	1	
Channel0		
Channel output pin	Enabled ②	
D/A channel (pin)	GPIOC5/DACO/XB_IN7	GPIOC5/DACO/XB_IN7
D/A channel (pin) signal		
Init value	2047 ③	D
D/A resolution	12 bits ④	
Data mode	Right justified ⑤	
Speed	High	
Glitch filter	Disabled ⑥	
Filter value	7 ⑦	D
Synchronous mode	Disabled ⑧	
SYNC input pin		Property is disabled
SYNC input pin signal		
SYNC input source	external	
Source component	⑨	Component is not selected
Automatic waveform generation	Disabled	
Generated shape	User ⑩	
Counting up	no ⑪	
Counting down	no ⑪	
Maximum value	4095 ⑫	D
Minimum value	0 ⑫	D
Step size	0 ⑬	D
DMA	Disabled	
Watermark	level 2 ⑭	
Initialization		
Enabled in init. code	yes	

模块名称

D/A 转换通道数：仅为 1，无法更改

输出引脚，仅有 GPIOC5 一个选项

DAC 模块工作速度：高速(High)还是低速(Low)

同步信号输入源：PE 会自动更新此项，不需用户更改

同步信号输入引脚

是否使能自动波形生成模式

是否使能 DMA 功能

图 4-90　DAC 模块配置介绍

⑤ Data mode(数据模式)。可选择右对齐(Right justified)或左对齐(Left justified)。此处选择默认的右对齐(Right justified)。

⑥ Glitch filter(是否使能干扰过滤器)。当新的数字量到达 DAC 的输入端时，电路中的一些动作将对输出值产生一定的干扰。为了消除这种干扰的影响，可以将 DAC 的输出在一定时间内保持为旧值。此后再变为新的模拟输出值。这就是干扰过滤器。

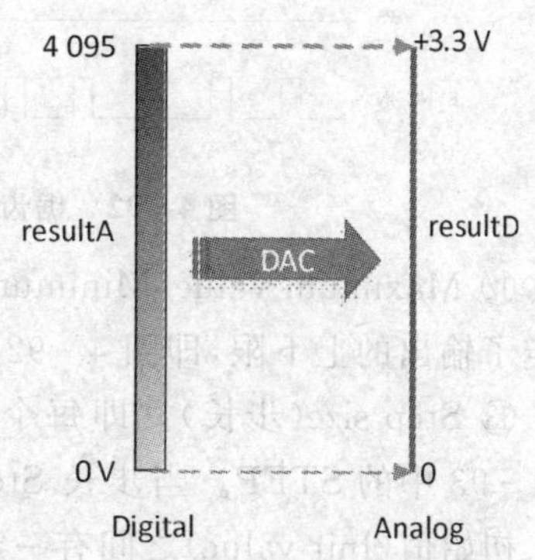

图 4-91　D/A 转换的原理示意图

⑦ Filter value(干扰过滤器的作用时间)。即⑥中保持旧值的时间长度，单位为总线时钟周期。

⑧ Synchronous mode(是否使能同步模式)。在同步模式下,DAC 数据缓冲寄存器(buffered data register)中的数据由同步信号 SYNC_IN 控制,在同步信号 SYNC_IN 的上升沿,数据被送入 DAC。同步信号可来源于计时器、比较器、外部引脚或其他的源。

在异步模式下,当数据写入 DAC 数据缓冲寄存器中,将立即送到 DAC 中,并转化成模拟量输出。

⑨ Source component:如果同步信号为内部信号,则在此选择产生该信号的模块。

⑩ Generated shape:选择 DAC 生成的波形。共有 4 个选项:User(指根据下面几项的配置情况,生成用户自定义的波形)、Triangle(指生成三角波)、Square(指生成方波)、Sawtooth(指生成锯齿波)。

⑪ Counting up/down(是否使能向上计数(Count up)和向下计数(Count Down))。这两项会影响计数方向。当 Count up 设为 yes 时,DAC 将自动向上计数,直到到达上限(选项⑫,Maximum value 中设定的值),再从初始值(选项③,Init value)开始重新向上计数;与之相对,当 Count down 设为 yes 时,DAC 将自动向下计数,直到到达下限(选项⑫,Minimum value 中设定的值),再从初始值(选项③,Init value)开始重新向下计数。几种不同的 Count up、Count down 的组合对应的波形如图 4-92、图 4-93 所示。

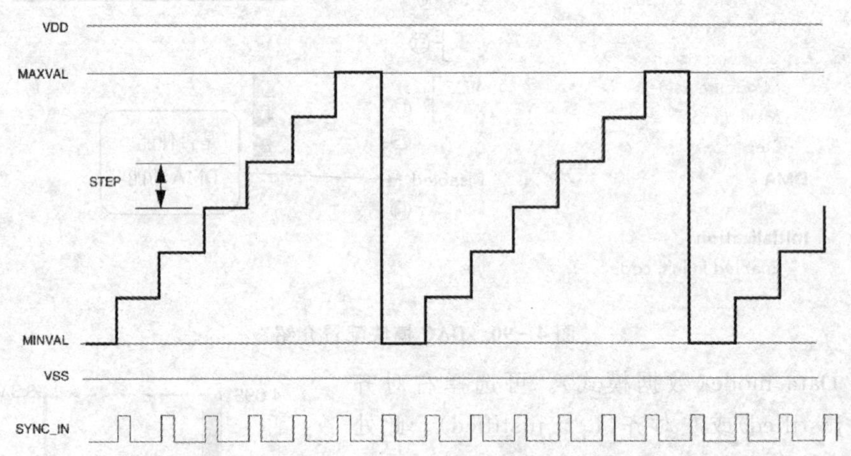

图 4-92　锯齿波(Count up 为 yes,Count down 为 no)

⑫ Maximum value/Minimum value(输出对应数字量的最大值/最小值)。这两项确定了输出的上下限,即图 4-92、图 4-93 中的 MAXVAL 和 MINVAL。

⑬ Step size(步长)。即每个同步信号周期中,数字量变化的值,即图 4-92 和图 4-93 中的 STEP。当步长 Step size 与上下限(Maximum value 和 Minimum value)、初始值(Init value)之间有一定的配合关系时,可以发出方波。

⑭ DMA→Watermark(DMA 请求临界值)。当 FIFO 中有相应数量的输入值时,发出 DMA 请求。各个选项对应的输入值数量如下:

Level 0：0 Samples；

Level 2：2 Samples；

Level 4：4 Samples；

Level 6：6 Samples。

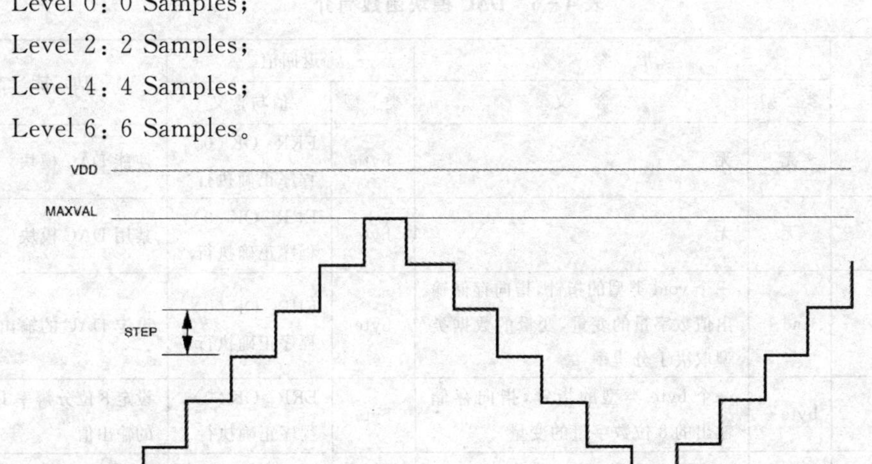

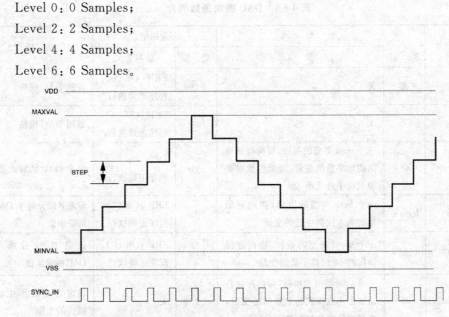

图 4-93 三角波(Count up 为 yes,Count down 为 yes)

4.3.3 模块函数简介

调出 DAC 模块的函数列表,如图 4-94 所示。

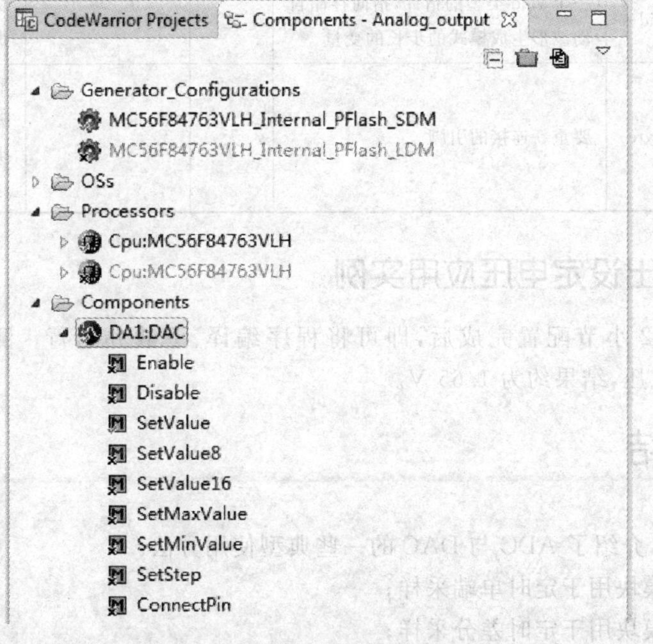

图 4-94 DAC 模块的函数

对 DAC 模块各函数的具体介绍如表 4-6 所列。

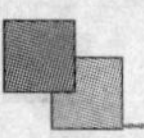

表 4-6　DAC 模块函数简介

函数名	形　参		返回值		功　能
	类　型	含　义	类　型	值与含义	
Enable	无	无	byte	ERR_OK(0)：程序正确执行	使能 DAC 模块
Disable	无	无	byte	ERR_OK(0)：程序正确执行	禁用 DAC 模块
SetValue	void *	一个 void 类型的指针，指向存储输出值数字量的变量，变量的数据类型取决于分辨率	byte	ERR_OK(0)：程序正确执行	设定 DAC 的输出值
SetValue8	byte *	一个 byte 类型的指针，指向存储输出的 8 位数字量的变量	byte	ERR_OK(0)：程序正确执行	设定 8 位分辨率 DAC 的输出值
SetValue16	word *	一个 word 类型的指针，指向存储输出的 16 位数字量的变量	byte	ERR_OK(0)：程序正确执行	设定 16 位分辨率 DAC 的输出值
SetMaxValue	void *	一个 void 类型的指针，指向存储自动波形生成模式的上限值的变量，变量的数据类型取决于分辨率	无	无	设定自动波形生成模式的上限
SetMinValue	void *	一个 void 类型的指针，指向存储自动波形生成模式的下限值的变量，变量的数据类型取决于分辨率	无	无	设定自动波形生成模式的下限
SetStep	void *	一个 void 类型的指针，指向存储自动波形生成模式的步长的变量	无	无	设定自动波形生成模式的步长
ConnectPin	byte	要重新连接的引脚	无	无	重新连接所请求的引脚，该引脚与 ADC 模块配置中所选的外设相关

4.3.4　输出设定电压应用实例

按照 4.3.2 小节配置完成后，即可将程序编译、下载并运行。测量 GPIOC5 与 GND 之间的电压，结果约为 1.65 V。

4.4 小　结

在本章中，介绍了 ADC 与 DAC 的一些典型使用方法：

① ADC 模块用于定时单端采样；

② ADC 模块用于定时差分采样；

③ Init_ADC 用于定时单端采样，采样数据通过 DMA 传输；

④ DAC 的使用。

第 5 章

增强型脉宽调制模块(eFlexPWM)

一个 eFlexPWM 拥有 4 个 PWM 发生模块,每个模块可以产生两路 PWM,故可同时输出 8 路 PWM。该模块多用于三相桥式电路的驱动信号产生。本章主要介绍如何使用 PE 对 eFlexPWM 进行初始化,并产生 6 路 PWM 来驱动直流无刷电机转动。

5.1 模块添加

在 PE 模块库中双击 Init_eFlexPWM 模块,向工程中添加一个 Init_eFlexPWM 模块,如图 5-1 所示。

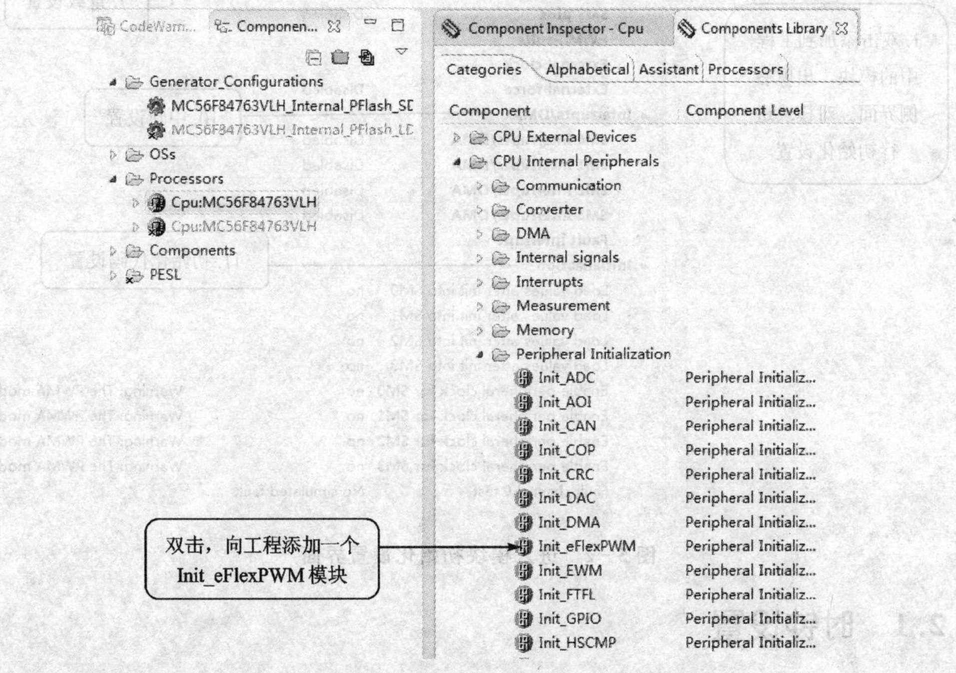

图 5-1 向工程中添加 Init_eFlexPWM 模块

5.2 模块初始化

双击添加到工程中的模块，打开模块初始化窗口，对模块进行初始化配置，如图 5-2所示。eFlexPWM 模块将 4 个 PWM 产生模块命名为 Submodule0（简称 SM0）、Submodule1（简称 SM1）、Submodule2（简称 SM2）和 Submodule3（简称 SM3）。每一个模块可以输出两路 PWM 信号，一般记为 PWMA、PWMB 或者 PWM23、PWM45。初始化设置主要可以分为时钟设置、通道设置、保护设置、触发设置、重载设置、故障保护属性设置、引脚设置、中断设置以及初始化代码设置这 9 个部分。虽然将 SM0、SM1、SM2、SM3 分开设置，但都是类似的，只要理解一个模块的设置即可类推。

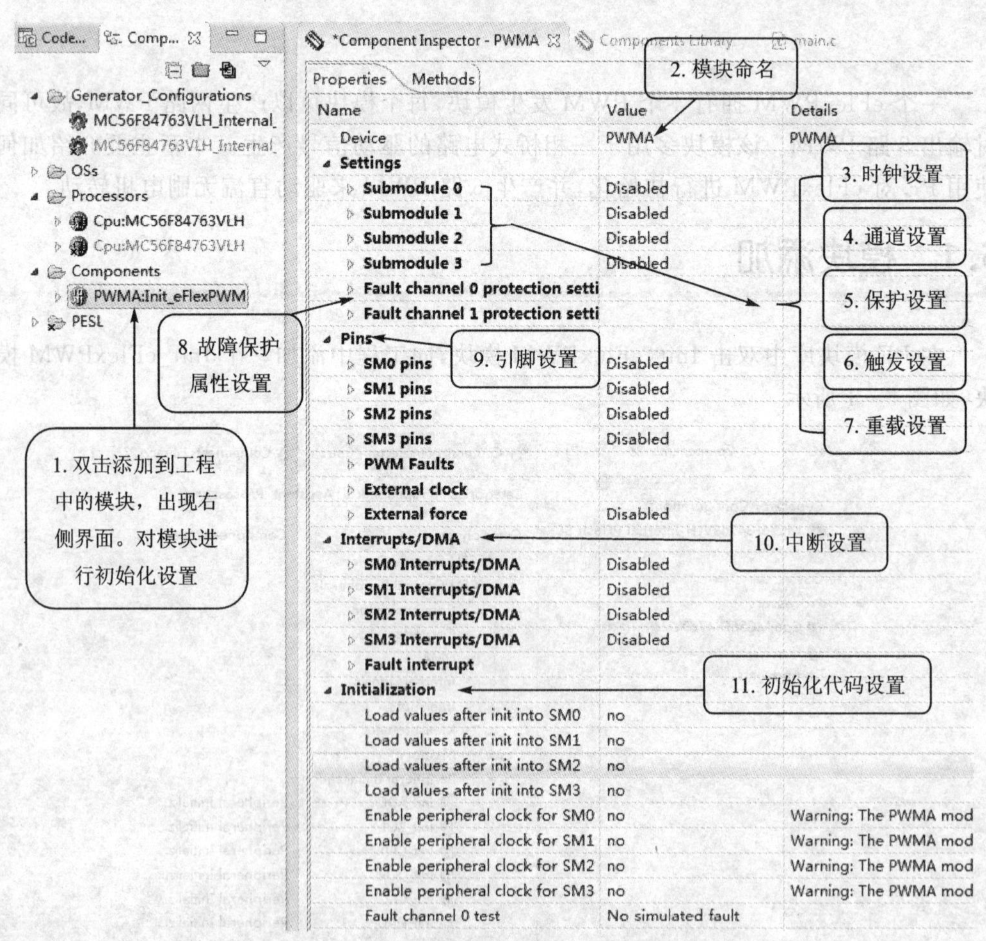

图 5-2 进入模块初始化设置界面

5.2.1 时钟设置

PWM 的原理和定时器基本相同，通过计数器、比较器和 D 触发器来控制输出电平

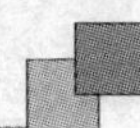

的跳变与保持，所以 PWM 的时钟设置很关键。时钟设置主要是对 PWM 的时钟源、分频、周期、死区时间等进行设置，如图 5－3 所示。

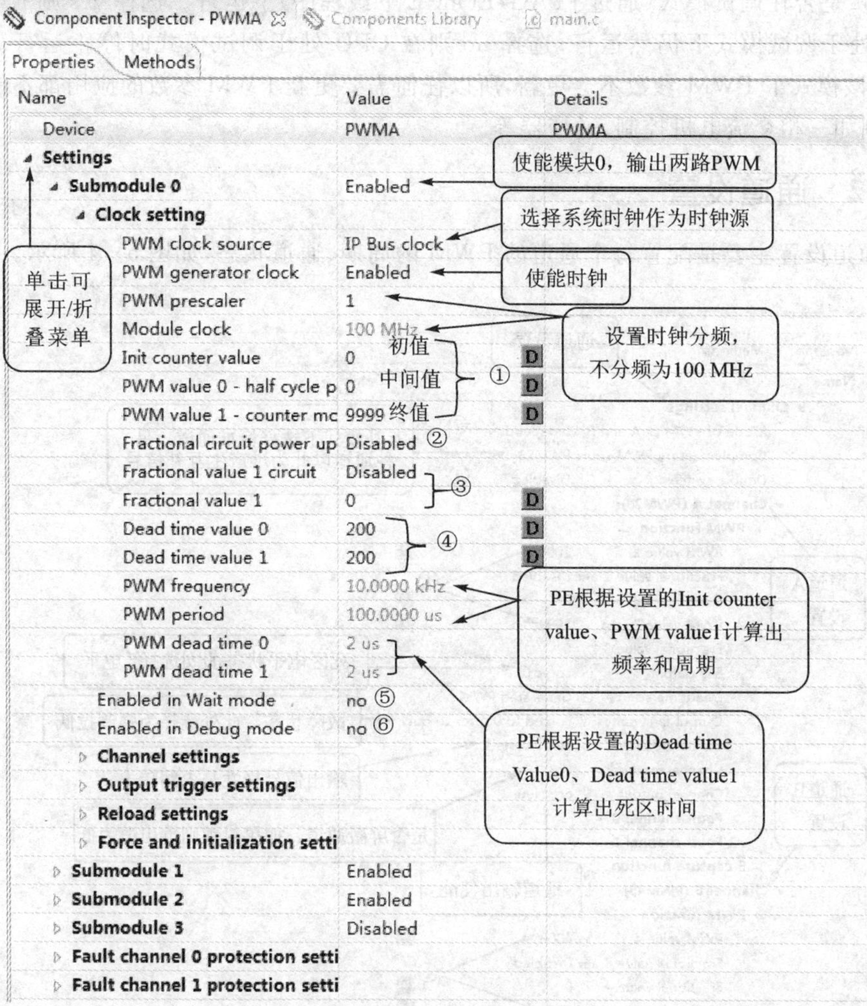

Component Inspector - PWMA　Components Library　main.c

Properties　Methods

Name	Value	Details
Device	PWMA	PWMA
Settings		
Submodule 0	Enabled	
Clock setting		
PWM clock source	IP Bus clock	
PWM generator clock	Enabled	
PWM prescaler	1	
Module clock	100 MHz	
Init counter value	0	D
PWM value 0 - half cycle p	0	D
PWM value 1 - counter mc	9999	D
Fractional circuit power up	Disabled	
Fractional value 1 circuit	Disabled	
Fractional value 1	0	D
Dead time value 0	200	D
Dead time value 1	200	D
PWM frequency	10.0000 kHz	
PWM period	100.0000 us	
PWM dead time 0	2 us	
PWM dead time 1	2 us	
Enabled in Wait mode	no	
Enabled in Debug mode	no	
Channel settings		
Output trigger settings		
Reload settings		
Force and initialization setti		
Submodule 1	Enabled	
Submodule 2	Enabled	
Submodule 3	Disabled	
Fault channel 0 protection setti		
Fault channel 1 protection setti		

注：图 5－3 与图 5－4 联合编号，部分内容统一介绍。

图 5－3　模块时钟设置界面

① 在 5.2.2 小节结合 PWM value2 和 PWM value3 介绍。

② 分数延时电路上电设置，该分数延时电路用于周期的分数时钟长度。选择 Enabled，则将分数延时电路上电，任何一个子模块的该选项选择 Enabled，则分数延时电路将会上电。只有当总线时钟频率为 60 MHz 时，该功能才可使用。当设置为 Disabled 时，分数延时电路不能使用。

③、④ 为了便于理解，在 5.2.2 小节介绍。

⑤ 是否在等待模式(CPU 时钟不工作，外设时钟正常工作)下运行。选择 yes 则 PWM 在 CPU 处于等待模式下仍然运行；选择 no 则在 CPU 处于等待模式时停止运

行。在该模式下 PWM 参数不会更新，所以任何需要更新 PWM 参数的应用都不能选择 yes，例如三相交流电机控制、逆变器等。

⑥ 是否在调试模式(通过 JTAG/EOnCE 下载程序)下运行。选择 yes 则 PWM 在 CPU 处于调试模式下仍然运行；选择 no 则在 CPU 处于调试模式时停止运行。同样地，在该模式下 PWM 参数不会更新，所以任何需要更新 PWM 参数的应用都不能选择 yes，例如三相交流电机控制、逆变器等。

5.2.2 通道设置

通道设置主要是配置每个通道的 PWM 的周期、通道状态，如图 5-4 所示。

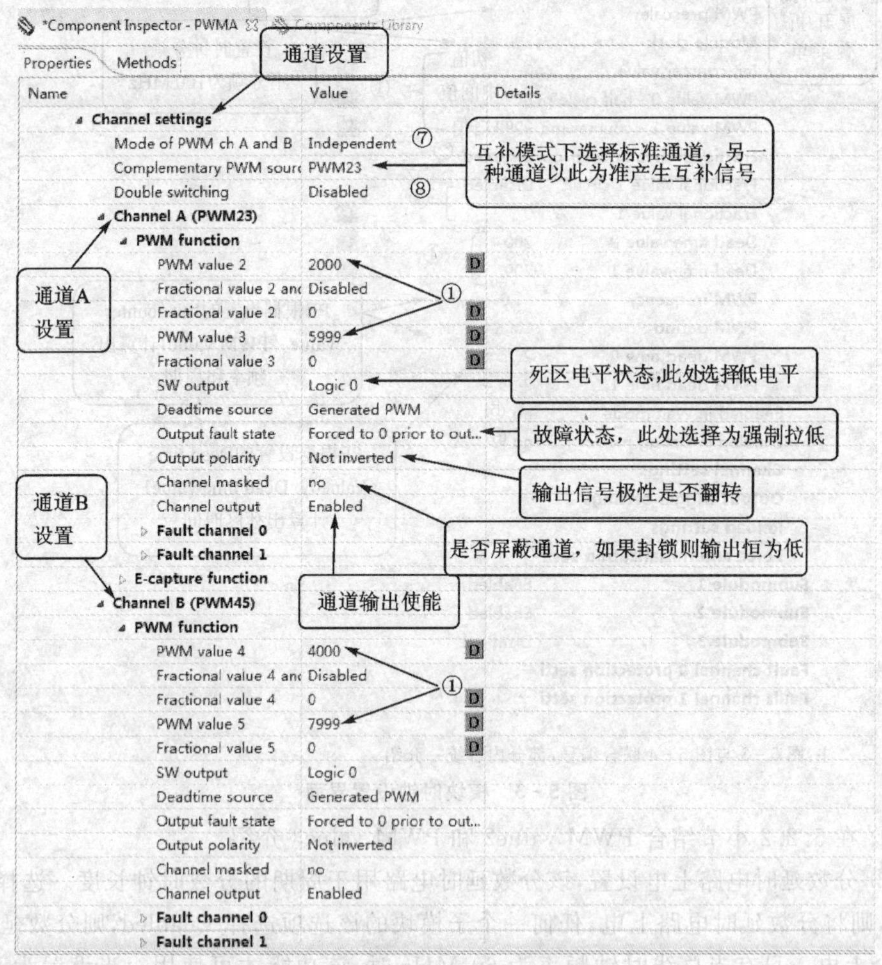

注：图 5-4 与图 5-3 联合编号，部分内容统一介绍。

图 5-4　通道设置界面

①（该标号包含图 5-4 与图 5-3 中的①）。

表 5-1 为所有 value 值汇总介绍。

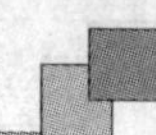

表 5-1　各个 value 值介绍

名　称	数据类型	图 5-5 中符号	含　义
Init counter value	16 位有符号数	INIT VAL	PWM 计数初值
PWM value 0	16 位有符号数	VAL0	PWM 计数中间值
PWM value 1	16 位有符号数	VAL1	PWM 计数终值
PWM value 2	16 位有符号数	VAL2	PWM 通道 A 计数器翻转值 1
PWM value 3	16 位有符号数	VAL3	PWM 通道 A 计数器翻转值 2
PWM value 4	16 位有符号数	VAL4	PWM 通道 B 计数器翻转值 1
PWM value 5	16 位有符号数	VAL5	PWM 通道 B 计数器翻转值 2

各值的含义如图 5-5 所示(INIT VAL、VAL0、VAL1 为图 5-3 时钟设置中的参数;VAL2、VAL3、VAL4、VAL5 为图 5-4 通道设置中的参数,为了便于介绍这里统一讲述)。为了便于理解,这里可以理解为 PWM_A 和 PWM_B 两个 PWM 通道各有一个 16 位计数器,每一个时钟周期计一次数(实际原理是利用计数器和 D 触发器实现的,可参考 MC56F847XX Reference Manual 中 28.1.3.1 节)。每个通道的计数器都从 INIT VAL 开始计数,当 PWM_A 计数器的值等于 VAL2 时,输出电平拉高;当计数到 VAL3 时,输出电平拉低;当计数到 VAL1 时,计数器溢出并重新装载 INIT VAL 值,开始新的一轮计数。PWM_B 通道类似,计数器从 INIT VAL 开始计数,当等于 VAL4 时,输出电平拉高;当计数到 VAL5 时,输出电平拉低;当计数到 VAL1 时,计数器溢出并重新装载 INIT VAL 值,开始新一轮计数。那么就得到了如图 5-5 所示波形。由此可以计算周期、频率、占空比:

$$T=(\text{VAL1}-\text{INIT VAL}+1)\times\frac{1}{\frac{100\ \text{MHz}}{\text{prescaler}}}=(\text{VAL1}-\text{INIT VAL}+1)\times\frac{\text{prescaler}}{100\ \text{MHz}} \tag{5-1}$$

$$f=\frac{1}{T}=\frac{\frac{100\ \text{MHz}}{\text{prescaler}}}{\text{VAL1}-\text{INIT VAL}+1}=\frac{100\ \text{MHz}}{(\text{VAL1}-\text{INIT VAL}+1)\times\text{prescaler}} \tag{5-2}$$

$$\text{PWM\_A:Duty}=\frac{\text{VAL3}-\text{VAL2}}{\text{VAL1}-\text{INIT VAL}+1}\times 100\% \tag{5-3}$$

$$\text{PWM\_B:Duty}=\frac{\text{VAL5}-\text{VAL4}}{\text{VAL1}-\text{INIT VAL}+1}\times 100\% \tag{5-4}$$

式中,prescaler 为 PWM 时钟分频,在图 5-3 中设置。

按照图 5-3 和图 5-4 的设置的数值:INIT VAL=0,VAL1=9 999,VAL2=2 000,VAL3=5 999,VAL4=4 000,VAL5=7 999,按照公式(5-1)、(5-2)、(5-3)、(5-4)可计算出周期、占空比:

$$T = (9\ 999 - 0 + 1) \times \frac{1}{100\ \text{MHz}} = 100\ \mu\text{s}$$

$$f = \frac{100\ \text{MHz}}{(9\ 999 - 0 + 1 \times 1)} = 10\ \text{kHz}$$

$$\text{PWM\_A:Duty} = \frac{5\ 999 - 2\ 000}{9\ 999 - 0 + 1} \times 100\% = 39.99\%$$

$$\text{PWM\_B:Duty} = \frac{7\ 999 - 4\ 000}{9\ 999 - 0 + 1} \times 100\% = 39.99\%$$

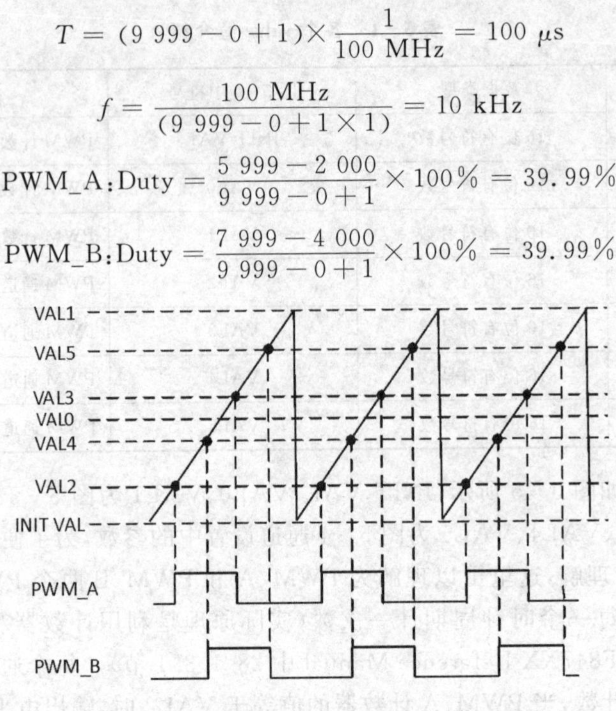

图 5－5　PWM 原理

所有的 value 值都是可以设定的，所以可通过设置 VAL2、VAL3、VAL4、VAL5 值来使得 PWM_A 通道波形和 PWM_B 通道波形中心对齐、边沿对齐，如图 5－6、图 5－7 所示。

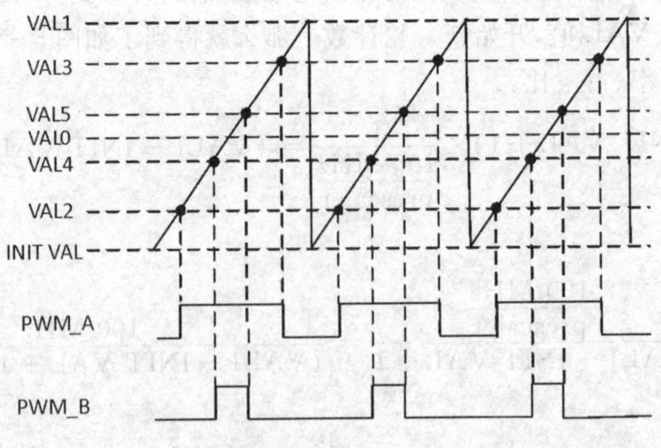

图 5－6　中心对齐

③（该标号为图 5－3 中的③）Fractional value 1 circuit：value 1 的分数值使能设置。Enabled 后 Fractional value 1 生效。此时，PWM 频率由 Init counter value、PWM Value 1 以及 Fractional value 1 共同决定，计算公式为

$$f = \frac{\dfrac{100\ \text{MHz}}{\text{precaler}}}{\text{VAL1} - \text{INIT VAL} + 1 + \dfrac{\text{Frac VAL1} + 1}{\text{prescaler}}} \tag{5-5}$$

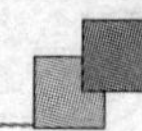

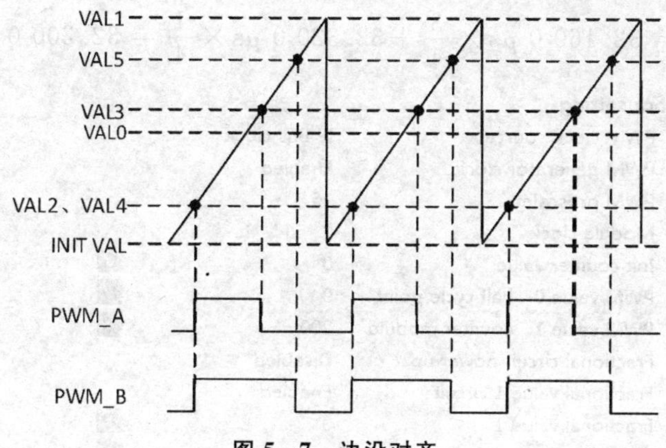

图 5-7　边沿对齐

可得周期计算公式为

$$T=\frac{1}{f}=\frac{\text{VAL1}-\text{INIT VAL}+1+\dfrac{\text{Frac VAL1}+1}{\text{prescaler}}}{\dfrac{100\ \text{MHz}}{\text{precaler}}} \tag{5-6}$$

式中,f 为 PWM 频率;prescaler 为 PWM 时钟分频系数;VAL1 为 PWM value 1,由设置决定;INIT VAL 为 Init counter value,由设置决定;Frac VAL1 为周期分数设置值。

图 5-8 的设置启用了 PWM 周期的分数设置,可见分频系数 prescaler=16;INIT VAL=0;VAL1=200;Frac VAL1=3。根据式 5-5、式 5-6 可以计算 PWM 的频率为:

$$F=\frac{\dfrac{100\ \text{MHz}}{16}}{200-0+1+\dfrac{3+1}{16}}=31.055\,9\ \text{kHz}$$

$$T=\frac{200-0+1+\dfrac{3+1}{16}}{\dfrac{100\ \text{MHz}}{16}}=32.200\,0\ \mu\text{s}$$

与 PE 自动计算的 PWM frequency 和 PWM period 都吻合。

需要知道的是:并不是每一个 PWM 周期值都是 32.200 0 μs。相反,此时没有一个 PWM 周期是 32.200 0 μs,所有的 PWM 周期要么是 32.160 0 μs(201 个 PWM 时钟周期),要么是 32.320 0 μs(202 个 PWM 时钟周期)。为了设置更高精度的 PWM 周期,增加了周期的分数部分,但因为分数部分不足一个时钟周期,所以无法进行计数,只能在每一个 PWM 周期都进行累计,直到大于或等于一个完整的时钟周期才在 PWM 周期上增加一个 PWM 时钟周期,以进行“补偿”。对于图 5-8 中的设置,一开始 PWM 按照没有分数部分来产生,周期为 201 个时钟周期,即 32.160 0 μs。在每一个 PWM 周期,分数计数器会累加 4(即设定值 3 加上 1),直到第 4 次累加到了 16(分频系数),此时累加的时间长度等于一个时钟周期,那么这次输出的 PWM 周期为 201+1=202 个时钟周期,即 32.320 0 μs。也就是说每 4 个 PWM 周期中 3 个 PWM 周期为 32.160 0 μs,一个 PWM 周期为 32.320 0 μs,则平均周期为:

$$T = 32.160\,0\ \mu s \times \frac{3}{4} + 32.320\,0\ \mu s \times \frac{1}{4} = 32.200\,0\ \mu s$$

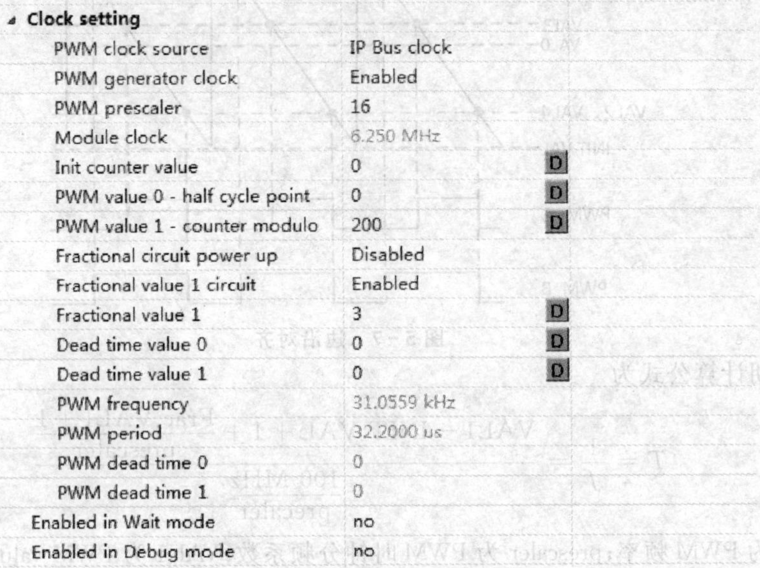

Clock setting		
PWM clock source	IP Bus clock	
PWM generator clock	Enabled	
PWM prescaler	16	
Module clock	6.250 MHz	
Init counter value	0	D
PWM value 0 - half cycle point	0	D
PWM value 1 - counter modulo	200	D
Fractional circuit power up	Disabled	
Fractional value 1 circuit	Enabled	
Fractional value 1	3	D
Dead time value 0	0	D
Dead time value 1	0	D
PWM frequency	31.0559 kHz	
PWM period	32.2000 us	
PWM dead time 0	0	
PWM dead time 1	0	
Enabled in Wait mode	no	
Enabled in Debug mode	no	

图 5-8　启用 PWM 周期分数值设置

④（该标号为图 5-3 中的④）为 PWM 死区时间，该设置值写入寄存器 PWM_SM0DTCN0，如图 5-9 所示。可知，寄存器低 11 位（DTCNT0）是有效的，故该值范围为 0～2 047。

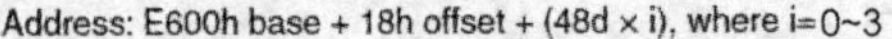
Address: E600h base + 18h offset + (48d × i), where i=0~3

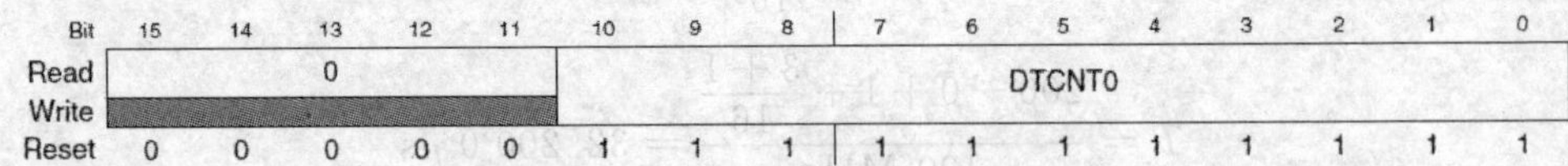

PWMA_SM*n*DTCNT0 field descriptions

Field	Description
15~11 Reserved	This field is reserved. This read-only field is reserved and always has the value 0.
10~0 DTCNT0	Deadtime Count Register 0 The DTCNT0 field is used to control the deadtime during 0 to 1 transitions of the PWM_A output (assuming normal polarity).

图 5-9　寄存器 PWMA_SMnDTCNT0 说明

当两路互补的 PWM 信号用于控制同一桥臂上的两个开关器件时，为了防止桥臂直通造成短路，需要在两路 PWM 的电平变化处设置适当的死区时间，使两路波形都为低电平，以此确保前一时刻导通的开关器件完全断开后再导通另一个开关器件。

Dead time value 0 控制 PWM_A 通道上升沿处的死区时间，Dead time value 1 控制 PWM_B 通道上升沿处的死区时间，如图 5-10 所示。

死区时间计算公式：

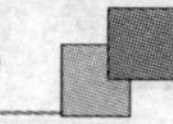

$$t_{\text{deadtime}} = \text{Dead time value} \times \frac{1}{\frac{100\ \text{MHz}}{\text{prescaler}}} = \text{Dead time value} \times \frac{\text{prescaler}}{100\ \text{MHz}} \quad (5-7)$$

由图 5-3 中设置的死区参数 Dead time value 0=Dead time value 1=200 可以计算死区时间为

$$t_{\text{deadtime}} = 200 \times \frac{1}{100\ \text{MHz}} = 2 \times 10^{-6}\,\text{s} = 2\ \mu\text{s}$$

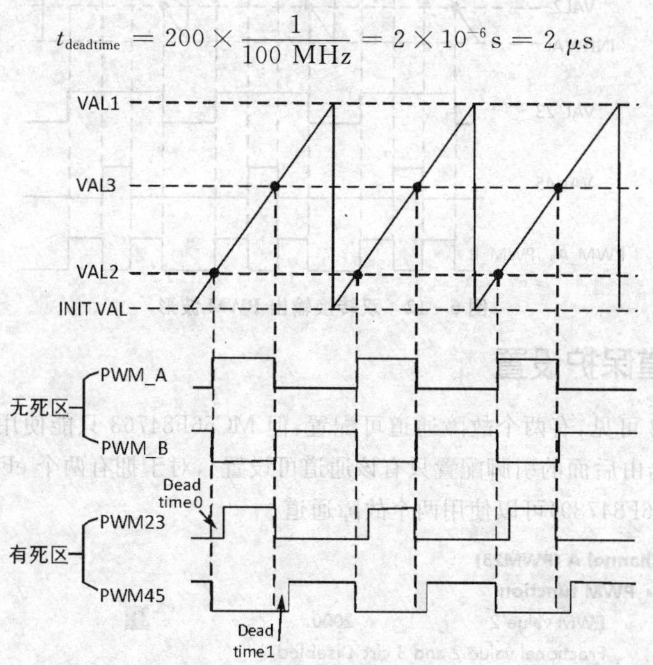

图 5-10 互补双路 PWM 波

⑦(该标号为图 5-4 中的⑦)PWM 通道 A 和通道 B 的模式选择。如图 5-11 所示,共有两种模式可供选择:Independent(两通道独立模式,如图 5-5)和 Complementary(两通道互补模式,如图 5-10 所示)。

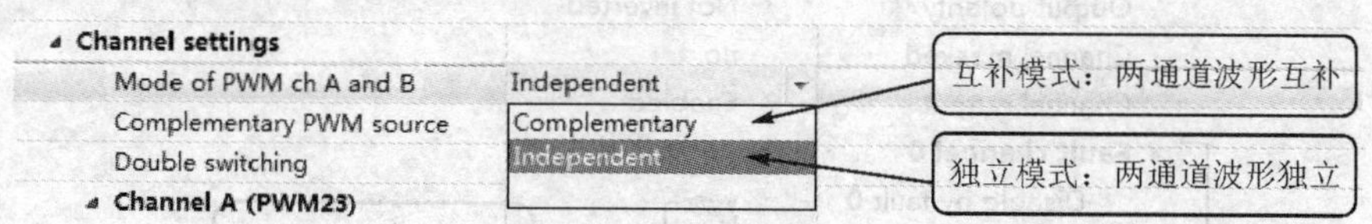

图 5-11 同一模块内的两通道 PWM 信号模式选择

⑧(该标号为图 5-4 中的⑧)Double switching(双转换)选择。如果选择 Enabled,则 PWM_A 和 PWM_B 通道输出的波形如图 5-12 所示。在该种模式下,PWM_A 和 PWM_B输出波形一样。该输出波形是由 VAL2、VAL3 产生的波形与 VAL4、VAL5 产生的波形进行逻辑异或得到的。

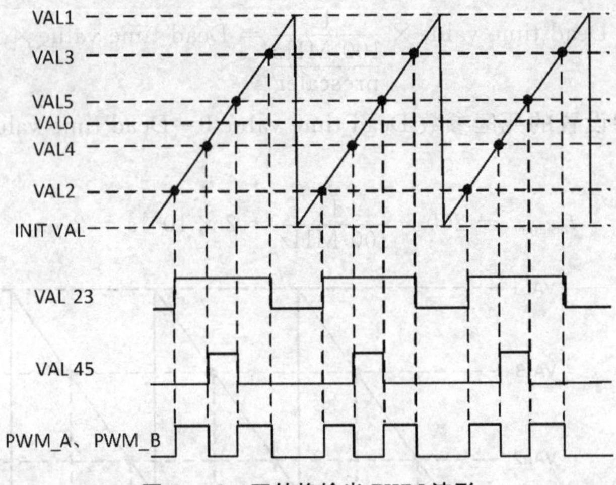

图 5-12　双转换输出 PWM 波形

5.2.3　通道保护设置

由图 5-13 可见，有两个故障通道可配置，但 MC56F84763 只能使用第 1 个通道（即 Fault channel 0，由后面的引脚配置只有该通道可设置），对于拥有两个 eFlexPWM 模块的 DSC（例如 MC56F84789）可以使用两个故障通道。

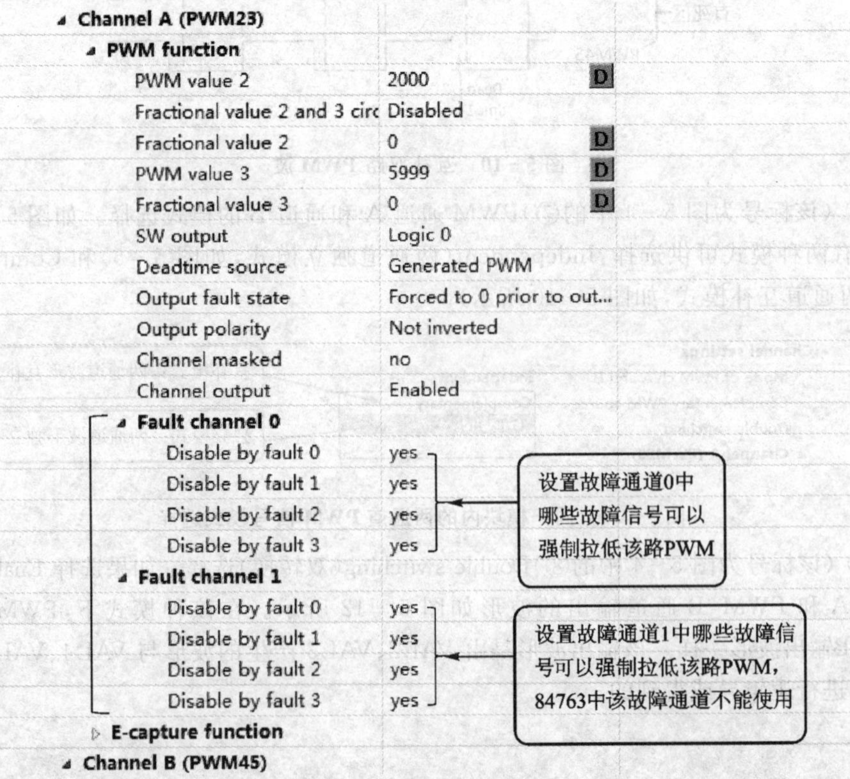

图 5-13　通道保护设置

在每一个故障通道中有 4 个故障信号,每一个故障信号可以是内部信号或外部信号。故障信号经过 XBARA 模块连接到 eFlexPWM 的故障保护输入。每一个故障信号都可以设置成任何一路 PWM 的故障封锁信号。选择 yes 会将该故障信号的选择位 DISAx 置位,如图 5－14 所示,那么当相应故障信号产生时就可以将该 PWM 输出引脚强制拉低(也可能是强制拉高、三态,由图 5－4 通道设置中设置决定)。故障信号对 PWM 的封锁并不是停止 PWM 的产生,而是通过强制改变输出引脚状态来实现的。

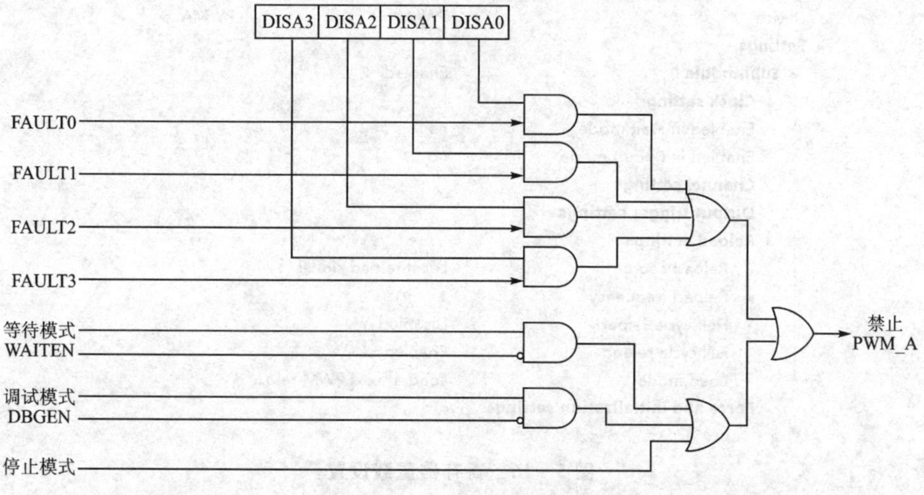

图 5－14　PWM 故障逻辑

5.2.4　触发设置

每一个 PWM 模块产生两路 PWM 的同时也可以产生两路触发脉冲,触发设置如图 5－15所示。该触发信号可以被用于 ADC 采样、DMA 请求等,可根据实际需要进行配

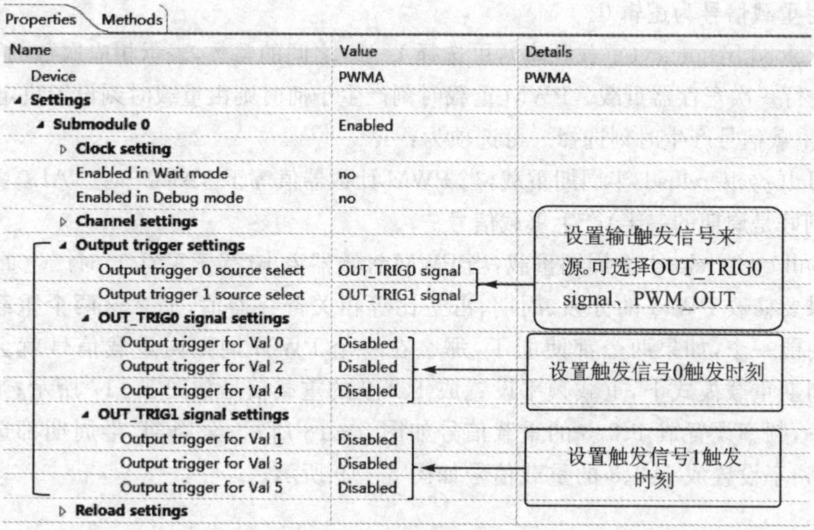

Properties　Methods

Name	Value	Details
Device	PWMA	PWMA
◢ Settings		
◢ Submodule 0	Enabled	
▷ Clock setting		
Enabled in Wait mode	no	
Enabled in Debug mode	no	
▷ Channel settings		
◢ Output trigger settings		
Output trigger 0 source select	OUT_TRIG0 signal	
Output trigger 1 source select	OUT_TRIG1 signal	
◢ OUT_TRIG0 signal settings		
Output trigger for Val 0	Disabled	
Output trigger for Val 2	Disabled	
Output trigger for Val 4	Disabled	
◢ OUT_TRIG1 signal settings		
Output trigger for Val 1	Disabled	
Output trigger for Val 3	Disabled	
Output trigger for Val 5	Disabled	
▷ Reload settings		

设置输出触发信号来源。可选择OUT_TRIG0 signal、PWM_OUT

设置触发信号0触发时刻

设置触发信号1触发时刻

图 5－15　触发设置

置使用。

5.2.5 重载设置

寄存器的重载设置如图 5-16 所示。

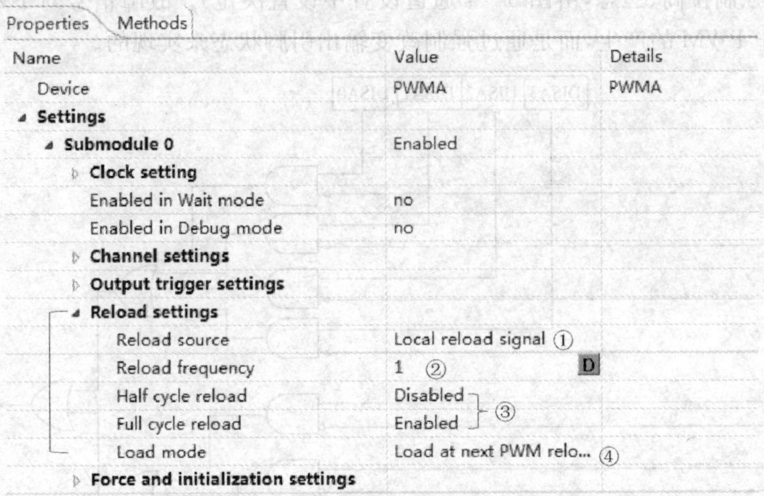

图 5-16 寄存器重载设置

① Reload source(重载源选择)。可选项有:

- Local reload signal:局部重载信号(LDOK 信号),使用当前 Submodule(子模块)的重载信号作为重载信号源。
- Master reload signal:Submodule 0 模块的主重载信号用于重载寄存器。该种设置只能用于除 Submodule 0 以外的子模块,因为 Submodule 0 若使用该设置将会使得重载信号为逻辑 0。

② Reload frequency(重载频率),可选择 1~16 之间的整数,表示相应次数的 PWM 重载时刻进行一次寄存器重载。PWM 重载时刻产生于何时则由重载时刻设置决定。

③:重载信号产生时刻选择。可选项为:

- Half cycle reload:半周期重载,当 PWM 计数器值等于 VAL0 时(VAL0 并不一定刚好是周期的一半)产生重载信号。
- Full cycle reload:全周期重载,当 PWM 计数器溢出(等于 VAL1)时产生重载信号。

如果要修改 PWM 的分频、周期、占空比等相关寄存器值,那么这两个重载时刻必须至少使能一个,如果两个都使能了,那么在一个 PWM 周期内重载信号就会产生两次。全周期重载模式下,重载频率设置成 1、2、3 的重载信号如图 5-17 所示;半周期重载模式下,频率设置成 1、2、3 的重载信号如图 5-18 所示;全周期、半周期都选择模式下,重载频率设置成 1、2、3 的重载信号如图 5-19 所示。

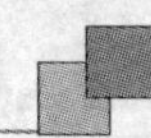

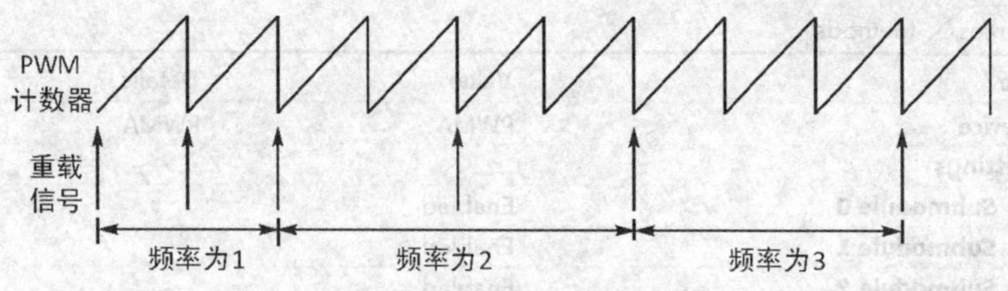

图 5-17 全周期重载模式

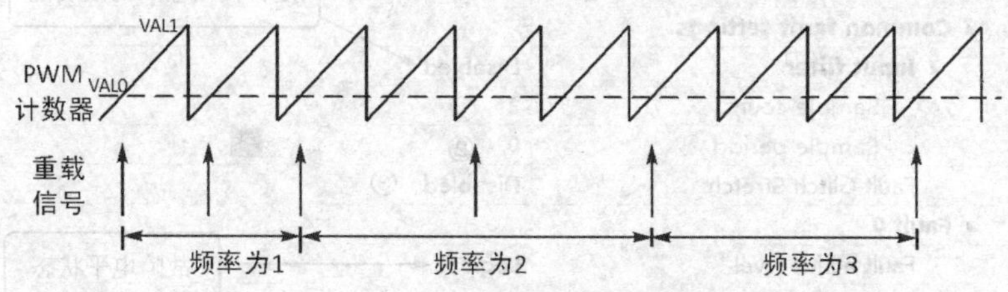

图 5-18 半周期重载模式

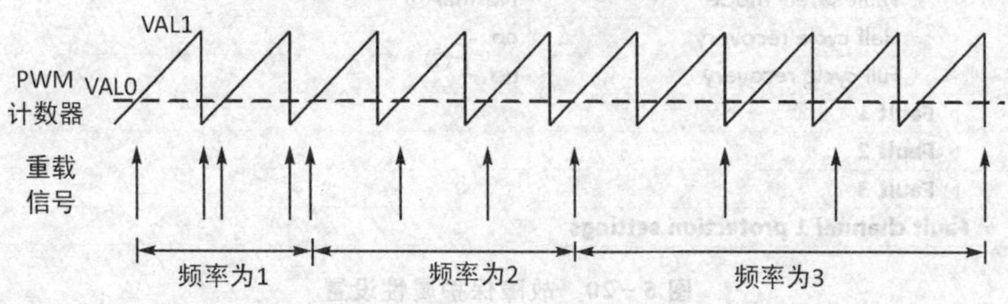

图 5-19 全周期、半周期都选择

④ Load mode(重载模式)。可选项:

➢ Load at next PWM reload if LDOK is set,当 LDOK 位被置位后,在下一个 PWM 重载时刻将缓冲区的数据写入寄存器生效。

➢ Load immediately upon LDOK being set,当 LDOK 位被置位后,立即将缓冲区的数据写入寄存器生效。

PWM 发生器的各个 Value 值以及分频位都是带缓冲的,重载信号产生时只是将各个需要写入的数据存入到外围缓冲区中,当 LDOK 信号置位后,在下一个 PWM 重载时(或者立即,由重载模式设置决定)写入内部寄存器生效。

5.2.6 故障保护属性设置

故障保护属性设置如图 5-20 所示。

① Sample count(故障输入滤波采样次数设置)。单击出现下拉框可选择 3～10 次。所有这些连续采样值必须极性相同才能产生一个有效的输入故障跳变。

② Sample period(输入滤波器采样周期设置)。可输入范围为 0～255,采样周期为设置值乘以系统时钟周期。当该值设为 0 时,故障信号输入滤波功能被旁路。采样周

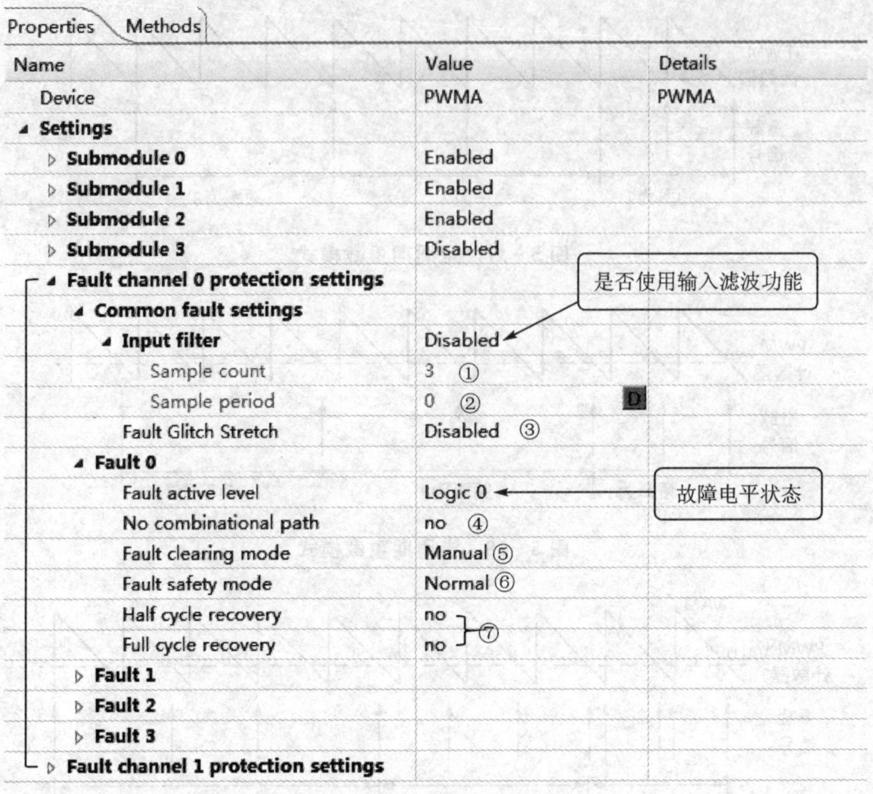

图 5-20　故障保护属性设置

期应该设置得比预期噪声信号宽度更大，这样一个噪声尖峰只可能影响一次采样。

滤波器的使用，将会延迟 PWM 故障信号的到来，在设置采样次数以及采样周期时还应该考虑到这一点。输入故障转换的最小延迟可以通过下式计算：

$$T_1 = (N+1) \times T_0 \times T_{clk} \tag{5-8}$$

式中，T_1 为故障信号延迟时间；N 为采样设置次数；T_0 为设置的采样周期；T_{clk} 为系统时钟周期。

③ Fault Glitch Stretch（故障毛刺拉伸设置）。该功能可将较窄的故障毛刺拉伸到至少两个系统主时钟周期。在输入滤波器功能被旁路时，该功能使得故障毛刺被反映到故障标志上。

④ No combinational path（是否不使用组合路径实现故障输入对 PWM 输出的封锁）。选择 no 则使用故障信号输入、故障信号滤波以及故障信号锁存组合来封锁 PWM 输出（可以理解为并联路径）。这种模式下，即使是系统时钟出现故障也不会影响到对 PWM 输出的封锁。但同时输入故障信号上的干扰也会造成短暂的 PWM 输出封锁，尽管这个干扰小到无法通过故障信号滤波器。选择 yes 则只使用故障信号经过滤波器和故障信号锁存器来封锁 PWM 输出（可以理解为串联路径）。这种模式可以消除故障信号上的干扰导致的 PWM 输出干扰，但是会增加响应故障信号的延迟。

⑤ Fault clearing mode（故障清除模式）。可选择 Manual（手动清除）或 Automatic

(自动清除)。手动清除模式需要在程序中软件清除相应的故障标志位。自动清除模式,会在故障输入信号消失后的第一个全周期(或者半周期,见⑦)启动 PWM 输出。

⑥ Fault safety mode(故障安全模式选择)。选 Normal 为禁止安全模式;选 Safe 为启动安全模式。安全模式针对手动清除故障,在禁用安全模式时,只要软件清除相应的故障标志位(FFLAGx,在 FFPINx 上升沿置位,寄存器说明的原文如图 5-21 所示),在新的 PWM 全周期(或半周期,由设置决定,详见⑦,图中为全周期)就会启动 PWM,而不会检测 FFPINx(反应故障输入引脚状态,当有故障产生时置 1)的状态。而在安全模式下,手动清除故障标志位(FFLAGx)后,在 FFPINx 被清零之后的下一个全周期(或半周期,由设置决定,详见⑦,图 5-22 为全周期)时刻,PWM 才能启动,如图 5-22 所示。

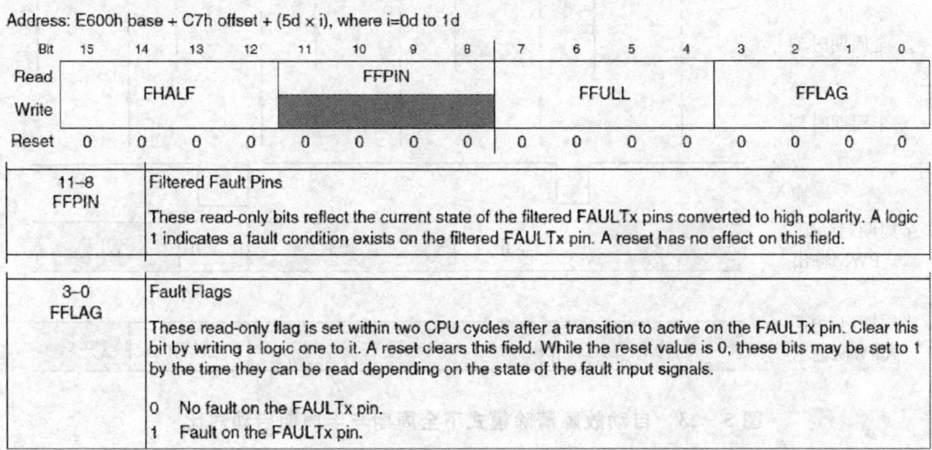

28.3.51 Fault Status Register (PWMA_FSTS*n*)

Address: E600h base + C7h offset + (5d × i), where i=0d to 1d

Bit	15	14	13	12	11	10	9	8	7	6	5	4	3	2	1	0
Read	FHALF				FFPIN				FFULL				FFLAG			
Write																
Reset	0	0	0	0	0	0	0	0	0	0	0	0	0	0	0	0

Field	Description
11–8 FFPIN	Filtered Fault Pins These read-only bits reflect the current state of the filtered FAULTx pins converted to high polarity. A logic 1 indicates a fault condition exists on the filtered FAULTx pin. A reset has no effect on this field.
3–0 FFLAG	Fault Flags These read-only flag is set within two CPU cycles after a transition to active on the FAULTx pin. Clear this bit by writing a logic one to it. A reset clears this field. While the reset value is 0, these bits may be set to 1 by the time they can be read depending on the state of the fault input signals. 0　No fault on the FAULTx pin. 1　Fault on the FAULTx pin.

图 5-21　故障状态寄存器 FFPIN 与 FFLAG 位域

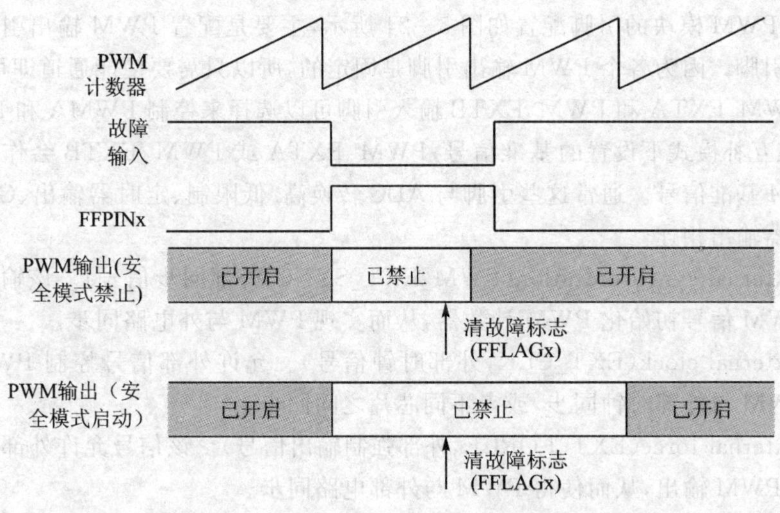

图 5-22　手动清除模式下安全模式禁止与启动的 PWM 输出对比

⑦ PWM 启动时间选择。Half cycle recovery(PWM 半周期启动),Full cycle recovery(PWM 全周期启动)。

图 5-23 为全周期启动模式和半周期启动模式在自动故障清除模式下的对比。全周期时刻指 PWM 计数器值溢出时(即计数器达到 VAL1 的时刻);半周期时刻即为计数器计数到 VAL0 时。图 5-23 中故障引脚为低电平表示产生故障,当故障产生时,PWM 输出即被封锁。在自动故障清除模式下,选择全周期启动则 PWM 输出会在故障输入信号返回高电平(即故障输入消失)之后的第一个全周期时刻启动;类似地,半周期启动模式下 PWM 输出在故障信号返回高电平之后的第一个半周期时刻启动。

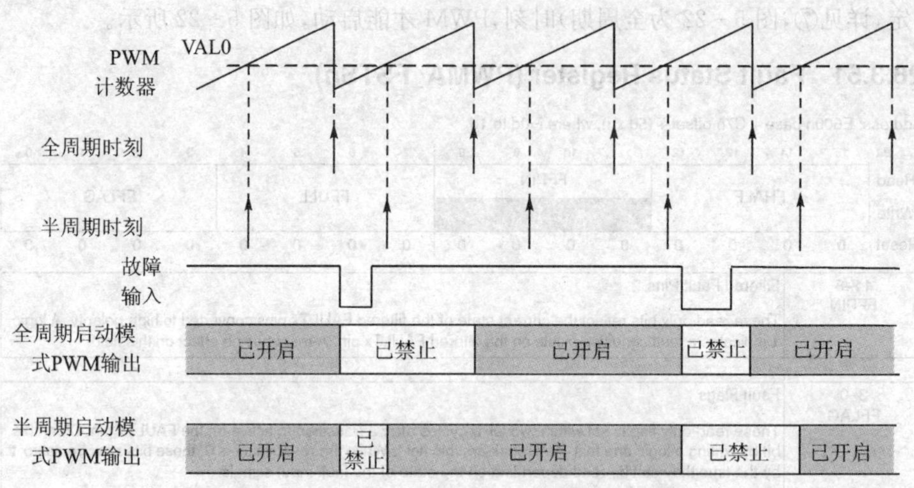

图 5-23 自动故障清除模式下全周期与半周期启动对比

5.2.7 引脚设置

eFlexPWM 模块的引脚配置如图 5-24 所示,主要是配置 PWM 输出引脚和故障信号输入引脚。因为各个 PWM 输出引脚是固定的,所以只需要使能通道即可。

① PWM_EXTA 和 PWM_EXTB 输入引脚可以选择来控制 PWMA 和 PWMB 输出,根据在互补模式下设置的基准信号,PWM_EXTA 或 PWM_EXTB 会作为互补模式下 PWM 基准信号。通常这些引脚与 ADC 转换高/低限制、定时器输出、GPIO 输入以及比较器输出相连。

② External synchronization(PWM_EXT_SYNC,外部同步信号)。该输入引脚允许外部 PWM 信号初始化 PWM 计数器,从而实现 PWM 与外电路同步。

③ External clock(EXT_CLK,外部时钟信号)。允许外部信号控制 PWM 时钟,从而使 PWM 与外部时钟同步,或者不同芯片之间同步。

④ External force(EXT_FORCE,外部强制输出信号)。该信号允许外部输入信号强制更新 PWM 输出,从而使得 PWM 与外部电路同步。

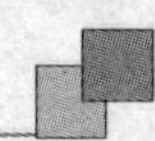

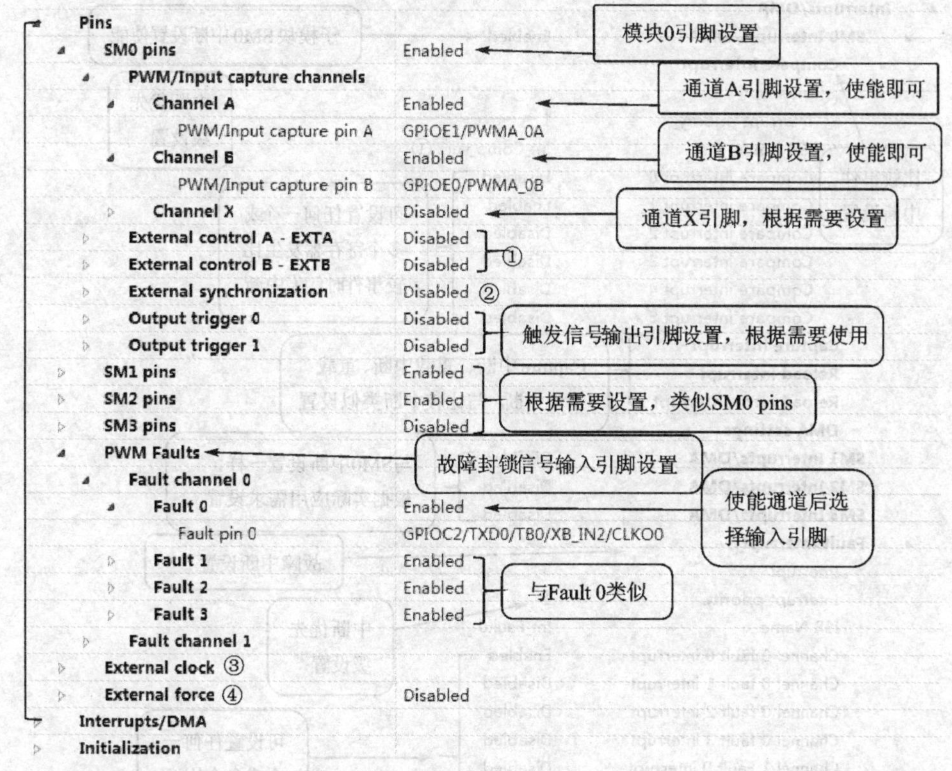

图 5－24　引脚配置

5.2.8　中断设置

eFlexPWM 模块的中断配置如图 5－25 所示。

图 5－25 中的① ISR Name 是这里的中断配置需要输入中断服务的函数名。此种情况下，PE 不会在 Events.c 中自动生成中断函数，所以工程编译之后不能在 Events.c 文件中找到相应的中断服务函数。但是 PE 会使用配置中输入的中断服务函数名在中断向量表（Vector.c 文件中）中注册相应中断的中断服务程序，如图 5－26 所示。

在错误信息窗口中可以看到，出现错误的原因是 Int_Fault0（在 DSC 工程中，会自动在实际函数名、变量前加一个 F）和 Int_Comp_val1 两个函数没有定义，如图 5－27 所示。

用鼠标左键双击选中中断向量表中注册的中断服务函数名，再单击右键选择 Open Declaration 查看函数定义，可见在 PWMA.h 头文件中对两个函数都进行了声明，如图 5－28所示。

函数在 PWMA.h 头文件中声明，那么定义就应该在 PWMA.c 源文件中。双击 PWMA.c 文件，可以查看该源文件的代码，下拉可以发现 PE 生成了对两个中断服务函数的定义，但将其代码注释掉了，并提示用户需要在 main.c 或者 Events.c 中定义这两个函数，如图 5－29 所示。

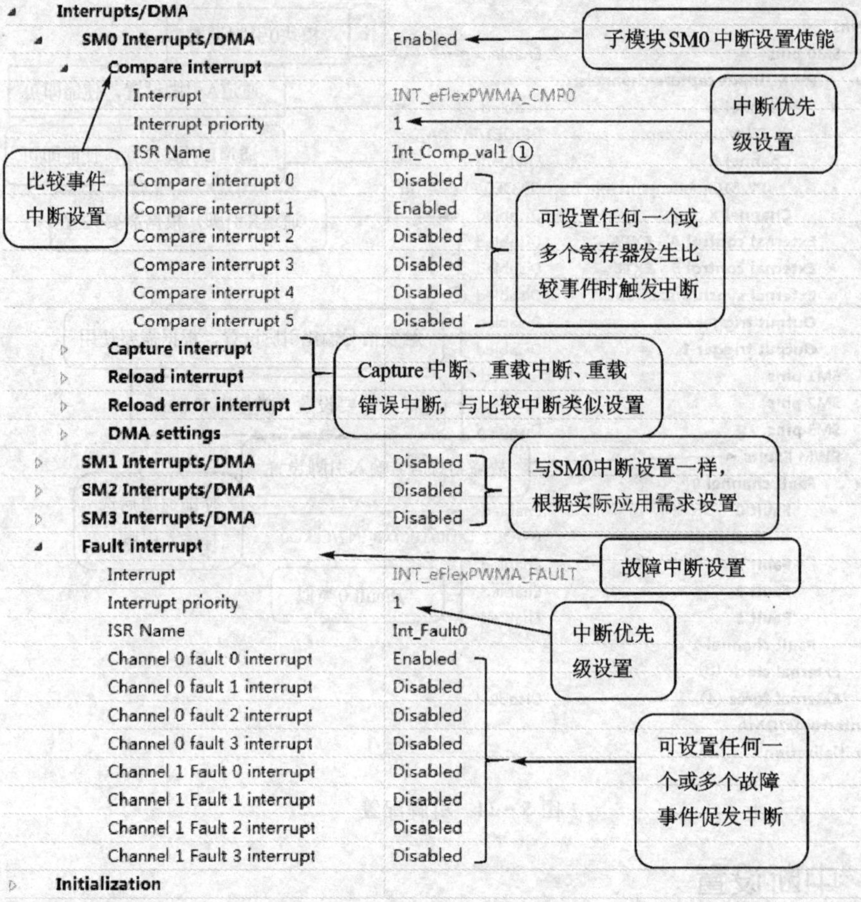

Interrupts/DMA	
SM0 Interrupts/DMA	Enabled
Compare interrupt	
Interrupt	INT_eFlexPWMA_CMP0
Interrupt priority	1
ISR Name	Int_Comp_val1 ①
Compare interrupt 0	Disabled
Compare interrupt 1	Enabled
Compare interrupt 2	Disabled
Compare interrupt 3	Disabled
Compare interrupt 4	Disabled
Compare interrupt 5	Disabled
Capture interrupt	
Reload interrupt	
Reload error interrupt	
DMA settings	
SM1 Interrupts/DMA	Disabled
SM2 Interrupts/DMA	Disabled
SM3 Interrupts/DMA	Disabled
Fault interrupt	
Interrupt	INT_eFlexPWMA_FAULT
Interrupt priority	1
ISR Name	Int_Fault0
Channel 0 fault 0 interrupt	Enabled
Channel 0 fault 1 interrupt	Disabled
Channel 0 fault 2 interrupt	Disabled
Channel 0 fault 3 interrupt	Disabled
Channel 1 Fault 0 interrupt	Disabled
Channel 1 Fault 1 interrupt	Disabled
Channel 1 Fault 2 interrupt	Disabled
Channel 1 Fault 3 interrupt	Disabled
Initialization	

子模块SM0中断设置使能

中断优先级设置

比较事件中断设置

可设置任何一个或多个寄存器发生比较事件时触发中断

Capture中断、重载中断、重载错误中断，与比较中断类似设置

与SM0中断设置一样，根据实际应用需求设置

故障中断设置

中断优先级设置

可设置任何一个或多个故障事件促发中断

图 5 - 25　中断配置

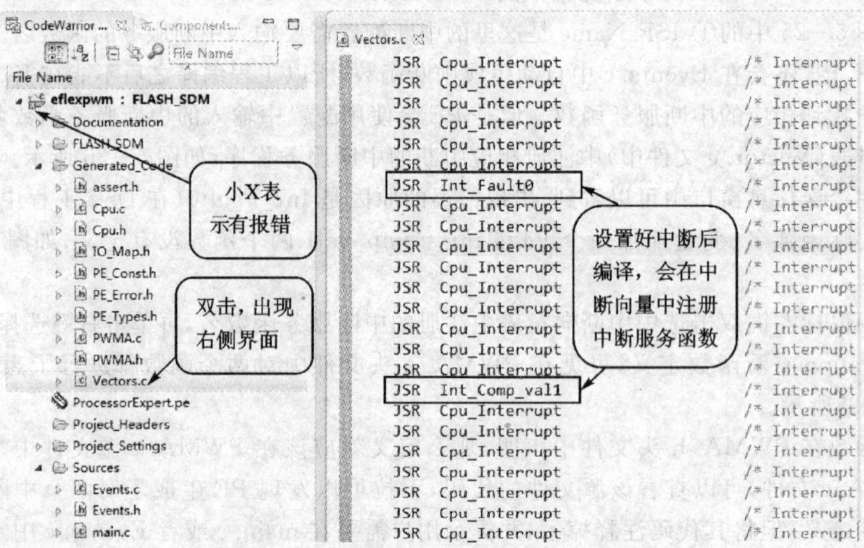

图 5 - 26　在中断向量表中注册中断服务函数

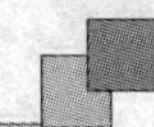

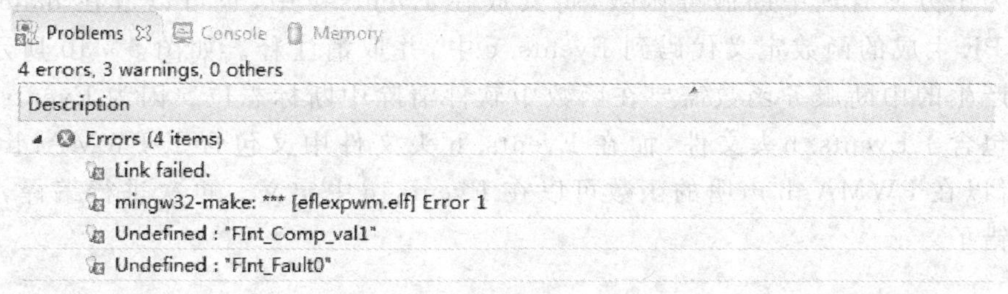

图 5-27 错误信息查看

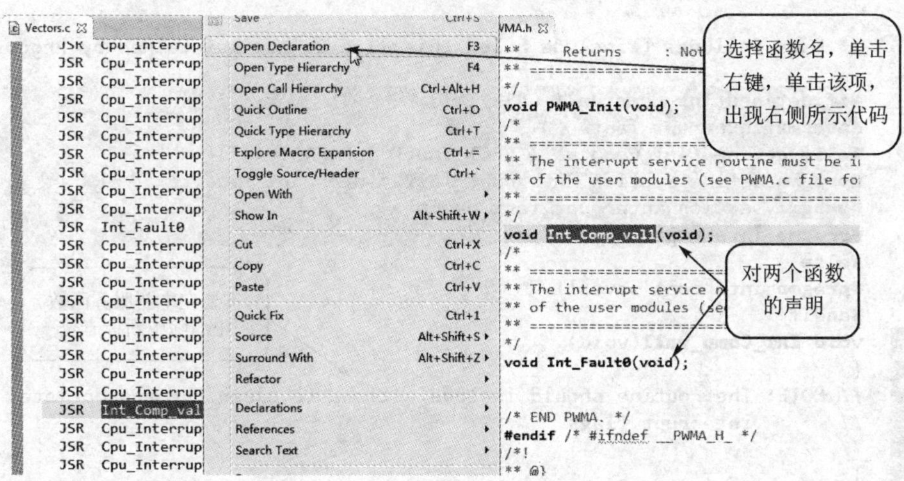

图 5-28 查看中断服务函数的声明

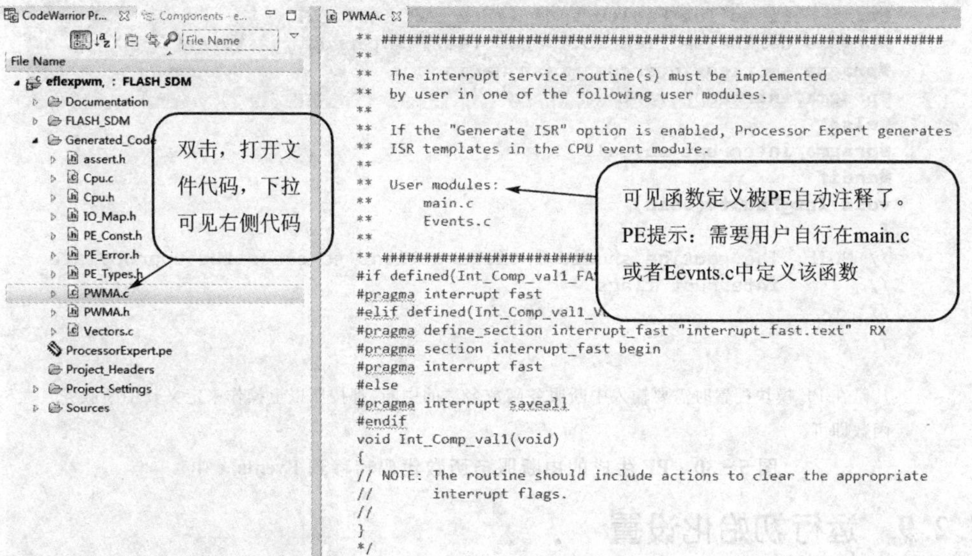

图 5-29 PWMA.c 源文件中函数定义

为了方便管理中断服务函数，将其放在 Events.c 中（也可以放在 main.c）。复制 PE 生成的函数定义代码到 Events.c 中，并取消注释。如图 5-30 所示，但这样产生的中断服务函数需要在函数中软件清除中断标志位。因为 Events.c 源文件包含了 Events.h 头文件，而在 Events.h 头文件中又包含了 PWMA.h 头文件，所以在 PWMA.h 声明的函数可以在 Events.c 中定义。再次进行编译，就不会报错了。

Events.c

```
#include "Events.h"

/* User includes (#include below this line is not maintained by Proces

#if defined(Int_Comp_val1_FAST_INT)
#pragma interrupt fast
#elif defined(Int_Comp_val1_VECT_TABLE_ISR_FAST_INT)
#pragma define_section interrupt_fast "interrupt_fast.text"  RX
#pragma section interrupt_fast begin
#pragma interrupt fast
#else
#pragma interrupt saveall
#endif
void Int_Comp_val1(void)
{
// NOTE: The routine should include actions to clear the appropriate
//       interrupt flags.
//
}

#if defined(Int_Fault0_FAST_INT)
#pragma interrupt fast
#elif defined(Int_Fault0_VECT_TABLE_ISR_FAST_INT)
#pragma define_section interrupt_fast "interrupt_fast.text"  RX
#pragma section interrupt_fast begin
#pragma interrupt fast
#else
#pragma interrupt saveall
#endif
void Int_Fault0(void)
{
// NOTE: The routine should include actions to clear the appropriate
//       interrupt flags.
//
}
```

需要在中断服务函数中清除中断标志位

注：凡是在 PE 模块配置时需要输入中断服务函数名称的中断，都按照以上操作来定义其中断服务函数即可。

图 5-30　PE 生成的中断服务函数代码转移到 Events.c 中

5.2.9　运行初始化设置

运行初始化设置如图 5-31 所示。

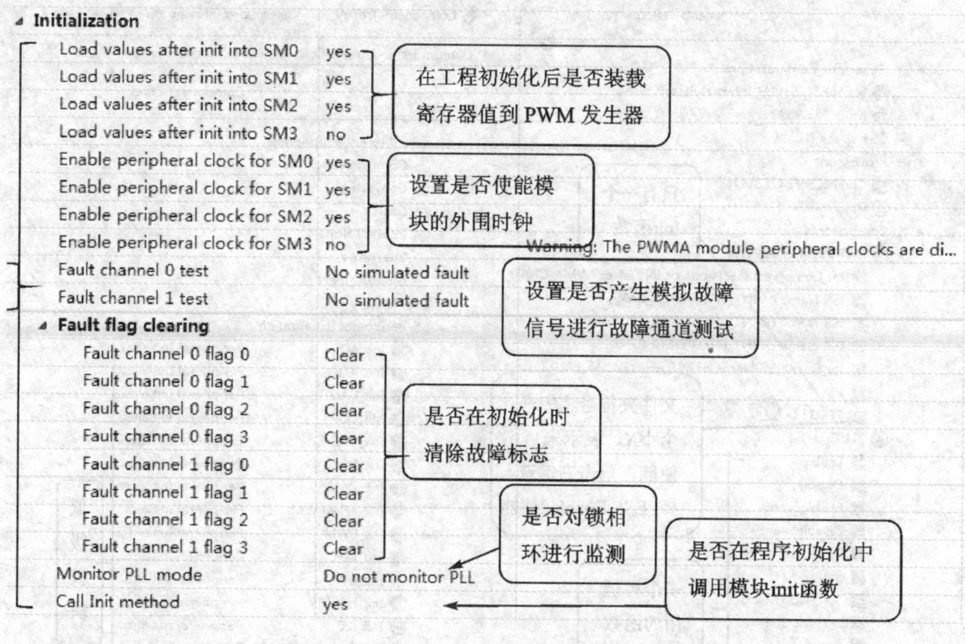

图 5-31　初始化配置

5.3　PESL——外设寄存器操作的便捷方法

凡是从 PE 模块库中 Peripheral Initialization 文件夹下(eFlexPWM 是其中之一)添加的模块(模块名以 Init_开头),都只包含了一个 Init 函数以用做初始化调用,但却还包含了一个名字为 PESL 的文件夹。通常将此类模块称为“低级 bean”,这里称做低级模块;与之相对应的是高级模块,即其他文件夹下的模块。如图 5-32 所示,其中的 Init_eFlexPWM 就为低级模块,而 TimerInt 属于高级模块,可以看到在前者模块下只有一个 Init 函数,但是在后者模块下有可调用的函数。

PESL(Processor Expert System Library)为 PE 系统库。PESL 只支持内核为 56800/E 的微控制器,对于 Kinetic、ColdFire 系列可以使用 PDD(Physical Device Drivers),功能与 PESL 类似——提供配置微控制器外围设备寄存器的途径。

① 在每一个低级模块下都包含了这样一个 PESL 文件夹,在该文件夹下提供了操作该模块的重要寄存器(或寄存器位)的方法,如图 5-33 所示。通过单击选中某一个操作方法拉到需要的程序位置,填写好形参即可。将鼠标左键放在操作方法名字上,将会显示该方法的作用、形参以及返回值,如图 5-34 所示。

② 除了低级模块下包含了 PESL 文件夹,在每一个工程(工程使用的 CPU 为基于 56800/E 内核)都会包含一个 PESL 文件。该 PESL 包含了整个微控制器的所有外围设备的寄存器操作函数,如图 5-35 所示。

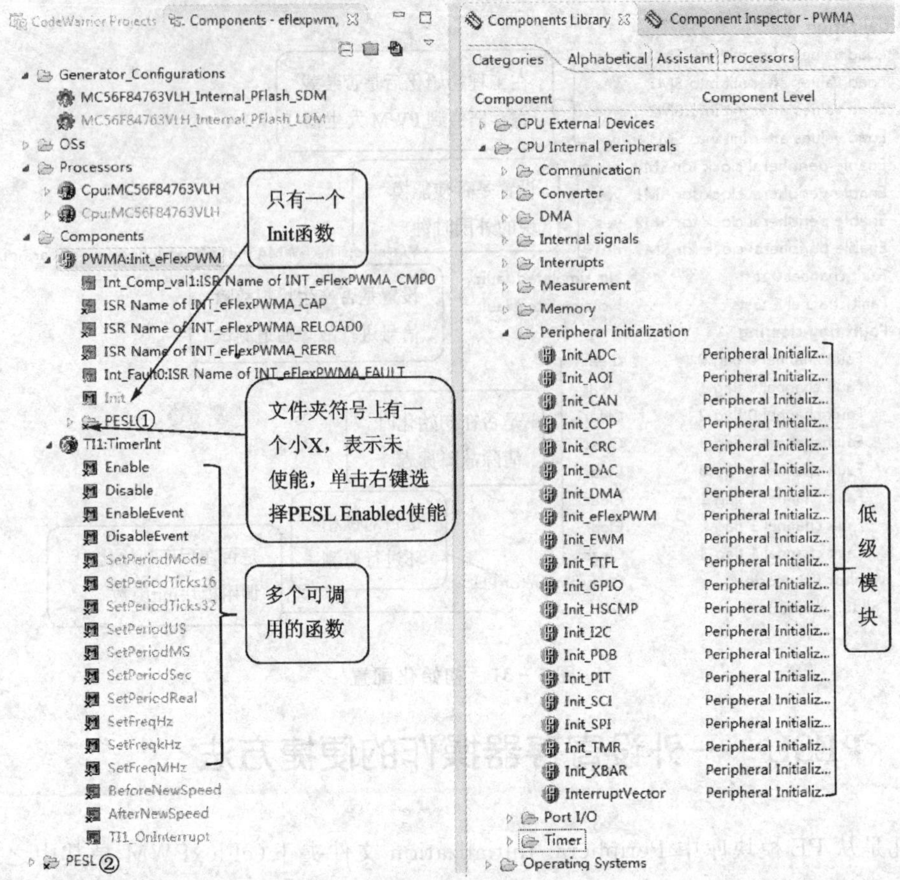

CodeWarrior Projects Components - eflexpwm
Generator_Configurations
MC56F84763VLH_Internal_PFlash_SDM
MC56F84763VLH_Internal_PFlash_LDM
OSs
Processors
Cpu:MC56F84763VLH
Cpu:MC56F84763VLH
Components
PWMA:Init_eFlexPWM
Int_Comp_val1:ISR Name of INT_eFlexPWMA_CMP0
ISR Name of INT_eFlexPWMA_CAP
ISR Name of INT_eFlexPWMA_RELOAD0
ISR Name of INT_eFlexPWMA_RERR
Int_Fault0:ISR Name of INT_eFlexPWMA_FAULT
Init
PESL①
TI1:TimerInt
Enable
Disable
EnableEvent
DisableEvent
SetPeriodMode
SetPeriodTicks16
SetPeriodTicks32
SetPeriodUS
SetPeriodMS
SetPeriodSec
SetPeriodReal
SetFreqHz
SetFreqkHz
SetFreqMHz
BeforeNewSpeed
AfterNewSpeed
TI1_OnInterrupt
PESL②

只有一个Init函数
文件夹符号上有一个小X，表示未使能，单击右键选择PESL Enabled使能
多个可调用的函数

Components Library Component Inspector - PWMA
Categories | Alphabetical | Assistant | Processors

Component	Component Level
CPU External Devices	
CPU Internal Peripherals	
Communication	
Converter	
DMA	
Internal signals	
Interrupts	
Measurement	
Memory	
Peripheral Initialization	
Init_ADC	Peripheral Initializ...
Init_AOI	Peripheral Initializ...
Init_CAN	Peripheral Initializ...
Init_COP	Peripheral Initializ...
Init_CRC	Peripheral Initializ...
Init_DAC	Peripheral Initializ...
Init_DMA	Peripheral Initializ...
Init_eFlexPWM	Peripheral Initializ...
Init_EWM	Peripheral Initializ...
Init_FTFL	Peripheral Initializ...
Init_GPIO	Peripheral Initializ...
Init_HSCMP	Peripheral Initializ...
Init_I2C	Peripheral Initializ...
Init_PDB	Peripheral Initializ...
Init_PIT	Peripheral Initializ...
Init_SCI	Peripheral Initializ...
Init_SPI	Peripheral Initializ...
Init_TMR	Peripheral Initializ...
Init_XBAR	Peripheral Initializ...
InterruptVector	Peripheral Initializ...
Port I/O	
Timer	
Operating Systems	

低级模块

图 5-32　低级模块

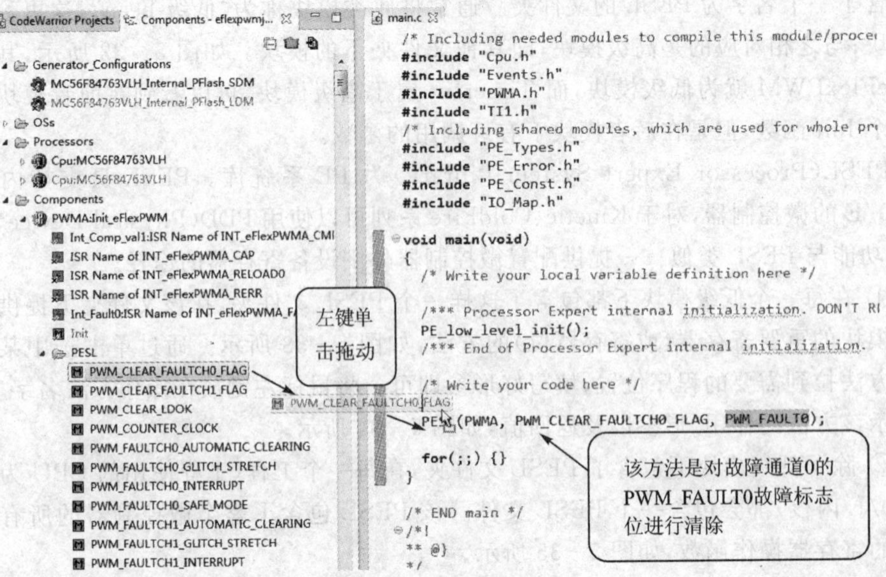

图 5-33　使用方法

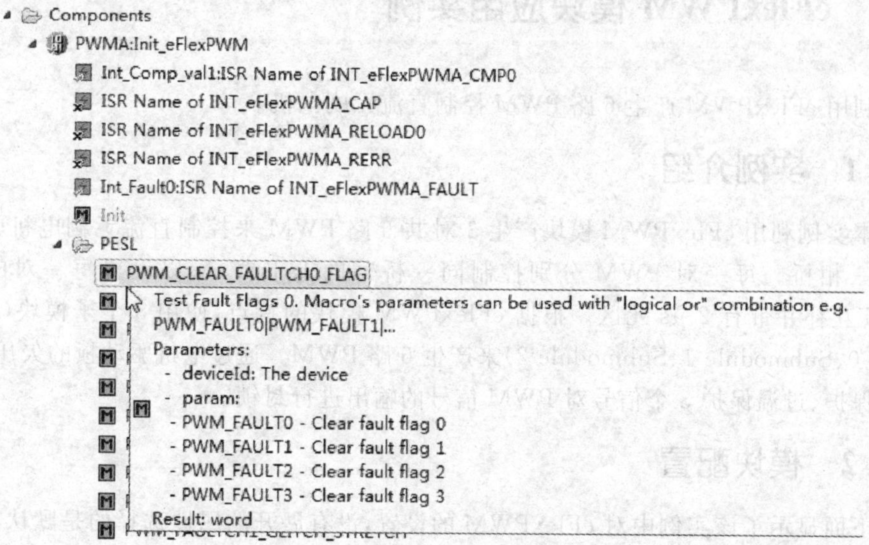

Components
PWMA:Init_eFlexPWM
Int_Comp_val1:ISR Name of INT_eFlexPWMA_CMP0
ISR Name of INT_eFlexPWMA_CAP
ISR Name of INT_eFlexPWMA_RELOAD0
ISR Name of INT_eFlexPWMA_RERR
Int_Fault0:ISR Name of INT_eFlexPWMA_FAULT
Init
PESL
PWM_CLEAR_FAULTCH0_FLAG
Test Fault Flags 0. Macro's parameters can be used with "logical or" combination e.g. PWM_FAULT0|PWM_FAULT1|...
Parameters:
- deviceId: The device
- param:
- PWM_FAULT0 - Clear fault flag 0
- PWM_FAULT1 - Clear fault flag 1
- PWM_FAULT2 - Clear fault flag 2
- PWM_FAULT3 - Clear fault flag 3
Result: word

图 5 - 34　查看作用

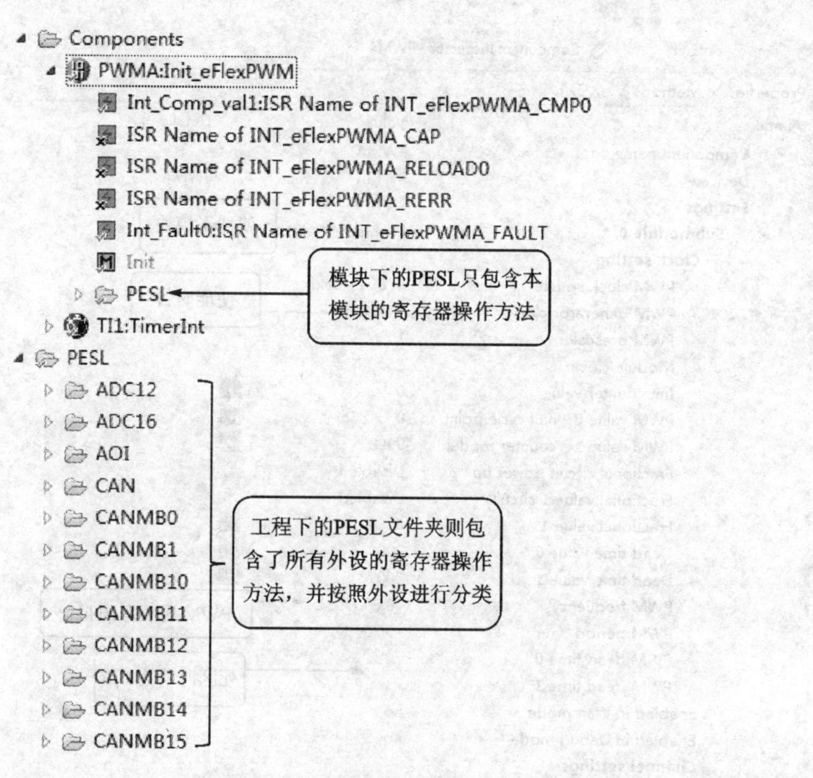

图 5 - 35　工程下的 PESL 文件夹

5.4 eFlexPWM 模块应用实例

利用 eFlexPWM 产生 6 路 PWM 控制直流无刷电机。

5.4.1 实例介绍

本实例利用 eFlexPWM 模块产生 3 对共 6 路 PWM 来控制直流无刷电机驱动板上的三相桥。每一对 PWM 分别控制同一桥臂的上下臂，所以设置每一对的两路 PWM 互补并带有 2 μs 死区。根据 eFlexPWM 模块的特点，使用 3 个子模块(Submodule 0、Submodule 1、Submodule 2)来产生 6 路 PWM。通过电机驱动板的欠压保护、过流保护、过温保护 3 个信号对 PWM 信号的输出进行封锁。

5.4.2 模块配置

下面显示了该实例中对 eFlexPWM 的设置，没有展开的属性选择的是默认项。选择系统总线时钟为 PWM 的时钟源，分频系数为 1，PWM 频率设置为 10 kHz，死区时间为 2 μs，如图 5-36 所示。

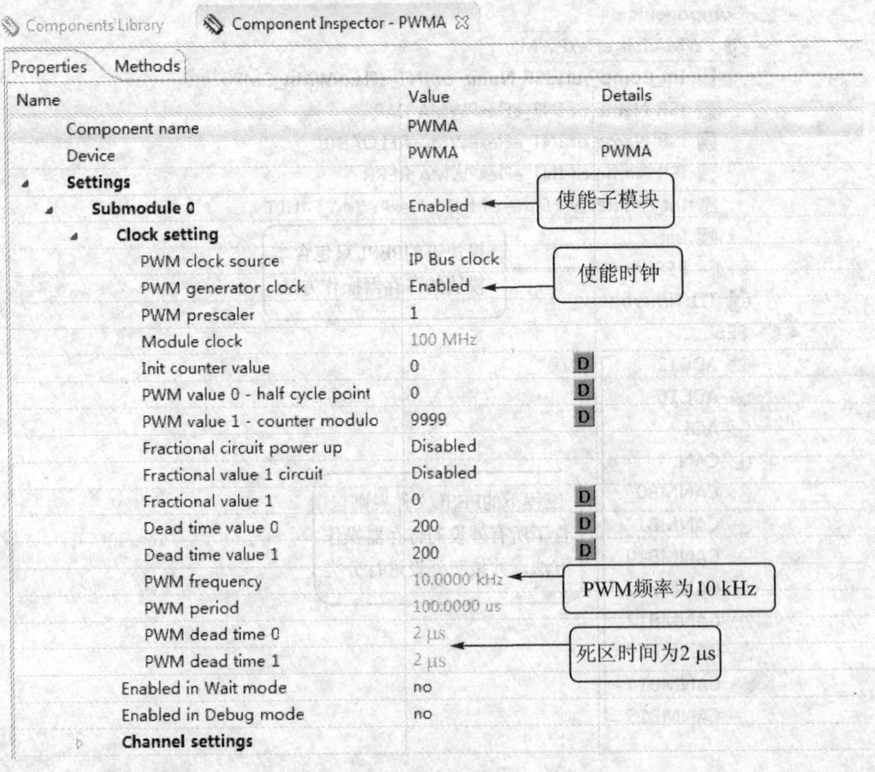

图 5-36 时钟配置

通道设置中，将每个 PWM 模块产生的两路 PWM 设置为互补模式，并以 PWMA 为基准信号，占空比设置为 0(此为上电初始状态，在程序中会进行修改)。使能通道输出并将故障通道 0 的 fault0、fault1、fault2 三个故障信号设置为该 PWM 通道的故障保护信号，如图 5－37 所示。

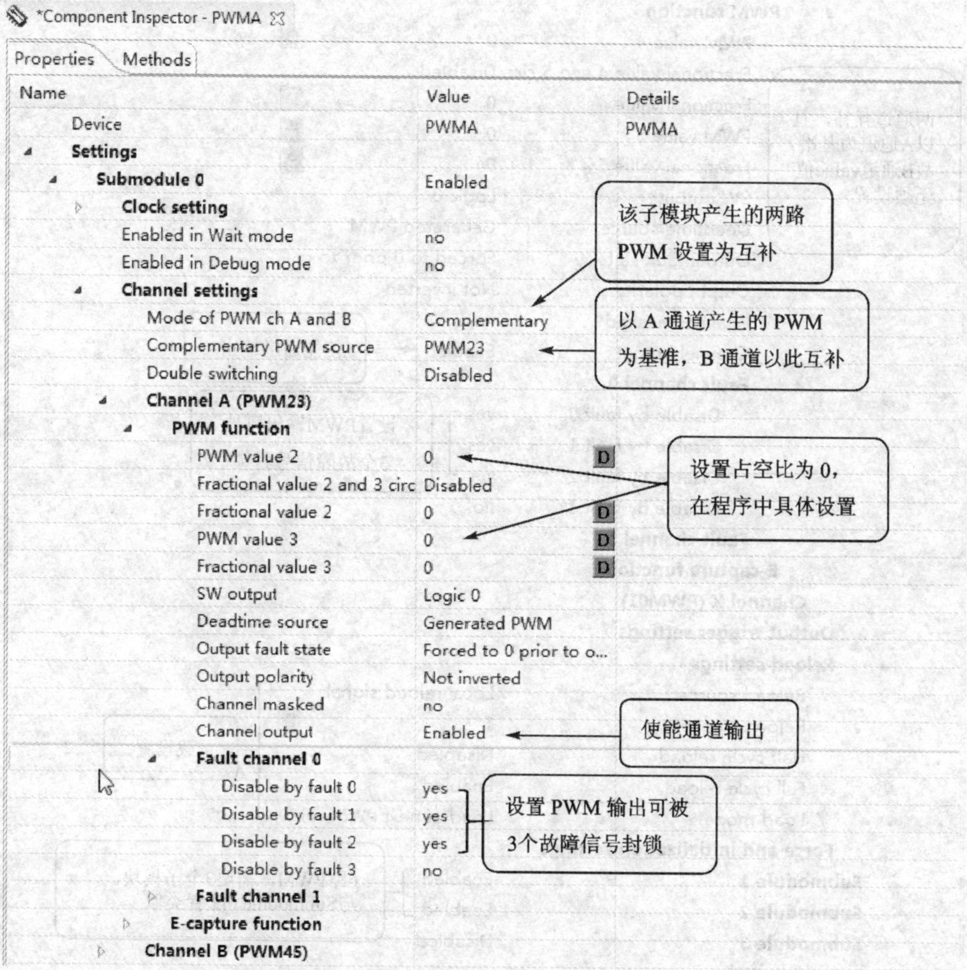

*Component Inspector - PWMA

Properties | Methods

Name	Value	Details
Device	PWMA	PWMA
◢ **Settings**		
◢ **Submodule 0**	Enabled	
▷ **Clock setting**		
Enabled in Wait mode	no	
Enabled in Debug mode	no	
◢ **Channel settings**		
Mode of PWM ch A and B	Complementary	
Complementary PWM source	PWM23	
Double switching	Disabled	
◢ **Channel A (PWM23)**		
◢ **PWM function**		
PWM value 2	0	D
Fractional value 2 and 3 circ	Disabled	
Fractional value 2	0	D
PWM value 3	0	D
Fractional value 3	0	D
SW output	Logic 0	
Deadtime source	Generated PWM	
Output fault state	Forced to 0 prior to o...	
Output polarity	Not inverted	
Channel masked	no	
Channel output	Enabled	
◢ **Fault channel 0**		
Disable by fault 0	yes	
Disable by fault 1	yes	
Disable by fault 2	yes	
Disable by fault 3	no	
▷ **Fault channel 1**		
▷ **E-capture function**		
▷ **Channel B (PWM45)**		

图 5－37　通道 A 设置

因为在前面将该 PWM 模块的 PWMA 和 PWMB 两个通道信号设置为互补模式并以 PWMA 为基准信号，所以 PWMB 的信号将严格与 PWMA 互补(不考虑死区时)。对 PWMB 通道的设置只需要使能通道以及设置好故障保护信号即可。其他两个 PWM 模块的设置和前面的设置类似，如图 5－38 所示。

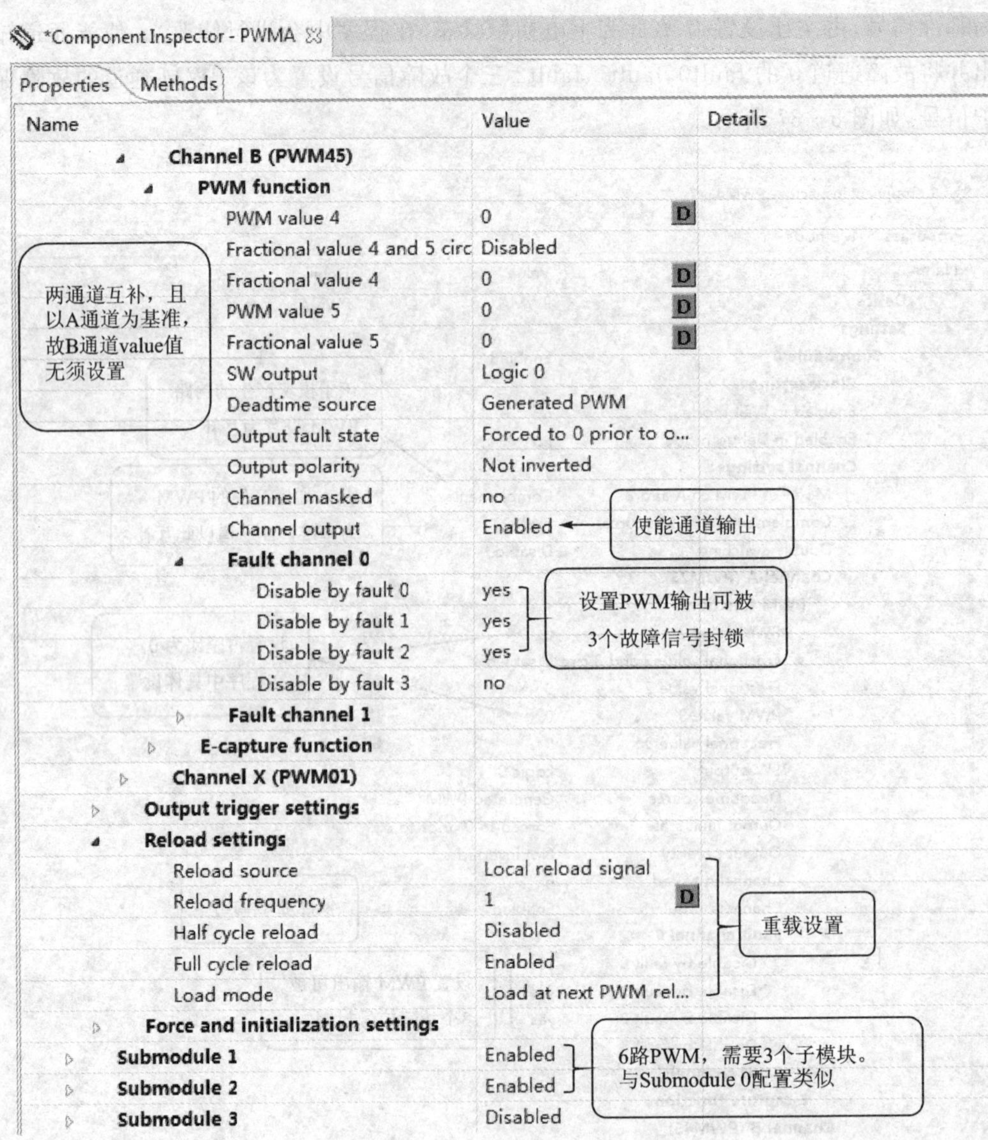

图 5-38　通道 B 设置

设置故障保护属性，设置好故障信号有效电平、故障清除模式、安全模式等即可，如图 5-39 所示。

PWM 信号输出引脚设置，因为 eFlexPWM 的各路 PWM 输出引脚是固定的，所以只需要使能引脚输出即可，如图 5-40 所示。

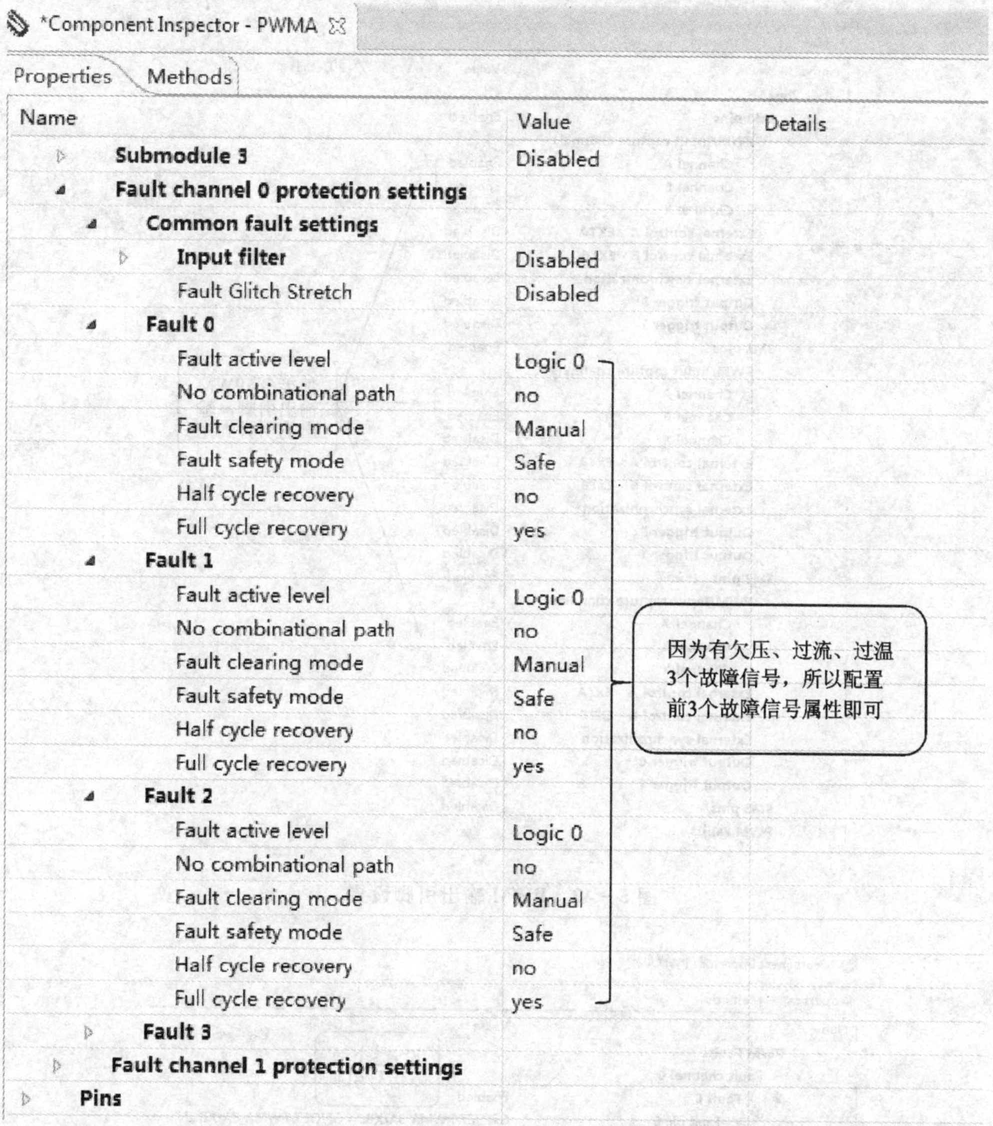

*Component Inspector - PWMA

Properties　Methods

Name	Value	Details
▷ **Submodule 3**	Disabled	
◢ **Fault channel 0 protection settings**		
◢ **Common fault settings**		
▷ **Input filter**	Disabled	
Fault Glitch Stretch	Disabled	
◢ **Fault 0**		
Fault active level	Logic 0	
No combinational path	no	
Fault clearing mode	Manual	
Fault safety mode	Safe	
Half cycle recovery	no	
Full cycle recovery	yes	
◢ **Fault 1**		
Fault active level	Logic 0	
No combinational path	no	
Fault clearing mode	Manual	
Fault safety mode	Safe	
Half cycle recovery	no	
Full cycle recovery	yes	
◢ **Fault 2**		
Fault active level	Logic 0	
No combinational path	no	
Fault clearing mode	Manual	
Fault safety mode	Safe	
Half cycle recovery	no	
Full cycle recovery	yes	
▷ **Fault 3**		
▷ **Fault channel 1 protection settings**		
▷ **Pins**		

因为有欠压、过流、过温3个故障信号，所以配置前3个故障信号属性即可

图 5-39　故障属性设置

故障信号输入引脚设置，使能故障输入信号，并选择好相应的输入引脚，如图 5-41 所示。

上电初始化配置，选择上电后加载 PWM 模块的计数器值，使能外围时钟以及清除故障信号(防止上电时的不确定状态引起故障保护勿动)，如图 5-42 所示。

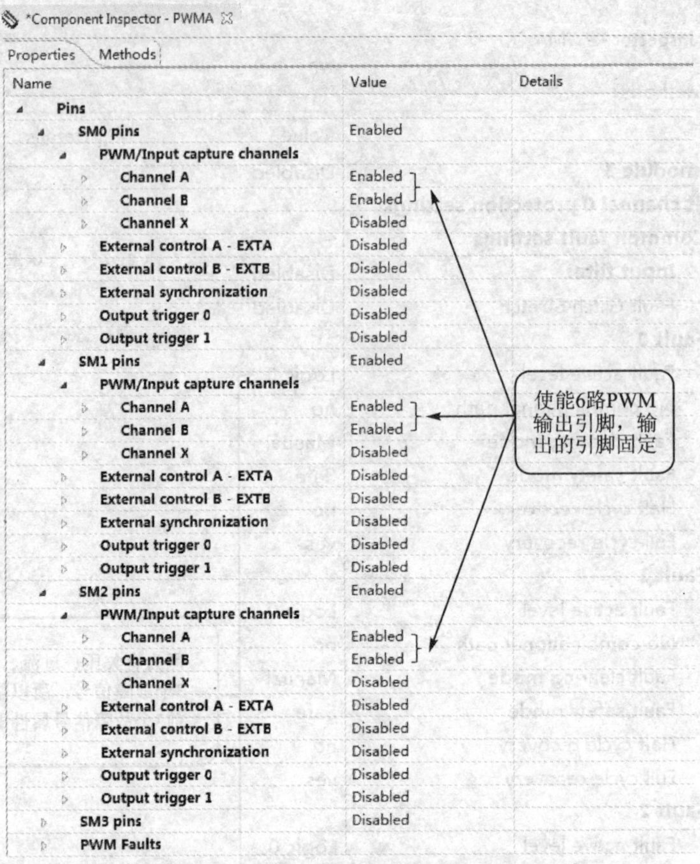

图 5－40　PWM 输出引脚设置

*Component Inspector - PWMA

Properties　Methods

Name	Value	Details
PWM Faults		
Fault channel 0		
Fault 0	Enabled	
Fault pin 0	GPIOE7/PWMA_3A/XB...	GPIOE7/PWMA_3A/XB_IN5
Fault pin 0 signal		
Fault 1	Enabled	
Fault pin 1	GPIOC13/TA3/XB_IN6/...	GPIOC13/TA3/XB_IN6/EWM_OI
Fault pin 1 signal		
Fault 2	Enabled	
Fault pin 2	GPIOE6/PWMA_3B/XB...	GPIOE6/PWMA_3B/XB_IN4
Fault pin 2 signal		
Fault 3	Disabled	
Fault channel 1		
External clock		
External force	Disabled	
Interrupts/DMA		

设置3个故障信号引脚

图 5－41　故障信号引脚设置

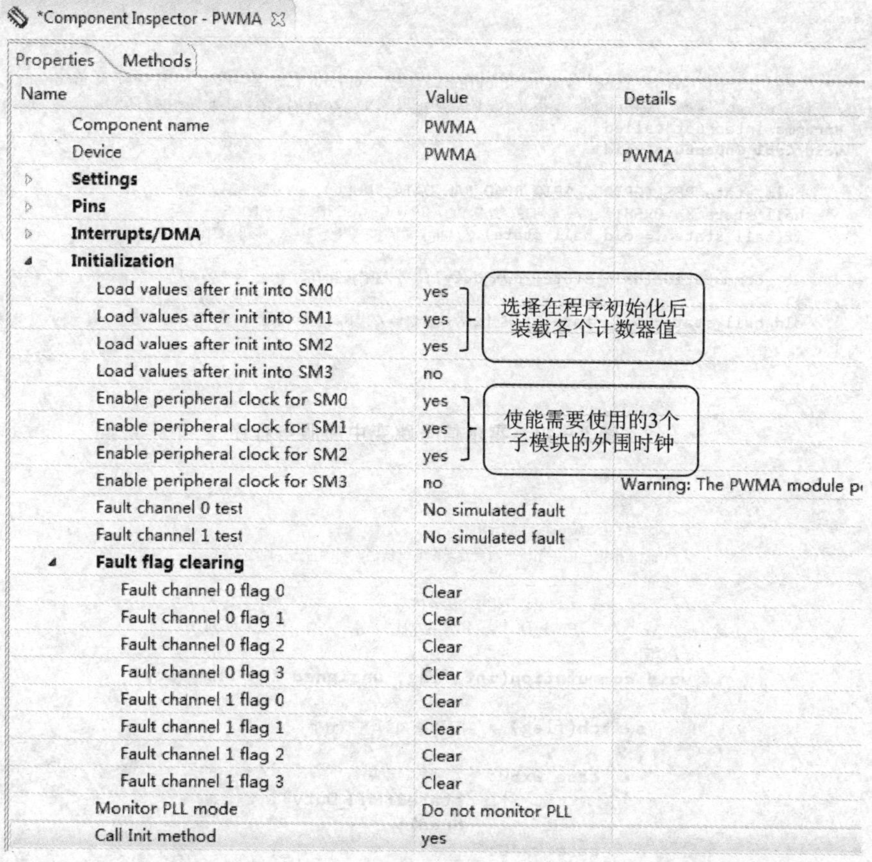

图 5－42　初始化设置

5.4.3　实例代码

从 5.4.2 小节中的配置可知，在一开始将 3 个子模块的 PWM_A 通道输出占空比设为 0，这是为了先获得系统状态，再进行控制。例如对于直流无刷电机驱动，控制板上电后需要获取电机转子位置才能够正确控制三相桥的导通顺序，而不是一上电就立即驱动。

使用 3 个霍尔传感器来获取直流无刷电机转子位置，利用 Capture 对外部输入信号跳变沿的中断功能来检测三相霍尔信号的跳变，进行换相。在中断服务函数中的操作如图 5－43 所示。

换相函数实现代码如图 5－44 所示，通过对三相霍尔信号的解析，知道当前转子与定子的相对位置，从而计算出定子绕组的通电状态进行换相。

```
Events.c
  ** ===================================================================
  */
/* Comment following line if the appropriate 'Interrupt preserve registers' property */
/* is set to 'yes' (#pragma interrupt saveall is generated before the ISR)          */
#pragma interrupt called
void Cap1_OnCapture(void)
{
    hall_state=PESL(GPIOC, GPIO_READ_RAW_DATA, NULL); //获取GPIOC口的状态
    hall_state &= 0x58;  //获取C口的三个霍尔口, GPIOC3、GPIOC4、GPIOC6
    if(hall_state != old_hall_state) //如果当前状态不等于上次状态, 说明需要换相
    {
        commutation(hall_state, pwm_duty);  //进行换相操作
    }
    old_hall_state=hall_state; //将当前状态存储到上一次状态参数中
}
```

图 5－43　霍尔信号跳变中断服务程序

```
//函数名: commutation
//功能: 根据三相霍尔状态对直流无刷电机换相, 可调整占空比
//参数:
//        1 flag: 三相霍尔信号状态
//        2 PWM_Duty: PWM占空比
//返回: 无
void commutation(int flag, unsigned int PWM_Duty)
{
        switch(flag) //对三相霍尔信号进行分析
        {
            case 0x50:
                        state1(PWM_Duty); //状态1
                        break;
            case 0x40:
                        state2(PWM_Duty);//状态2
                        break;
            case 0x48:
                        state3(PWM_Duty);//状态3
                        break;
            case 0x08:
                        state4(PWM_Duty);//状态4
                        break;
            case 0x18:
                        state5(PWM_Duty);//状态5
                        break;
            case 0x10:
                        state6(PWM_Duty);//状态6
                        break;

        }
}
```

图 5－44　换相函数实现代码

三相桥按照两两通的控制方式驱动直流无刷电机，图 5－45 为定子 6 种通电状态下的一种，其余 5 种状态程序与之类似。

```
//函数名: state1
//功能: 直流无刷电机的六种状态之一
//参数: duty_value，关系占空比的计数器值
//返回: 无
//说明: 该状态下，A相桥臂断开，B相上桥臂常闭，下桥臂断开，C相上、下桥臂交替导通，下桥臂占空比为uty_value/PWM_VAL1
void state1(int duty_value)
{
    //使能通道PWM1_A,PWM2_A,关闭通道PWM0_A
    PESL(PWMA, PWM_OUTPUT_A, PWM_SM0_DISABLE|PWM_SM1_ENABLE|PWM_SM2_ENABLE);

    //使能通道PWM1_B,PWM2_B,关闭通道PWM0_B
    PESL(PWMA, PWM_OUTPUT_B, PWM_SM0_DISABLE|PWM_SM1_ENABLE|PWM_SM2_ENABLE);

    //设置PWM1_A占空比100%，即B相上桥臂常闭
    PESL(PWMA, PWM_SM1_WRITE_VALUE_REG3, PWM_VAL1);

    //设置PWM2_A占空比为(PWM_VAL1-duty_value)/PWM_VAL1,则下桥臂互补，占空比duty_value/PWM_VAL1
    PESL(PWMA, PWM_SM2_WRITE_VALUE_REG3, PWM_VAL1-duty_value);

    //使修改后的寄存器值生效
    PESL(PWMA, PWM_SET_LDOK, PWM_SM0|PWM_SM1|PWM_SM2);
}
```

图 5-45　直流无刷电机 6 状态之一

5.5　调试与结果

连接控制板和驱动板，编译、下载写好的程序到 MC56F84763 中，单击运行，电机开始转动。通过示波器观察 A 相桥上下桥臂 PWM 信号波形，如图 5-46 所示(时间刻度为 10.0 ms)，波形 1 为下桥臂控制信号，波形 2 为上桥臂控制信号。可见，上桥臂常闭时，下桥臂常开。在一个控制周期中，上桥臂 1/3 的时间常闭，1/3 周期上下管交替导通，符合“两两通”控制逻辑。

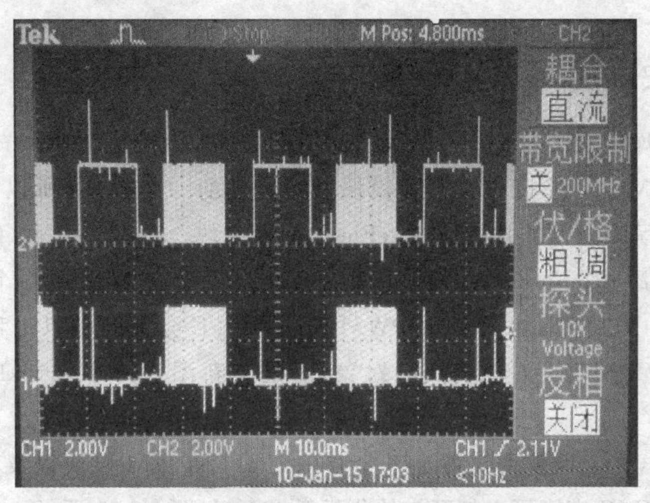

图 5-46　控制上下桥臂的 PWM 信号波形(10 毫秒/格)

将时间刻度调节到 50 微秒/格，波形如图 5－47 所示。可以看到在上下桥臂交替导通阶段，控制上下桥臂的 PWM 信号带死区互补。

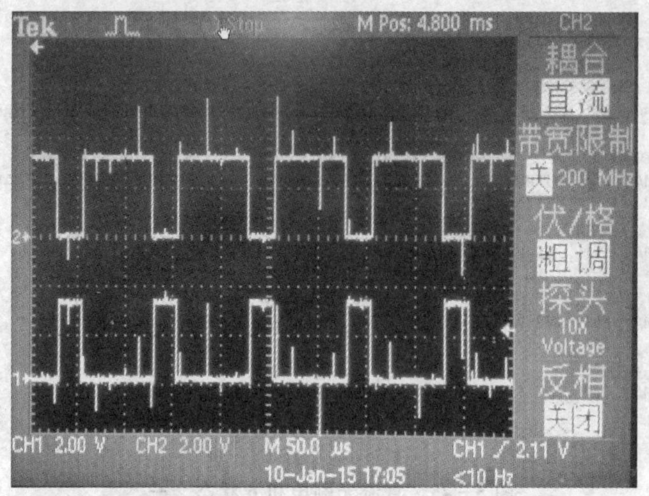

图 5－47　控制上下桥臂的 PWM 信号波形(50 微秒/格)

当产生过流、欠压故障时，PWM 输出被封锁，电机停转。

5.6　PWMMC 模块

在 PE 模块库中有一个 PWMMC 模块(相对 Init_eFlexPWM 模块，该模块为高级模块)，可用于管理 eFlexPWM 模块的基本功能，下面简单介绍该模块的使用方法。

5.6.1　模块添加

在 PE 模块库中双击 PWMMC 模块，向工程中添加该模块，如图 5－48 所示。

因为 PWMMC 是对 eFlexPWM 模块进行管理的一个模块，所以在使用 PWMMC 模块时，工程中必须至少有一个 eFlexPWM 模块。如果在添加 PWMMC 模块时，工程中没有添加 eFlexPWM 模块，则 PE 会自动为工程添加一个，如图 5－49 所示；如果工程中已经添加了 eFlexPWM 模块，则 PE 会询问是以工程中的 eFlexPWM 模块为 PWMMC 的关联(管理)对象，还是重新添加一个 eFlexPWM 模块，如图 5－50 所示。

完成添加后，在工程模块文件夹下会有一个 eFlexPWM 模块以及一个 PWMMC 模块，双击 PWMMC 模块可以打开初始化配置界面，如图 5－51 所示。

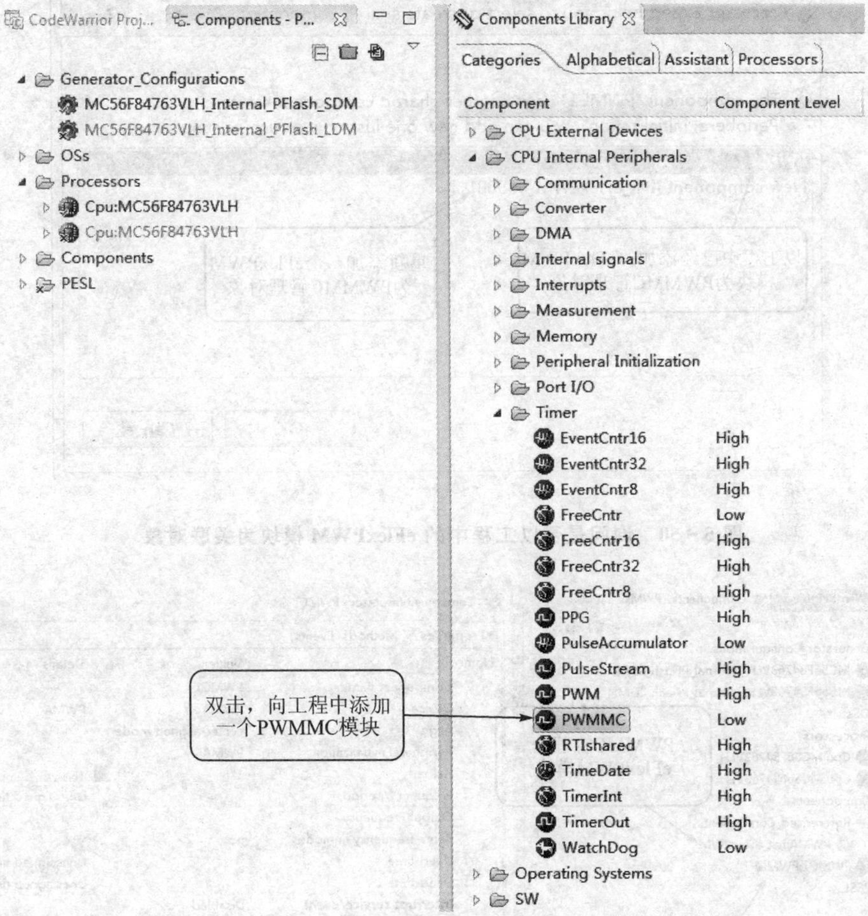

图 5-48　添加模块

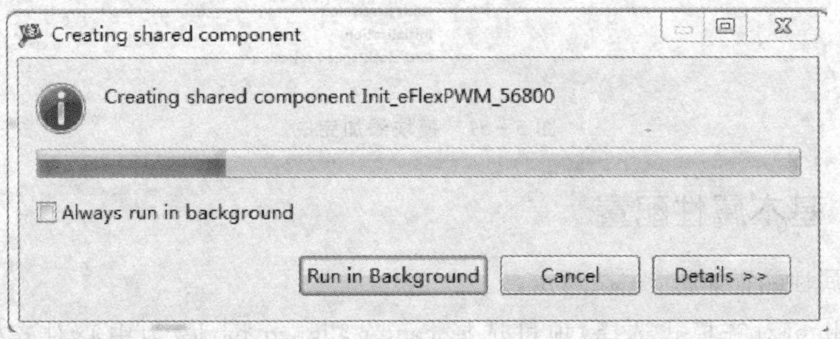

图 5-49　自动为工程添加一个 eFlexPWM 模块

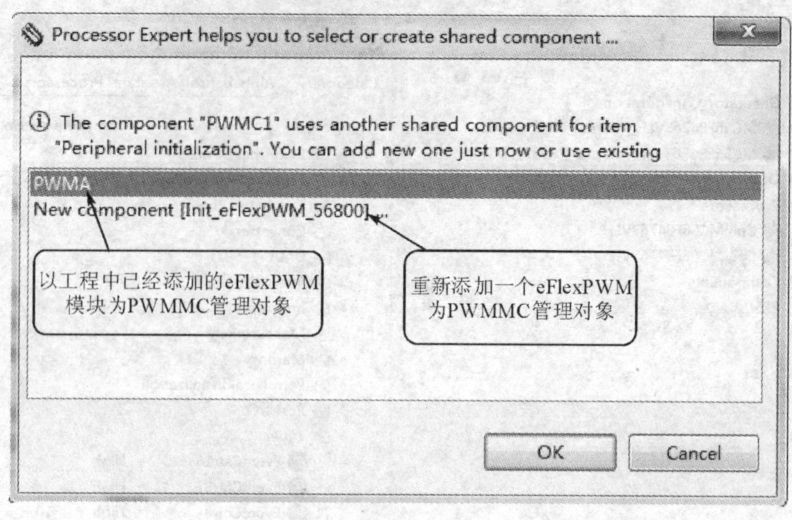

图 5-50 询问是否以工程中的 eFlexPWM 模块为关联对象

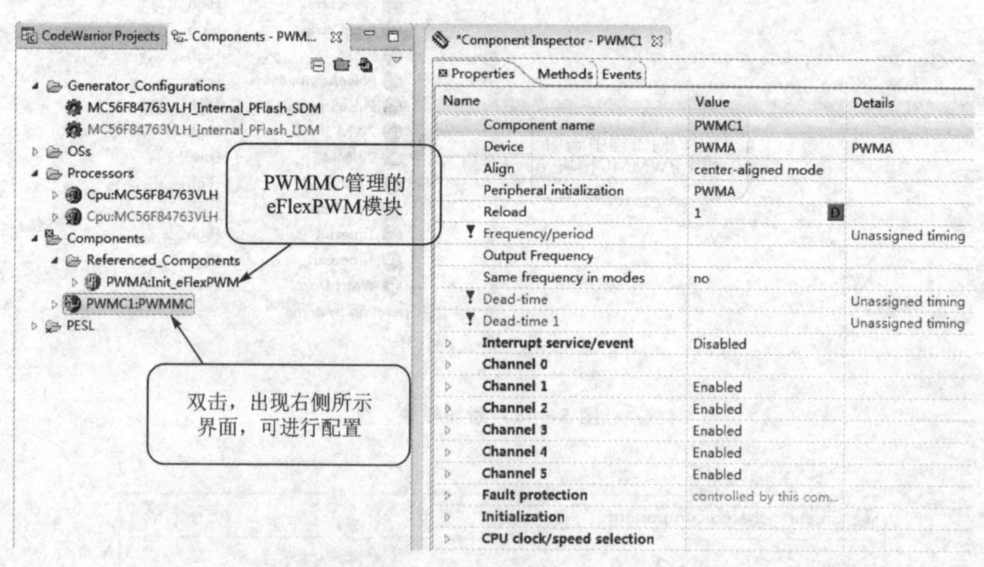

图 5-51 模块添加完成

5.6.2 基本属性配置

基本属性配置如图 5-52 所示。

① Align(对齐模式选择)项可选择 center-aligned mode，为中心对齐模式(见图 5-6)；也可选择 edge-aligned mode 为边沿对齐模式(见图 5-7)。

② Output Frequency(输出 PWM 频率选择)，单击设置框，右侧出现小按钮，单击小按钮可以进入设置窗口，如图 5-53 所示。

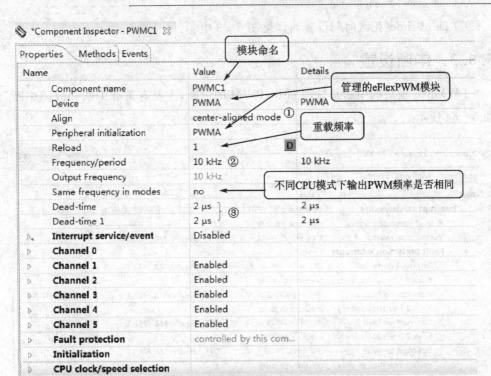

图 5-52　基本属性配置

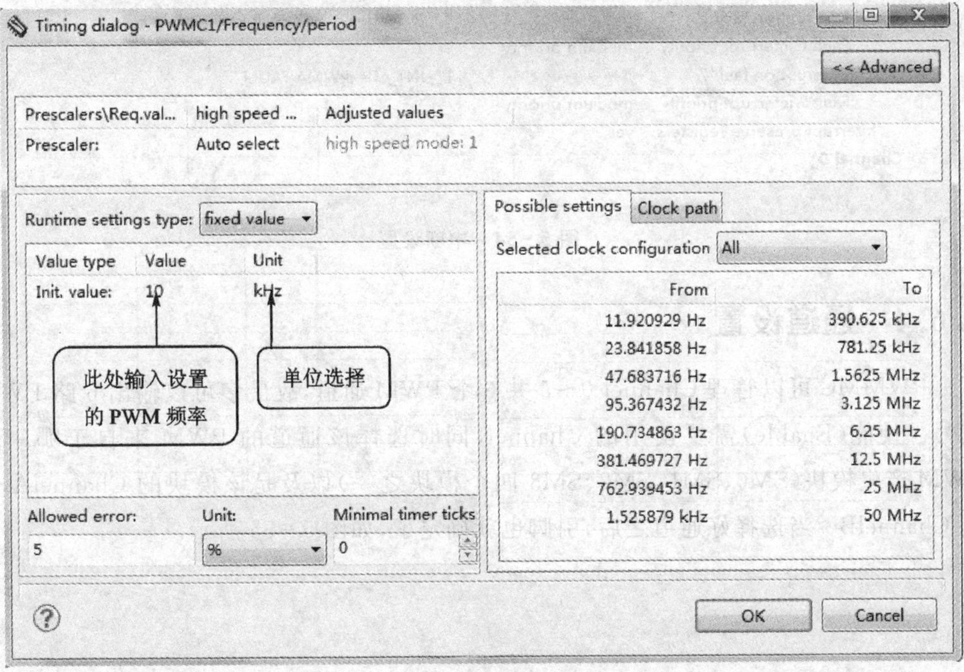

图 5-53　PWM 频率选择范围

③ Dead-time(死区时间设置),详见图 5-3 中④。

5.6.3 中断设置

PWMMC 模块的中断是管理 eFlexPWM 的中断,主要有重载中断和故障中断,如图 5-54 所示。

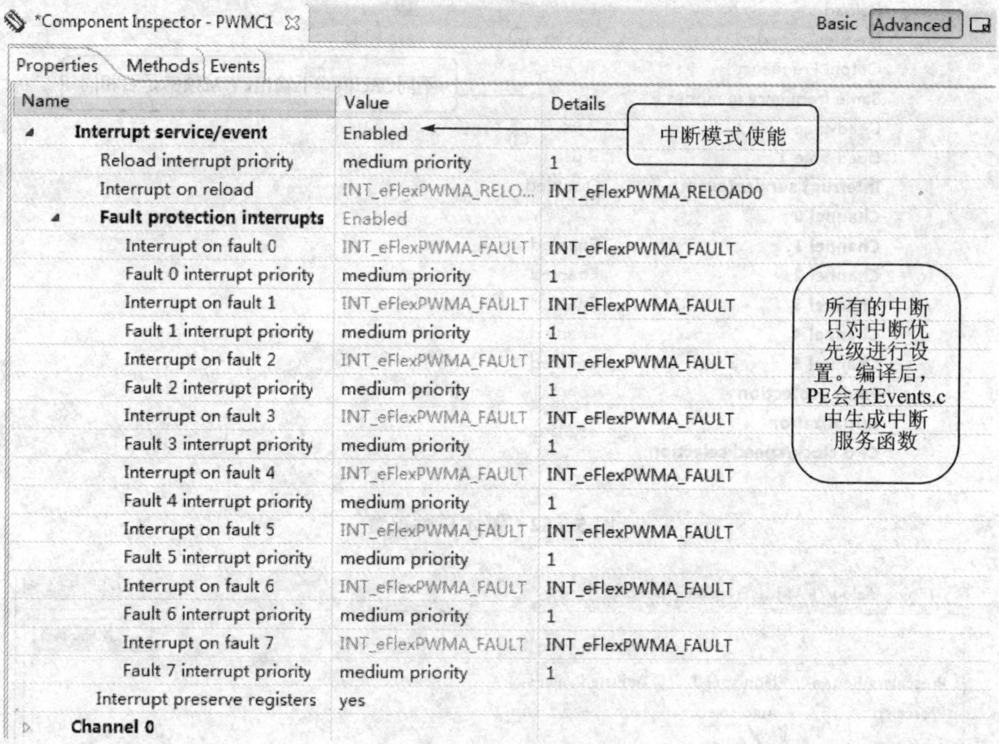

*Component Inspector - PWMC1　　Basic　Advanced

Properties | Methods | Events

Name	Value	Details
Interrupt service/event	Enabled	
Reload interrupt priority	medium priority	1
Interrupt on reload	INT_eFlexPWMA_RELO...	INT_eFlexPWMA_RELOAD0
Fault protection interrupts	Enabled	
Interrupt on fault 0	INT_eFlexPWMA_FAULT	INT_eFlexPWMA_FAULT
Fault 0 interrupt priority	medium priority	1
Interrupt on fault 1	INT_eFlexPWMA_FAULT	INT_eFlexPWMA_FAULT
Fault 1 interrupt priority	medium priority	1
Interrupt on fault 2	INT_eFlexPWMA_FAULT	INT_eFlexPWMA_FAULT
Fault 2 interrupt priority	medium priority	1
Interrupt on fault 3	INT_eFlexPWMA_FAULT	INT_eFlexPWMA_FAULT
Fault 3 interrupt priority	medium priority	1
Interrupt on fault 4	INT_eFlexPWMA_FAULT	INT_eFlexPWMA_FAULT
Fault 4 interrupt priority	medium priority	1
Interrupt on fault 5	INT_eFlexPWMA_FAULT	INT_eFlexPWMA_FAULT
Fault 5 interrupt priority	medium priority	1
Interrupt on fault 6	INT_eFlexPWMA_FAULT	INT_eFlexPWMA_FAULT
Fault 6 interrupt priority	medium priority	1
Interrupt on fault 7	INT_eFlexPWMA_FAULT	INT_eFlexPWMA_FAULT
Fault 7 interrupt priority	medium priority	1
Interrupt preserve registers	yes	
Channel 0		

图 5-54　中断设置

5.6.4 通道设置

PWMMC 可以管理 Channel 0~5 共 6 个 PWM 通道,故最多可以输出 6 路 PWM 信号。使能(Enable)需要使用的 Channel,同时选择该通道的 PWM 来自于哪一个 PWM 产生模块(SM0、SM1、SM2、SM3 四个模块之一)以及是该模块的 ChannelA 还是 ChannelB。当选择好通道之后,引脚也就确定了,如图 5-55 所示。

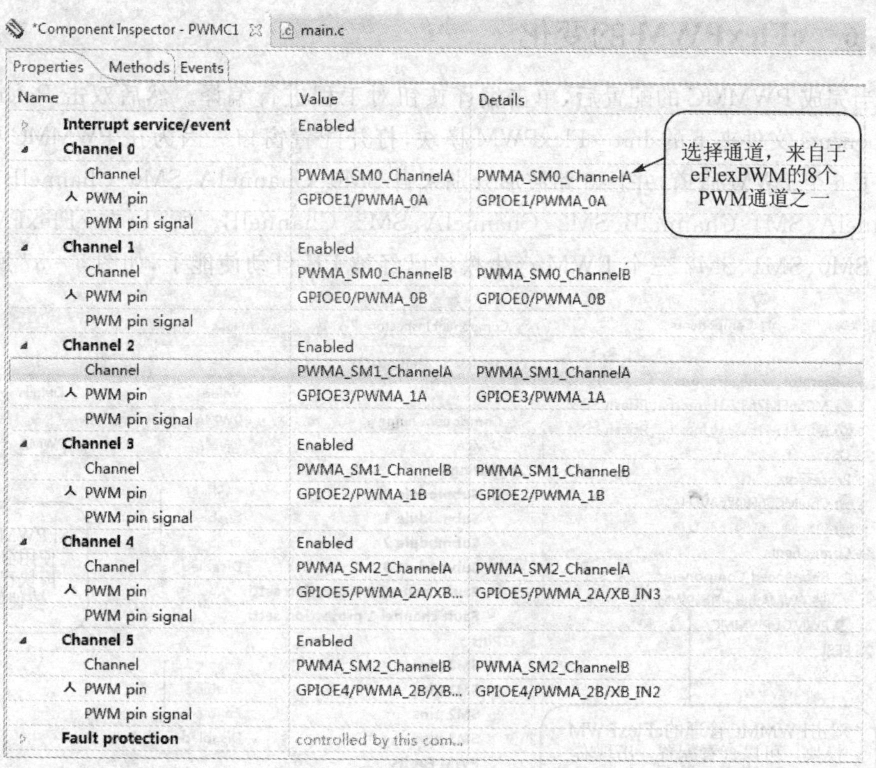

图 5－55　通道设置

5.6.5　故障保护设置

PWMMC 模块中可以对故障保护的属性进行配置，设置故障清除模式、程序初始化时是否进行故障清除，如图 5－56 所示。

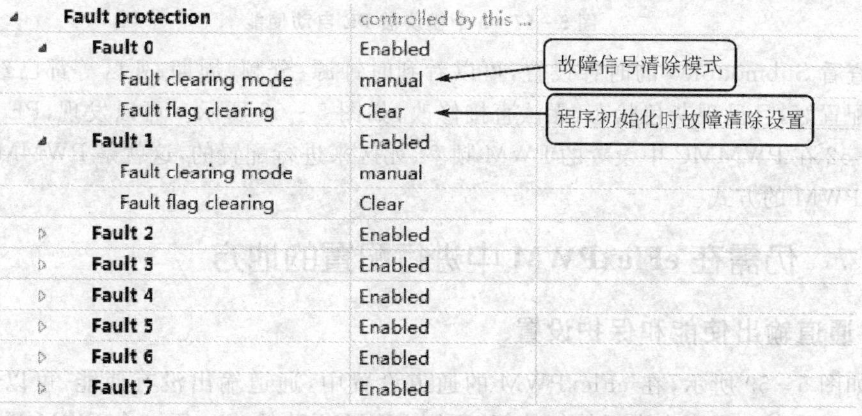

图 5－56　故障保护设置

5.6.6 eFlexPWM 的变化

当完成 PWMMC 的配置后，单击编译按钮对工程进行编译。然后双击 Referenced_Components 文件夹下的 Init_eFlexPWM 模块，打开配置窗口。因为在 PWMMC 模块中使能了 6 个 PWM 通道，并且 6 路波形分别来自 SM0_ChannelA、SM0_ChannelB、SM1_ChannelA、SM1_ChannelB、SM2_ChannelA、SM2_ChannelB。所以，在 eFlexPWM 模块中 SM0、SM1、SM2 三个 PWM 产生模块已经被 PE 自动使能了，如图 5-57 所示。

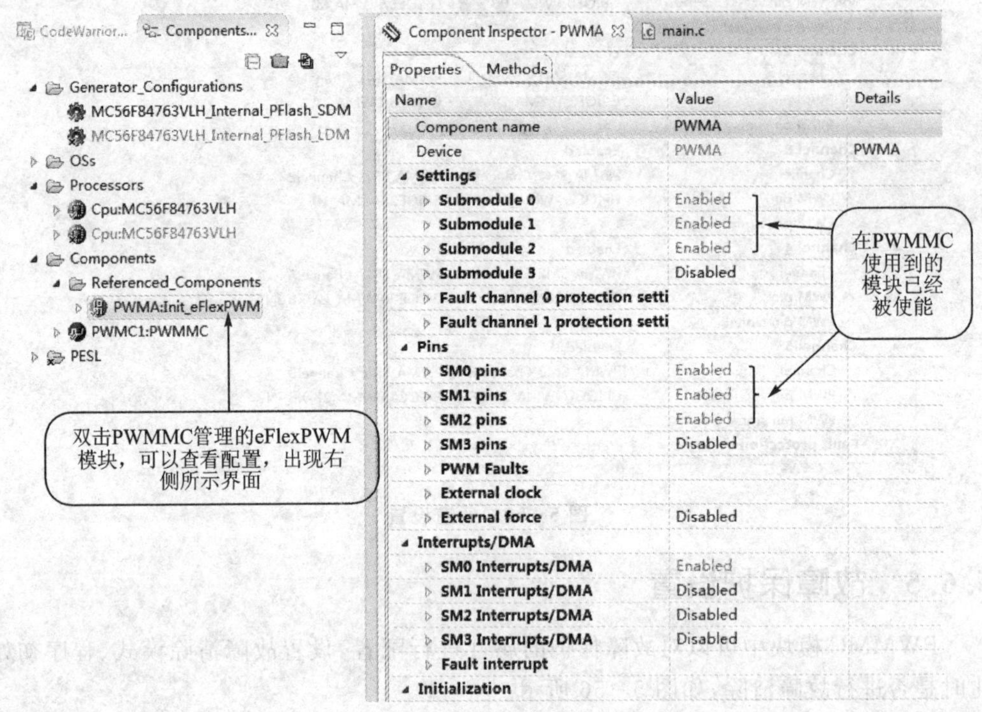

图 5-57 3 个模块被 PE 自动使能

查看 Submodule0 的时钟设置，可以看到时钟源、分频、周期、死区等都已经被 PE 自动配置好，且呈现灰色状态，无法直接修改，如图 5-58 所示。可以发现，PE 是按照图 5-52 在 PWMMC 中设置的 PWM 频率、死区来进行配置的，这就是 PWMMC 管理 eFlexPWM 的方式。

5.6.7 仍需在 eFlexPWM 中进行配置的地方

1. 通道输出使能和保护设置

如图 5-59 所示，在 eFlexPWM 的通道设置中，通道输出没有使能，可以设置成 Enabled，或者在程序中进行软件使能，否则 PWM 无法输出。每一个 PWM 通道都使用 4 个故障信号来进行封锁，任何一个故障信号都会封锁 PWM 通道的输出，所以需要根据工程实际需求进行设置。

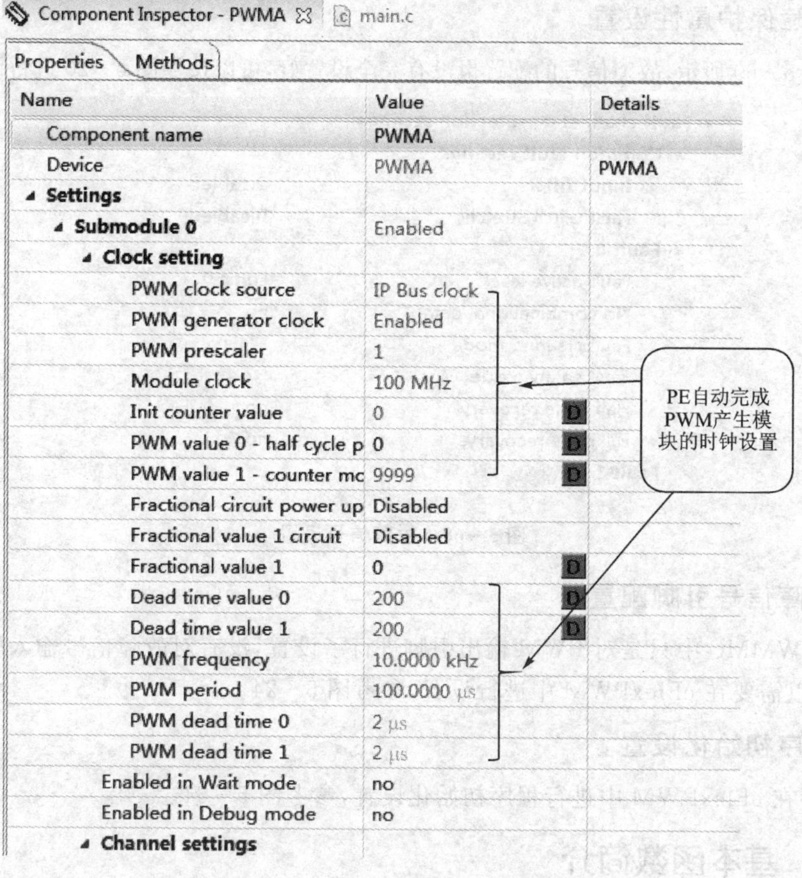

图 5-58　PE 自动完成时钟配置

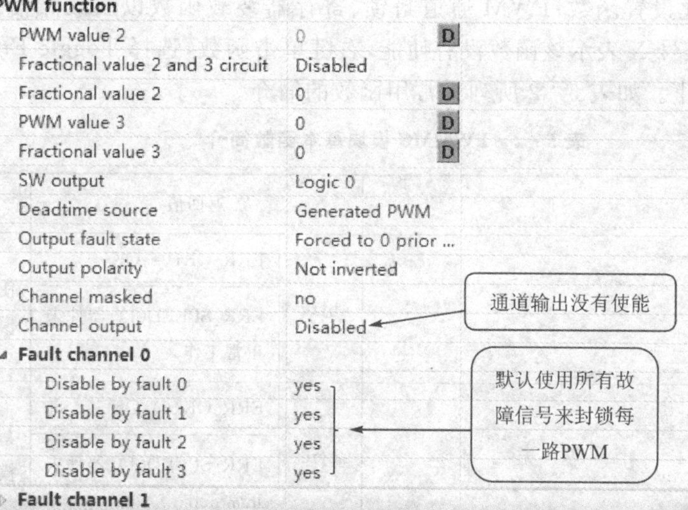

图 5-59　通道设置中需要进行修改的地方

2. 故障保护属性设置

如图 5-60 所示，故障信号的配置也没有完全设置好，可以按照图 5-20 进行设置。

◢ **Fault channel 0 protection settings**	
◢ **Common fault settings**	
▷ **Input filter**	Disabled
Fault Glitch Stretch	Disabled
◢ **Fault 0**	
Fault active level	Logic 0
No combinational path	no
Fault clearing mode	Manual
Fault safety mode	Normal
Half cycle recovery	no
Full cycle recovery	no
▷ **Fault 1**	

图 5-60　故障信号设置

3. 故障信号引脚配置

在 PWMMC 中只是对 PWM 输出引脚进行了设置，没有对故障信号输入引脚进行设置，所以需要在 eFlexPWM 中进行设置，参考图 5-24。

4. 程序初始化设置

需要在 eFlexPWM 中进行程序初始化设置，参考图 5-31。

5.6.8　基本函数简介

图 5-61 为 PWMMC 模块提供的用户可调用函数，主要有模块使能、去使能函数；PWM 周期、占空比设置函数；PWM 通道封锁、寄存器装载函数以及故障信号清除函数。函数名前有符号 X 表示该函数没有使能，右键单击函数，选择 Toggle Enable/disable 即可使能/禁止。如表 5-2 所列为常用函数的简介。

表 5-2　PWMMC 模块基本函数简介

<table>
<tr><th>序　号</th><th>函数名</th><th>形　参</th><th colspan="2">返回值</th><th>功　能</th></tr>
<tr><td rowspan="2">1</td><td rowspan="2">Enable</td><td rowspan="2">无</td><td rowspan="2">byte</td><td>ERR_OK(0):OK</td><td rowspan="2">使能 PWMMC 模块</td></tr>
<tr><td>ERR_SPEED(1):器件未正常工作</td></tr>
<tr><td rowspan="2">2</td><td rowspan="2">Disable</td><td rowspan="2">无</td><td rowspan="2">byte</td><td>ERR_OK(0):OK</td><td rowspan="2">禁止 PWMMC 模块</td></tr>
<tr><td>ERR_SPEED(1):器件未正常工作</td></tr>
</table>

续表 5-2

<table>
<tr><th>序　号</th><th>函数名</th><th colspan="2">形　参</th><th colspan="2">返回值</th><th>功　能</th></tr>
<tr><td rowspan="2">3</td><td rowspan="2">SetPeriod</td><td rowspan="2">word</td><td rowspan="2">PWM 周期,最大 16 bit</td><td rowspan="2">byte</td><td>ERR_OK(0):OK</td><td rowspan="2">设置 PWM 周期</td></tr>
<tr><td>ERR_RANGE(2):周期参数过限</td></tr>
<tr><td rowspan="3">4</td><td rowspan="3">SetDuty</td><td>byte</td><td>0～5,通道号</td><td rowspan="3">byte</td><td>ERR_OK(0):OK</td><td rowspan="3">过设置通道计数器值来设置 PWM 占空比</td></tr>
<tr><td rowspan="2">word</td><td rowspan="2">0～32 767,通道 Value 值</td><td>ERR_NOTAVAIL(9):通道未使能</td></tr>
<tr><td>ERR_RANGE(2):通道号不符合要求</td></tr>
<tr><td rowspan="3">5</td><td rowspan="3">SetDuty Percent</td><td>byte</td><td>0～5,通道号</td><td rowspan="3">byte</td><td>ERR_OK(0):OK</td><td rowspan="3">按照百分比设置 PWM 占空比</td></tr>
<tr><td rowspan="2">byte</td><td rowspan="2">0～100,占空比</td><td>ERR_NOTAVAIL(9):通道未使能</td></tr>
<tr><td>ERR_RANGE(2):通道号不符合要求</td></tr>
<tr><td>6</td><td>Load</td><td colspan="2">无</td><td colspan="2">无</td><td>置位装载计数器信号①</td></tr>
<tr><td rowspan="3">7</td><td rowspan="3">SetRadio16</td><td>byte</td><td>0～5,通道号</td><td rowspan="3">byte</td><td>ERR_OK(0):OK</td><td rowspan="3">16 位精度修改 PWM 占空比</td></tr>
<tr><td rowspan="2">word</td><td rowspan="2">0～6 5535,比例对应 0～100%占空比</td><td>ERR_NOTAVAIL(9):通道未使能</td></tr>
<tr><td>ERR_RANGE(2):通道号不符合要求</td></tr>
<tr><td>8</td><td>Mask</td><td>TChannels②</td><td>通道</td><td>byte</td><td>ERR_OK(0):OK</td><td>封锁 PWM 通道的输出</td></tr>
<tr><td rowspan="2">9</td><td rowspan="2">ClearFault Flag</td><td rowspan="2">byte</td><td rowspan="2">0～3 为故障通道 0 的 4 个故障信号;4～6 为故障通道 1 的 4 个故障信号</td><td rowspan="2">byte</td><td>ERR_OK(0):OK</td><td rowspan="2">清除故障信号③</td></tr>
<tr><td>ERR_RANGE(2):通道号不符合要求</td></tr>
</table>

① 在所有修改周期、占空比、分频的函数调用后需要调用该函数,使得修改的寄存器数据被装载到计数器中生效。如果没有调用该函数,对寄存器的修改数据不会生效。

② 通道号结构体,如图 5-62 所示。

③ 只有在故障信号设置成手动清除的情况下调用此函数才有效。

PWMC1:PWMMC
Enable 1
Disable 2
EnableEvent
DisableEvent
SetPeriod 3
SetDuty 4
SetDutyPercent 5
SetPrescaler
Load 6
SetOutput
SetRatio16 7
SetRatio15
Swap
Mask 8
SwapAndMask
OutputPadEnable
OutputPadDisable
ConnectPin
ClearFaultFlag 9

图 5-61 PWMMC 可供调用的函数

```
typedef struct {
  unsigned channel0  : 1;
  unsigned channel1  : 1;
  unsigned channel2  : 1;
  unsigned channel3  : 1;
  unsigned channel4  : 1;
  unsigned channel5  : 1;
} TChannels;
```

图 5-62 通道号结构体

5.7 小 结

① eFlexPWM 可以产生最多 8 路 PWM，多用于产生三相桥式电路 6 个开关器件的控制信号。

② PWM 的产生原理与定时器类似，主要通过计数器、比较器、D 触发器来完成电平的跳变和保持。

③ eFlexPWM 模块支持故障信号封锁(MC56F84763 只支持一个故障通道、4 个故障输入信号)，可以设置任何故障输入信号对任何一路 PWM 信号进行封锁。

④ eFlexPWM 还可以产生触发信号，去触发 ADC 采样；产生 DMA 请求。

⑤ PWMMC 是对 eFlexPWM 的基本属性设置进行管理的模块，主要用于 PWM 的通道设置、时钟设置、中断设置。

⑥ 使用 PWMMC 时可以调用函数对输出 PWM 的周期、占空比、故障信号等进行改变。

⑦ 可以使用 PESL 中的寄存器操作方法来修改 CPU 外围设备的寄存器值。

第6章 队列式串行通信接口(UART)

实现异步串行通信功能的模块一般被称为通用异步收发器 UART(Universal Asynchronous Receiver/Transmitter),也被称为串行通信接口 SCI(Serial Communication Interface)。嵌入式芯片和个人计算机一般都有串行通信接口,可以在它们之间构成通信网络。

6.1 模块添加

如图 6-1 所示,添加异步串行通讯模块 UART,即 AsynchroSerial 模块。

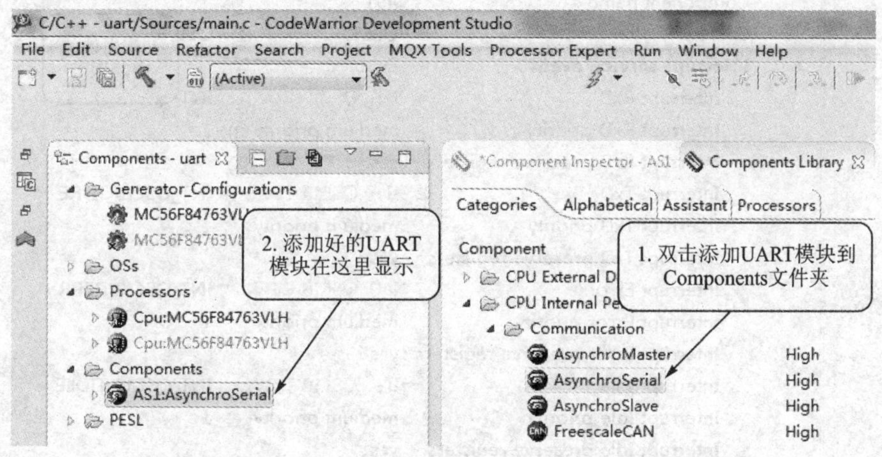

图 6-1 添加 UART 模块

6.2 模块初始化

如图 6-2 所示,双击图标打开参数设置界面。

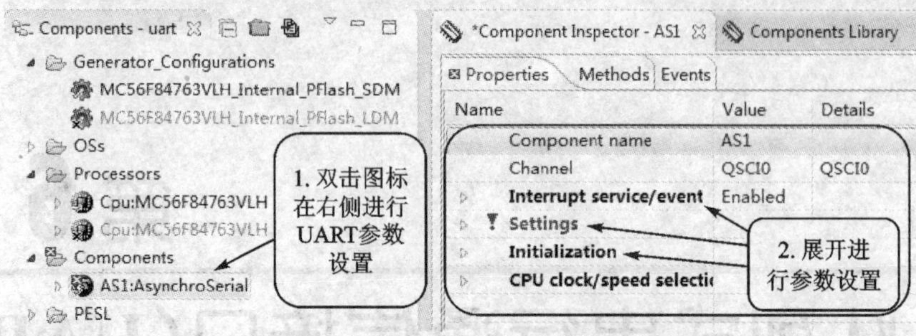

图 6-2　UART 模块参数设置界面

6.2.1　通道选择与中断设置

如图 6-3 所示，根据用户需要，选择 UART 通道，选择是否使能中断服务。选择 Enabled 使能中断服务，进而选择是否使能 RXD、TXD 中断、Error(错误发生)中断以及 idle(空闲)中断。

注意：在使用 DMA 功能或使用 RecvBlock()、SendBlock()函数的情况下必须使能 UART 中断。

Component Inspector - AS1　Components Library

Properties　Methods　Events

Name	Value	Details
Component name	AS1 ①	
Channel	QSCI0 ②	QSC
Interrupt service/event	Enabled	
Interrupt RxD	INT_QSCI0_RCV	INT_
Interrupt RxD priority	medium priority ③	1
Interrupt RxD preserve registers	yes ④	
Interrupt TxD	INT_QSCI0_TDRE	INT_QSCI0_TDRE
Interrupt TxD priority	medium priority	1
Interrupt TxD preserve registers	yes	
Interrupt Error	INT_QSCI0_RERR	INT_QSCI0_RERR
Interrupt Error priority	medium priority	1
Interrupt Error preserve registers	yes	
Interrupt Idle	INT_QSCI0_TIDLE	INT_QSCI0_TIDLE
Interrupt Idle priority	medium priority	1
Interrupt Idle preserve registers	yes	
Input buffer size	0 ⑤ D	
Output buffer size	0 ⑥ D	
Handshake		
Settings		

1.首先使能中断服务

图 6-3　UART 模块中断设置

① 在此可重新设置模块的名称。

② MC56F84763 有 QSCI0 和 QSCI1 两路 UART 模块，分别对应不同的 RxD、TxD 引脚，可根据需要进行选择。

③ 设置中断优先级，可以根据需要选择如图 6-4所示优先级。用户可设置的中断有两种，普通中断和快速中断。普通中断分为 3 个优先级，响应先后顺序为 maximal priority(2)＞high priority(1)＝medium priority(1)＝low priority(1)＞minimal priority(0)，在 Details 一栏可查看普通中断对应的优先级。同级中断请求按照先后顺序进行响应。快速中断只能用于 2 级中断，在 PE 中快速中断的中断优先级不需设置。

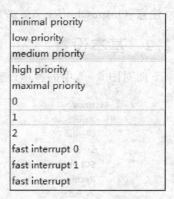

minimal priority
low priority
medium priority
high priority
maximal priority
0
1
2
fast interrupt 0
fast interrupt 1
fast interrupt

图 6-4　中断优先级选择列表

④ 选择 yes，则 PE 自动进行中断服务函数的注册，并在 Events. h 中声明中断服务函数，在 Events. c 中生成中断服务函数的框架。选择 no，则需要用户自行进行中断服务函数的注册和编写。一般情况下设置为 yes，这里不对 no 的情况进行说明。需要特别说明的是，这里的中断服务函数只是 PE 生成的中断服务函数在正确接收情况下的调用函数，具体原因会在 6.3.2 小节中进行叙述。

⑤ Input buffer size(0～65 535 byte)，设置为非 0 时可使用 UART 模块自带函数 RecvBlock()和 ClearRxBuf()进行整个数据块的接收和删除；否则不能使用这两个函数。如图 6-5 所示，左侧是 Input buffer size 为 0 的情况，右侧是其为非 0 的情况。如果使用 DMA，则此项不能也不需要设置。

图 6-5　buffer size 设置的说明

注意：Input buffer size 必须大于或等于一次接收的数据长度。

⑥ Output buffer size(0～65 535 byte)，设置为非 0 时可使用 UART 模块自带函

数 SendBlock()和 ClearTxBuf()进行整个数据块的接收和删除;否则不能使用这两个函数。如图 6－5 所示,左侧是 Output buffer size 为 0 的情况,右侧是其为非 0 的情况。如果使用 DMA,则此项不能也不需要设置。

注意:Output buffer size 必须大于或等于一次发送的数据长度。

6.2.2 基本设置

下面对图 6－6 中的各项设置进行解释。

Settings			
Parity	none	①	none
Width	8 bits	②	8 bits
Stop bit	1	③	1
SCI output mode	Normal		
Receiver	Enabled	④	
RxD	GPIOC8/MISO0/RXD0/XB_IN9		GPIOC8/MISO0/RXD0/XB_IN9
RxD pin signal			
DMA support	Disabled	⑤	
DMA channel	TmpltDMA		
Transmitter	Enabled	⑥	
TxD	GPIOC7/SS0_B/TXD0		GPIOC7/SS0_B/TXD0
TxD pin signal			
DMA support	Disabled	⑦	
DMA channel	TmpltDMA		
Baud rate		⑧	Unassigned timing
Break signal	Disabled		
Wakeup condition	Idle line wakeup		
Transmitter output	Not inverted		
Stop in wait mode	no		

图 6－6　UART 的 Setting 配置

① 选择校验方式,包括奇校验、偶校验、无校验;

② 选择数据长度,支持 8 位或 9 位;

③ 选择停止位长度,这里仅支持一位;

④ 使能 Receiver,单击选择 Rxd 引脚;

⑤ 使能 Receiver 的 DMA 功能,如需使用则使能,后详;

⑥ 使能 Transmitter,单击选择 Txd 引脚;

⑦ 使能 Transmitter 的 DMA 功能,如需使用则使能,后详;

⑧ 设置波特率。参照图 6－7、图 6－8 进行波特率的设置,设置完成的结果如图 6－9 所示。

QSCIx_RATE 寄存器在寄存器 CTRL1[TE]和 CTRL[RE]使能时才能进行设置,即对应图 6－6 中④⑥处的 Enable。

从图 6－9 可以看到,设置 9 600 baud 的实际结果为 9 599.693 baud,这与基于波特率寄存器 QSCIx_RATE 的计算有关。

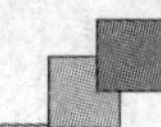

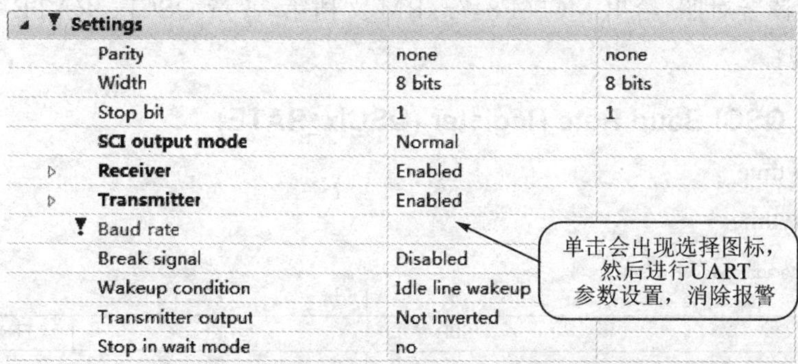

图 6-7 UART 模块波特率设置

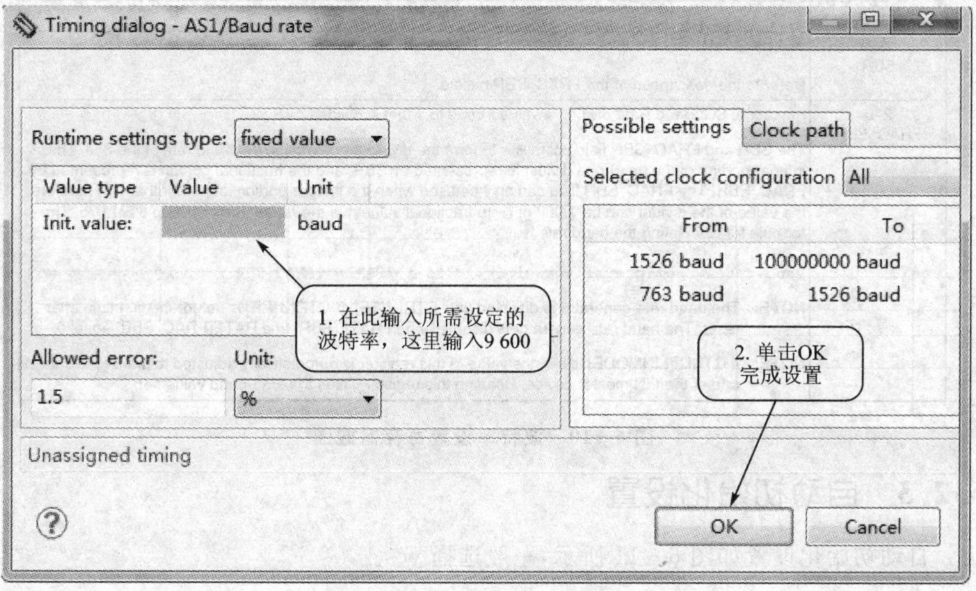

图 6-8 UART 模块波特率输入

Settings		
Parity	none	none
Width	8 bits	8 bits
Stop bit	1	1
SCI output mode	Normal	
Receiver	Enabled	
Transmitter	Enabled	
Baud rate	9600 baud	9599.693 baud

图 6-9 完成 UART 模块波特率设置

根据图 6-10 可知波特率计算方式为

$$波特率=\frac{外设时钟}{16\times\left(SBR+\frac{FRAC\_SBR}{8}\right)}$$

为方便读者对照，给出 MC56F847xxRM 文档第 35 章 QSCIx_RATE 寄存器截图（见图 6－10）。

35.3.1 QSCI Baud Rate Register (QSCIx_RATE)

Read: anytime

Write: anytime

Address: Base address + 0h offset

Bit	15	14	13	12	11	10	9	8	7	6	5	4	3	2	1	0
Read Write	SBR													FRAC_SBR		
Reset	0	0	0	0	0	0	1	0	0	0	0	0	0	0	0	0

QSCIx_RATE field descriptions

Field	Description
15–3 SBR	SCI Baud Rate divider, a value from 1 to 8191 Refer to the description of the FRAC_SBR bitfield.
2–0 FRAC_SBR	Fractional SCI Baud Rate divider, a value from 0 to 7 that is divided by 8 The SBR and FRAC_SBR fields combine to form the divider to determine the baud rate of the SCI. The integer portion of the baud rate divider is represented by SBR, and the fractional portion is represented by FRAC_SBR. The FRAC_SBR field can only be used when the integer portion is greater than 1. Therefore, the value of the divider can be 1.000 or (with fractional values) in the range from 2.000 to 8191.875. The formula for calculating the baud rate is: `Baud rate = peripheral bus clock / (16 * (SBR + (FRAC_SBR / 8)))` **NOTE:** The baud rate generator is disabled until CTRL1[TE] or CTRL1[RE] is set for the first time after reset. The baud rate generator is disabled when RATE[SBR] and RATE[FRAC_SBR] equal 0. **NOTE:** If CTRL2[LINMODE] is set, the value of this register is automatically adjusted to match the data rate of the LIN master device. Reading this register yields the auto-baud value set.

图 6－10 波特率设置寄存器截图

6.2.3 自动初始化设置

自动初始化设置如图 6－11 所示，一般选择 yes。

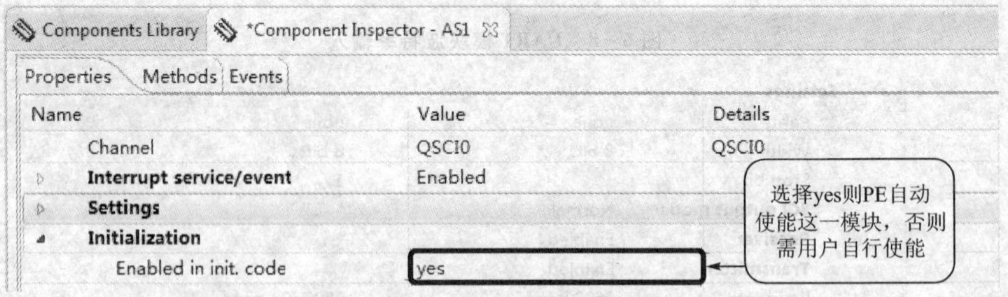

图 6－11 UART 模块初始化设置

6.3 模块常用功能介绍

CW10.6 根据用户在 PE 中的设置，自动生成了相应的底层代码，提供了具有良好接口的函数供用户调用。

为保证UART模块顺利发送/接收数据，在发送/接收数据前，需要读取相应状态寄存器来判断是否为“发送寄存器满/接受寄存器空”，若是，则此次不能发送/接收成功，只能稍后再次发送/接收。

1. UART基本发送/接收功能

一般来说，使用UART发送数据可以由用户进行控制，需要发送时读取状态寄存器来判断是否可以发送，使用较为方便。

而接收数据大部分情况为被动的，如果没有RX接收中断，就需要不断读取状态寄存器来判断是否有数据可以接收，耗时耗力。

所以接收数据的函数常与RX接收中断配合使用。当接收寄存器满时触发RX中断，在中断服务函数中读取数据，便可完成数据的实时、快速、连续接收。所以仅介绍使用接收中断的情况。

2. 使用DMA功能

在CPU占用率较高的情况下，使用DMA方式发送/接收数据，是一种节省CPU开销的选择。

UART模块的DMA功能仅需CPU进行一些简单的初始化，就可将接收到的预定长度的数据存储到预先指定地址的数组供用户读取，或将指定地址和长度的数据自动发送，并当接收/发送用户指定字节数时触发中断。

这种方式在用户清楚要发送/接收多少个字节的数据时非常好用。但是如果当接收数据按照若干字节数组成一条报文且报文长度可变时，DMA方式接收数据就不那么方便了。

如图6-12所示为UART模块的常用函数，下面根据PE设置的不同介绍这些函数的用法。

图6-12　UART模块常用函数

6.3.1　模块函数简介

UART模块常用函数简介如表6-1所列。

表 6-1 常用模块函数

函数名	形式参数	返回值	功能及使用条件
Enable	无	byte 类型	使能 UART 模块 返回错误类型的编码
Disable	无	byte 类型	禁用 UART 模块 返回错误类型的编码
RecvChar()	AS1_TComData * Chr	byte 类型 返回接收情况的类型编码	将接收到的数据赋值给某个变量,接收成功返回 ERR_OK(0X00),接收失败则返回错误类型编码
SendChar()	AS1_TComData Chr	byte 类型 返回发送情况的类型编码	将数据放入 QSCI0_DATA 接收/发送寄存器进行发送,成功则返回 ERR_OK,若接收/发送寄存器满则返回 ERR_TXFULL(0x11)
RecvBlock()	AS1_TComData * Ptr word Size, word * Rcv	byte 类型返回发送情况的类型编码	在使能 UART 中断且 Input buffer size 不为零的情况下使用,将当前接收到的 input buffer 里的数据保存在 Ptr 指针指向的大小为 Size 的数组中,调用时间间隔要大于接收一组数据的时间
SendBlock()	AS1_TComData * Ptrword Size, word * Snd	byte 类型 返回发送情况的类型编码	在使能 UART 中断且 Output buffer size 不为零的情况下使用,将当前 Output buffer 里的数据发送,调用时间间隔要大于发送数据的时间
ClearRxBuf() ClearTxBuf()	无	byte 类型 执行成功返回 ERR_OK	在使能 UART 的 DMA 功能或使能中断函数且 Input/Output buffer size 不为 0 时可使用,清除 Rx/Tx 缓存数据
GetCharsInRxBuf() GetCharsInTxBuf()	无	word 类型 返回 Rx/Tx 缓存中存放数据个数	返回 Rx/Tx 缓存中存放数据个数

6.3.2 模块常用函数详解

本部分的目的在于帮助读者更好地理解一些常用函数的底层实现过程,如果想直接应用这一模块,可直接查看实例。其中最常用的接收数据的方法是 AS1_RecvChar()函数和 AS1_OnRxChar()中断服务函数的配合使用,最常用的发送数据的方法是 SendBlock()函数。

1. RecvChar()函数

(1) 查看函数定义

这里仅介绍 UART 接收与 RX 中断的配合使用,即需在 PE 中使能(Enable)Interrupt

service/event。按照图 6-13 所示方法,可查看在 AS1.c 文件中定义的 RecvChar()函数。在 PE 中的不同设置,会生成不同的底层代码,查看底层的代码,有助于深入地了解函数的实现与使用方法。

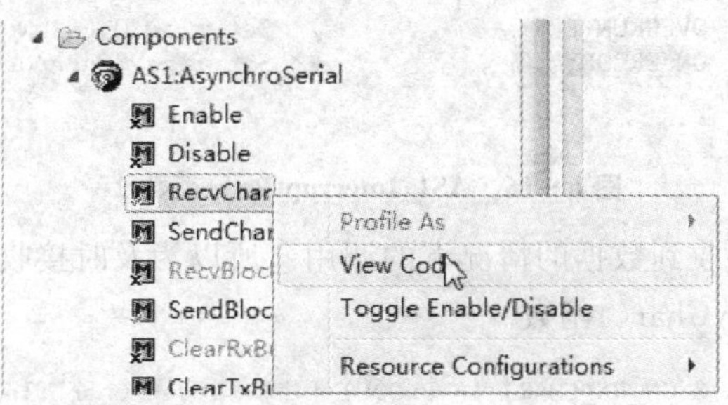

图 6-13　查看 RecvChar()函数的定义

(2) Input buffer size 设为 0 时的 RecvChar()函数定义

重新编译过后,按照图 6-13 所述方法查看函数定义。如图 6-14 所示为函数定义,结合注释进行理解。AS1_RecvChar()函数首先判断 RX buffer 中是否含有数据,之后将 BufferRead 中的的数据赋值给变量 chr,将错误情况赋值给 Result 并返回。下面对 BufferRead 进行说明。

```
byte AS1_RecvChar(AS1_TComData *Chr)
{
  register byte Result = ERR_OK;              /* Return error code */

  if ((SerFlag & CHAR_IN_RX) == 0x00U) {  /* Is any char in RX buffer? */
    return ERR_RXEMPTY;                     /* If no then error */
  }
  EnterCritical();                            /* Disable global interrupts */
  *Chr = BufferRead;                          /* Received char */
  Result = (byte)((SerFlag & (OVERRUN_ERR|FRAMING_ERR|PARITY_ERR|NOISE_ER
  SerFlag &= (word)~(word)(OVERRUN_ERR|FRAMING_ERR|PARITY_ERR|NOISE_ERR|C
  ExitCritical();                             /* Enable global interrupts */
  return Result;                              /* Return error code */
}
```

图 6-14　RecvChar()函数定义

为理解 BufferRead 变量,需在 RecvChar()函数定义所在的 AS1.c 文件找到 AS1_InterruptRx()函数定义。在 AS1_InterruptRx()函数中,将 QSCI0_DATA 中的数据保存在变量 Data 中如图 6-15 所示,如果没有出现异常,再将 Data 赋值给 BufferRead 变量如图 6-16 所示。

```
Data = (AS1_TComData)getReg(QSCI0_DATA); /* Read data from the receiver */
```

图 6-15　AS1_InterruptRx()函数 1

此外,从 AS1_InterruptRx()函数中可以看到:AS1_InterruptRx()是真正的中断服务函数。如图 6-17 所示,Events.c 里看到的 AS1_OnRxChar()函数只是 AS1_In-

```
if ((SerFlag & CHAR_IN_RX) == 0x00U) { /* Is SW overrun detected? */
  BufferRead = Data;
  OnFlags |= (ON_RX_CHAR);             /* Set flag "OnRxChar" */
}
else {
  SerFlag |= OVERRUN_ERR;              /* Set flag OVERRUN_ERR */
  OnFlags |= ON_ERROR;                 /* Set flag "OnError" */
}
```

图 6-16　AS1_InterruptRx()函数 2

terruptRx()函数在接收到数据的情况下的调用。所以为及时接收数据，可在 AS1_OnRxChar()中调用 RecvChar()函数。

```
if ((OnFlags & ON_RX_CHAR) != 0x00U) { /* Is OnRxChar flag set? */
  AS1_OnRxChar();                      /* If yes then invoke user event */
}
```

图 6-17　AS1_InterruptRx()函数 3

(3) Input buffer size 不为 0 时的 RecvChar()函数定义

在使能 Interrupt service/event 的情况下，可以对 Input buffer size 进行设置，这里设置为 10。重新编译过后，打开 AS1.c 文件，观察到 Input buffer 其实是 PE 定义的一个数组 InpBuffer[AS1_INP_BUF_SIZE]，而 AS1_INP_BUF_SIZE 在 AS1.h 中定义为 10，这与 PE 中设置保持一致。如图 6-18 所示为 Input buffer 相关定义。由此可见，使用 Input/Output buffer 的代价是更大的内存开销。

```
#define AS1_INP_BUF_SIZE  0x0AU          /* Length of the RX buffer */
```

```
static word InpLen;                      /* Length of input buffer's content */
static AS1_TComData *InpPtrR;            /* Pointer for reading from input buffer */
static AS1_TComData *InpPtrW;            /* Pointer for writing to input buffer */
static AS1_TComData InpBuffer[AS1_INP_BUF_SIZE]; /* Input buffer for SCI communication */
```

图 6-18　Input buffer 相关定义

重新查看 AS1_RecvChar()函数如图 6-19 所示和 AS1_InterruptRx()函数定义。InpLen 为 Input buffer 中的数据个数，在其大于零即有数据可以接收的情况下，将 InpPtrR 指向的 InpBuffer 中的数据赋值给 Chr 变量，在其超过 AS1_INP_BUF_SIZE 时开始新一轮的接收。而 InpBuffer 中的数据则在 AS1_InterruptRx()中不断更新。

2. SendChar()函数

SendChar()函数与 RecvChar()函数类似，在不同的设置下有不同的底层函数，查看函数定义方法与 RecvChar 部分的介绍类似。

需要注意的是，在使用 SendChar 发送数据前，需确认发送寄存器是否为空。有两种方法判断这一条件。

一种方法是根据 AS1_SendChar()函数的返回值来判断。如图 6-20 所示，返回值若为 ERR_TXFULL，则发送失败，需要用户再次发送；返回值若为 ERR_OK，则发送

```
byte AS1_RecvChar(AS1_TComData *Chr)
{
  register byte Result = ERR_OK;         /* Return error code */

  if (InpLen > 0x00U) {                  /* Is number of received chars
    EnterCritical();                     /* Disable global interrupts */
    InpLen--;                            /* Decrease number of received
    *Chr = *(InpPtrR++);                 /* Received char */
    /*lint -save  -e946 Disable MISRA rule (17.2) checking. */
    if (InpPtrR >= (InpBuffer + AS1_INP_BUF_SIZE)) { /* Is the pointer
      InpPtrR = InpBuffer;               /* Set pointer to the first ite
    }
    /*lint -restore Enable MISRA rule (17.2) checking. */
    Result = (byte)((SerFlag & (OVERRUN_ERR|FRAMING_ERR|PARITY_ERR|NOI
    SerFlag &= (word)~(word)(OVERRUN_ERR|FRAMING_ERR|PARITY_ERR|NOISE_
    ExitCritical();                      /* Enable global interrupts */
  } else {
    return ERR_RXEMPTY;                  /* Receiver is empty */
  }
  return Result;                         /* Return error code */
}
```

图 6-19 RecvChar()函数定义

成功。另一种方法是利用发送寄存器空中断,若此中断触发则说明中断寄存器空,可以放入新的数据等待发送,此方法就用在 SendBlock()函数的实现上。

注意:和接收数据时的情况相同,Events.c 文件中的 AS1_OnTxChar()并不是发送寄存器空中断,而只是 AS1_InterruptTx()中断服务函数在有数据发送情况下的调用。

```
byte AS1_SendChar(AS1_TComData Chr)
{
  if ((SerFlag & FULL_TX) != 0x00U) {  /* Is any char is in TX buffer */
    return ERR_TXFULL;                 /* If yes then error */
  }
  EnterCritical();                     /* Disable global interrupts */
  getReg(QSCI0_STAT);                  /* Reset interrupt request flags */
  setReg(QSCI0_DATA, Chr);             /* Store char to transmitter register */
  setRegBit(QSCI0_CTRL1, TEIE);        /* Enable transmit interrupt */
  SerFlag |= (FULL_TX);                /* Set the flag "full TX buffer" */
  ExitCritical();                      /* Enable global interrupts */
  return ERR_OK;                       /* OK */
}
```

图 6-20 SendChar()函数定义

3. SendBlock()函数

SendBlock()函数是利用和 TX 发送空中断的配合来实现数据发送的功能,用来发送已知字节数的一串数据。在使用这一函数时,需要使能 UART 中断,并使所设置的 Output buffer size 大于需要发送数据的字节数。它的 3 个变量分别代表:

① AS1_TComData * Ptr :指向数据块的指针;

② word Size:需要发送数据的字节数;

③ word * Snd:用于返回当前已发送数据的字节数。

查看函数定义的方式与 6.3.2.1 中的介绍类似，这里不再详细介绍，具体用法会在实例中给出。

6.3.3 模块的 DMA 功能

如图 6-2 所示，双击 components 文件夹中的 AS1：AsynchroSerial 进行参数设置。

如图 6-6 所示，设置 UART 模块的 DMA 功能。这里需要使能（Enable）Receiver 和 Transmitter 的 DMA 功能，之后在 component→AS1：AsynchroSerial 目录下可以看到如图 6-21 所示结果。

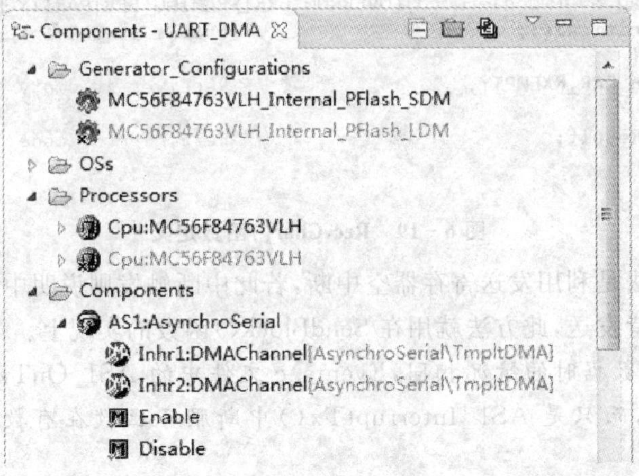

图 6-21 使能 DMA 功能的 AsynchroSerial 模块

1. Receiver 的 DMA 功能

Receiver 的 DMA 功能是将接收数据寄存器中的数据传输到内存中的指定地址，故其源地址是接收数据寄存器，目的地址是用户指定的内存中的地址。

双击 Inhr1：DMAChannel，在 Component Inspector 中出现如图 6-22 所示结果。

① MC56F84763 总共有 4 路 DMA 通道（Channel），其中可以由 SCI0 模块的接收寄存器满信号触发的通道有 Channel1 和 Channel2，这里选择 Channel2。

② 外设映射（Peripheral mapping）用来选择触发 DMA 的外设信号，这里默认为 SCI0_RF，为接收寄存器满信号，不可更改。

③ 这里需使能（Enable）DMA 中断，之后可用来判断接收数据是否完成。

④ 源（Source）地址，这里默认为 0x0001C108U，为 UART 模块数据寄存器（QSCI Data Register）地址。注意：MC56F84763 芯片的接收和发送数据寄存器是同一个，图 6-23所示为 MC56F847xxRM 文档第 35 章 QSCIx_DATA 寄存器截图。

⑤ 源指针模式（Pointer mode）不变，因为源地址就是 UART 模块数据寄存器，只有一个。

⑥ 源传送数据长度（Transfer size）为单次 DMA 传送的数据长度，对 UART 模块

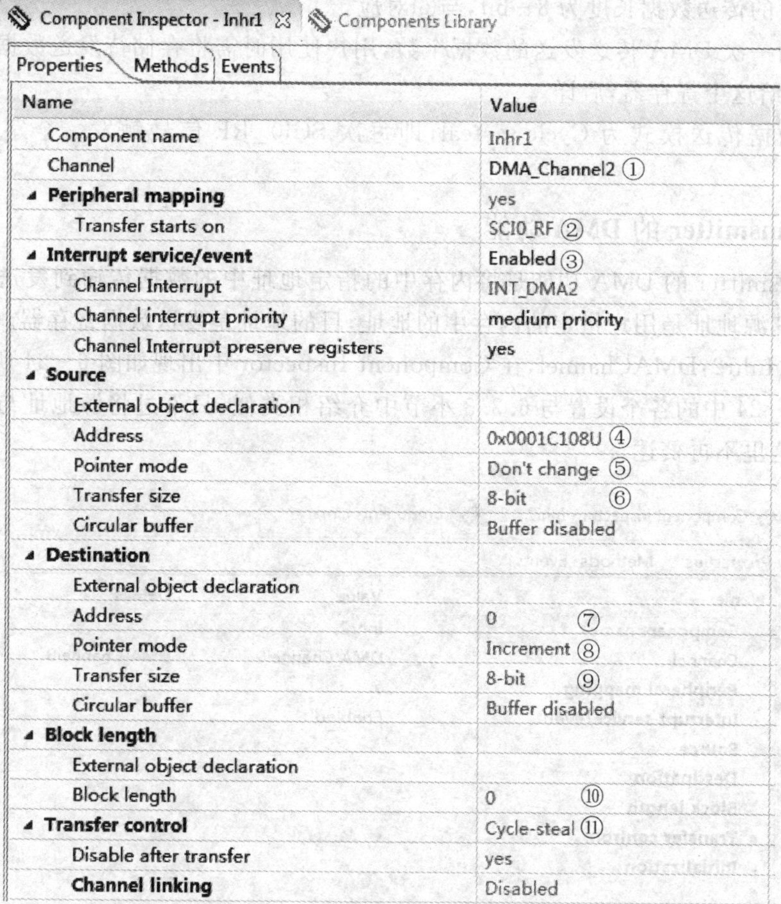

Name	Value
Component name	Inhr1
Channel	DMA_Channel2 ①
◢ **Peripheral mapping**	yes
Transfer starts on	SCI0_RF ②
◢ **Interrupt service/event**	Enabled ③
Channel Interrupt	INT_DMA2
Channel interrupt priority	medium priority
Channel Interrupt preserve registers	yes
◢ **Source**	
External object declaration	
Address	0x0001C108U ④
Pointer mode	Don't change ⑤
Transfer size	8-bit ⑥
Circular buffer	Buffer disabled
◢ **Destination**	
External object declaration	
Address	0 ⑦
Pointer mode	Increment ⑧
Transfer size	8-bit ⑨
Circular buffer	Buffer disabled
◢ **Block length**	
External object declaration	
Block length	0 ⑩
◢ **Transfer control**	Cycle-steal ⑪
Disable after transfer	yes
Channel linking	Disabled

图 6-22 Receiver 的 DMA 功能设置

35.3.5 QSCI Data Register (QSCIx_DATA)

Read: anytime. Reading accesses the SCI receive data register.

Write: anytime. Writing accesses the SCI transmit data register.

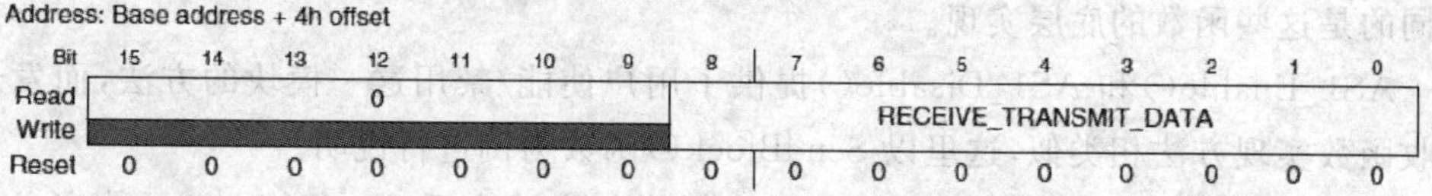

图 6-23 UART 模块发送/接收数据寄存器

来说一次传送一个字节(byte),也就是 8 bit。

⑦ 目的(Destination)地址默认为 0,用户使用时需将存储待发送数据数组的地址赋值给这个寄存器,后详。

⑧ 目的指针模式(Pointer mode)默认为增加(Increment)。因为传送一个字节后,下一个字节的数据保存在数组的下一个元素中,其地址相对当前地址加一。

⑨ 目的传送数据长度为 8 - bit，与⑥对应。

⑩ 为一次 DMA 传送发送的数据个数，用户使用时需将存储待发送数据的数组的长度赋值给这个寄存器，后详。

⑪ 数据传送模式为 Cycle - steal，即每次 SCI0_RF 信号触发一个字节数据的传送。

2. Transmitter 的 DMA 功能

Transmitter 的 DMA 功能是将内存中的指定地址中的数据传输到发送数据寄存器中，故其源地址是用户指定的内存中的地址，目的地址是发送数据寄存器。

双击 Inhr2:DMAChannel，在 Component Inspector 中出现如图 6 - 24 所示结果。

图 6 - 24 中的各个设置与 6.3.3 小节中介绍相类似，只不过将源地址与目的地址相调换，这里不再赘述。

Component Inspector - Inhr2 | Components Library

Properties | Methods | Events

Name	Value	Details
Component name	Inhr2	
Channel	DMA_Channel0	DMA_Channel0
▷ **Peripheral mapping**	yes	
▷ **Interrupt service/event**	Enabled	
▷ **Source**		
▷ **Destination**		
▷ **Block length**		
▷ **Transfer control**	Cycle-steal	
▷ **Initialization**		

图 6 - 24 Transmitter 的 DMA 功能设置

3. UART 模块的 DMA 功能常用函数介绍

UART 模块的 DMA 功能使用的函数为 AS1_Enable()、AS1_Disable()、AS1_RecvChar()、AS1_SendChar()、AS1_RecvBlock()、AS1_SendBlock()，用法较之前相同，不同的是这些函数的底层实现。

AS1_Enable()和 AS1_Disable()提供了用户使能/禁用这一模块的方法，而发送/接收函数实现方法相类似，这里以 SendBlock()函数为例进行说明。

设置完成并编译后，采用与图 6 - 13 所示类似方式查看 SendBlock()函数定义，结果如图 6 - 25 所示。

首先判断待发送数据长度是否为 0，如是则返回，不用执行数据传输。其次判断 DMA 状态，如果 Inhr2_GetStatus()函数返回值为 DMA_ENABLED，则说明当前数据传输未完成，仍需等待；如果返回值为 DMA_DISABLED，则数据传输已完成，可以进行新一轮传输。

判断可以进行新一轮数据传输后，再次设置源地址（Inhr2_SetSourceAddress

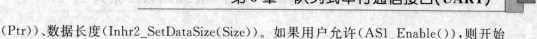

(Ptr))、数据长度(Inhr2_SetDataSize(Size))。如果用户允许(AS1_Enable()),则开始新一轮数据传输(Inhr2_Start())。

这里有一个小错误,如果用户不允许发送的情况下(AS1_Disable()),Size 仍然赋值给 * Snd,所以用户要清楚赋值给 Snd 指向的地址中的是什么数据。

```
byte AS1_SendBlock(AS1_TComData *Ptr,word Size,word *Snd)
{
  if (Size == 0x00U) {                  /* Test variable Size on zero */
    return ERR_OK;                      /* If zero then OK */
  }
  if (Inhr2_GetStatus() == DMA_ENABLED) { /* Is the DMA channel enabled? */
    return ERR_TXFULL;                  /* If yes then error */
  } else {
    EnterCritical();                    /* Disable global interrupts */
    Inhr2_SetSourceAddress(Ptr);  /* Set the source address for DMA transfer */
    Inhr2_SetDataSize(Size);            /* Set requested DMA data size */
    if (EnUser) {                       /* Is the device enabled by user? */
      Inhr2_Start();                    /* If yes then start DMA transfer */
    }
    ExitCritical();                     /* Enable global interrupts */
  }
  *Snd = Size;                          /* Return number of sended chars */
  return ERR_OK;                        /* OK */
}
```

图 6-25 DMA 模式下 SendBlock()函数定义

6.4 串口通信应用实例

MC56F84763 与串口调试助手的通信。

下面的两个例子均需要与 PC 端上位机 SSCOM 进行通信,故需要硬件上的连接。硬件连接实现的方式有两种。

一种方法使用电脑的 USB 接口。需要将 DSC 芯片的 RxD、TxD 信号转换为 USB 接口的 D+、D−信号,这一功能可以用串口转 USB 芯片实现,如 CP210X。将输出用 USB 线接至 PC。

另一种方法使用的是电脑的 9 针 RS-232 接口,这种方法一般用于与台式机通信,笔记本电脑一般不提供 9 针的 RS-232 接口。需要将 DSC 芯片的 TTL 电平转换为 RS-232 的电平,这一功能可以用 MAX232 芯片实现,将输出接至台式电脑主机后面板的 9 针 RS-232 接口。

此外,一些开发板的板载仿真器提供了将 RxD、TxD 信号转化为 USB 信号的功能,此时将开发板与 PC 用 USB 线相连便可进行通信。

硬件连接完成并上电后,可在设备管理器中看到对应的 COM 口,如图 6-26 所示。

【例 1】 不使用 DMA 功能的数据传输。

① 新建工程,按照 6.1 节所述添加异步串行通信模块 AS1(AsynchroSerial 模块);

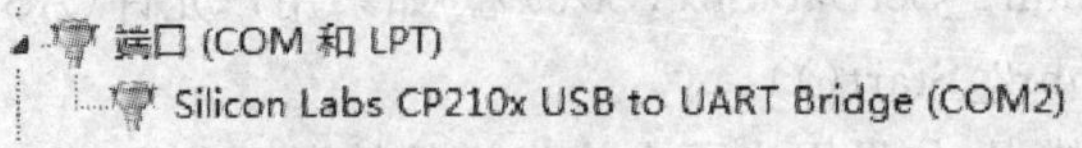

图 6-26　设备管理器 COM 口

② 按照 6.2.1 小节所述，根据需要进行 UART 模块的中断设置。

本例设置：

中断优先级（Interrupt ××× priority）：medium priority；

中断保存寄存器（Interrupt ××× preserve registers）：yes。

Input/Output buffer 根据需要进行设置，如果用到 SendBlock()函数或 RecvBlock()函数，则这两项不能为 0。如前前述，用这两个 buffer 的代价是内存的开销更大。这里设置为：

Input buffer size：0；

Output buffer size：11。

其余各项设置保持默认值。

③ 按照 6.2.2 小节所述，根据需要设置 Settings。

本例设置：

通道（Channel）：QSCI0；

校验方式（Parity）：无校验（none）；

数据宽度（Width）：8 位（bit）；

停止位（Stop bit）：1 位。

根据硬件实际情况设置引脚，这里选择：

接收引脚（RxD）：GPIOC8；

发送引脚（TxD）：GPIOC7。

本例不使用 DMA 功能，将 Receiver 及 Transmitter 的 DMA 功能禁用（Disable）。

根据需要设置波特率，这里设置为 9 600 baud。

④ 编辑 main.c 文件。

头文件为 PE 编译生成，这里不再写出。main.c 文件主要内容如下：

```
#define SendBufSize 11
word Size = 0;
extern unsigned int RecDone;
externbyte RecvBuf[];
void main(void)
{
    /* Write your local variable definition here */
    word SendPtr = 0;
    byte SendBuf[SendBufSize] = {'\n','F','r','e','e','s','c',
                                 'a','l','e','-'};
    /*** Processor Expert internal initialization. ***/
    PE_low_level_init();
```

```
/* Write your code here */
    for(;;) {
        if(RecDone = = 1){                    //每完成 11 个字节的接收,执行下列代码一次
            //发送方式一,利用 SendBlock()函数发送 SendBuffer 数组里的数据
            AS1_SendBlock(SendBuf,SendBufSize,&Size);
            //发送方式二,检测 SendChar()函数返回值判断发送是否完成
            //发送接收到的 RecvBuffer 数组中的数据

            while(SendPtr<SendBufSize){
                while(AS1_SendChar(RecvBuf[SendPtr]) = = ERR_TXFULL){}
                SendPtr++;
            }
            //完成一次发送,将变量清零
            SendPtr = 0;
            RecDone = 0;

        }
    }
}
```

⑤ 编辑 Events.c 文件。头文件为 PE 编译生成,这里不再写出。Events.c 文件主要内容如下:

```
#define RecvBufSize 11
byte RecvBuf[RecvBufSize];
unsigned int RecDone = 0;

#pragma interrupt called
void AS1_OnRxChar(void)
{
    /* Write your code here ... */
    //设置静态局部变量
    staticunsignedint RecPtr = 0;
    //接收数据并保存在 RecvBuf 数组中
    AS1_RecvChar(&RecvBuf[RecPtr++]);
    //接收 RecvBufSize 个字节的数据为一个循环,在 main.c 中发送一轮数据
    if(RecPtr> = RecvBufSize){
        RecPtr = 0;
        RecDone = 1;
    }
}
```

⑥ 编译并运行,进入 debug 界面后,运行程序。

⑦ 在网上下载"串口调试助手"(这里选择的是名为 SSCOM 的串口调试助手),打开并进行设置,设置值与本例步骤②中相对应,并在字符串输入框输入 CodeWarrior,如图 6-27 文字提示所示打开串口,单击"发送"若干次(这里单击 5 次),在上部文本框中出现如图 6-27 所示内容。所示内容为 SSCOM 接收到的数据,为 DSC 控制器发送。

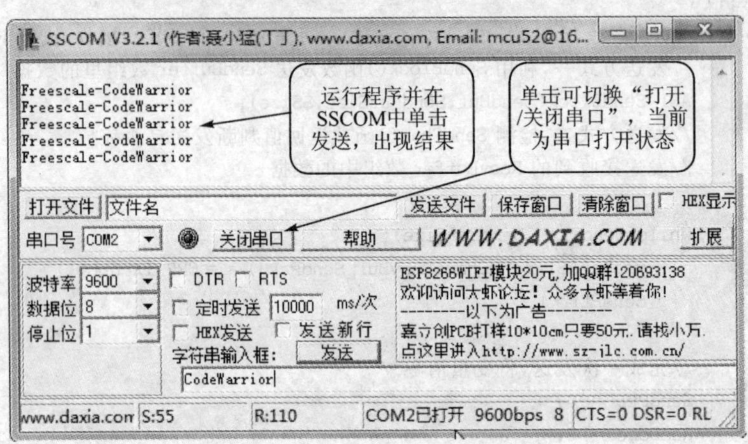

图 6-27　例 1 串口调试助手界面

⑧ 单击如图 6-27 所示 Hex 显示，出现如图 6-28 所示结果。这时可以查看 DSC 芯片向 SSCOM 发送数据的 ASCII 码，有时 SSCOM 不能正确显示换行字符‘\n’，但是其接收到的对应的 ASCII 码一般是没错的。

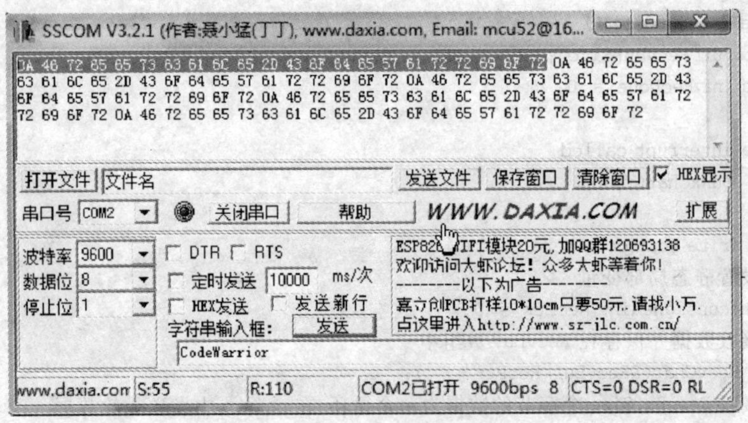

图 6-28　例 1 串口调试助手 Hex 界面

由此可见，char 类型在 DSC 中是以 ASCII 码的形式保存。利用这一点可以进行数据类型转换。如‘9’的 ASCII 码为 39，‘0’的 ASCII 码为 30，则利用两者之差就可将字符型数据‘9’转换为整形数据，a = ‘9’ - ‘0’ = 9。利用这一特点可进行 char 类型数据的大小比较，ASCII 码编号大的字符大于 ASCII 码编号小的字符。

【例 2】 使用 DMA 功能的数据传输。

① 新建工程，按照 6.1 节所述添加异步串行通信模块（AS1:AsynchroSerial 模块）。

② 按照 6.2.2 小节所述，根据需要进行 UART 模块的中断设置。

本例设置：

中断优先级(Interrupt ××× priority):medium priority;

中断保存寄存器(Interrupt ××× preserve registers):yes。

Input/Output buffer 不能进行设置,因为程序中不会用到。其余各项设置保持默认值。

③ 按照 6.2.1 小节所述,根据需要设置 Settings。

本例设置:

通道(Channel):QSCI0;

校验方式(Parity):无校验(none);

数据宽度(Width):8 位(bit);

停止位(Stop bit):1 位。

根据硬件实际情况设置引脚,这里选择:

接收引脚(RxD):GPIOC8;

发送引脚(TxD):GPIOC7。

本例使用 DMA 功能,将 Receiver 及 Transmitter 的 DMA 功能使能(Enable)。

根据需要设置波特率,这里设置为 9 600 baud。

④ 编辑 main.c 文件。头文件为 PE 编译生成,这里不再写出。main.c 文件主要内容如下:

```
unsigned char Flag = 0;
void main(void)
{
/* Write your local variable definition here */
    word Snd = 0;
    word Restart = 0;                   //用于 AS1_Disable()函数禁用 UART 模块后重新使能
    byte DMA_OutpBuffer[10] = {'M','C','5','6','F',
                               '8','4','7','6','3'};
/*** Processor Expert internal initialization ***/
    PE_low_level_init();
/*** End of Processor Expert internal initialization ***/

/* Write your code here */
    Flag = 'E';
    AS1_RecvChar(&Flag);                //触发 DMA 等待接收一个字节
    for(;;) {
        switch(Flag){
          case'D':
              AS1_Disable();            //若 Flag 为 'D',则禁用 UART 模块,不能收发数据
              Restart = 1;              //同时 Restart 置 1
              break;
          case'E':
              AS1_Enable();             //若 Flag 为 'E',则使能 UART 模块,可以收发数据
              break;
          default:
              AS1_SendChar('\n');    //Flag 为其他字符,则发送换行
        }
        AS1_SendBlock(DMA_OutpBuffer,10,&Snd);  //DMA 方式发送数据
        Cpu_Delay100US(5000);           //延时 0.5 s,需在 Cpu:MC56F84763VLH 中使能
```

```
            //若 Restart 为 1,则延时 3 s,之后给 Flag 赋值 'E',重新开始收发数据
            if(Restart = = 1){
                Cpu_Delay100US(30000);
                Flag = 'E';
                Restart = 0;                //重置 Restart
            }
        }
    }
```

⑤ 编辑 Events.c 文件。Events.c 文件主要内容如下：

```
extern unsigned char Flag;

#pragma interrupt called
void AS1_OnFullRxBuf(void)
{
    /* Write your code here ... */
    AS1_RecvChar(&Flag);            //再次触发 DMA 等待接收一个字节
}
```

⑥ 编译并运行，进入 debug 界面后，运行程序。

⑦ 首先打开 SSCOM，设置好之后打开串口进行观察，观察结果如图 6-29 中第①部分所示。

其次，等待 5 s 后用字符串输入框发送除'D'、'E'以外的其他任意字节，观察结果如图 6-29 中第②部分所示。

最后，等待 5 s 后用字符串输入框发送字节'D'，等待 3 s 后，出现如图 6-29 中第③部分所示结果。

⑧ 实验结果如图 6-29 所示。

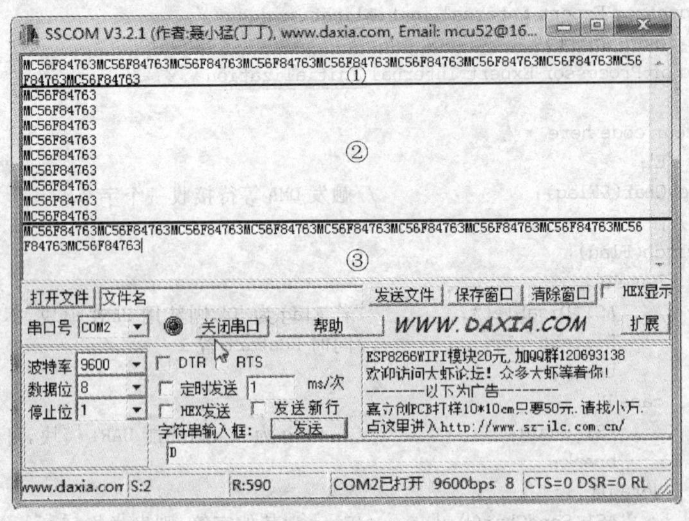

图 6-29 例 2 串口调试助手界面

6.5 小　结

① 叙述了 UART 模块的 PE 配置及基本的接收/发送功能；
② 叙述了使用 DMA 功能传输 UART 模块接收/发送数据的方法；
③ 介绍了接收/发送功能使用的函数及函数的底层实现方法；
④ 结合实例给出了 UART 模块的应用。

第 7 章

I^2C 模块

I^2C 通信系统由主器件(Master)和从器件(Slave)组成,而且一个主器件可以与多个从器件通信,每个从器件都有自己唯一的地址,主器件通过寻址来决定和哪个从器件进行通信。I^2C 为两线通信协议,分别是时钟线 SCL 和数据线 SDA,两者都是开漏模式,需要通过上拉电阻接正电源。

7.1 模块添加

从 PE 模块库中找到 InternalI2C 模块,双击模块向工程中添加一个 I^2C 模块,如图 7-1 所示。

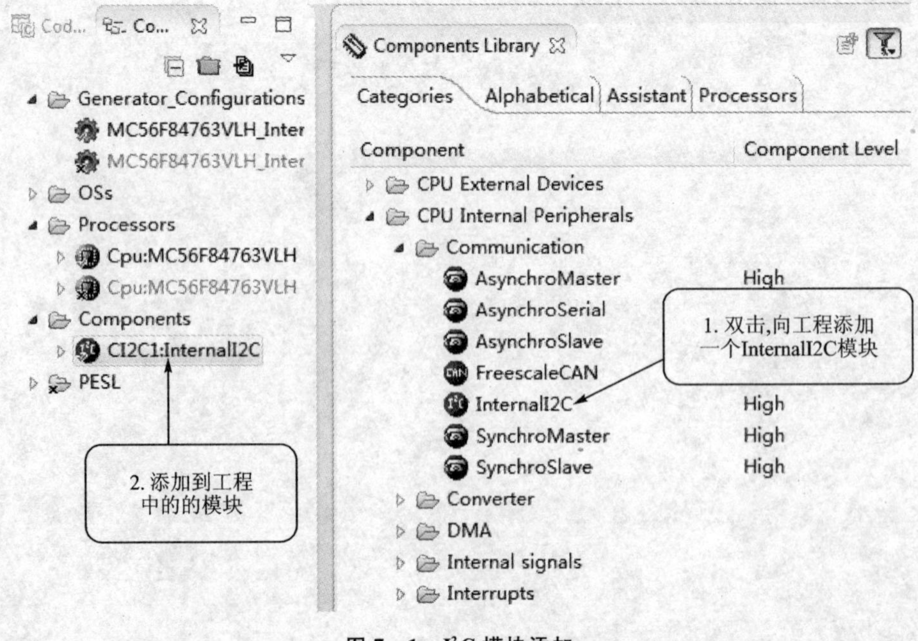

图 7-1 I^2C 模块添加

7.2 模块初始化

双击添加到工程中的 I^2C 模块，打开模块的初始化配置窗口，如图 7-2 所示。

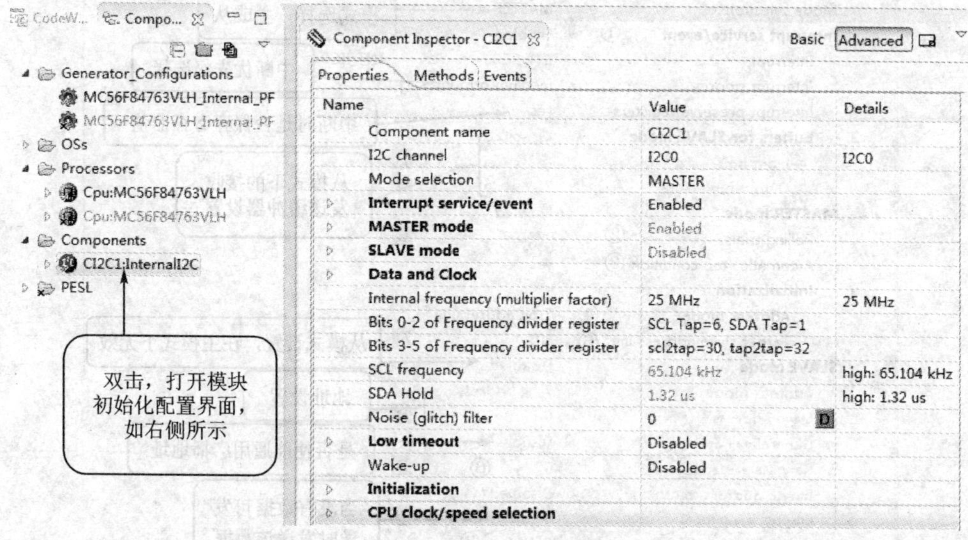

图 7-2 初始化配置界面

I^2C 模块的初始化配置如图 7-3 和图 7-4 所示。

① Interrupt service/event（中断使能设置）。MC56F84763 的 I^2C 在如表 7-1 所列的任何一种情况下都将会触发中断。

表 7-1 I^2C 中断概况表

中断源	状态位	中断标志位	使能条件
一个字节传输完成	TCF	IICIF	IICIE
接收到匹配的寻址	IAAS	IICIF	IICIE
仲裁丢失	ARBL	IICIF	IICIE
在 I^2C 总线上检测到停止信号	STOPF	IICIF	IICIE& SSIE
在 I^2C 总线上检测到开始信号	STARTF	IICIF	IICIE& SSIE
SCL 低状态超时	SLTF	IICIF	IICIE
SCL 持续高 SDA 持续低超时	SHTF2	IICIF	IICIE& SHTF2IE
从停止或等待状态下唤醒	IAAS	IICIF	IICIE& WUEN

② Polling trials（轮询试验）该属性决定了在使用 SendChar、SendBlock、RecvChar 或 RecvBlock 函数（PE 为 I^2C 模块生成的用户函数）启动通信时，在通信过程中进行多少次中断标志的检测。如果在测试循环中没有检测到中断标志位的置位，那么这些函数就会返回 ERR_BUSOFF（总线无效）。该属性在中断服务使能的情况下不能进行设置。

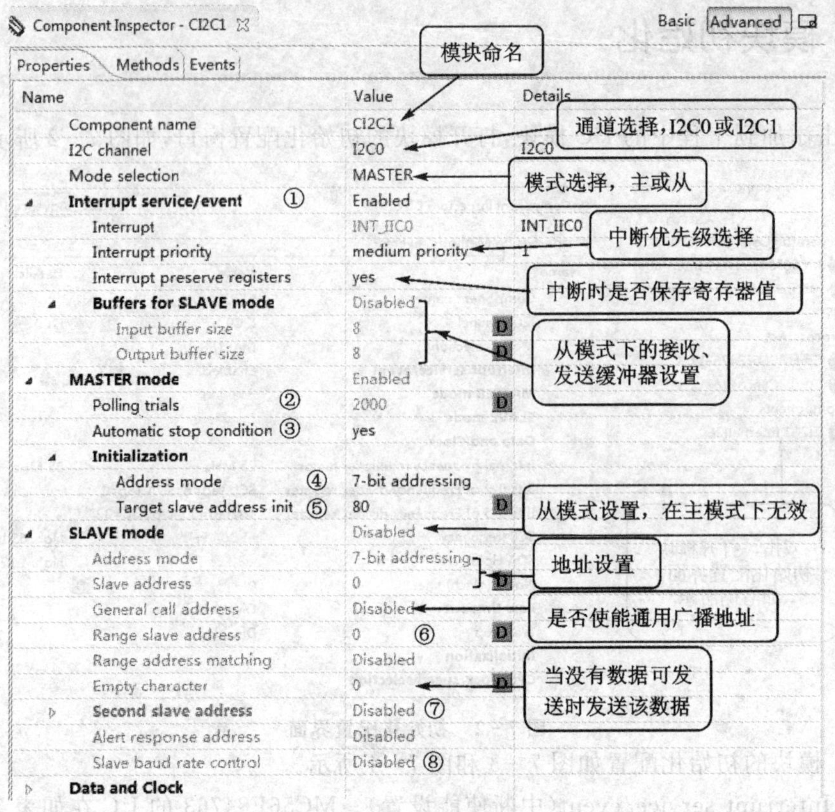

图 7－3　I^2C 模块初始化配置 1

③ Automatic stop condition(自动停止条件设置)。如果选择 yes,则停止命令会自动在发送数据结束时发出;如果选择 no,则需要在程序中调用 SendStop 函数来发送停止命令。

④ Address mode(地址模式选择),分 7 位地址和 10 位地址两种。7 位地址模式,将地址左移 1 位并在后面增加一个第 8 位,控制读/写命令(0 为写,1 为读),从而组成一个字节。10 位地址则分为两个字节发送,第 1 个字节的高 5 位为固定代码 11110,第 6、7 位为地址的高 2 位字节,第 8 位为读/写命令;第 2 个字节则为地址的低 8 位。

⑤ Target slave address init(从器件初始地址)。在初始化代码中会将该地址赋给从器件地址参数,在程序中可以通过调用 SelectSlave 函数来修改需要控制的从器件地址。

⑥ Range slave address(从地址范围设置)。当使能 Range address matching 时,当地址大于 Slave address 但小于等于 Range slave address 时发生地址匹配(84763 的该功能只能使用在 7 位地址模式下)。

⑦ Second slave address(用于 SMBus(System Management Bus,系统管理总线)

设备下的从地址设置)。其可设置范围为 0～127。

⑧ Slave baud rate control(从器件波特率控制)。如果 Enabled,从器件的波特率独立于主器件波特率,这将会在高速 I²C 模式下强制 SCL 线上的时钟拉长。

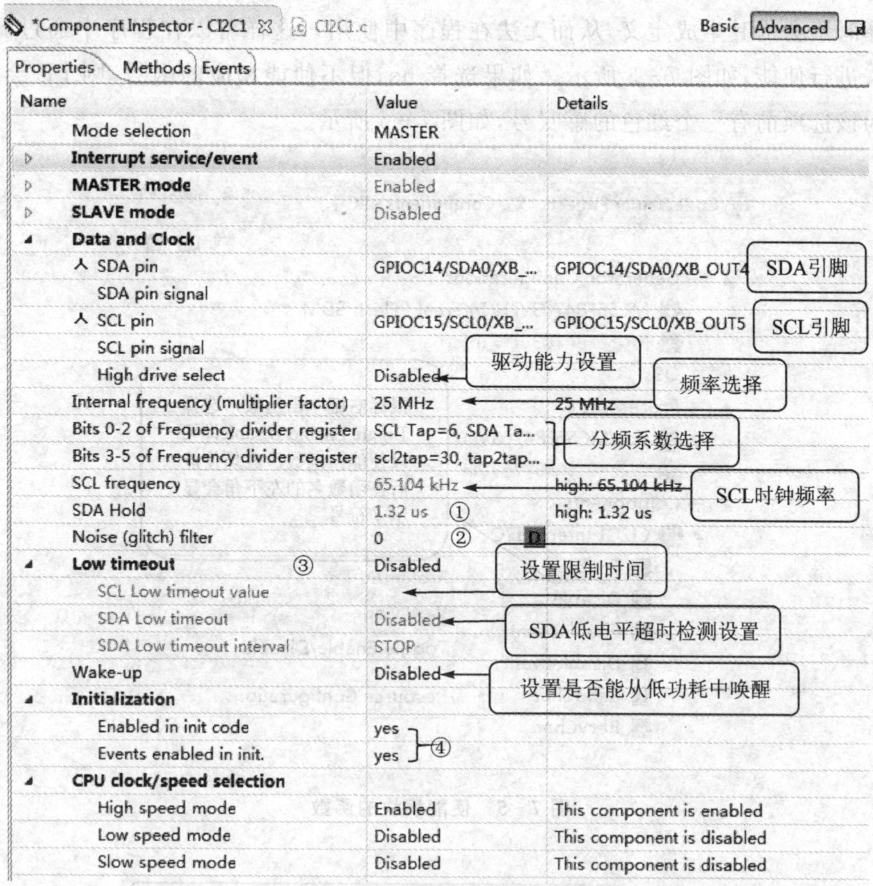

*Component Inspector - CI2C1　CI2C1.c　Basic　Advanced

Properties　Methods　Events

Name	Value	Details
Mode selection	MASTER	
▷ Interrupt service/event	Enabled	
▷ MASTER mode	Enabled	
▷ SLAVE mode	Disabled	
◢ Data and Clock		
SDA pin	GPIOC14/SDA0/XB_...	GPIOC14/SDA0/XB_OUT4
SDA pin signal		
SCL pin	GPIOC15/SCL0/XB_...	GPIOC15/SCL0/XB_OUT5
SCL pin signal		
High drive select	Disabled	
Internal frequency (multiplier factor)	25 MHz	25 MHz
Bits 0-2 of Frequency divider register	SCL Tap=6, SDA Ta...	
Bits 3-5 of Frequency divider register	scl2tap=30, tap2tap...	
SCL frequency	65.104 kHz	high: 65.104 kHz
SDA Hold	1.32 us ①	high: 1.32 us
Noise (glitch) filter	0 ②	
◢ Low timeout ③	Disabled	
SCL Low timeout value		
SDA Low timeout	Disabled	
SDA Low timeout interval	STOP	
Wake-up	Disabled	
◢ Initialization		
Enabled in init code	yes ④	
Events enabled in init.	yes ④	
◢ CPU clock/speed selection		
High speed mode	Enabled	This component is enabled
Low speed mode	Disabled	This component is disabled
Slow speed mode	Disabled	This component is disabled

图 7-4　I²C 模块初始化配置 2

① SDA Hold(SDA 保持时间)。定义为 SCL 时钟下降沿时刻到 SDA 发生改变时刻的延迟时间。

② Noise(glitch) filter(噪声滤波器)。当 SCL 和 SDA 信号发生改变时,信号只有在多次检测都稳定时才会被噪声滤波器允许通过,这里就是设置检测次数。设置为 0 则噪声滤波器被旁路,不起作用。

③ Low timeout(SCL 时钟线低电平超时)。当时钟线 SCL 电平被某器件拉低时,主器件无法强制拉高,通信也无法继续进行。这里对 SCL 低电平设置时间限制,当 SCL 处于低电平时间超过该设定时间时,则会产生中断(如果中断被使能),同时还会置位状态标志位。当检测到该情况时,作为主设备需要发送停止命令,作为从设备则应

该复位通信以便可以开始接收新的开始命令。

④ Initialization(是否在模块的 init 函数(CI2C1_Init(),该函数会在 main 函数中的 PE_low_level_init 函数中调用)中使能 I^2C 器件以及中断)。如果选择 no,则需要使能 I^2C 模块下的 Enable 函数(中断使能为 EnableEvent 函数,没有使能的函数 PE 在工程编译时不会为其生成定义,从而无法在程序中使用),这样可以在程序中通过调用该函数来进行使能,如图 7-5 所示。如果选择 no,但不使能相应的函数,则 PE 会报错,表现为该选项前有一个红色的感叹号,如图 7-6 所示。

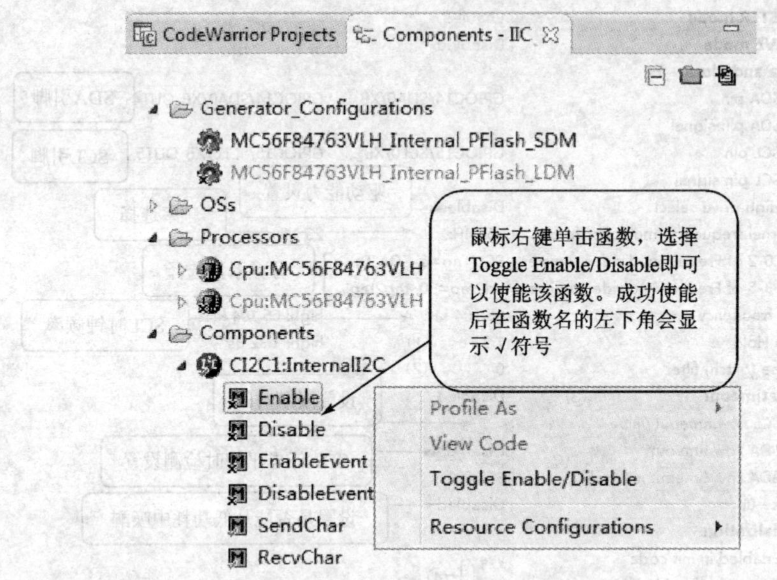

图 7-5　使能模块的函数

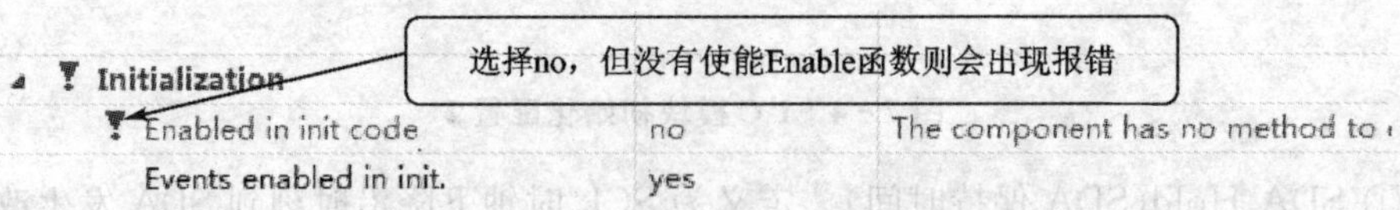

图 7-6　初始化设置报错

完成模块初始化配置后,对工程进行编译,这时 PE 就会为新添加的模块生成源代码文件和头文件,这里生成了 CI2C1.c 和 CI2C1.h,在工程文件的 Generated_Code 文件夹下,如图 7-7 所示。该模块使用到的一些函数、变量都在其中声明和定义。

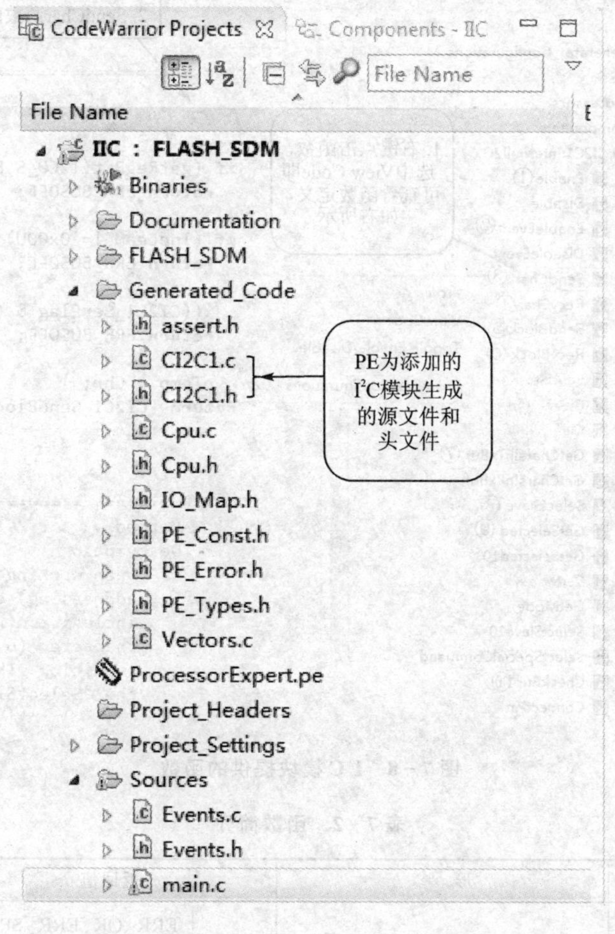

图 7-7 编译后 PE 为模块生成源文件和头文件

7.3 模块函数简介

I^2C 模块还提供了一些用于基本操作的函数，如图 7-8 所示，这些函数的简介如表 7-2 所列。可以单击选中函数，并按住鼠标左键将函数拖动到程序中需要的地方进行调用，根据函数要求（将鼠标指针放在函数名上会出现函数使用介绍）设置好形参和返回值即可。鼠标右键单击函数，选择 View Code 即可查看函数定义（只有使能的函数经过编译后才可以查看），如图 7-8 所示。

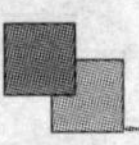

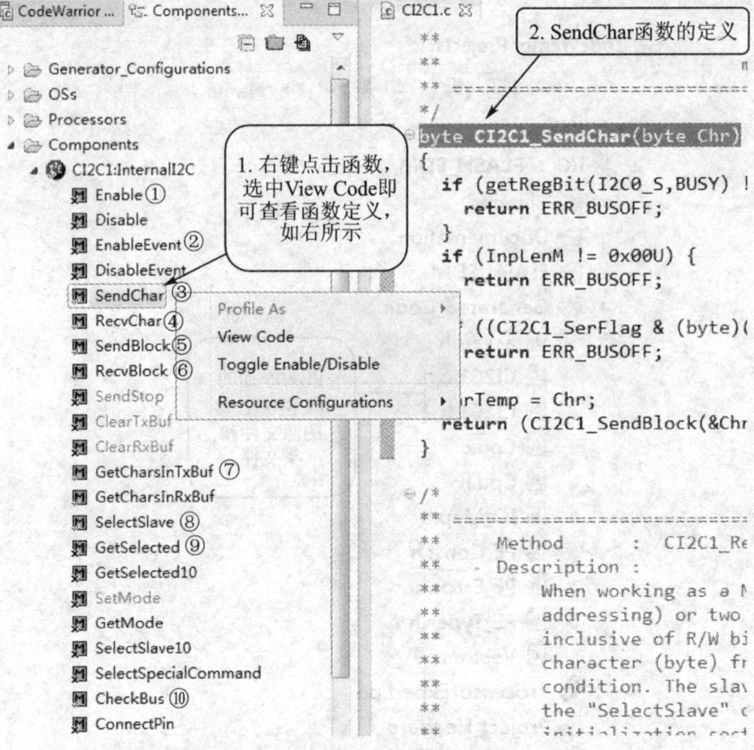

图 7-8　I²C 模块提供的函数

表 7-2　函数简介

序　号	函数名	形　参		返回值		功　能
①	Enable	无		byte	ERR_OK、ERR_SPEED（见表 7-3）	使能 I²C
②	EnableEvent	无		byte	ERR_OK、ERR_SPEED	使能中断
③	SendChar	byte	需要发送的字节	byte	ERR_OK、ERR_SPEED、ERR_DISABLED、ERR_BUSY、ERR_BUSOFF、ERR_TXFULL、ERR_ARBITR	发送一个字节
④	RecvChar	byte *	接收字节存放地址	byte	ERR_OK、ERR_SPEED、ERR_DISABLED、ERR_BUSY、ERR_BUSOFF、ERR_RXEMPTY、ERR_OVERRUN、ERR_ARBITR、ERR_NOTAVAIL	接收一个字节

续表 7-2

序 号	函数名	形 参		返回值		功 能
⑤	SendBlock	void *	要发送的数据地址	byte	ERR_OK、ERR_SPEED、ERR_DISABLED、ERR_BUSY、ERR_BUSOFF、ERR_TXFULL、ERR_ARBITR	发送多个字节数据
		word	要发送的字节数			
		word *	成功发送的字节数(3)			
⑥	RecvBlock	void *	接收数据存放地址	byte	ERR_OK、ERR_SPEED、ERR_DISABLED、ERR_BUSY、ERR_BUSOFF、ERR_RXEMPTY、ERR_OVERRUN、ERR_ARBITR、ERR_NOTAVAIL	接收多个字节数据
		word	要接收的字节数			
		word *	成功接收的字节数			
⑦	GetCharsInTxBuf	无		word	待发送的字节数	获得待发送字节数
⑧	SelectSlave	byte	新的从器件地址	byte	ERR_OK、ERR_SPEED、ERR_DISABLED、ERR_BUSY	设置新的从器件7位地址
⑨	GetSelected	byte *	用于存放获取的当前从器件7位地址的地址	byte	ERR_OK、ERR_SPEED	获取当前控制的从器件7位地址
⑩	CheckBus	无		byte	CI2C1_BUSY:检测到开始命令但还未停止 CI2C1_IDLE:检测到停止命令但还未开始	获取总线状态

表7-2说明如下:

(1) Enable和EnableEvent函数只有在I²C模块初始化配置中(即图7-4中的④)选择no或者yes,当Disable函数也被使能时PE才在工程编译时为其生成定义。

(2) 在主模式下,SendChar和SendBlock函数在执行时会先发送从器件地址(7位地址模式为1字节;10位地址模式为2字节),然后再发送需要发送的字节数据。同样地,调用接收数据函数RecvChar和RecvBlock时,也会先发送从器件地址,然后再读取数据。所以,要在调用函数前设置好从器件地址。SendChar函数定义如图7-9所示,在函数中,将要发送的字节赋值给一个变量,再调用SendBlock函数,将要发送的字节数设置为1。而在SendBlock函数中,则会先发送从地址,再发送该字节。

(3) 成功发送/接收的字节数,如果在主模式下且中断使能,那么该值总是等于需要发送的字节数。图 7－10 为多字节发送函数代码（I²C 为主模式，中断被使能），将从地址赋值给 I²C 的数据寄存器以待发送，然后将需要发送的字节数赋值给了成功发送的字节数，函数返回。剩余的字节数会在成功发送地址字节后进入中断依次发送。而如果在发送过程中出现发送失败，那么真正发送的数据字节并不等于函数返回的成功发送字节数。在这种情况下，当所有的字节都发送完成后，会调用 Events.c 文件中的 CI2C1_OnTransmitData 函数，可以根据该函数来判断是否成功发送所有字节。

```
CI2C1.c
byte CI2C1_SendChar(byte Chr)
{
  if (getRegBit(I2C0_S,BUSY) != 0x00U) { /* Is the bus busy? */
    return ERR_BUSOFF;                   /* If yes then error */
  }
  if (InpLenM != 0x00U) {                /* Are any data to receiving? *
    return ERR_BUSOFF;                   /* If yes then error */
  }
  if ((CI2C1_SerFlag & (byte)(CHAR_IN_TX|WAIT_RX_CHAR|IN_PROGRES)) !=
    return ERR_BUSOFF;                   /* If yes then error */
  }
  ChrTemp = Chr;                         /* Save character */
  return (CI2C1_SendBlock(&ChrTemp, 1U, ((void *)&CI2C1_SndRcvTemp)));
}
```

图 7－9　SendChar 函数定义

函数的返回信息定义在 PE_Error.h 文件中，对表 7－2 出现的返回信息整理如表 7－3 所列。

表 7－3　返回值表

返回参数	值	含　义
ERR_OK	0	OK
ERR_SPEED	1	器件没有工作在有效速度模式
ERR_DISABLED	7	器件没有使能
ERR_BUSY	8	器件忙碌
ERR_NOTAVAIL	9	函数在当前模式下无效
ERR_RXEMPTY	10	接收器中没有数据
ERR_TXFULL	11	发送器满
ERR_BUSOFF	12	总线无效
ERR_OVERRUN	13	检测到超限
ERR_ARBITR	21	仲裁丢失，发生于两个节点同时开始传输

```
CI2C1.c
byte CI2C1_SendBlock(void* Ptr,word Siz,word *Snt)
{
  if (Siz == 0x00U) {                           /* Test variable Si
    *Snt = 0U;
    return ERR_OK;                              /* If zero then OK
  }
  if (getRegBit(I2C0_S,BUSY) != 0x00U) { /* Is the bus bus
    return ERR_BUSOFF;                          /* If yes then errc
  }
  if (InpLenM != 0x00U) {                       /* Are any data to
    return ERR_BUSOFF;                          /* If yes then errc
  }
  if ((CI2C1_SerFlag & (byte)(CHAR_IN_TX|WAIT_RX_CHAR|IN_P
    return ERR_BUSOFF;                          /* If yes then errc
  }
  EnterCritical();                              /* Enter the critic
  CI2C1_SerFlag |= IN_PROGRES;                  /* Set flag "busy"
  OutLenM = Siz;                                /* Set lenght of da
  OutPtrM = (byte *)Ptr;                        /* Save pointer to
  setRegBit(I2C0_C1,TX);                        /* Set TX mode */
  if (getRegBit(I2C0_C1,MST) != 0x00U) { /* Is device in m
    setRegBit(I2C0_C1,RSTA);                    /* If yes then repe
  } else {
    setRegBit(I2C0_C1,MST);                     /* If no then start
  }
  setReg(I2C0_D,CI2C1_SlaveAddr);               /* Send slave addre
  ExitCritical();                               /* Exit the critica
  *Snt = Siz;                                   /* Dummy number of
  return ERR_OK;                                /* OK */
}
```

将需要发送的字节数赋值给成功发送的字节数后，函数返回

图7-10　多字节发送函数

7.4　I²C应用实例

利用InternalI2C模块实现MC56F84763与24C02(EEPROM)的通信。

7.4.1　参数与程序

使用I²C与ATMEL 24C02EEPROM芯片进行通信，向EEPROM中写入和读取数据。实例中向24C02的第1页和第2页写入数据，再将数据读出存入数组中。

图7-11为参数定义，page1和page2两个数组第一个数据为该页地址，后8位数据为需要写入该页的数据。recv数组用于存放读取数据，add为需要读取的第1个字节数据的地址。

实例程序如图7-12所示，先将两个数组的数据写入到24C02的第1、2页，然后将读取数据地址发给24C02，再开始接收16个字节。

```
*main.c

//发送到第1页的数组      地址 数据1------------------数据8
byte page1[15] = {0, 1, 2, 3, 4, 5, 6, 7, 8,};

//发送到第2页的数组      地址 数据1------------------数据8
byte page2[9] =  {8, 21,22,23,24,25,26,27,28};

//存放接收数据的数组
byte recv[20]={0};

//读取数据的地址
byte add=0;

unsigned int send_number=0,recv_number=0;

//在中断中置位，用于检测是否发送、接收完成
//需要发送的字节发送完成则置1，需要接收的字节接收完成则置2
int flag=0;
```

图 7－11　实例参数定义

```
main.c

void main(void)
{
  /* Write your local variable definition here */

  /*** Processor Expert internal initialization. DON'T REMOVE THIS CODE!!! ***/
  PE_low_level_init();
  /*** End of Processor Expert internal initialization.                    ***/

  /* Write your code here */
  CI2C1_SelectSlave(0x50); //设置从设备地址，0b1010000,前4位为固定地址1010，后3位为A0、A1、A2
  while(CI2C1_CheckBus()==CI2C1_BUSY); //等待停止命令发出后继续
  CI2C1_SendBlock(page1,9,&send_number); //发送第1页数据
  while(flag!=1); //等待所有字节发送完成
  flag=0;
  Cpu_Delay100US(100); //延时10 ms

  CI2C1_SelectSlave(0x50); //设置从设备地址，0b1010000,前4位为固定地址1010，后3位为A0、A1、A2
  while(CI2C1_CheckBus()==CI2C1_BUSY); //等待停止命令发出后继续
  CI2C1_SendBlock(page2,9,&send_number);//发送第2页数据
  while(flag!=1);//等待所有字节发送完成
  flag=0;
  Cpu_Delay100US(100);//延时10 ms

  CI2C1_SelectSlave(0x50);//设置从设备地址，0b1010000,前4位为固定地址1010，后3位为A0、A1、A2
  while(CI2C1_CheckBus()==CI2C1_BUSY);//等待停止命令发出后继续
  CI2C1_SendBlock(&add,1,&send_number);//发送读取数据地址
  while(flag!=1);//等待所有字节发送完成
  flag=0;
  Cpu_Delay100US(100);//延时10 ms

  CI2C1_SelectSlave(0x50);//设置从设备地址，0b1010000,前4位为固定地址1010，后3位为A0、A1、A2
  while(CI2C1_CheckBus()==CI2C1_BUSY);//等待停止命令发出后继续
  CI2C1_RecvBlock(recv,16,&recv_number);//从第1页开始接收16个字节数据
  while(flag!=2);//等待所有字节接收完成
  flag=0;
```

图 7－12　实例程序

中断函数如图 7-13 所示,CI2C1_OnReceiveData 中断服务函数在成功接收全部字节个数后调用;CI2C1_OnTransmitData 中断服务函数则在成功发送全部字节个数后调用。在这两个函数中给 flag 进行赋值,可以用于在主函数中判断通信状况。

```
Events.c
#pragma interrupt called
void CI2C1_OnReceiveData(void)
{
    flag=2;
}

**      Event       :  CI2C1_OnTransmitData (module Events)[]
/* Comment following line if the appropriate 'Interrupt preserve r
/* is set to 'yes' (#pragma interrupt saveall is generated before
#pragma interrupt called
void CI2C1_OnTransmitData(void)
{
    flag=1;
}

/* END Events */
```

图 7-13 中断函数程序

7.4.2 调试与结果

对工程进行编译下载,运行几秒后暂停,查看接收数组数据如图 7-14 所示。可见,第 1 页和第 2 页数据写入到了 24C02 中并被成功读取出来。

(x)= Variables

Name	Value	Location
Frecv	0x00000013	0x000013`Data Word
[0]	1	0x000013`Data Word
[1]	2	0x000014`Data Word
[2]	3	0x000014`Data Word
[3]	4	0x000015`Data Word
[4]	5	0x000015`Data Word
[5]	6	0x000016`Data Word
[6]	7	0x000016`Data Word
[7]	8	0x000017`Data Word
[8]	21	0x000017`Data Word
[9]	22	0x000018`Data Word
[10]	23	0x000018`Data Word
[11]	24	0x000019`Data Word
[12]	25	0x000019`Data Word
[13]	26	0x00001a`Data Word
[14]	27	0x00001a`Data Word
[15]	28	0x00001b`Data Word
[16]	0	0x00001b`Data Word
[17]	0	0x00001c`Data Word
[18]	0	0x00001c`Data Word
[19]	0	0x00001d`Data Word

图 7-14 调试过程中接收数组数据

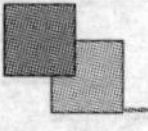

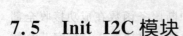

7.5 Init_I2C 模块

在 PE 模块库中除了 InternalI2C 模块，还有一个 Init_I2C 模块。一般称前者为高级模块，后者为低级模块。两个模块都能够对 I^2C 进行初始化，实现 I^2C 功能。但 InternalI2C 模块初始化选项设置较简单，还提供给用户一些操作函数；Init_I2C 模块的初始化则比较底层，也没有提供用户函数。因两个模块相似，所以这里对 Init_I2C 模块进行简单介绍。

7.5.1 模块添加

在 PE 模块库中找到 Init_I2C 模块，鼠标左键双击模块从而向工程中添加一个模块，如图 7-15 所示。

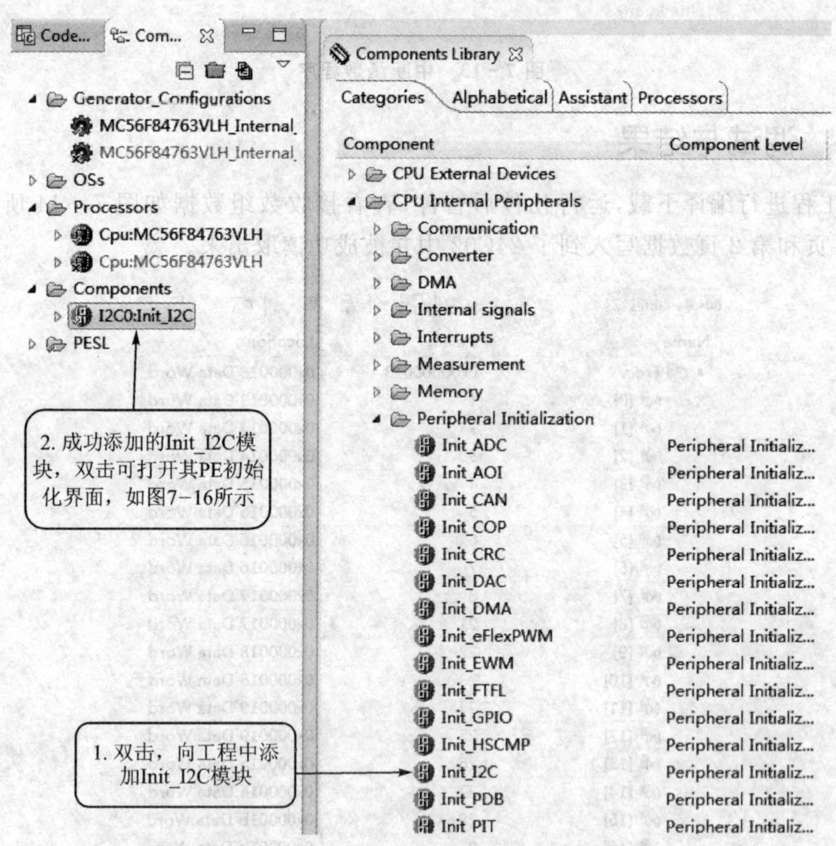

图 7-15 向工程中添加 Init_I2C 模块

7.5.2 模块初始化

双击添加到工程中的 Init_I2C 模块，打开其初始化界面进行初始化配置，如

图 7-16、图 7-17 所示。

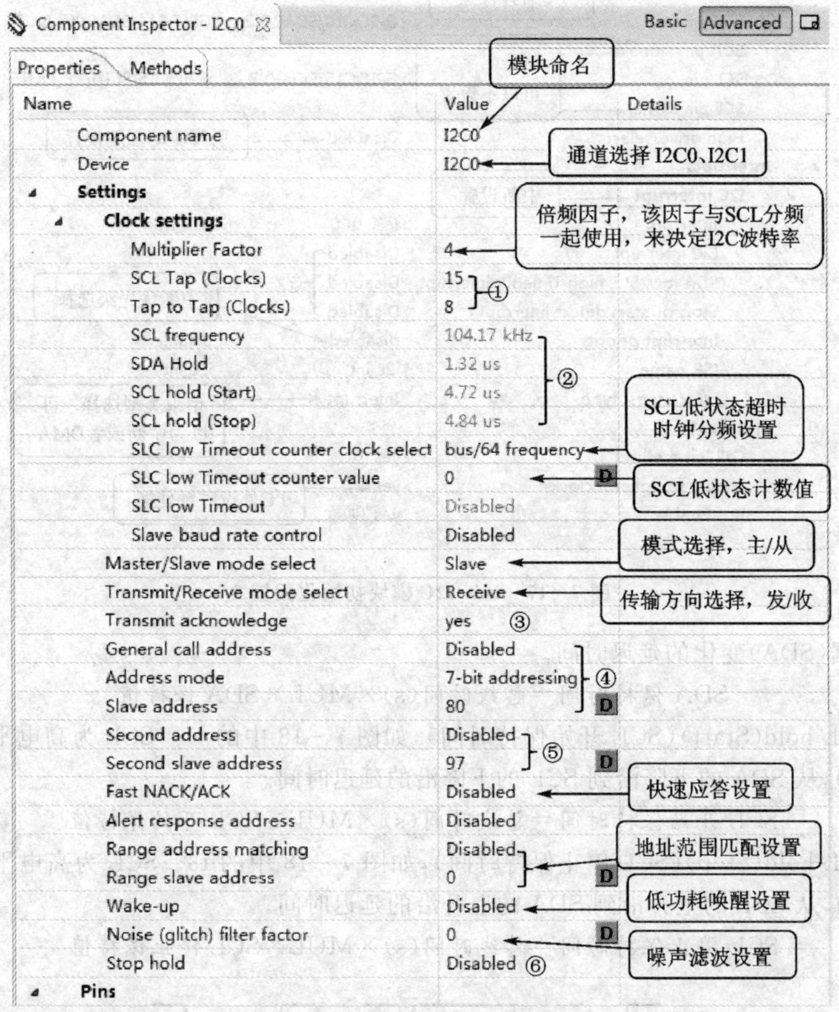

图 7-16　Init_I2C 模块初始化配置 1

① SCL Tap(Clocks)、Tap to Tap(Clocks)(SCL 分频系数)，由 I²C 分频寄存器 I2Cx_F 的 ICR[5:0]位域决定。SCL Tap 决定 ICR 位域的 D0～D2，Tap to Tap 决定 ICR 位域的 D3～D5，具体分配系数(以及后面的保持值)可参考文件 *MC56F847xx Reference Manual* 的 Table 37～41。

② SCL frequency(I²C 波特率(时钟频率))，在 I²C 标准模式下最大可达 100 kHz，快速模式下最大可达 400 kHz。

$$I^2C\ 波特率 = \frac{总线频率(Hz)}{MUL \times SCL\ 分频因子}$$

式中，MUL 为 Multiplier Factor，倍频因子。

SDA Hold(SDA 保持时间)，如图 7-18 中的 t2。从 I²C 时钟(SCL)的下降沿到

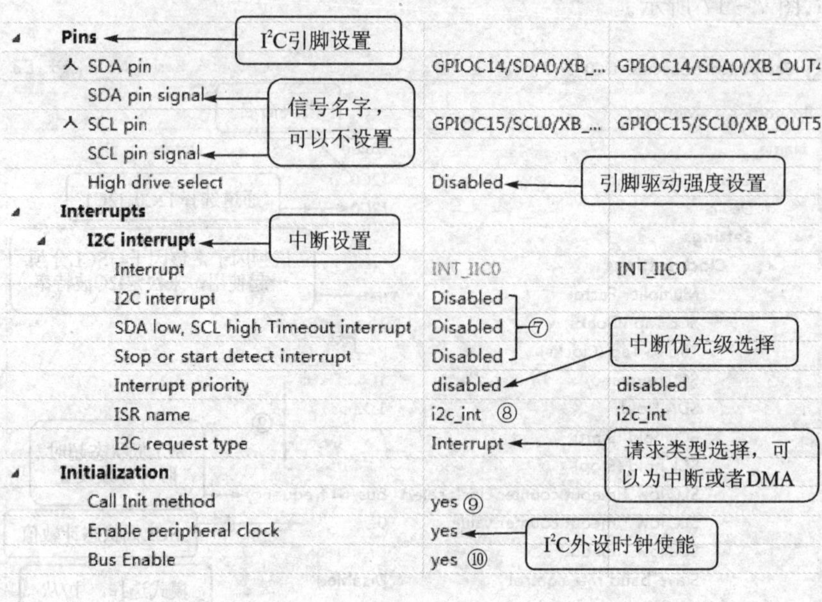

图 7-17　Init_I2C 模块初始化配置 2

I²C 数据(SDA)变化的延迟时间。

SDA 保持时间＝总线时间(s)×MUL×SDA 保持值

SCL hold(Start)(SCL 开始保持时间)，如图 7-18 中的 t1。SCL 为高电平时(开始信号)，从 SDA 的下降沿到 SCL 的下降沿的延迟时间。

SCL 开始保持时间＝总线时间(s)×MUL×SCL 开始保持值

SCL hold(Stop)(SCL 停止保持时间)，如图 7-18 中的 t3。SCL 为高电平时(停止信号)，从 SCL 的上升沿到 SDA 的上升沿的延迟时间。

SCL 停止保持时间＝总线时间(s)×MUL×SCL 停止保持值

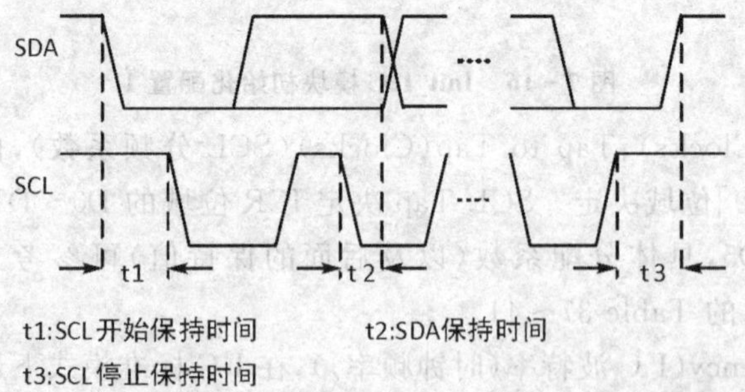

图 7-18　保持时间定义

两种模式下 3 个保持时间的要求如表 7-4 所列。

表7-4 两种模式下3个保持时间要求

属　性	标准模式	快速模式
频率(最大值)/kHz	100	400
SDA保持时间/μs	0～3.45	0～0.9
SCL开始保持时间(最小值)/μs	4	0.6
SCL停止保持时间(最小值)/μs	4	0.6

③ Transmit acknowledge(传送应答设置)。若选择yes,则在成功接收一个字节后,发出应答位(即低电平位);若选择no,则在成功接收一个字节后,发出非应答位(即高电平位)。

④ 广播地址设置,如果需要使用到广播地址功能,则需要使能该功能,并选择地址格式和设置广播地址。

⑤ SMBus(System Management Bus,系统管理总线)设备初始地址设置。若要使用该功能,则需要选择Enabled并设置好初始地址。

⑥ Stop hold使能该功能可以在有数据传输时延缓进入停止模式。

⑦ 中断源设置。使能(设置为Enabled)需要的中断源,I²C interrupt设置IICIE位,SDA low SCL high设置SHTF2IE位,Stop or start detect interrupt设置SSIE位,详见表7-1。

⑧ ISR name(中断函数名称设置)。Init_I2C模块不会直接在Events.c文件中产生中断服务函数,但会将用户设置的中断函数在中断向量表中注册,如图7-19所示。PE还在模块头文件(I2C0.h)中对中断服务函数进行来了声明,但模块源文件(I2C0.c)中的定义被注释了,需要用户进行定义,如图7-20所示。用户可以将被注释的函数在模块源文件中解除注释,或者将该部分代码拷贝到Events.c中便于中断服务函数的管理。

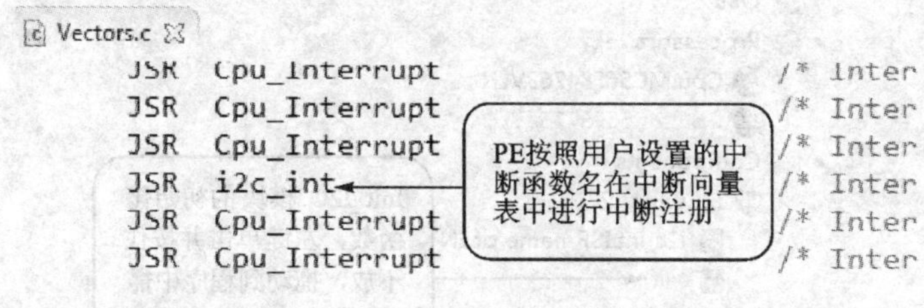

图7-19 PE完成I²C中断注册

⑨ Call Init method(模块初始化函数调用设置)。如果选择yes则在工程的初始化函数PE_low_level_init()中调用I²C模块的初始化函数I2C0_Init();如果选择no,则不会调用I²C初始化函数,需要用户在程序中调用模块下的Init函数,如图7-21所示。

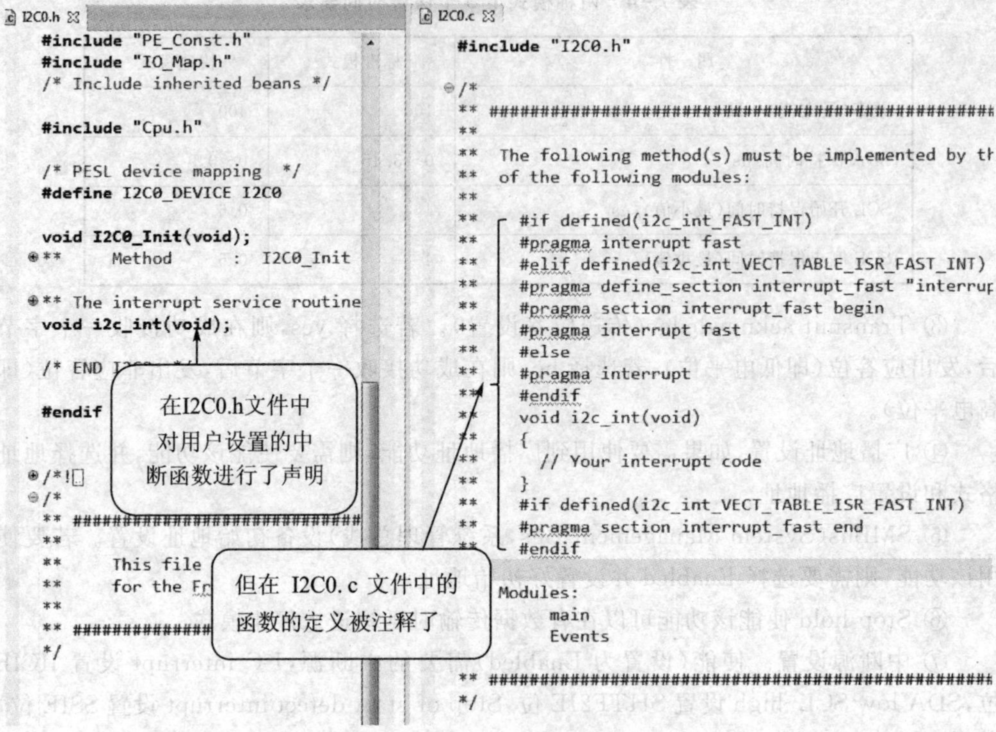

图 7-20 PE 完成了中断函数的声明但无定义

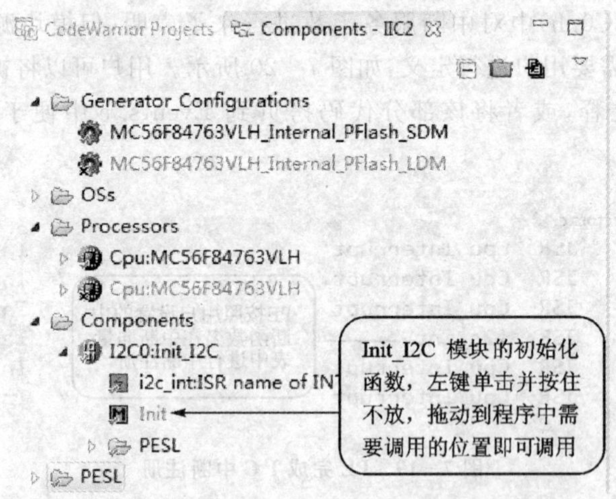

图 7-21 Init_I2C 的初始化函数

⑩ Bus Enable(模块使能)。若选择 yes,则在模块初始化函数 I2C0_Init 中会使能 I^2C 模块;若选择 no,则用户在程序中需要使能 I^2C 模块的位置进行使能。

7.5.3 PESL

在低级模块下都有一个名字为PESL的文件夹，里面包含了对该模块的一些基本操作，如图7-22所示。模块刚添加时该文件夹并未使能(文件夹左下角为X符号)，如果使用其中的函数则会报错，右键单击PESL文件夹，选中PESL Enabled即可进行使能，成功使能后，文件夹左下角为√符号。将鼠标放置在任一个函数上，将会显示该函数简介。左键单击选中函数，按住左键拖动到程序中，配置好形参和返回值即可。

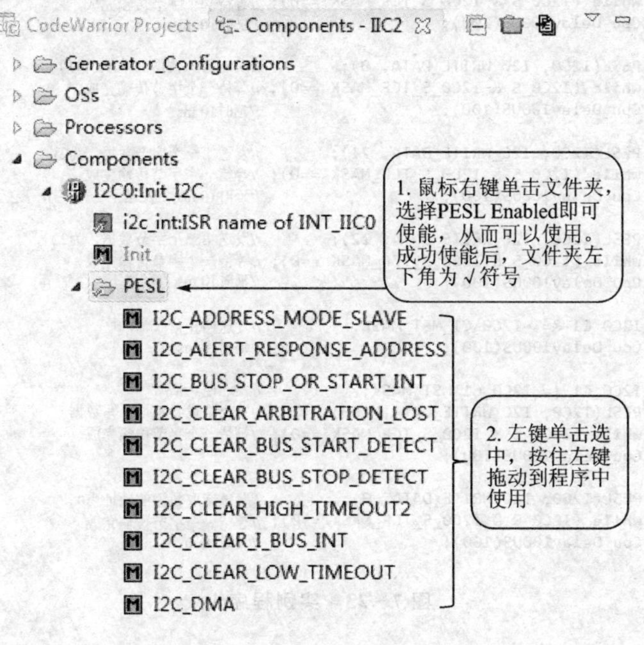

图7-22 PESL文件夹

7.5.4 Init_I2C模块应用实例

使用Init_I2C模块实现MC56F84763与24C02(EEPROM)的通信。

实例为使用Init_I2C模块来编程实现MC56F84763与EEPROM 24C02进行I²C通信，前者为主设备，后者为从设备。先向24C02中写入两个字节数据，然后再读出来放入数组中，模块初始化配置如前所示。实例程序如图7-23、图7-24所示。

编译下载工程，运行几秒时间后暂停程序的运行，查看存放从24C02读取数据的数组，如图7-25所示，与写入到24C02的数据一致，可见与24C02的I²C通信成功进行。

```
main.c
  byte recv[6]={0};                                 //定义数组，用于存放读取的数据
void main(void)
{
  /* Write your local variable definition here */
  /*** Processor Expert internal initialization. DON'T REMOVE THI!
  PE_low_level_init();
  /*** End of Processor Expert internal initialization.

  /* Write your code here */
    I2C0_C1 |= I2C0_C1_TX_MASK;                     //修改数据传输方向为发送数据
    I2C0_C1 |= I2C0_C1_MST_MASK;                    //设置MC56F84763为主设备，并发出开始信号
    PESL(I2C0, I2C_WRITE_DATA, 160);                //发出从设备地址，写数据
    while (I2C0_S & I2C0_S_TCF_MASK ==0);           //等待一个字节传输完成
    Cpu_Delay100US(100);                            //延时10 ms

    PESL(I2C0, I2C_WRITE_DATA, 0);                  //发送写入数据的地址，为0
    while (I2C0_S & I2C0_S_TCF_MASK ==0);           //等待一个字节传输完成
    Cpu_Delay100US(100);                            //延时10 ms

    PESL(I2C0, I2C_WRITE_DATA, 21);                 //发送第一个字节数据，为21
    while (I2C0_S & I2C0_S_TCF_MASK ==0);           //等待一个字节传输完成
    Cpu_Delay100US(100);                            //延时10 ms,再发送下一个字节

    PESL(I2C0, I2C_WRITE_DATA, 22);                 //发送第二个字节数据，为22
    while (I2C0_S & I2C0_S_TCF_MASK ==0);           //等待一个字节传输完成
    Cpu_Delay100US(100);                            //延时10 ms,再发送下一个字节

    I2C0_C1 &= ~I2C0_C1_MST_MASK;                   //发送停止信号
    Cpu_Delay100US(100);                            //延时10 ms

    I2C0_C1 |= I2C0_C1_MST_MASK;                    //发送停止信号
    PESL(I2C0, I2C_WRITE_DATA, 160);                //发出从设备地址，写数据
    while (I2C0_S & I2C0_S_TCF_MASK ==0);           //等待一个字节传输完成
    Cpu_Delay100US(100);

    PESL(I2C0, I2C_WRITE_DATA, 0);                  //发送读取数据的地址为0
    while (I2C0_S & I2C0_S_TCF_MASK ==0);           //等待一个字节传输完成
    Cpu_Delay100US(100);                            //延时10 ms
```

图 7-23　实例程序 1

```
    I2C0_C1 |= I2C0_C1_RSTA_MASK;                   //发送开始信号
    PESL(I2C0, I2C_WRITE_DATA, 161);                //发出从设备地址，读数据
    while (I2C0_S & I2C0_S_TCF_MASK ==0);           //等待一个字节传输完成
    Cpu_Delay100US(100);                            //延时10 ms

    PESL(I2C0, I2C_TX_RX_MODE, I2C_RECEIVE);        //设置模式为读数据
    I2C0_C1 &= ~I2C0_C1_TXAK_MASK;                  //设置读取数据后发送应答信号

    recv[0] = I2C0_D;                               //启动第一个字节的传输
    while (I2C0_S & I2C0_S_TCF_MASK ==0);           //等待一个字节传输完成
    Cpu_Delay100US(100);                            //延时10 ms

    recv[0] = I2C0_D;                               //读取第一个字节，同时启动第二个字节
    while (I2C0_S & I2C0_S_TCF_MASK ==0);           //等待一个字节传输完成
    Cpu_Delay100US(100);

    I2C0_C1 |= I2C0_C1_TXAK_MASK;                   //设置下一个字节接收后发送非应答信号
    recv[1] = I2C0_D;                   //读取第二个字节并存入数组，启动下一个自己的传输
    while (I2C0_S & I2C0_S_TCF_MASK ==0);           //等待一个字节传输完成
    Cpu_Delay100US(100);

    I2C0_C1 &= ~I2C0_C1_MST_MASK;                   //发送停止信号

  for(;;) {}
}
```

图 7-24　实例程序 2

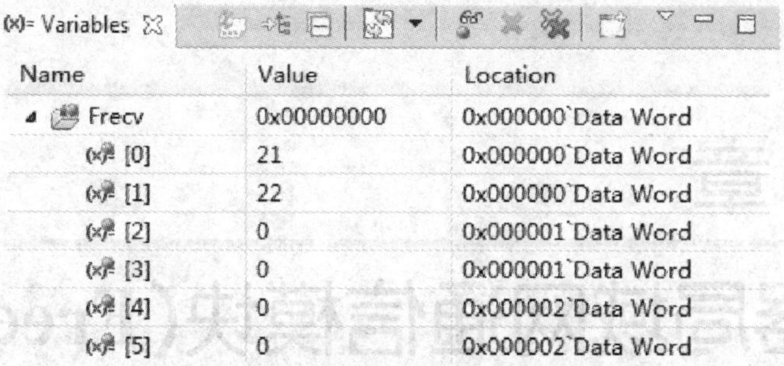

(x)= Variables

Name	Value	Location
Frecv	0x00000000	0x000000`Data Word
[0]	21	0x000000`Data Word
[1]	22	0x000000`Data Word
[2]	0	0x000001`Data Word
[3]	0	0x000001`Data Word
[4]	0	0x000002`Data Word
[5]	0	0x000002`Data Word

图 7 - 25　I^2C 通信读取到的数据

7.6　小　结

① PE 模块库提供了两个 I^2C 模块，分别为 InternalI2C 和 Init_I2C 模块。两者功能相同，只是设置界面表现形式有所不同。除此之外，对于前者，PE 会生成一些简单的用户函数；而后者虽然没有提供用户函数，但模块下包含 PESL 文件夹，可用于寄存器的基本操作。

② I^2C 为两线通信，一条为时钟线 SCL，另一条为数据线 SDA。主设备通过寻址来控制与不同的从设备通信。

③ 初始化设置中，要根据从设备条件、硬件电路状况来设置合适的时钟（SCL 线上）频率，在提高通信速率的同时必须保障通信可靠性。

④ 编程过程中，应该先熟悉 I^2C 通信机理，然后查看模块函数的实现方法，再按照使用情况编写合适的代码。

第 8 章

控制器局域网通信模块(Freescale CAN)

CAN 总线是应用广泛的串行通信协议之一,主要应用在对数据完整性有严格要求的汽车电子和工业控制领域。

CAN 总线是一个单一的网络总线,所有的外围器件均可以挂接在该总线上;CAN 网络上的任何一个节点均可作为主节点与其他节点交换数据;不同 CAN 节点发送的报文具有不同的优先级,这对于有实时性要求的控制提供了方便;CAN 总线具有良好的抗干扰性能以及错误检测的功能,可靠性很高。CAN 总线的这些特点使其满足了在诸多工业测控现场正常工作的能力。

8.1 CAN 模块基础知识

8.1.1 CAN 模块硬件电路基础知识

CAN 模块有 Tx 和 Rx 两个引脚,为了提高通信可靠性、增加传输距离,通常将 CAN 模块的两个引脚通过一个收发器再与总线相连,如图 8-1 所示。常用的 CAN 收发器有 Philips 公司的 PCA82C250、TJA1050 等。

收发器的功能是将 CAN 控制器的发出的 Tx 信号、接收到的 Rx 信号与差分的 CANH 和 CANL 信号进行转换。

若 CAN 控制器发出或收到的信号为 1,对应的差分信号为 0(此时 CANH 与 CANL 都被固定在 2.5 V 左右,两者电压差为零)。

若 CAN 控制器发出或收到的信号为 0,对应的差分信号为 1(此时 CANH=3.5 V,CANL=1.5 V,两者电压差在 2 V 左右)。

CAN 控制器的 Tx 和 Rx 引脚一般不直接接到收发器上,两者之间一般需要磁隔离或光隔离。磁隔离可采用 ADuM3201 芯片,光隔离可采用 6N137 等高速光耦。

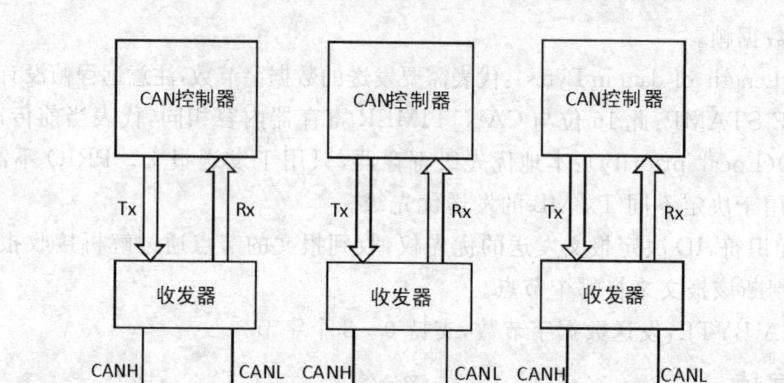

图 8-1　常用 CAN 模块硬件构成

8.1.2　CAN 协议基础知识

帧结构是 CAN 节点间通信的数据格式，它们代表了 CAN 模块的基本功能。

CAN 总线协议中有数据帧、远程帧、错误帧和过载帧 4 种报文帧。数据帧和远程帧与用户编程相关；错误帧和过载帧由 CAN 控制器硬件处理，与用户编程无关。下面着重介绍数据帧和远程帧。

如图 8-2 所示为 Message Buffer(下文简称 MB)结构，为数据帧和远程帧的基本结构，下面逐一进行介绍。此结构在文档 MC56F847xxRM 中第 34.3.18 节有详细叙述。

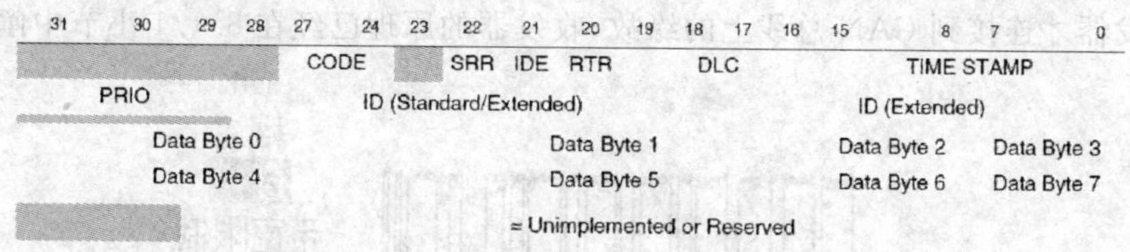

图 8-2　Message Buffer 结构

CODE：用于反映或设置 Rx/Tx Message Buffer 当前的状态。如 0b0000 代表当前 Rx buffer 未使能，0b1000 代表当前 Tx buffer 未使能。具体 CODE 对应的状态见 MC56F847xxRM 文档中第 34.3.18 节 Message Buffer Structure 中表 34-37 和表 34-38。

SRR(Substitute Remote Request)：此位仅用于发送节点的拓展格式，置 1 为隐性值，置 0 为显性值。接受节点的 CAN 模块收到的为显性值代表仲裁失败。收到的为隐性值则仲裁成功。

IDE(ID Extended Bit)：此位是帧格式标志位，置 1 代表帧格式为拓展格式，置 0 代表帧格式为标准格式。两种格式的区别在 8.4.1 小节会详细叙述。

RTR(Remote Transmission Request)：此位是远程帧标志位。置 1 代表远程帧，

置 0 代表数据帧。

DLC(Length of data in Bytes)：代表需要发送的数据字节数，注意远程帧没有数据场。

TIME STAMP：此 16 位与 CAN_TIMER 寄存器内容相同，代表当前传送的位数。

PRIO(Local priority)：本地优先级寄存器，只用于发送报文。PRIO 不需要发送，仅在本地用于决定不同 Tx MB 的发送优先级。

ID：标识符，ID 决定报文发送的优先权，收到报文的节点通过解析接收报文的标示符 ID，来判断该报文来自哪个节点。

DATA BYTE：发送数据字节数，支持 0～8 个字节。

1. 数据帧

CAN 节点间的通信中，将数据从一个节点发送器传输到另一个节点的接收器，用到的帧类型为数据帧。数据帧由 7 个不同的位场组成：帧起始、仲裁场、控制场、CRC 场、应答场和帧结束。

数据帧有标准帧与拓展帧两种帧格式，标准格式的标示符 ID 为 11 位，拓展格式标示符 ID 为 29 位。

当接收节点正确地接收到有效的报文时，接收节点就会在应答间隙向发送节点发送一个 0 位以示应答。如图 8－3 所示，波形 1 为 CAN 总线上的波形，波形 2 为接收节点发送的波形。可见在数据帧传送完成后，接收节点发送一个 0 位作为应答，一次数据帧传送完成。

需要说明的是，接收节点发送的应答位 0(如图 8－3 波形 2 中的脉冲)反映在总线上变成了 1(如图 8－3 波形 1 最后一个脉冲)，这是由于 CAN 控制器的 Tx、Rx 引脚经过了收发器才连接到 CAN 总线上的缘故，收发器的原理已经在 8.1.1 小节中阐述。

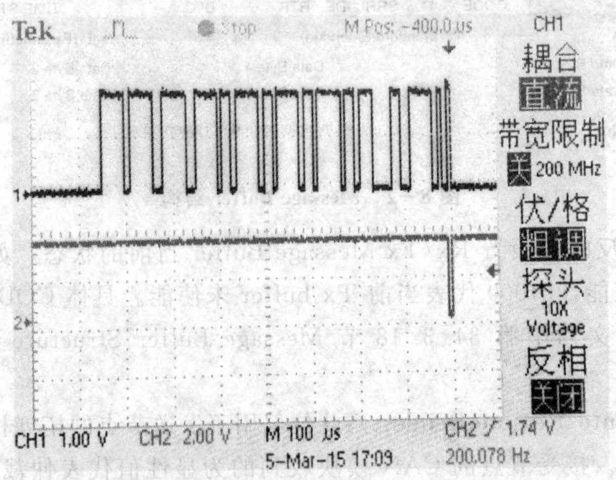

图 8－3 数据帧传送波形

2. 远程帧

远程帧与数据帧类似，不同点是远程帧没有数据场，且远程帧中 RTR 位为 1，数据帧中 RTR 位为 0。

CAN 节点发送远程帧的目的是请求接收节点发送具有同一标示符的数据帧,也就是说,可以向某个节点发送远程帧获取该节点的数据。远程帧也有标准格式和拓展格式。

图 8-4 所示为发送一次远程帧的完整波形。波形 1 是 CAN 总线上检测到的波形,波形 2 是发送节点 Tx 引脚的波形。波形第 1 段是发送节点发出的波形,向接收节点请求数据,波形第 2 段是接收节点返回的数据,发送节点接收到返回的数据后发送一个应答位 0 作为应答。

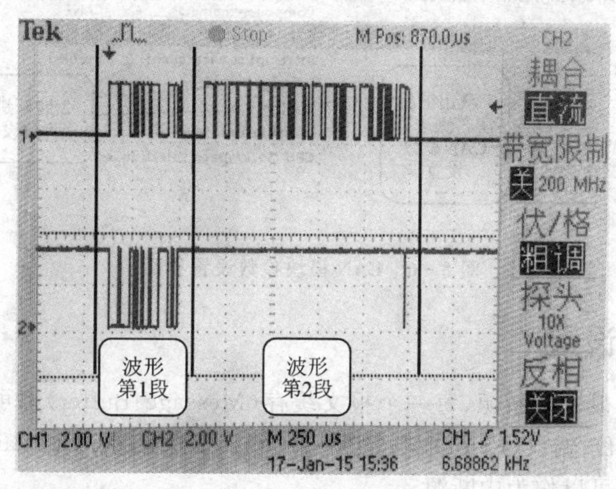

图 8-4　远程帧传送波形

8.2　模块添加

如图 8-5 所示,添加局域网通信模块 CAN 模块。

图 8-5　添加 CAN 模块

8.3 模块初始化

如图 8-6 所示，双击图标打开参数设置界面。

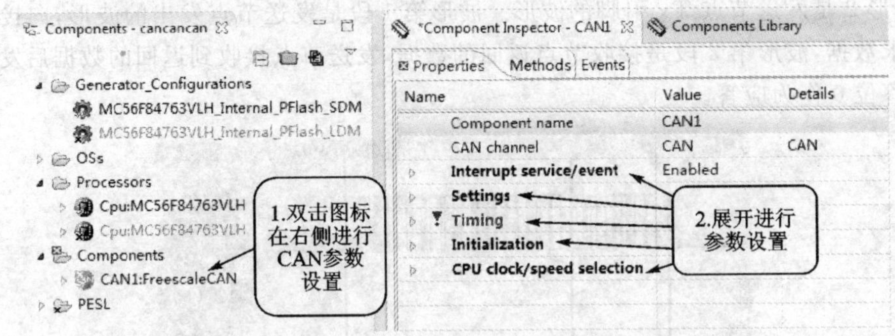

图 8-6 CAN 模块参数设置界面

8.3.1 中断设置

CAN 模块有很多中断源，每一个报文缓存(Message Buffer)都可以作为中断源，总线掉线(Bus off)、错误(Error)、唤醒(Wake up)、发送报警(Tx Warning)、接收报警(Rx Warning)也可以作为中断源。

如图 8-7 所示，进行中断设置，一般情况下使用默认设置即可。

Interrupt service/event	Enabled	
Interrupt Message Buffers	INT_MB_OR	INT_MB_OR
Interrupt Message Buffers priority	medium priority	1
Interrupt Message Buffers preserve registers	yes	
Interrupt Error	INT_ERROR	INT_ERROR
Interrupt Error priority	medium priority	1
Interrupt Error preserve registers	yes	
Interrupt Wakeup	INT_WAKEUP	INT_WAKEUP
Interrupt Wakeup priority	medium priority	1
Interrupt Wakeup preserve registers	yes	
Interrupt Bus Off	INT_BUS_OFF	INT_BUS_OFF
Interrupt Bus Off priority	medium priority	1
Interrupt Bus Off preserve registers	yes	
Interrupt Tx Warning	INT_TX_WARN	INT_TX_WAR...
Interrupt Tx Warning priority	medium priority	1
Interrupt Tx Warning preserve registers	yes	
Interrupt Rx Warning	INT_RX_WARN	INT_RX_WA...
Interrupt Rx Warning priority	medium priority	1
Interrupt Rx Warning preserve registers	yes	

图 8-7 CAN 模块中断设置

8.3.2　基本设置

图 8-8 为 CAN 模块的基本设置,下面对其中各项设置进行解释。

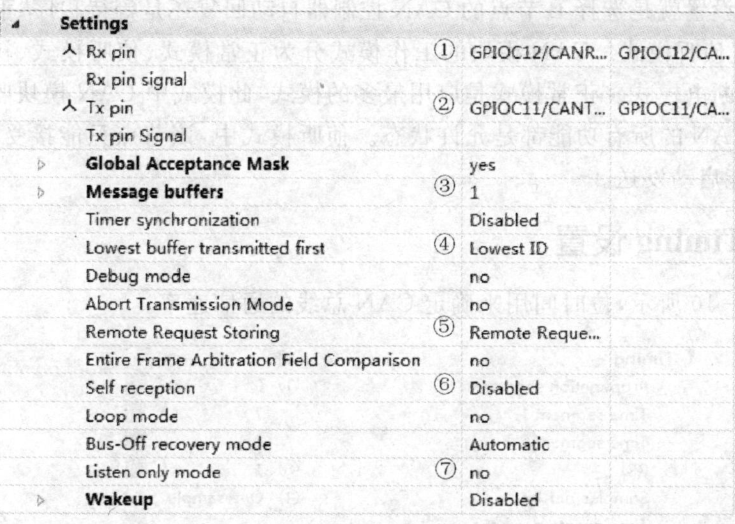

图 8-8　CAN 模块基本设置

① 选择 Rx 引脚,这里仅支持 GPIOC12。

② 选择 Tx 引脚,这里仅支持 GPIOC11。

③ 设置 Message buffers。如图 8-9 中箭头所示,将 Message buffers 选项展开,单击添加 Message buffer。

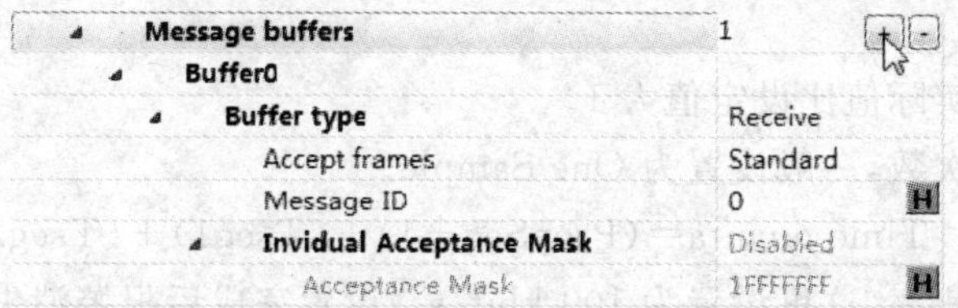

图 8-9　MB 设置

Buffer type:MB 类型,可以设定为接收寄存器(Receive)或发送寄存器(Transmit)。

Accept frame:帧格式,分为标准格式(standard)和拓展格式(extended),两种格式的区别主要是标准帧的标示符 ID 为 11 位,拓展帧的标示符 ID 为 29 位。

Message ID:CAN 节点的唯一标识。在实际应用中,应该给 CAN 总线上的每个节点按照一定规则分别配备唯一的 ID。此 ID 同时代表了报文的优先级,标识符 ID 越小,优先级越高。

④ 设置缓存器发送优先级。同时发送的情况下,可以设置按照优先级(Lowest ID)顺序发送或者按照 buffer 编号顺序发送(Lowest buffer number)。

⑤ 此项设置对应在接收节点远程帧的回复方式。

Remote Response frame is generated：表示不需程序干预，自动回复远程帧。

Remote Response frame is stored：表示需要程序手动发送远程帧。例如发送节点 A 向接收节点 B 发送远程帧(ID 为 B 节点 ID)，需要等待节点 B 返回具有同一 ID 的数据帧。此项设置就是选择 B 节点的 CAN 控制器自动回复还是等待程序“手动”回复。

⑥ 设置侦听模式。CAN 模块的工作模式分为正常模式、侦听模式、初始化模式、休眠模式和断电模式。正常模式是应用最多的模式，此模式中 CAN 模块收发数据帧、远程帧时，CAN 的所有功能都是允许状态。侦听模式中，该节点只能接受数据帧和远程帧，但不能启动发送。

8.3.3 Timing 设置

如图 8－10 所示，位时间用来确定 CAN 总线的通信速率。

Timing			
Propagation segment	①	0	D
Time segment 1	②	7	D
Time segment 2		3	D
RSJ	③	1	D
Samples per bit	④	One sample	
Time quanta per bit	⑤	14	D
Bit rate	⑥		Unassigned ...

图 8－10　Timing 设置

① 传播段。传播段用于补偿网络内的物理延时时间，它是总线上输入比较器延时和输出驱动器延时总和的 2 倍。

② 时间段 1 和 2。用于位时间(bit time)设置，它们决定采样点的位置，实际值比设定值大 1。

③ 同步段。实际值比设定值大 1。

④ 每位采样次数，一般设置为 One Sample。

⑤ 时间份额。Time quanta＝(PropSeg＋1)＋(Tseg1)＋(Tseg2)＋1。

⑥ 通信时钟速率，这里设置为 100 kbit/s。设置完成后报警消失。

8.3.4 自动初始化设置

如图 8－11 所示，在自动初始化设置时一般均选择 yes；否则，需要用户在程序中使能。

Initialization	
Enabled in init. code	yes
Events enabled in init.	yes

图 8－11　自动初始化设置

8.4 模块函数简介

作为通信协议之一,CAN 通信的主要功能就是发送数据和接收数据,对应 SendFrame()和 ReadFrame()函数。这两个函数是 PE 提供的两个很实用的函数,它帮助我们完成了发送和接收过程的封装,使用时只需要提供一些必要的信息即可。

帧格式结构体定义如下:

```
typedef struct {                /* Message buffer structure */
    word TimeStamp;
    word Control;
    dword ID;
    word Data[4];
} TMsgBuff;                     /* Message buffer structure */
```

首先介绍程序中用到的的结构体。此结构体的定义对应图 8-2 中的 Message Buffer 结构,即 16 位的 TimeStamp、16 位的控制寄存器(CODE,SRR 等)、32 位的 ID 标识符和 8 字节 64 位数据场。此定义在 CAN1.c 文件中可以找到。

其次,解释 register 关键字的作用。修饰符 register 请求编译器尽可能的将变量存在 CPU 内部寄存器中,而不是通过内存寻址访问,这可以提高效率。

8.4.1 SendFrame()函数

SendFrame 函数用于发送普通数据帧、远程帧,或在接收节点收到远程帧请求后发送回复的数据。发送的报文可以是标准格式或拓展格式。

如图 8-12 所示,右击 SendFrame 查看函数定义。

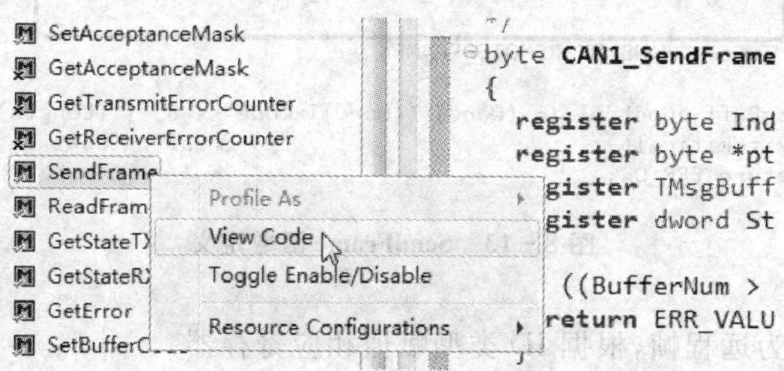

图 8-12 查看 SendFrame 函数定义

函数的注释已经写得比较清楚,这里仅介绍函数的工作流程,如图 8-13 所示。

① 判断参量 BufferNum(buffer 编号)、FrameType(帧格式)是否在合理范围。

② 重置 MB 控制寄存器,将参量 MessageID 赋值给标示符 ID。

③ 判断帧格式(标准格式/拓展格式),修改相应的 ID 格式,根据 ID 格式设置相应控制寄存器。

④ 若帧类型为数据帧,将需要发送的数据赋值给相应寄存器。

⑤ 若帧类型为数据帧,判断是普通的数据帧还是回复远程帧的数据帧,并赋值相

```
byte CAN1_SendFrame(byte BufferNum, dword MessageID, byte FrameT
{
  register byte Index, DataIndex = 0x00U, TxCode; /* Temporary v
  register byte *ptrDataIn = (byte*)Data; /* Pointer to an user
  register TMsgBuff *MsgBuff;
  register dword StatusReg = getReg32(CAN_ESR1); /* Read content

①  if ((BufferNum > CAN_MAXBUFF) || (Length > CAN_MAX_DATA_LEN))
     return ERR_VALUE;                     /* If yes then error */
   }
   if (FrameType > REMOTE_FRAME) {         /* Is FrameType other tha
     return ERR_VALUE;                     /* If yes then error */
   }
②  MsgBuff = (TMsgBuff *)MsgBuffer[BufferNum];
   EnterCritical();                        /* Disable global interru
   MsgBuff->Control = (word)(MB_TX_NOT_ACTIVE_MASK); /* Hold inac
   MsgBuff->ID = Id2Idr(MessageID);        /* Convert ID to the Idr
③  if ((MessageID & CAN_EXTENDED_FRAME_ID) != 0x00U) { /* Convert
     MsgBuff->Control |= MB_CONTROL_IDE; /* Set ID Extended Bit *
   }

④  if (FrameType == DATA_FRAME) {          /* Is it a data frame? */
     for (Index = 0U; Index < (byte)(Length >> 1); Index++) {
       MsgBuff->Data[MbDataIndex[Index]] = (word)(((word)ptrDataI
       DataIndex += 0x02U;
     }
     if ((Length & 0x01U) != 0x00U) {      /* Odd number of bytes to
       MsgBuff->Data[MbDataIndex[Index]] = (word)((word)ptrDataIn
     }
⑤    if (waitForRTR) {                     /* Send date only if remo
       TxCode = MB_TX_RESPONSE_FRAME;      /* Set buffer as a respon
     } else {
       TxCode = MB_TX_DATA_FRAME;          /* Set buffer as a transm
     }
   } else {                                /* Remote frame */
⑥    if ((MessageID & CAN_EXTENDED_FRAME_ID) != 0x00U) { /* Exten
       MsgBuff->Control |= MB_CONTROL_RTR; /* Set the message as
     } else {                              /* Standard frame */
       MsgBuff->Control |= MB_CONTROL_SRR; /* Set the message as
     }
⑦    TxCode = MB_TX_REMOTE_FRAME;
   }
⑧  MsgBuff->Control |= (word)(((word)TxCode << 8) | (Length)); /*
   ExitCritical();                         /* Enable global interrup
   return ERR_OK;                          /* OK */
```

图 8-13 SendFrame 函数定义

应的 TxCode。

⑥ 若帧类型为远程帧，根据 ID 类型赋值相应寄存器。

⑦ 若帧类型为远程帧，赋值相应的 TxCode。

⑧ 设置报文字节数，将 TxCode 赋值给 MsgBuff→Control。

由此可见，SendFrame 函数已经将发送所需的过程封装好，用户使用十分方便。

注意：在 SendFrame 函数中存在一处错误，如图 8-13 中黑框内程序段所示，控制寄存器的赋值写反，若(MessageID& CAN_EXTENDED_FRAME_ID)！=0，说明此时发送的是拓展格式，此时应该将 SRR 置 1(MsgBuff->Control |= MB_CONTROL_SRR)，否则为标准格式，此时应将 RTR 置 1(MsgBuff->Control |= MB_CONTROL_RTR)。

8.4.2 ReadFrame()函数

ReadFrame 函数用于接收发送节点发来的报文,需要在接收到报文之后调用。它将报文的 ID、帧格式、帧类型、数据长度、指向数据的指针等信息保存在用户定义的变量中。

函数定义查看方式与 8.4.1 小节相同。下面介绍函数的工作流程,如图 8-14 所示。

```
byte CAN1_ReadFrame(byte BufferNum, dword *MessageID, byte *Frame
{
  register word RxCode, tmpControl;      /* Temporary variable */
  register byte Index;
  register byte *ptrDataOut = (byte *)Data; /* Pointer to an outp
  register TMsgBuff *MsgBuff;
  register dword BufferMask = (0x01UL << BufferNum); /* Temporary

  if (BufferNum > CAN_MAXBUFF) {          /* Is the number of the re
①    return ERR_VALUE;                    /* If yes then error */
  }
  MsgBuff = (TMsgBuff *)MsgBuffer[BufferNum];
  tmpControl = MsgBuff->Control;          /* Read the buffer control
  RxCode = (word)(tmpControl & 0x0F00U); /* Get the buffer code
  if (RxCode == MB_RX_BUSY_MASK) {        /* Is the receive buffer b
    return ERR_BUSY;                      /* If yes then error */
② }
  if (RxCode == MB_RX_EMPTY_MASK) {       /* Is the receive buffer e
    getReg32(CAN_TIMER);                  /* Dummy read of Free runn
    return ERR_RXEMPTY;                   /* If yes then error */
  }
  IntFlagReg &= (dword)~(BufferMask);    /* Reset the interrupt rec
③ EnterCritical();                        /* Disable global interru
  MsgBuff->Control = (MsgBuff->Control & (word)~((word)MB_CS_CODE
  *MessageID = Idr2Id(MsgBuff->ID, tmpControl); /* Convert Idr re
  if ((tmpControl & MB_CONTROL_IDE) != 0x00U) {
    *FrameFormat = EXTENDED_FORMAT;
④   *FrameType = (byte)(((tmpControl & MB_CONTROL_RTR) > 0x00U)?
    *MessageID &= ~CAN_EXTENDED_FRAME_ID; /* Remove EXTENDED_FRAM
  } else {
    *FrameFormat = STANDARD_FORMAT;
    *FrameType = (byte)(((tmpControl & MB_CONTROL_SRR) > 0x00U)?
  }
  *Length = (byte)(tmpControl & 0x0FU); /* Result length of the r
  if (*FrameType == DATA_FRAME) {        /* Is it "data frame"? */
    for (Index = 0U; Index < (byte)(*Length >> 1); Index++) {
      *ptrDataOut++ = (byte)(MsgBuff->Data[MbDataIndex[Index]] >>
⑤     *ptrDataOut++ = (byte)(MsgBuff->Data[MbDataIndex[Index]]);
    }
    if ((*Length & 0x01U) != 0x00U) {
      *ptrDataOut = (byte)(MsgBuff->Data[MbDataIndex[Index]] >> 8
    }
  }
  MsgBuff->Control |= ((word)MB_RX_EMPTY << 0x08U); /* Set the me
  ExitCritical();                        /* Enable global interrupt
⑥ if (RxCode == MB_RX_OVERRUN_MASK) {    /* Is the overrun flag set
    return ERR_OVERRUN;                  /* Return error */
  }
  return ERR_OK;                         /* OK */
}
```

图 8-14 ReadFrame 函数定义

① 判断 buffer 编号(BufferNum)是否在正确范围内。

② 判断接收节点此刻是否忙碌,是否有数据可以读入,若接收节点此刻忙碌或接收寄存器为空,则返回相应错误信息。

③ 判断有数据可以读入后关闭全局中断,防止读数据的过程中发生报文的更新,造成报文前后不一致。

④ 读取接收到报文的 ID,判断报文的格式(标准格式/拓展格式)、类型(数据帧/远程帧),保存在相应的变量中。

⑤ 将报文长度、内容保存在相应变量中。

⑥ 修改相应控制寄存器,开全局中断,准备下一条报文的接收。

8.5 CAN 通信应用实例

两个 MC56F84763 之间的 CAN 通信。本例将介绍在两个嵌入式芯片 MC56F84763 间进行的 CAN 通信数据帧的传递。实验前,应搭建好硬件电路。

按照 8.1.1 小节所述,利用嵌入式芯片 MC56F84763 系统板,CAN 收发器 PCA82C250,磁隔离芯片 ADuM3201 搭建两个 CAN 节点,按照图 8-1 所示将两个节点连接在一条 CAN 总线上。

【例 1】 CAN 通信数据帧的传递。

1. 首先编写发送节点工程

① 新建工程,按照 8.2 节所述添加 FreescaleCAN 模块。

② 按照 8.3.1 小节所述,根据需要进行 CAN 模块的中断设置。此例保持默认设置即可。

③ 按照 8.3.2 小节所述,根据实际情况完成 CAN 模块的基本设置。本例设置:

Rx pin:GPIOC12;

Tx pin:GPIOC11;

Message buffers → Buffer0 → Buffer type:Transmit;

其余部分保持默认设置即可。

④ 按照 8.3.3 小节所示,根据需要设置 Timing。

Propagation segment:0;

Time segment 1:7;

Time segment 2:3;

RSJ:1;

Bit rate:100 kbit/s。

⑤ 编辑 main.c 文件。头文件为 PE 编译生成,这里不再写出。main.c 文件内容如下:

```
#define CAN_MSG_LEN 4              //发送数据长度
```

```
#define CAN_MSG_ID 2                    //接收节点 ID
#define CAN_TX_BUFF 0                   //buffer 编号

byte LoopTxBuffer[CAN_MSG_LEN];
byte counter = 0;
byte flag = 0;

void main(void)
{
    /* Write your local variable definition here */
        byte i = 0;
    /*** Processor Expert internal initialization. ***/
        PE_low_level_init();
    /*** End of Processor Expert internal initialization.  ***/
        /*标准格式数据帧主机代码*/
        for(;;) {
            //更新发送报文的内容
            for (i = 0;i<CAN_MSG_LEN;i + + ) LoopTxBuffer[i] = counter;
            counter + + ;//counter 在 0～9 范围内变化
            if(counter> = 9) counter = 0;
            //如果发送寄存器为空(flag = = 1),则可以发送报文
            if(flag = = 1){
                CAN1_SendFrame(CAN_TX_BUFF, CAN_MSG_ID, DATA_FRAME,
                CAN_MSG_LEN, LoopTxBuffer, FALSE);
            flag = 0;
            }
        Cpu_Delay100US(50);
    }
}
```

⑥ 编辑 Events.c 文件,用户自行编写部分如下。CAN1_OnFreeTxBuffer 中断函数在发送节点发送完成后调用,故可以作为发送节点判断是否可以发送报文的依据。

Events.c 文件内容如下:

```
extern byte flag;
#pragma interrupt called
void CAN1_OnFreeTxBuffer(wordBufferMask)
{
    /* Write your code here ... */
        flag = 1;
}
```

⑦ 编译工程无误后下载至 CAN 发送节点。

2. 然后编写接收节点工程

① PE 配置除 Setting→Message buffers 的配置不同,其余都相同。不同处的配置如图 8-15 所示。其中,Message ID 配置只要与发送节点的目标 ID 相同即可。

② 编辑 Events.c 文件。头文件为 PE 编译生成,这里不再写出。接收节点每次完

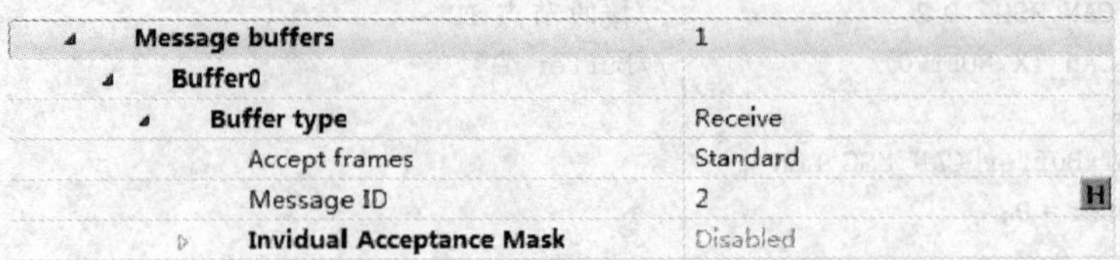

图 8－15　Message buffers 配置

成接收均会触发中断，进入 CAN1_OnFullRxBuffer()函数，所以可以在此函数中调用 CAN1_ReadFrame()函数读取接收到的报文信息。

Events.c 文件内容如下：

```
#define CAN_MSG_LEN 4
#define CAN_RX_BUFF 0

byte LoopRxBuffer[CAN_MSG_LEN];
byte i, err, frameType, frameFormat, msgLen;
dword msgID;

#pragma interrupt called
void CAN1_OnFullRxBuffer(void)
{
    /* Write your code here ... */
        /*标准格式数据帧从机代码*/
        for (i = 0;i<CAN_MSG_LEN;i + + ) {
            LoopRxBuffer[i] = 0xFF;
        }
        CAN1_ReadFrame(CAN_RX_BUFF, &msgID, &frameType, &frameFormat, &msgLen, LoopRx-
        Buffer);
}
```

③ 编译工程无误后下载至接收节点，在 CAN1_OnFullRxBuffer()函数末端设置断点，将 LoopRxBuffer 添加至观察视窗进行观察，发现程序每次运行至断点处，接收节点均收到新的报文，LoopRxBuffer 更新一次，实验结果如图 8－16 所示。

(x)= Variables　Breakpoints　Expressions　Registers　M

Name	Value
"LoopRxBuffer"	0x0000000e
[0]	0x01
[1]	0x01
[2]	0x01
[3]	0x01
Add new expression	

图 8－16　例程实验结果

8.6 小　结

① 简述了 CAN 模块硬件电路基础知识。CAN 控制器一般通过收发器与总线相连。

② 介绍了 CAN 协议基础知识,重点叙述了数据帧和远程帧的格式(Message Buffer)及应用。

③ 介绍了 CAN 模块 PE 初始化过程,对各项配置进行了说明。

④ 对 CAN 模块常用函数的实现和用法进行了解释并举例说明。

第9章

直接内存存取控制器模块（DMA）

在嵌入式中，内存数据的访问都需要 CPU 来处理。ADC 采样，可以使用查询方法来识别 ADC 采样结束标志，将采样结果从 ADC 结果寄存器中读出并存入内存变量中；也可以在 ADC 采样结束中断中完成数据的读取与存储。不管选择哪种方法，都需要 CPU 花时间来处理。

大量、高速的 ADC 采样，更需要消耗巨大的 CPU 资源，甚至其他程序的运行都会受到影响。DMA(Direct Memory Access，直接内存访问)技术可以在一定程度上解决这个问题。

通过 DMA 控制器接管数据和地址总线，按照事先设定好的源地址、目标地址、每次传输数据宽度以及总共需要传输的数据字节数来实现数据传送。这个过程不需要 CPU 的介入，所以可以减少占用 CPU 的时间。DMA 在完成一定数据的传输后可以产生中断，从而提供给 CPU 进行数据处理的接口。

本章主要讲解利用 PE 对 DMA 模块进行初始化，实现由 DMA 将一个数组的数据传输到另一个数组的功能。具体工程使用可以参考第 4 章 ADC 和第 6 章 UART 的 DMA 部分。

9.1 模块添加

在 PE 的模块库中，双击 Init_DMA 模块，就向工程中添加了该模块，如图 9－1 所示。

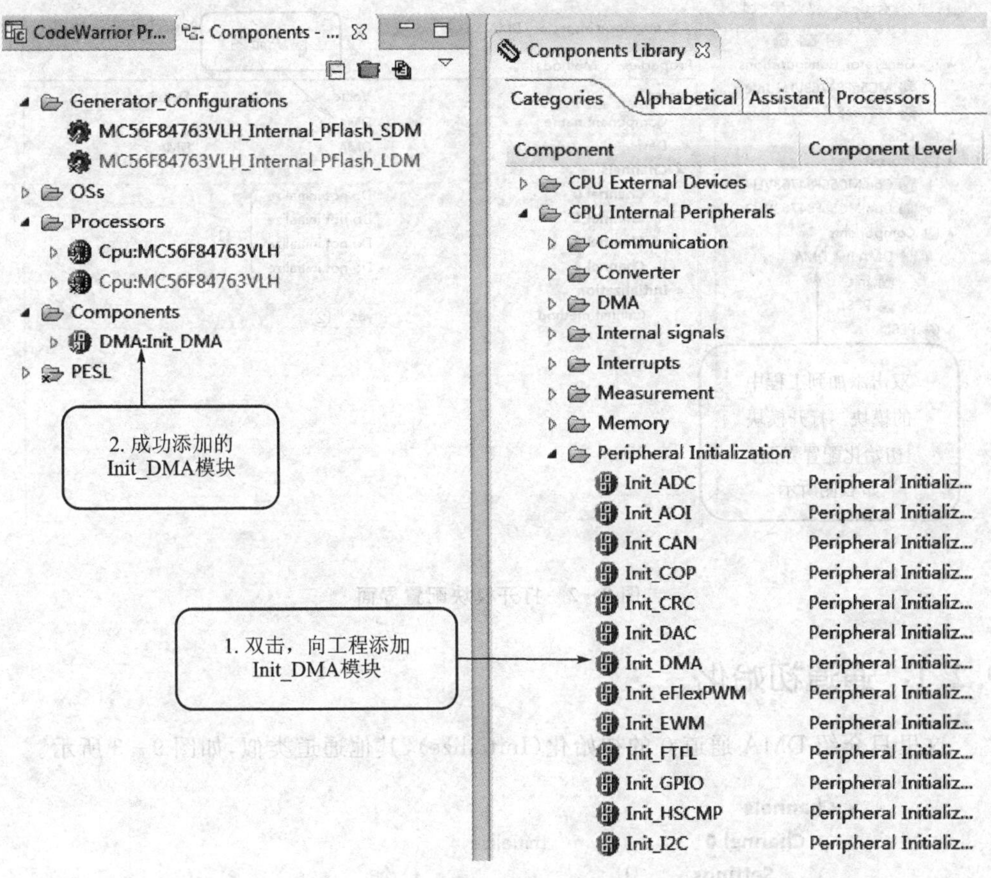

图 9-1　模块添加

9.2　模块初始化

双击添加到工程中的 Init_DMA 模块，可以打开模块初始化配置界面，如图 9-2 所示。

① Channels：MC56F84763 中的 DMA 共有 4 个通道，但 4 个通道具有不同的优先级，其中 channel0 具有最高优先级，channel3 具有最低优先级（即 channel0＞channel1＞channel2＞channel3）。

② Call Init method：如果选 yes，则会在 PE_low_level_init()初始化 DMA 模块；如果选 no，则需在程序中使能 DMA 的位调用 DMA 模块下的 Init 函数（即 DMA_Init()）来进行模块的使能。

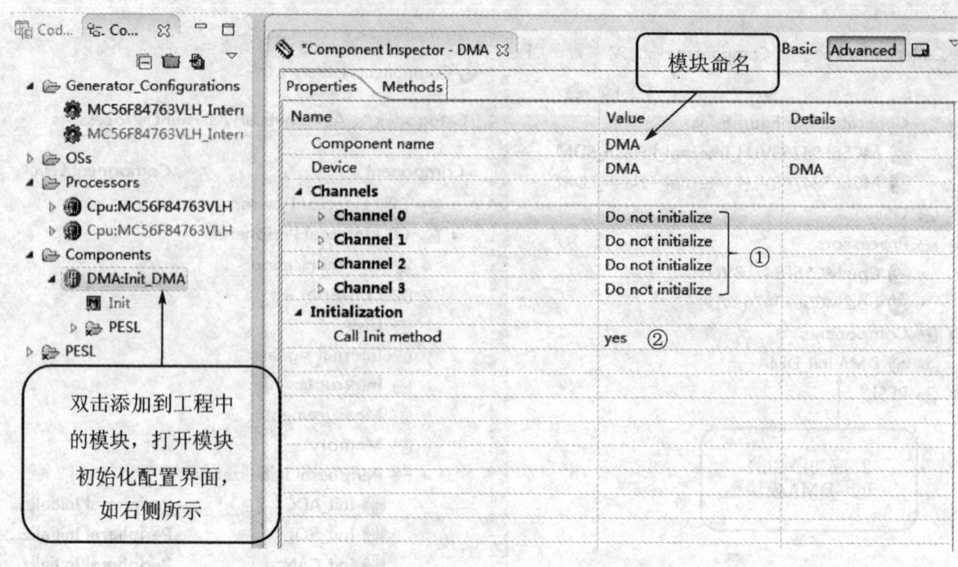

图 9-2 打开模块配置界面

9.2.1 通道初始化

这里只介绍 DMA 通道 0 的初始化(Initialize),其他通道类似,如图 9-3 所示。

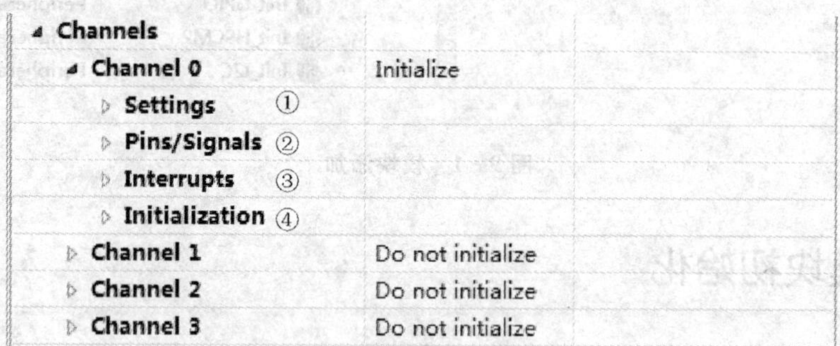

图 9-3 通道初始化

① Settings:通道基本设置;

② Pins/Signals:DMA 请求源设置;

③ Interrupts:中断设置;

④ Initialization:初始化设置。

下面就这 4 项设置进行具体说明。

9.2.2　通道基本设置

通道基本设置主要设置 DMA 通道的传输模式、源地址、目标地址、传输字节等。DMA 技术是 DMA 控制器接管数据和地址总线，将数据从一个地址读取过来，再写入另外一个地址。读取数据的地址称为数据源地址，数据写入的地址称为目标地址。无论是读取还是写入，除了知道数据地址外，还需要设置传输完成后地址是否递增以及数据传输宽度(即每次数据传输位数)等，如图 9-4 所示。

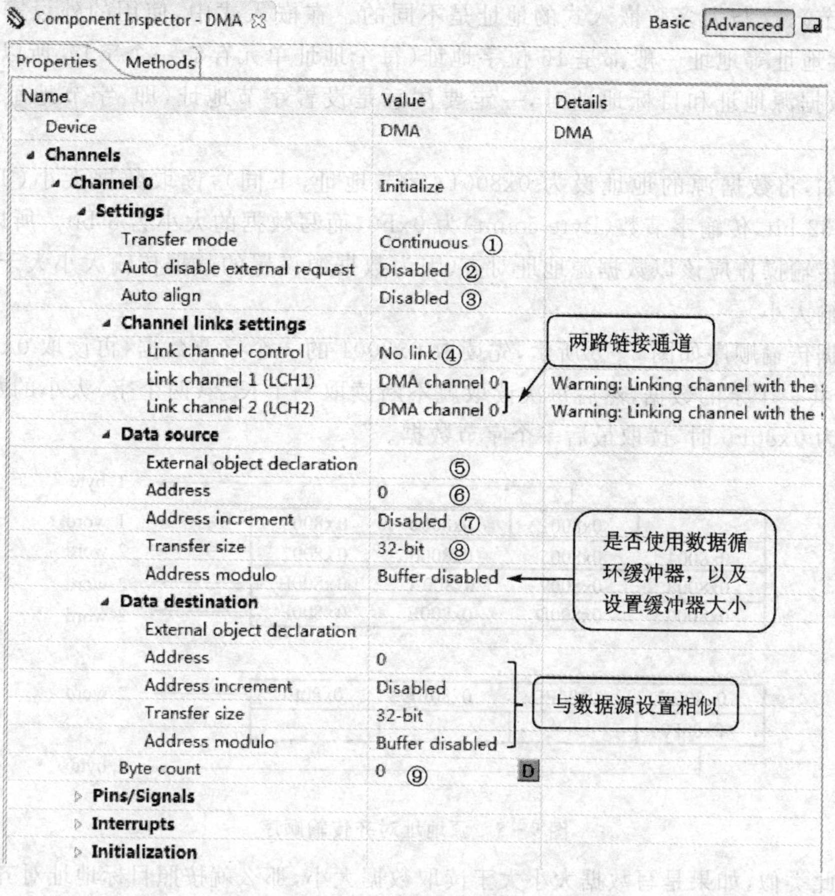

Component Inspector - DMA　　Basic　Advanced

Properties　Methods

Name	Value	Details
Device	DMA	DMA
◢ Channels		
◢ Channel 0	Initialize	
◢ Settings		
Transfer mode	Continuous ①	
Auto disable external request	Disabled ②	
Auto align	Disabled ③	
◢ Channel links settings		
Link channel control	No link ④	
Link channel 1 (LCH1)	DMA channel 0	Warning: Linking channel with the
Link channel 2 (LCH2)	DMA channel 0	Warning: Linking channel with the
◢ Data source		
External object declaration	⑤	
Address	0 ⑥	
Address increment	Disabled ⑦	
Transfer size	32-bit ⑧	
Address modulo	Buffer disabled	
◢ Data destination		
External object declaration		
Address	0	
Address increment	Disabled	
Transfer size	32-bit	
Address modulo	Buffer disabled	
Byte count	0 ⑨	D
▷ Pins/Signals		
▷ Interrupts		
▷ Initialization		

两路链接通道

是否使用数据循环缓冲器，以及设置缓冲器大小

与数据源设置相似

图 9-4　通道基本设置

① Transfer mode(数据传输模式)。其可选项有：

Cycle-steal(周期挪用)和 Continuous(连续)。

Cycle-steal：对于每一次 DMA 请求，只进行一次数据传输。Continuous：对于每一次 DMA 请求，数据连续传输，直到剩余传输字节数(Byte count，⑨)减到 0。

② Auto disable external request(自动忽略外部 DMA 请求)。若启用该功能(即

设置为 Enabled)，则当剩余传输字节为 0 时，自动复位 DMA 控制寄存器 DMA_DCRn 的 ERQ(使能外部请求)位，从而使 DMA 忽略外部 DMA 请求。

③ Auto align(自动对齐)。该模式用于大量数据传输情况，所以对外部触发的周期挪用传输模式不适用。因为 DMA 传输涉及数据源地址和目标地址，所以地址对齐分为数据源地址对齐和目标地址对齐两种情况。当数据源设置的数据传输大小(Transfer size，⑧)大于或等于目标数据传输大小(Address size)时，为数据源地址对齐，反之则为目标地址对齐。

DMA 控制器中使用的数据源地址、目标地址都是字节地址(每个地址单元存储一个字节)，这与大多数嵌入式的地址是不同的。在嵌入式中，使用的外设寄存器地址、内存地址等地址一般都是 16 位字地址(每个地址单元存储一个字)。所以在设置 DMA 数据源地址和目标地址时，一定要注意是设置字节地址(即：字节地址＝字地址×2)。

例如，将数据源的地址设为 0x8001(字节地址，下同)，读取数据大小(Transfer size)为 32 bit，传输字节数(Byte count)为 0xF0，而写数据的大小为 8 bit。所以，这里的数据传输操作应该以数据源地址对齐(因为数据源设置的数据传输大小大于目标数据的传输大小)。

数据传输顺序如图 9－5 所示，先读取 0x8001 的一个字节数据，再读取 0x8002 和 0x8003 共一个字的数据，然后每次读取就不断读取一个长字(两个字)大小的数据，直到地址为 0x80F0 时，读取最后一个字节数据。

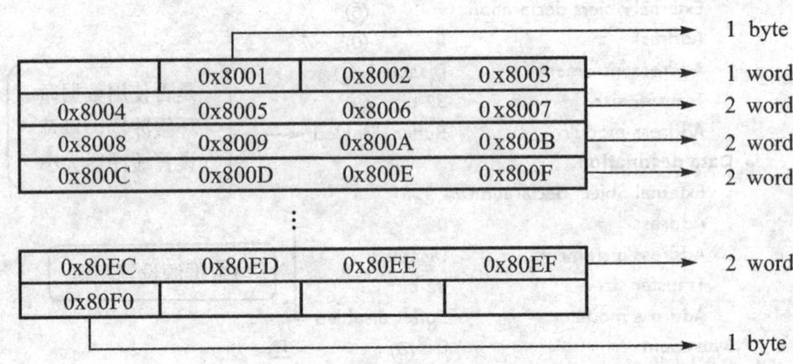

图 9－5　源地址对齐传输顺序

与此类似，如果是写数据大小大于读取数据大小，那么就按照目标地址对齐来进行传输。

④Link channel control(通道串联设置)。该设置可以允许各个 DMA 通道串联起来，从而使得一个 DMA 能够触发另外一个通道的 DMA 请求。可选项如图 9－6 所示，串联通道有两个：Link channel 1(LCH1)和 Link channel 2(LCH2)。

LCH1 after each cycle steal transfer and LCH2 after BCR＝0：LCH1 通道在每一次 DMA 传输完成后触发，LCH2 通道在 DMA 剩余传输字节数为零时触发。

LCH1 after each cycle steal transfer：LCH1 通道在每一次 DMA 传输完成后触发。

LCH1 after BCR＝0：LCH1 通道在 DMA 剩余传输字节数为零时触发。

No link
LCH1 after each cycle steal transfer and LCH2 after BCR=0
LCH1 after each cycle steal transfer
LCH1 after BCR=0

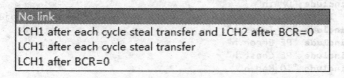

图 9-6　DMA 通道串联设置选项

⑤External object declaration(外部数组声明)。这里可对读取数据位置进行声明，例如希望从内存中的整型数组 source[16]中读取数据，这里就可以填写："extern intsource[16];"。成功编译后，PE 会在 DMA.c 文件中自动进行外部数组声明，如图 9-7所示。

这里使用的是外部引用，所以需要在其他源文件中声明数组，例如在 main.c 中声明"intsource[16]＝{0};"，如图 9-8 所示。

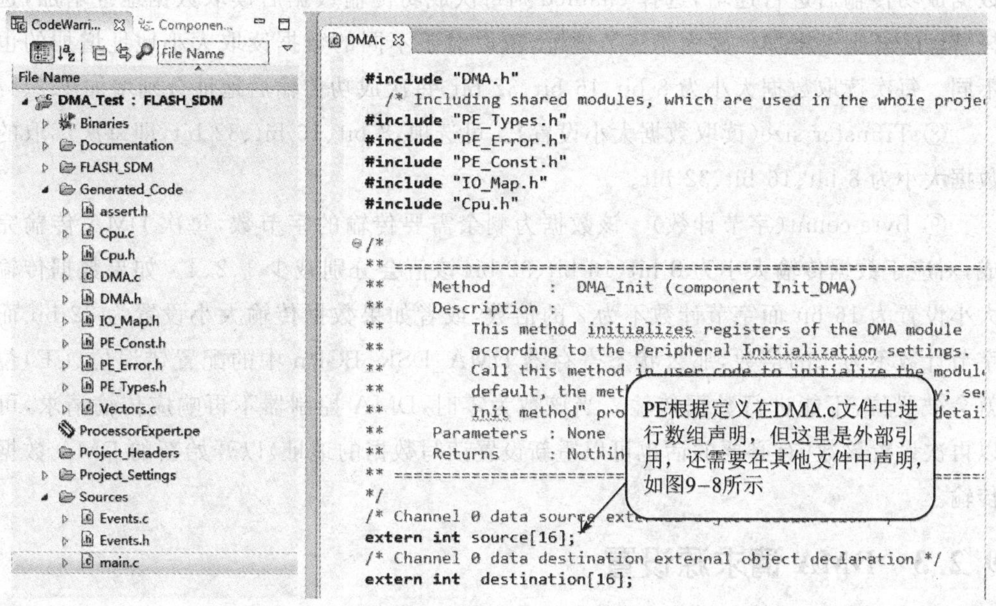

图 9-7　PE 根据配置在 DMA.c 中自动进行数组外部声明

⑥ Address(读取数据的地址设置)。可以采用任何形式的地址表达方式，例如，数字式：0x8001；寄存器：(uint32_t)&URB1；外部变量：(uint32_t)&number 等。但需要注意的是，DMA 使用的数据读取地址和数据写入地址是字节地址(参考前面的③)，对

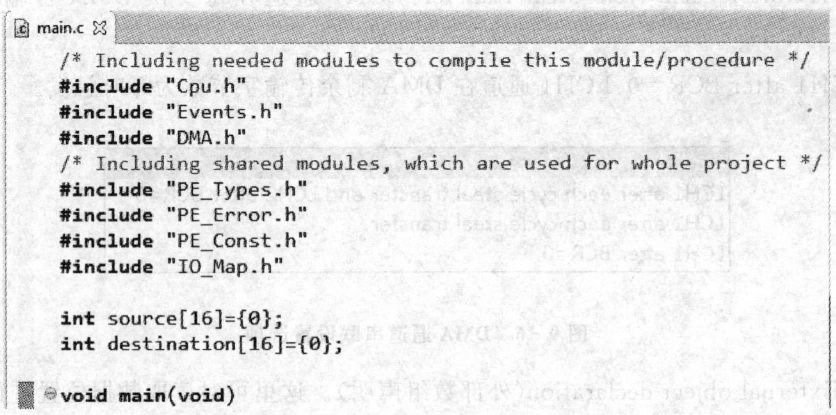
```
/* Including needed modules to compile this module/procedure */
#include "Cpu.h"
#include "Events.h"
#include "DMA.h"
/* Including shared modules, which are used for whole project */
#include "PE_Types.h"
#include "PE_Error.h"
#include "PE_Const.h"
#include "IO_Map.h"

int source[16]={0};
int destination[16]={0};

void main(void)
```

图 9-8 在 main.c 中声明数组

于⑤中的情况，这里填写数组的首地址即可，因为在 MC56F84763 中内存地址是字地址，字节地址是字地址的两倍，所以这里应该填写((uint32_t)(&source))*2。

⑦ Address increment(地址递增设置)。设置 DMA 的数据读取地址是否在每次数据成功传输后进行递增，选择 enabled 则每次成功传输数据后读取数据地址增加，选择 disabled 则不增加。因为是字节地址，所以对于不同的数据读取大小地址增加的也不同。每次读取数据大小为 8 bit、16 bit、32 bit，每次成功传输后地址分别增加 1、2、4。

⑧ Transfer size(读取数据大小设置)。可选项：8 bit、16 bit、32 bit，即每次读取的数据大小为 8 bit、16 bit、32 bit。

⑨ Byte count(字节计数)。该数据为剩余需要传输的字节数，每次 DMA 传输完成，对应于数据传输大小为 8 bit、16 bit、32 bit 该值会分别减少 1、2、4。如果数据传输大小设置为 16 bit 而字节计数不为 2 的倍数，或者如果数据传输大小设置为 32 bit 而字节计数不为 4 的倍数，那么状态寄存器 DMA_DSR_BCRn 中的配置错误位(CE)位就会被置位，不能进行数据传输。当该数为零时，DMA 控制器不再响应传输请求，可以再次设置该数(有必要的话也可以重新设置读写数据的地址)以开始新的 DMA 数据传输。

9.2.3 DMA 请求源设置

DMA 请求可以是软件请求也可以是其他外设产生的请求。如图 9-9 所示，使能(Enabled)DMA 外部请求，在输入引脚/信号设置中可以选择该 DMA 通道的外设请求信号，可以是定时器输出、比较器输出、PWM 触发信号等。如果不使能外部请求，那么也可以通过软件写寄存器来产生软件 DMA 触发。

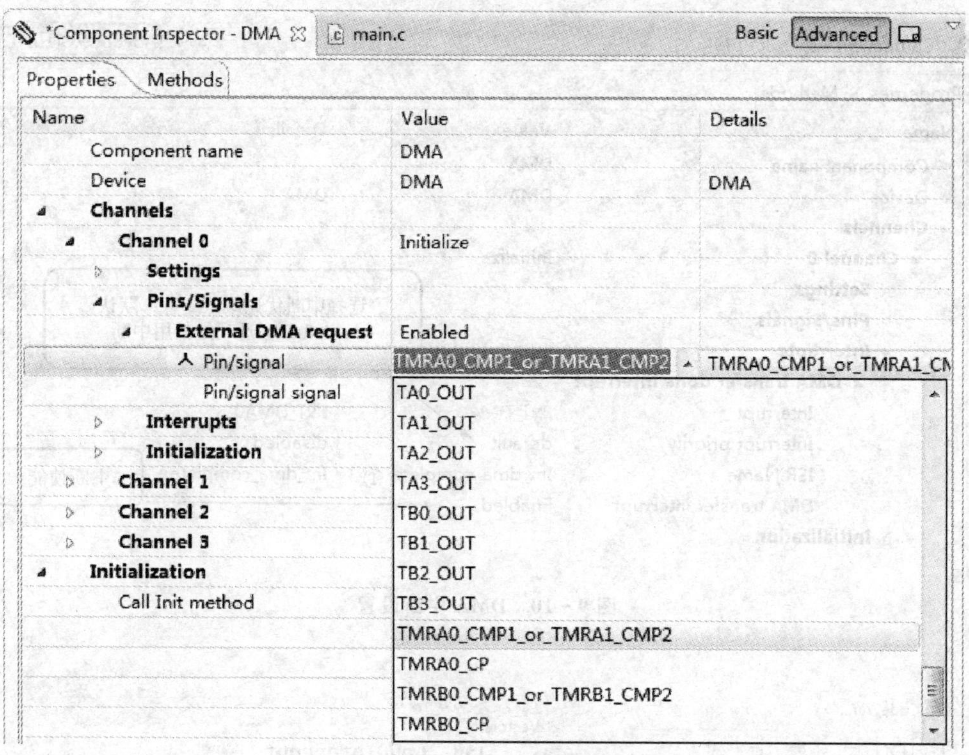

图 9-9　DMA 外设请求设置

9.2.4　中断设置

DMA 也可以提交中断服务请求来产生中断。使能中断后，当剩余传输字节数为零或者发生错误时会产生中断，可以通过查询寄存器标志位来区分。中断设置如图 9-10所示。

图 9-10 中的①为中断服务函数名设置。当输入中断服务函数名称并且使能中断后，成功编译则 PE 会在中断向量表(源文件 Vector.c)中注册 DMA 的中断服务函数为该输入的中断服务函数，如图 9-11 所示。

因为该函数没有定义，所以编译后会产生错误提示，如图 9-12 所示。

在 DMA.h 头文件中，PE 完成了中断函数的声明，如图 9-13 所示。而在 DMA.c 中的函数定义被 PE 注释了，所以工程师需要恢复中断服务函数的定义。

可以在 DMA.c 中取消注释，也可以将中断服务函数统一定义在 Events.c 中，如图 9-14 所示。因为 Events.h 头文件包含了 DMA.h 头文件，所以不需要额外引用。

需要注意的是，这种由用户自己定义的中断服务函数需要在中断服务函数中清除中断标志位(区别于由 PE 自动生成的中断服务函数，PE 会生成清中断标志位的操作代码)。

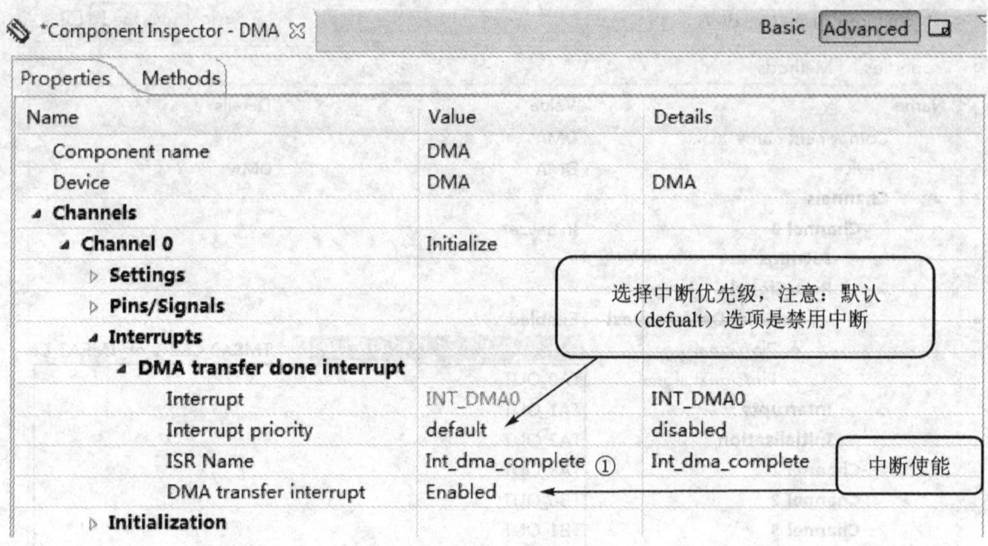

图 9－10　DMA 中断设置

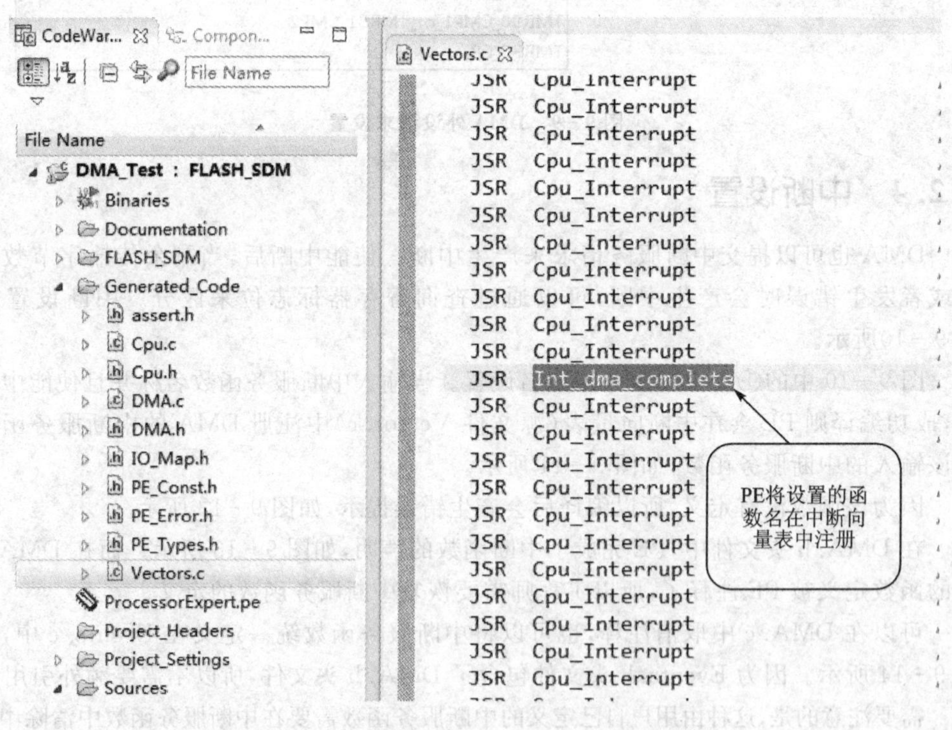

图 9－11　PE 在中断向量表中注册中断服务函数

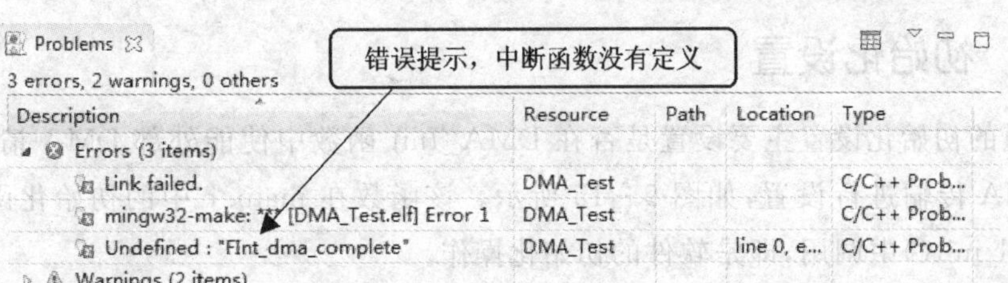

图 9－12　因为中断服务函数没有定义而报错

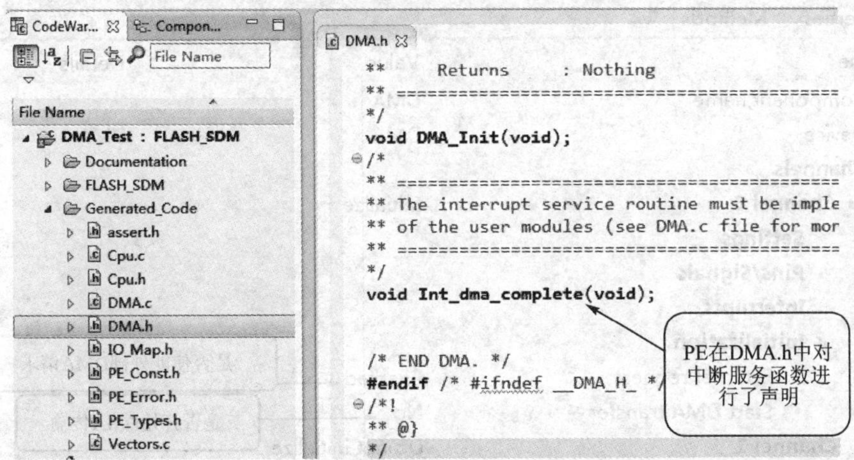

图 9－13　PE 在模块头文件中完成中断服务函数的声明

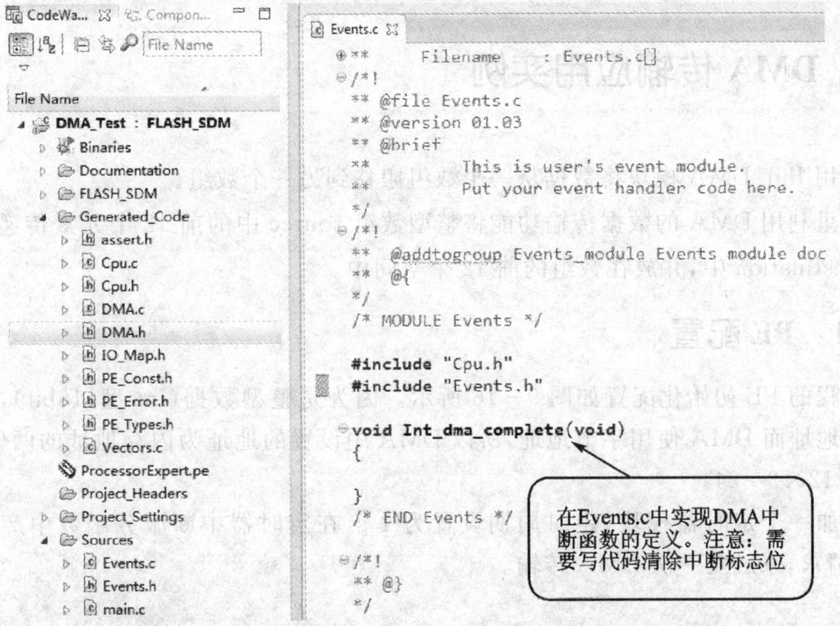

图 9－14　在 Events. c 中实现中断服务函数的定义

9.2.5 初始化设置

通道的初始化设置主要设置是否在 DMA_Init 函数中使能外部 DMA 请求，是否开始 DMA 传输进行设置，如图 9-15 所示。该函数在 main.c 中的初始化函数 PE_low_level_init()中调用，即是软件的初始化操作。

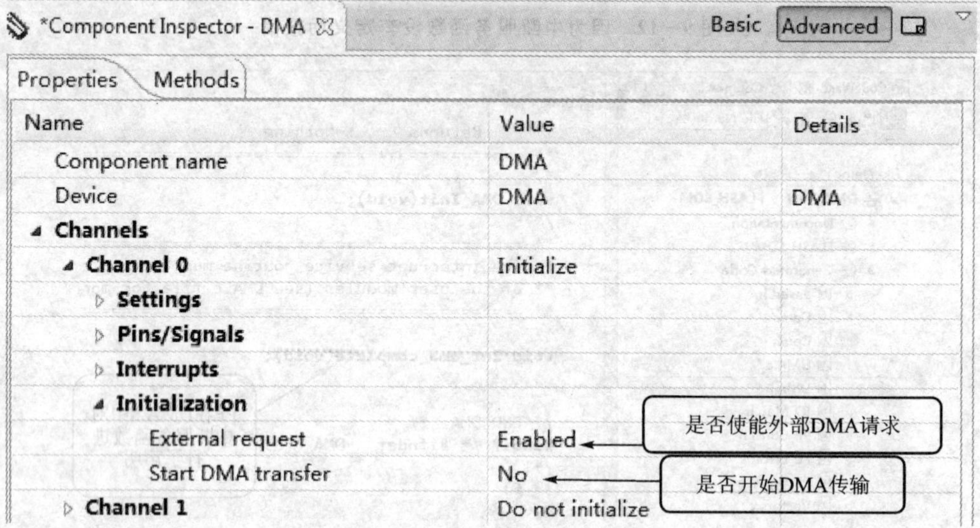

图 9-15 DMA 通道初始化设置

9.3 DMA 传输应用实例

利用 Init_DMA 模块将数据从一个数组搬移到另一个数组。

这里利用 DMA 的数据传输功能将整型数组 source 中的前 12 个元素传递到整型数组 destination 中，并放在数组的前 12 个空间中。

9.3.1 PE 配置

例程的 PE 初始化配置如图 9-16 所示。因为是整型数据(int 型，16bit)，内存地址为字地址而 DMA 使用字节地址，所以 DMA 中设置的地址为内存地址的两倍，字节计数为 12×2=24。

添加一个定时器模块，定时周期设置为 1 s，在定时器中断服务函数中产生软件 DMA 请求，来触发一次 DMA 传输。

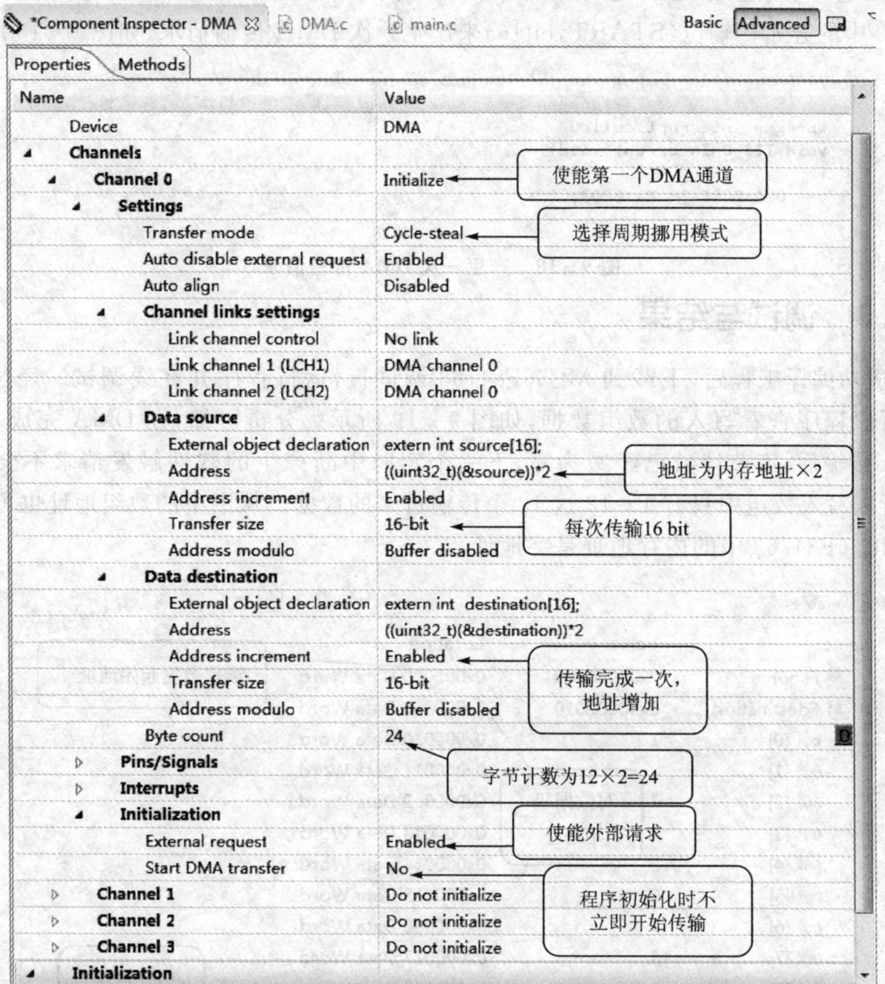

图 9-16　利用 DMA 在两个数组间进行数据传输的 PE 配置

9.3.2　参数声明

在 main.c 中声明图 9-16 中设置的两个整型数组，并对读取数组进行初始化，如图 9-17 所示。

```
int source[16]={1,2,3,4,5,6,7,8,9,10,11,12,13,14,15,16};
int destination[16]={0};

void main(void)
{
```

图 9-17　整型数组声明与初始化

在定时中断服务函数(位于 events. c 中)中周期性置位 DMA 控制寄存器 DMA_DCR0 中的开始传输位(START,bit16)来产生一次 DMA 传输请求,如图 9-18 所示。

```
/* Comment following line if the appropriate 'Interrupt preserve register
/* is set to 'yes' (#pragma interrupt saveall is generated before the ISF
#pragma interrupt called
void TI1_OnInterrupt(void)
{
    DMA_DCR0 |= 0x10000;
}
```

图 9-18　产生一次 DMA 传输请求

9.3.3　调试与结果

成功编译工程后,下载到 MC56F84763 调试板,运行程序并在线调试。经过13 s 后,暂停程序查看写入的数组数据,如图 9-19 所示。分析可知,在 DMA 完成 12 次 DMA 传输后,字节计数已经减为零,下一个定时中断产生的软件触发请求不会被响应,所以写入数组中只有 1～12 这 12 个传输过来的数据。从图中的数组地址也可以看出,MC56F84763 中的内存地址是字地址。

(x)= Variables

Name	Value	Location
Fsource	0x00000000	0x000000`Data Word
Fdestination	0x00000010	0x000010`Data Word
[0]	1	0x000010`Data Word
[1]	2	0x000011`Data Word
[2]	3	0x000012`Data Word
[3]	4	0x000013`Data Word
[4]	5	0x000014`Data Word
[5]	6	0x000015`Data Word
[6]	7	0x000016`Data Word
[7]	8	0x000017`Data Word
[8]	9	0x000018`Data Word
[9]	10	0x000019`Data Word
[10]	11	0x00001a`Data Word
[11]	12	0x00001b`Data Word
[12]	0	0x00001c`Data Word
[13]	0	0x00001d`Data Word
[14]	0	0x00001e`Data Word
[15]	0	0x00001f`Data Word

读取数据起始地址

写数据起始地址

内存地址是字地址

图 9-19　写入数组数据

从图 9-19 可以看到,读取数据的起始地址为 0x000000,写入数据的起始地址为 0x000010。在查看此时的寄存器值,如图 9-20 所示,可以看到读取数据地址为 0x00000018,写入数据地址为 0x00000038,剩余需要传输的字节数为 0。由分析可知,0x00000018＝0x000000＋12×2;0x00000038＝0x000010＋12×2,符合 DMA 传输模式。

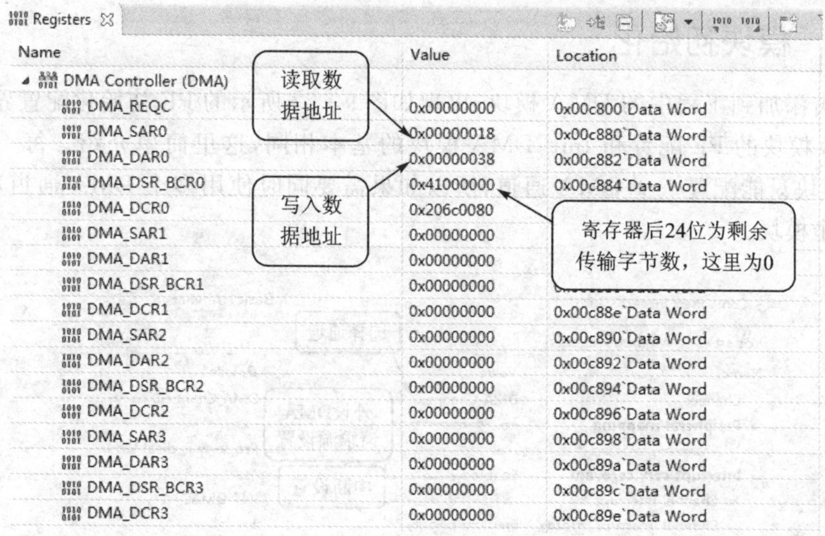

图 9－20　传输完成后的 DMA 寄存器状态

9.4　高级 DMA 模块

9.4.1　模块添加

在 PE 模块库的 DMA 文件夹下双击 DMAChannel 模块，向工程中添加一个高级 DMA 模块，如图 9－21 所示。

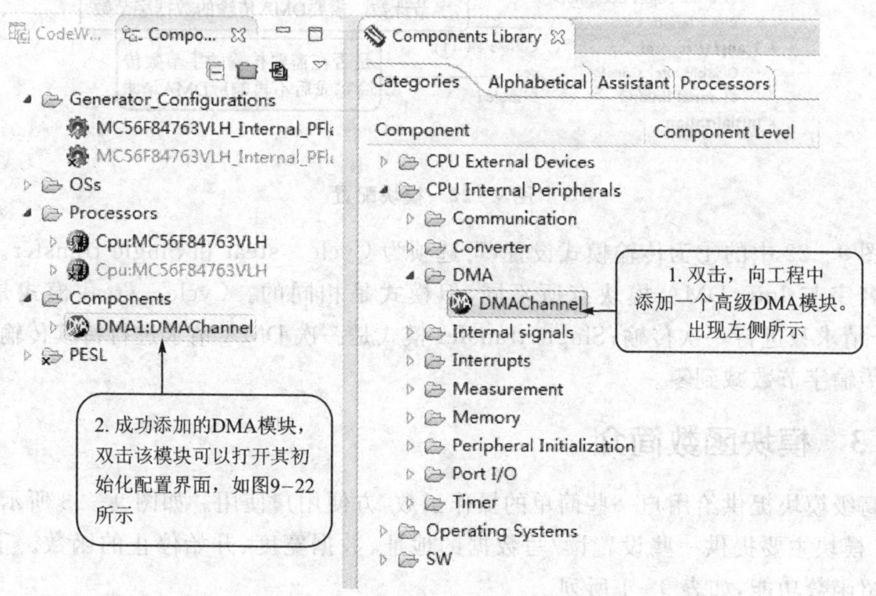

图 9－21　向工程中添加一个高级 DMA 模块

9.4.2 模块初始化

双击添加到工程中的 DMA 模块，出现如图 9-22 所示的 PE 初始化配置界面。高级 DMA 模块的 PE 配置和 Init_DMA 模块的基本相同，这里简单介绍。每一个高级 DMA 模块只能配置一个 DMA 通道，所以如果需要同时使用多个 DMA 通道，就需要添加多个模块。

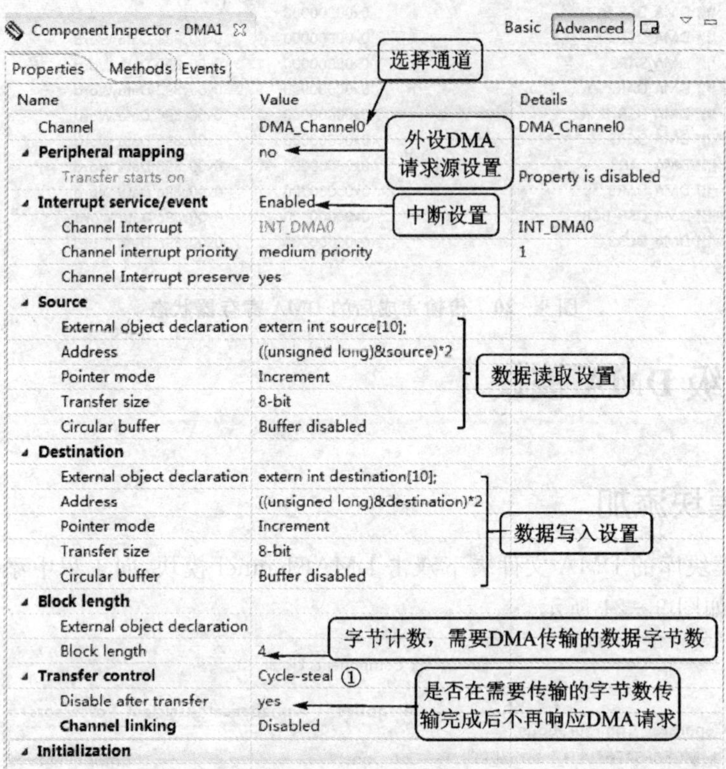

图 9-22 模块配置

图 9-22 中的①为传输模式设置，可选项为 Cycle-steal 和 Single transfer。虽然选项名字与 Init_DMA 模块有所不同，但模式是相同的。Cycle-steal 模式是每次 DMA 请求只进行一次传输；Single transfer 模式是一次 DMA 请求进行持续传输，直到剩余传输字节数减到零。

9.4.3 模块函数简介

高级模块提供给用户一些简单的操作函数，方便用户使用。如图 9-23 所示，高级 DMA 模块主要提供一些设置读/写数据的地址、数据宽度、开始停止的函数。下面简单介绍函数功能，如表 9-1 所列。

- Components
  - DMA1:DMAChannel
    - EnableEvent ①
    - DisableEvent
    - SetSourceAddress ②
    - SetDestinationAddress
    - SetSourcePointerMode ③
    - SetDestinationPointerMode
    - SetSourceTransferWidth ④
    - SetDestinationTransferWidth
    - SetSourceCircularBufferSize ⑤
    - GetSourceCircularBufferSize ⑥
    - SetDestinationCircularBufferSize
    - GetDestinationCircularBufferSize
    - SetDataSize ⑦
    - GetDataSize ⑧
    - Start ⑨
    - Stop ⑩
    - ForceRequest
    - GetStatus
    - GetCompleteStatus
    - GetError
    - ConnectPin
    - DMA1_OnComplete

图 9－23　DMA 模块提供的函数

表 9－1　DMA 模块提供的函数简介

序　号	函数名	形　参		返回值		功　能
①	EnableEvent	无		byte	ERR_OK(0):OK ERR_SPEED(1):器件未正常工作	中断使能①
②	SetSourceAddress	void *	数据读取地址	无		设置数据读取地址
③	SetSource PointerMode	byte	DMA_DONT_CHANGE_POINTER:地址不变 DMA_INC_POINTER:地址增加	byte	ERR_OK(0):OK ERR_VALUE(3):参数错误	设置每次完成传输后地址变化模式
④	SetSource TransferWidth	byte	DMA_TRANSFER_8_BIT:8bit DMA_TRANSFER_16_BIT:16bit DMA_TRANSFER_32_BIT:32bit	无		设置数据读取大小

续表 9－1

序　号	函数名	形　参		返回值		功　能
⑤	SetSourceCircularBufferSize	word	0～18，表示 2 的 word 次方字节	byte	ERR_OK(0)：OK ERR_RANGE(2)：参数超限	设置读数据缓冲器大小
⑥	GetSourceCircularBufferSize	无		word	2 的次方表示的缓冲器大小。单位 byte	读取缓冲器大小
⑦	SetDataSize	word	剩余需要传输的字节数	无		设置剩余需要传输的字节数
⑧	GetDataSize	无	dword （即 unsignedlong）	剩余需要传输的字节数	读取剩余需要传输的字节数	
⑨	Start	无		无		开启模块②
⑩	Stop	无		无		关闭模块③

① 该函数只有在中断被使能并且至少有一个中断事件时才有效。这里该函数没有起作用，使能函数后编译，PE 生成函数代码后，双击函数名查看函数定义。

② Start 函数可以启动模块，如果使能了外设 DMA 请求源，那么该函数允许外设 DMA 请求。当外设触发 DMA 请求时，DMA 传输开始。如果没有使能外设 DMA 请求源，那么该函数相当于软件 DMA 请求，调用时触发一次 DMA 传输请求。

③ Stop 函数使 DMA 控制器退出数据传输，如果使能了外设 DMA 请求，该函数将使 DMA 控制器不再响应外设的 DMA 传输请求。

9.5 小　结

① DMA 模块可以通过接管数据和地址总线来完成数据的传输，不需要 CPU 的参与，从而减少 CPU 占用时间。

② DMA 数据传输分为数据读取和数据写入，需要分别对两个阶段进行初始化设置。

③ DMA 传输初始化设置主要就有数据读取和数据写入两阶段的地址、数据格式、地址变化模式等设置。

④ 当完成设定字节数传输时，可以产生中断（如果已使能），并且 DMA 控制器不再响应 DMA 请求（当剩余传输字节为 0 时），可以修改剩余传输字节数以开始新的 DMA 传输。

⑤ MC56F84763 的 DMA 功能有低级模块和高级模块两种。一个低级模块可以配置 4 个 DMA 通道；一个高级模块只能配置一个，但可以同时添加多个模块，可以根据需要进行选用。

⑥ 之所以称为高级模块并不是因为其性能更好，而是因为离用户层更近，设置更加简单方便，还提供用户一些常用的操作函数。

⑦ 低级模块，配置更加丰富，功能更加完善，但没有操作函数可以调用，可以自己写寄存器。

第10章 比较器模块(Comparator)

比较器模块用来比较(须编程选择滞回比较等级)在整个芯片供电电压范围的两个模拟信号的大小。任何一个模拟信号都可以是来自外部GPIO引脚输入,或者内部可编程设置64级或4 096级的DAC产生。比较器的输出可以直接(或者经过窗口或滤波器后)由GPIO引脚输出,同时还可以在输出信号的跳变沿触发中断。

10.1 模块添加

PE提供了两种比较器模块,如图10-1所示。在Measurement分类中有一个比

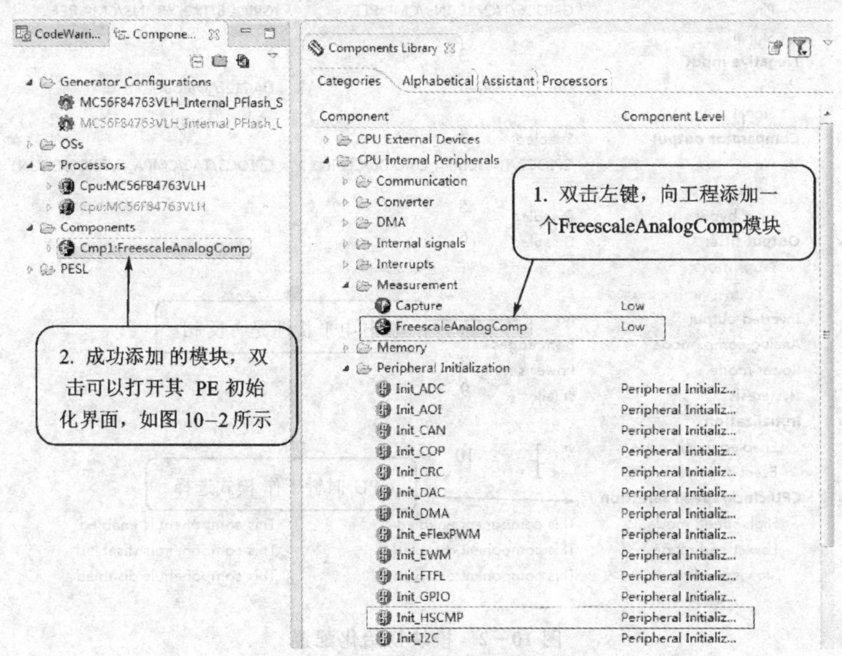

图10-1 向工程中添加比较器模块

较器模块 FreescaleAnalogComp；在 Peripheral Initialization 分类中也有一个比较器模块 Init_HSCMP。这两个模块的基本配置是相同的，使用的也是 MC56F84763 内的同一个功能。不同点在于 FreescaleAnalogComp 模块的 PE 配置比较简单，还提供给用户一些基本的函数调用，用户在程序代码中可以直接使用这些函数；而 Init_HSCMP 模块的 PE 配置更详细一些，但没有提供函数调用，用户在程序代码中就需要自己写寄存器进行操作。本节将依次对这两个模块进行说明。

双击 FreescaleAnalogComp 模块，向工程中添加该 PE 模块，添加完成后如图 10－1左侧所示。

10.2 模块初始化

双击添加到工程中的比较器模块，打开如图 10－2 所示的初始化配置界面进行配置。

图 10－2 模块初始化配置

1. Analog comparator(比较器选择)

如图 10－3 所示,MC56F84763 内共有 4 个模拟比较器。每一个 PE 比较器模块可以选择一个比较器进行配置,如果工程中需要同时使用多个比较器,则需要添加多个 PE 比较器模块。每一个比较器能够使用的 GPIO 输入输出引脚也是有区别的。

Analog comparator	CMPA
Interrupt service/event	CMPA
Interrupt	CMPB
Interrupt priority	CMPC
Interrupt preserve register	CMPD

图 10－3 MC56F84763 拥有 4 个模拟比较器

2. Positive input(比较器正向输入)

当选择使用比较器 CMPA 时,通过单击配置属性框,可以看到正向输入信号的可选项如图 10－4 所示。可见,正向输入信号既可以是通过 GPIO 引脚输入的外部模拟信号,也可以是由嵌入式芯片内 12 位、6 位 DAC 产生的内部模拟电压信号。

Positive input	
Pin	GPIOC6/TA2/XB_IN3/CMP_REF
Signal	GPIOA0/ANA0/CMPA_IN3/CMPC_O
Negative input	GPIOA1/ANA1/CMPA_IN0
Pin	GPIOA2/ANA2/VREFHA/CMPA_IN1
Signal	GPIOA3/ANA3/VREFLA/CMPA_IN2
Comparator output	GPIOC6/TA2/XB_IN3/CMP_REF
Pin	DAC12b_Output
Signal	DAC6bA_Output

图 10－4 CMPA 的正向输入信号可选项

图 10－5 为比较器的输入信号结构(摘自 *MC56F847xx Reference Manual* 中 16.1.4 节)。由图可知,通过多路复用器可以选择输入比较器的正、反向信号,可以是外部信号,也可以是 DAC 的输出信号。

3. Negative input(比较器反向输入)

比较器 CMPA 的反向输入信号可选项如图 10－6 所示。对比图 10－4 和图 10－6 可以发现,比较器 CMPA 的正向输入信号和反向输入信号可选项是相同的。不仅如此,比较器 CMPB、比较器 CMPC、比较器 CMPD 也同样是这样。

4. Comparator output(比较器输出设置)

可以选择通过 GPIO 端口输出比较结果,如图 10－7 所示。如果没有使能输出信

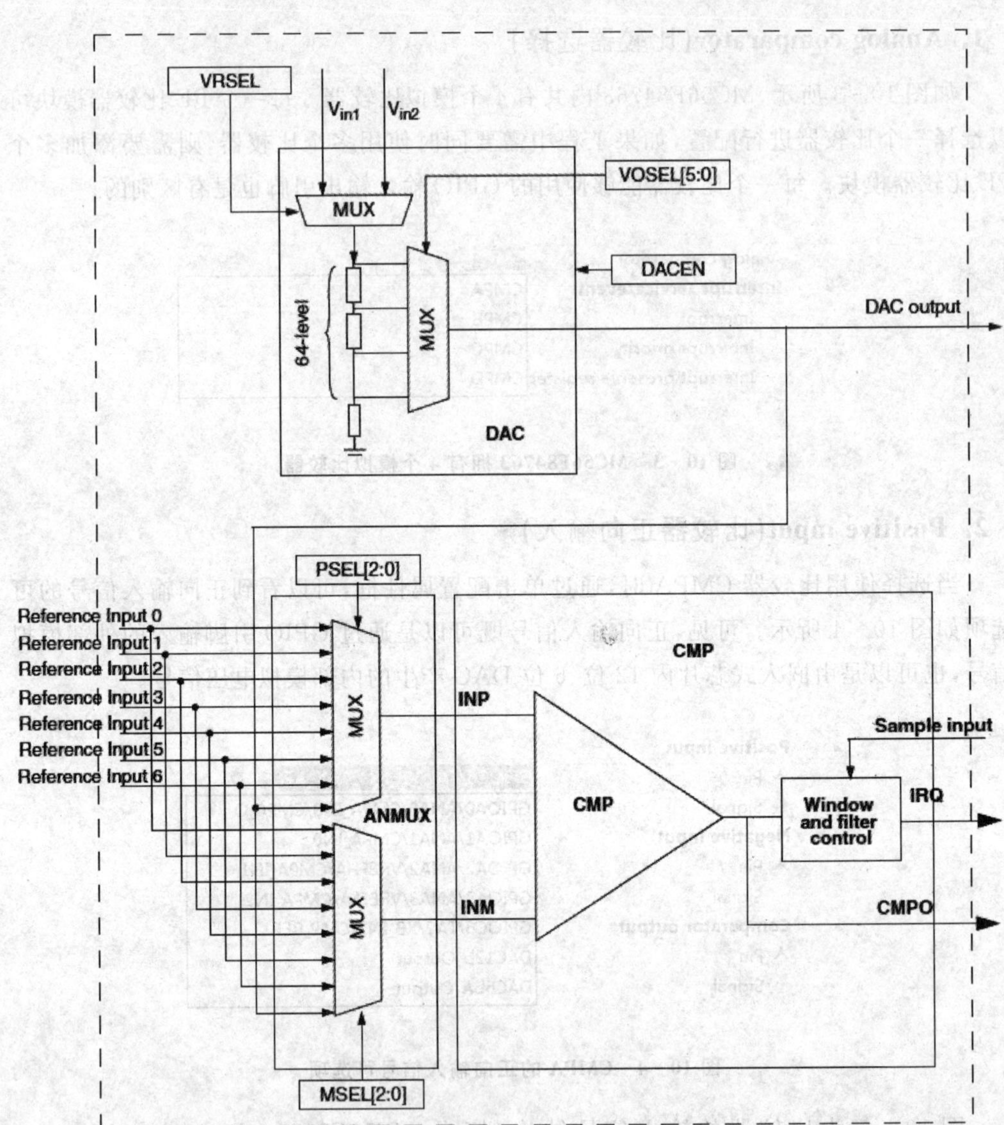

图 10－5　比较器输入信号结构

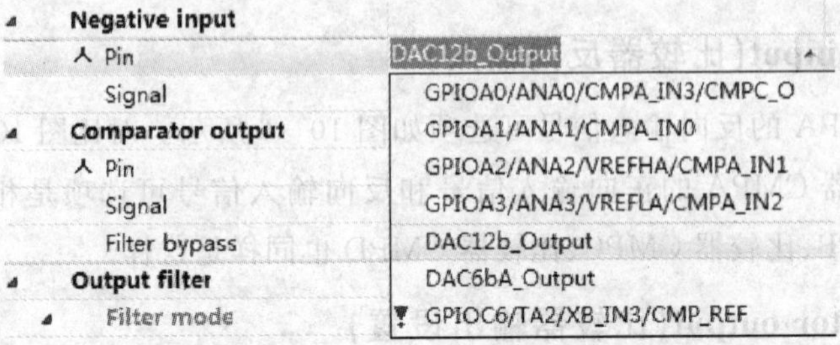

Negative input
Pin　DAC12b_Output
Signal
Comparator output
Pin
Signal
Filter bypass
Output filter
Filter mode

GPIOA0/ANA0/CMPA_IN3/CMPC_O
GPIOA1/ANA1/CMPA_IN0
GPIOA2/ANA2/VREFHA/CMPA_IN1
GPIOA3/ANA3/VREFLA/CMPA_IN2
DAC12b_Output
DAC6bA_Output
GPIOC6/TA2/XB_IN3/CMP_REF

图 10－6　CMPA 反向输入信号可选项

号极性反相，则当比较器正向输入电压高于反向输入电压则输出为高电平，反之则输出低电平；如果使能了输出信号极性反相，则输出刚好相反。当然，如果不需要比较结果从 GPIO 口输出，也可以不使能比较器输出。可由内部的状态寄存器来获得比较器的比较结果，也可由比较结果的跳变沿中断来及时处理比较结果。

Comparator output	Enabled
Pin	GPIOC3/TA0/CMPA_O/RXD0/CLKIN1
Signal	GPIOC14/SDA0/XB_OUT4
Filter bypass	GPIOC15/SCL0/XB_OUT5
Output filter	GPIOC3/TA0/CMPA_O/RXD0/CLKIN1
Filter mode	GPIOF2/SCL1/XB_OUT6
Filter sample period	GPIOF3/SDA1/XB_OUT7
Inverted output	GPIOF4/TXD1/XB_OUT8
Analog comp. mode	GPIOF5/RXD1/XB_OUT9

图 10－7　比较器输出引脚选择

5. Filter bypass(是否旁路滤波器)

比较器的输出信号会经过一个窗口控制器和一个滤波器，但这两个功能都可以被旁路，从而不起作用。如果选择 Enabled 则旁路滤波器，选择 Disabled 则使能滤波器。

6. Output filter(输出滤波器配置)

如果要使能输出滤波器，则 5 中“是否旁路滤波器”属性就必须设置为 Disabled，即不旁路滤波器。滤波器可以设置在多种模式下，如图 10－8 所示。

Filter bypass	Enabled
Output filter	Enabled
Filter mode	Sampled, Non-Filtered (periph clock)
Filter sample period	Sampled, Non-Filtered (periph clock)
Inverted output	Sampled, Non-Filtered (sample signal)
Analog comp. mode	Sampled, Filtered (periph clock)
Power mode	Sampled, Filtered (sample signal)
Hysteresis	Windowed
Initialization	Windowed, Resampled
Enabled in init. code	Windowed, Filtered

图 10－8　比较器的滤波器工作模式

比较器模块的主要控制结构如图 10－9 所示，模块主要有比较器、窗口功能、滤波功能 3 个子模块，除此之外，还有系统时钟分频器、多路复用器、中断控制器。

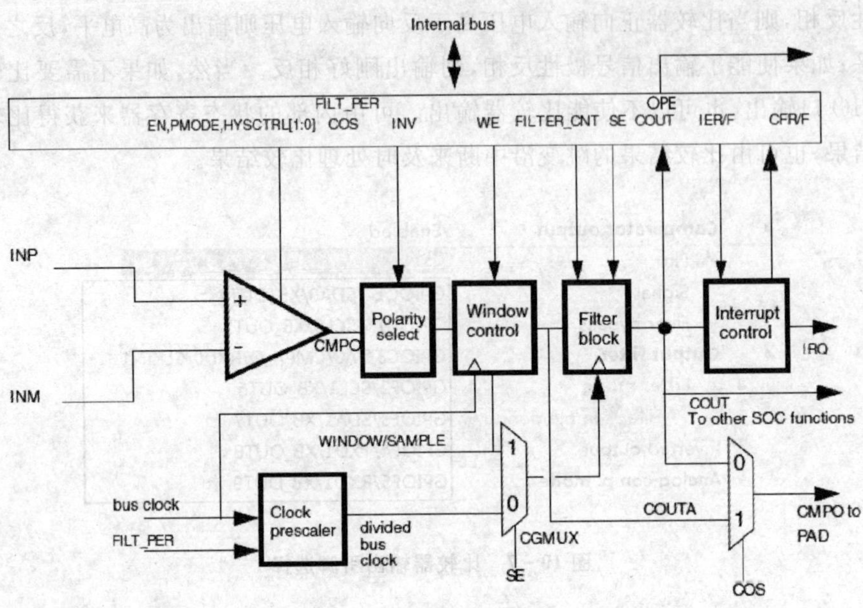

图 10-9 比较器控制框图

表 10-1 为窗口功能、滤波器功能的工作模式和控制状态汇总。

表 10-1 窗口、滤波器功能的工作模式与相应的控制状态

模 式	EN	WE	SE	FILTER_CNT	FILT_PER
模块关闭	0	*	*	*	*
连续模式（窗口、滤波器被旁路）	1	0	0	0	*
	1	0	0	*	0
Sampled, Non-Filtered(periph clock)	1	0	0	0x01	>0x00
Sampled, Non-Filtered(samplesignal)	1	0	1	0x01	*
Sampled, Filtered(periph signal)	1	0	0	>0x01	>0x00
Sampled, Filtered(samplesignal)	1	0	1	>0x01	*
Windowed	1	1	0	0x00	*
	1	1	0	*	0x00
Windowed, Resampled	1	1	0	0x01	0x01～0xFF
Windowed, Filtered	1	1	0	>0x01	0x01～0xFF

注：①“*”表示控制状态无效。

② 如果在使用过程中需要切换工作模式，则必须先将 SE 位和 FILTER_CNT 位清零，再进行配置，否则产生不可预知的后果。

表10－1中表头各项说明如下：

EN：Comparator module Enable，位于比较器的控制寄存器1。决定比较器模块是否使能，0禁止，1使能。

WE：Windowing Enable，位于比较器的控制寄存器1。决定窗口是否旁路，0旁路，1使用。

SE：Sample Enable，位于比较器的控制寄存器1。决定是否选择采样模式，0不选择，1选择；同时还控制采样时钟信号源的多路复用选择。

FILTER_CNT：Filter Sample Count，滤波采样计数，位于比较器的控制寄存器0。只有连续设定次数的采样一致才会认为采样有效，从而决定输出。当值为0时，禁止滤波。

FILT_PER：Filter Sample Period，采样周期设定，位于比较器的滤波周期寄存器。决定采样周期为系统时钟的多少倍，设定范围为0x00～0xFF。

下面对滤波器的工作模式进行简单说明：

① 模块关闭。该模式为比较器未开启，比较器不会工作，也不消耗电源。

② 连续模式(窗口、滤波器被旁路)。该模式下比较器工作，但窗口功能和滤波器功能都没有起作用，比较器的输出CMPO经过极性选择后直接输出。

③ Sampled，Non－Filtered(periph clock)，采样、未滤波(系统时钟)。窗口被旁路，SE＝0，滤波器的控制时钟由系统时钟经过分频器得到，分频系数由FILT_PER决定。因为FILTER_CNT＝1，所以每次采样都有效，采样未起到滤波效果。当选择该种模式时，需要设置滤波器采样周期FILT_PER，如图10－10所示。

图10－10 采样、未滤波(系统时钟)模式设置

④ Sampled，Non－Filtered(samplesignal)，采样、未滤波(采样触发信号)。窗口被旁路，SE＝1，则滤波器的控制时钟为采样触发信号。因为FILTER_CNT＝1，所以每次采样都有效，同样未起到滤波效果。选择该种模式，则需要选择采样触发信号，如图10－11所示。

图10－11 采样、未滤波(采样触发信号)模式设置

⑤ Sampled，Filtered(periph signal)采样、滤波(系统时钟)。窗口被旁路，SE＝0，滤波器的控制时钟由系统时钟经过分频器得到，分频系数由FILT_PER决定。因为FILTER_CNT>0x01，所以只有当设定次数的采样结果都一致，采样才有效，由此起到滤波效果。选择该模式，则需要设置采样次数和采样周期，如图10－12所示。

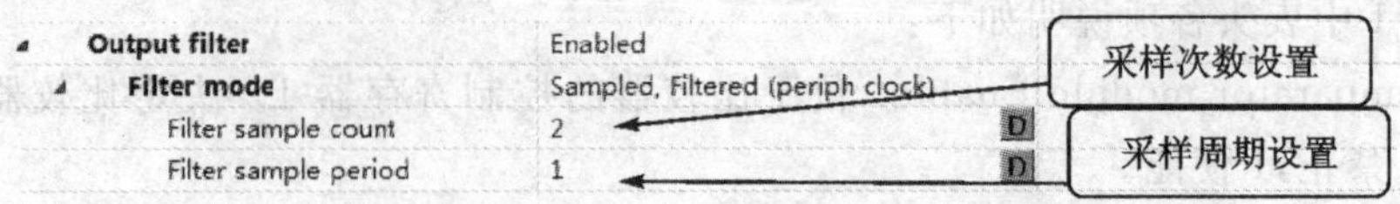

图 10－12　采样、滤波(系统时钟)模式设置

⑥ Sampled，Filtered（samplesignal）采样、滤波（采样触发信号）。窗口被旁路，SE＝1，则滤波器的控制时钟为采样触发信号。因为 FILTER_CNT＞0x01，所以只有当设定次数的采样结果都一致时，采样才有效，由此起到滤波效果。选择该种模式，则需要选择采样触发信号和设置滤波器采样次数，如图 10－13 所示。

图 10－13　采样、滤波(采样触发信号)

⑦ Windowed，窗口模式。WE＝1，窗口功能被使用，而滤波器功能被旁路。如图 10－14所示，只有在窗口信号(WINDOW)为高电平时，比较器输出信号才和内部比较器子模块的输出相同(不考虑极性选择)。当窗口信号为低电平时，比较器输出由锁存器控制，与前一状态相同。当选择该模式，则需要选择窗口信号的输入信号，如图 10－15 所示。

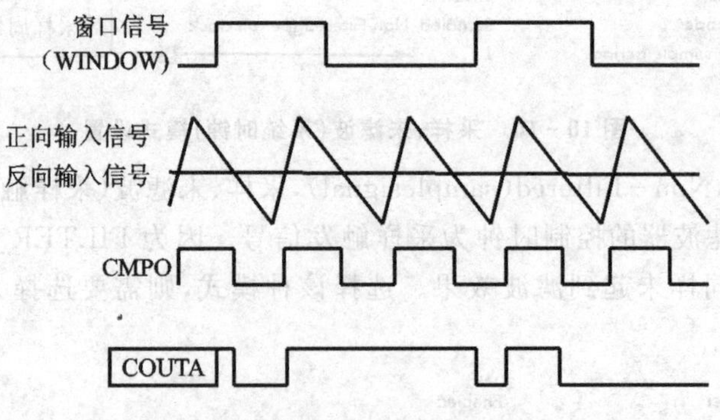

图 10－14　窗口模式输入/输出信号

图 10－15　窗口模式设置

⑧ Windowed，Resampled，窗口、重复采样模式。WE＝1，窗口功能被使用；SE＝0，滤波器的控制时钟由系统时钟经过分频器得到，分频系数由 FILT_PER 决定。因为

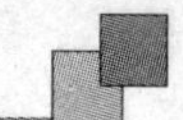

FILTER_CNT＝1,所以每次采样都有效,未起到滤波效果。但输出波形由采样结果决定,如图 10－16 所示。当选择该模式时,需要选择窗口控制信号和设置滤波器采样周期,如图 10－17 所示。

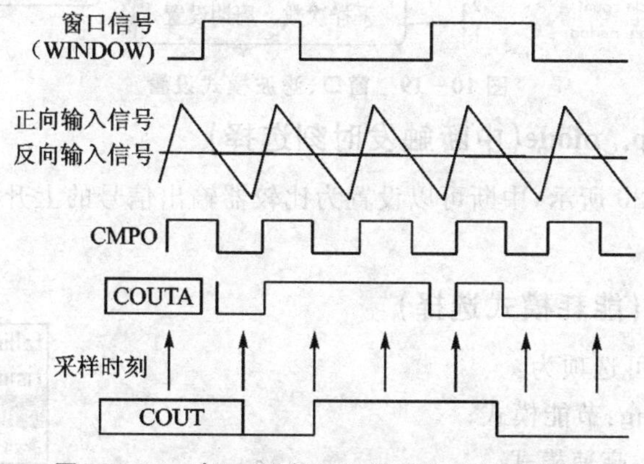

图 10－16　窗口、重复采样模式输入/输出信号

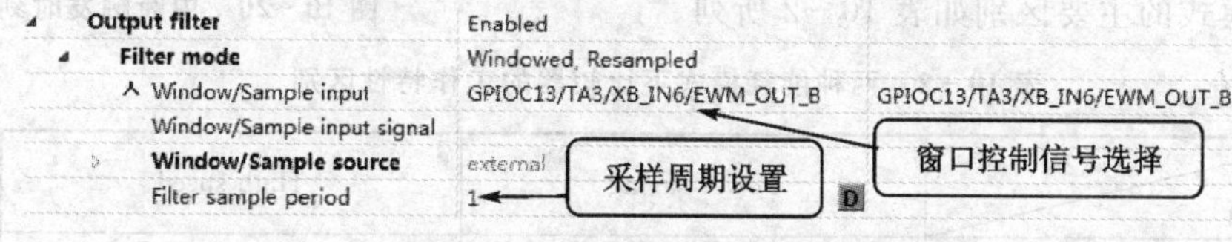

Output filter	Enabled
Filter mode	Windowed, Resampled
Window/Sample input	GPIOC13/TA3/XB_IN6/EWM_OUT_B
Window/Sample input signal	
Window/Sample source	external
Filter sample period	1

图 10－17　窗口、重复采样模式设置

⑨ Windowed, Filtered,窗口、滤波模式。WE＝1,使用窗口功能;SE＝0,滤波器的控制时钟由系统时钟经过分频器得到,分频系数由 FILT_PER 决定。因为 FILTER_CNT ＞0x01,所以只有当设定次数的采样结果都一致,采样结果才有效,从而达到滤波效果。图 10－18 为设定 FILTER_CNT＝3 时的输入/输出信号波形,只有当连续 3 次采样结果都一致,才认为采样结果有效,从而控制输出。当选择该模式时,需要选择窗口控制信号和设置采样次数、采样周期,如图 10－19 所示。

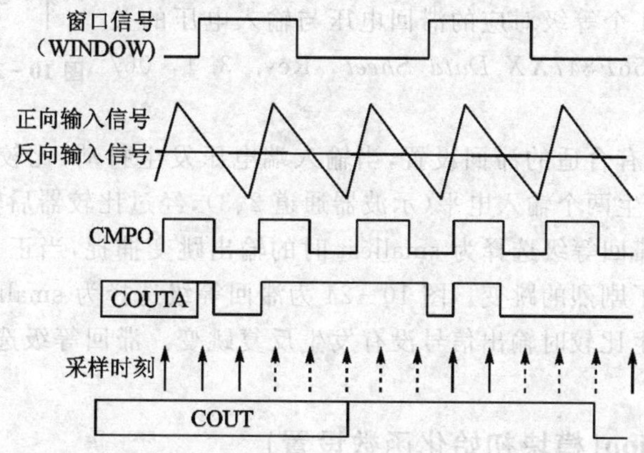

图 10－18　FILTER_CNT＝3 时的窗口、滤波模式

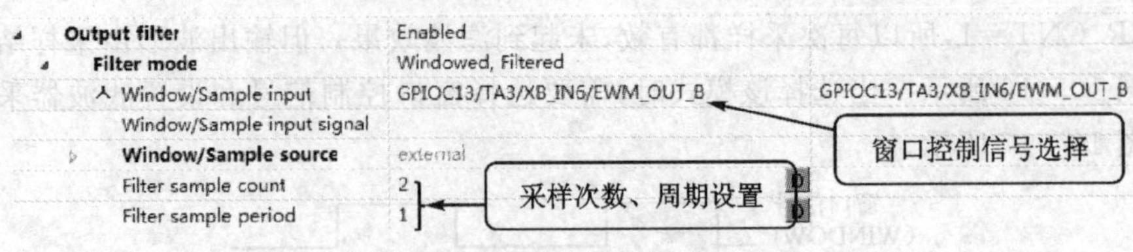

图 10-19　窗口、滤波模式设置

7. Analog comp. mode(中断触发时刻选择)

如图所示 10-20 所示，中断可以设置为比较器输出信号的上升沿、下降沿、上升和下降沿都触发。

8. Power mode(能耗模式选择)

能耗模式选择可选项为：

① Power saving：节能模式；

② High speed：高速模式。

两种模式的主要区别如表 10-2 所列。

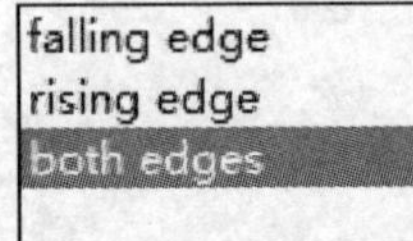

图 10-20　中断触发时刻选择

表 10-2　两种能耗模式下比较器的工作特性区别

选　项 \ 模　式	Power saving	High speed
供电电流(最大值)/μA	20	200
传输延时(额定值)/ns	250	50

注：数据来自 *MC56F847XX Data Sheet*，Rev. 3.1，06/2014 Table 31。

9. Hysteresis(滞回等级选择)

滞回等级选择如图 10-21 所示，从最小到最大，共有 4 个滞回等级可选。

smallest
small
large
largest

图 10-21　滞回等级选择

图 10-22 为 4 个等级对应的滞回电压与输入电压的关系曲线(来自 *MC56F847XX Data Sheet*，Rev. 3.1，06/2014 Figure 12)。

比较器如果没有合适的滞回设置，当输入端电压发生抖动，比较器输出会不断跳变。使用稳压源产生两个输入电平(示波器通道 2、3)，经过比较器后输出(示波器通道 1)。图 10-23 为滞回等级选择为 smallest 时的输出跳变捕捉，当正、反向输入电压相近，输出信号发生了剧烈的跳变。图 10-24 为滞回等级选择为 small 时的输出跳变捕捉，可见比较器发生比较时输出信号没有发生反复跳变。滞回等级选择应视输入电压的波动程度而定。

10. Initialization(模块初始化函数设置)

① Enable in init. code：设置是否在模块的 Init 函数中使能比较器模块。如果选择 no，则需要使能模块下的 Enable 函数(如图 10-25 所示)，从而可以在程序中调用该

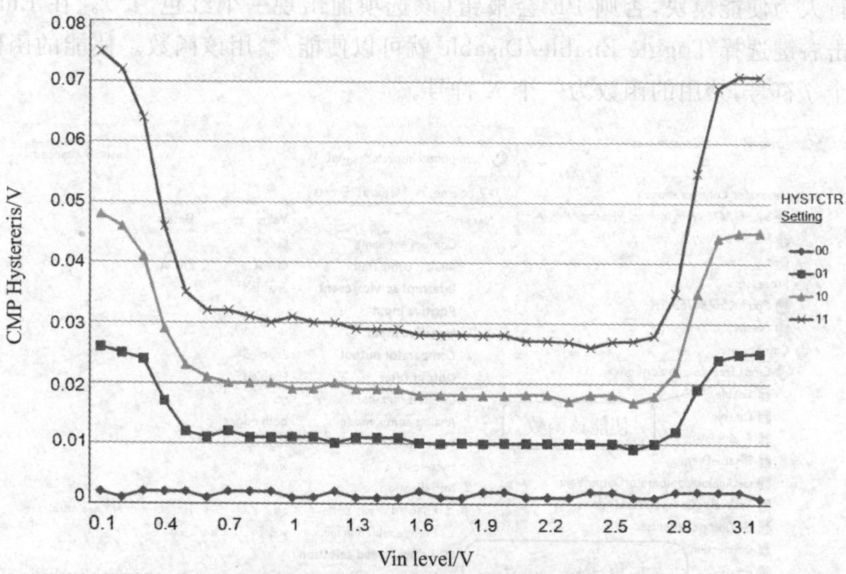

图 10-22　4 种滞回等级的电压值

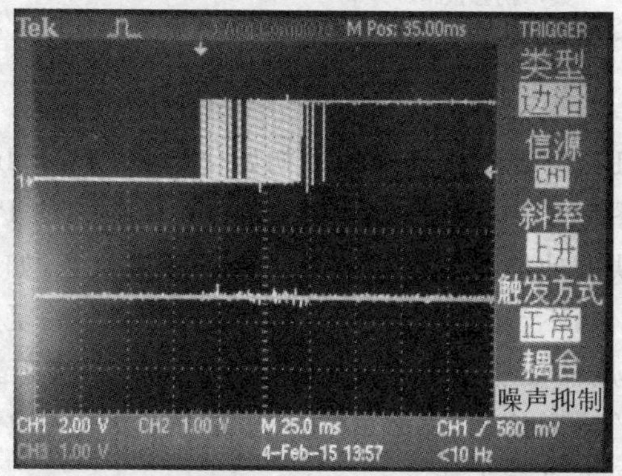

图 10-23　滞回等级选择 smallest 得到的输出波形

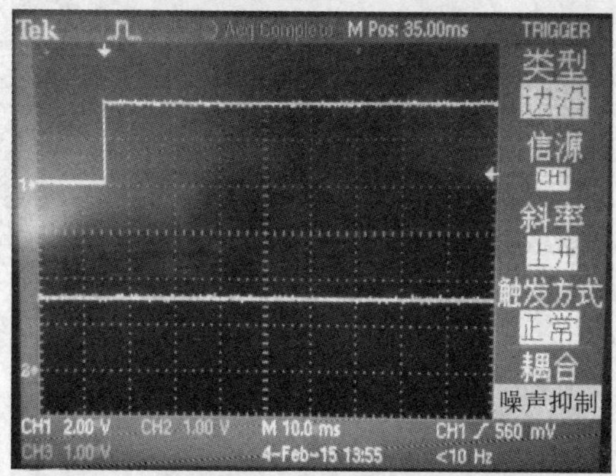

图 10-24　滞回等级选择 small 得到的输出波形

函数进行人为使能模块,否则 PE 会报错(该选项前出现一个红色“!”)。在 Enable 函数上单击右键选择 Toggle Enable/Disable 就可以使能/禁用该函数。使能的函数左下角有一个√符号,禁用的函数为一个 X 符号。

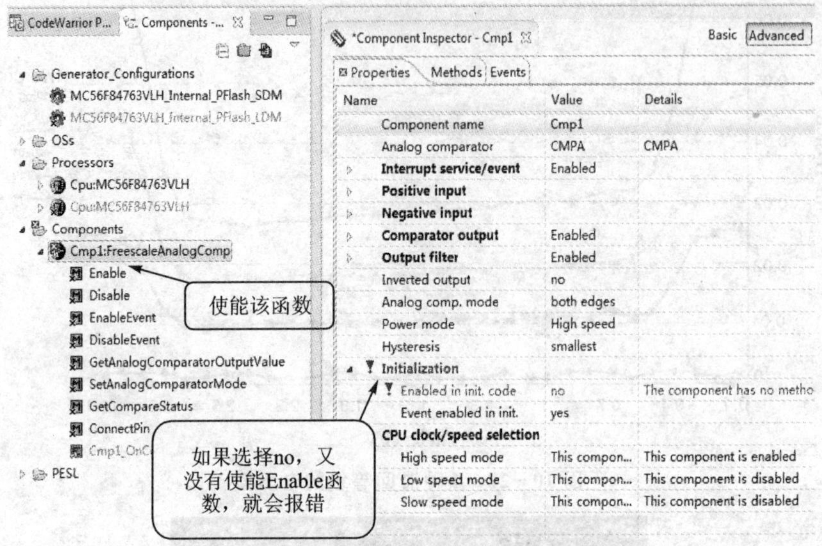

图 10-25 使能 Enable 函数

如果选择 yes,则 PE 会在比较器模块的初始化函数 Cmp1_Init(位于 Cmp1.c 文件中)中使能比较器,如图 10-26 所示,该函数在 main 函数中的 PE_low_level_init()函数中调用。比较器模块的使能决定比较器是否处于开启状态,如果不使能,则比较器将处于关闭状态,不能工作,不消耗电源。需要注意的是,在多路复用器被使能后,比较器必须被使能;在多路复用器使能之前,比较器必须处于关闭状态。也就是说,如果在程序中需要切换比较器的输入信号,那么就需要先关闭比较器再改变多路复用器的控制,修改完成后再使能比较器进行工作。

```
Cmp1.c
** ===================================================================
*/
void Cmp1_Init(void)
{
  /* CMPA_CR1: ??=0,??=0,??=0,??=0,??=0,??=0,??=0,??=0,SE=0,WE=0,?;
  setReg16(CMPA_CR1, 0x16U);            /* Set Control 1 register */
  /* CMPA_CR0: ??=0,??=0,??=0,??=0,??=0,??=0,??=0,??=0,??=0,FILTER_
  setReg16(CMPA_CR0, 0x10U);            /* Set Control 0 register */
  /* CMPA_MUXCR: ??=0,??=0,??=0,??=0,??=0,??=0,??=0,??=0,??=0,??=0,
  setReg16(CMPA_MUXCR, 0x28U);          /* Set MUX Control register
  /* CMPA_FPR: ??=0,??=0,??=0,??=0,??=0,??=0,??=0,??=0,FILT_PER=1 *
  setReg16(CMPA_FPR, 0x01U);            /* Filter period register */
  /* CMPA_CR1: EN=1 */
  setReg16Bits(CMPA_CR1, 0x01U);  ← 比较器使能                  */
  /*lint -save  -e586 Disable MISRA rule                      . */
  asm {
    /*
     * Delay
     *   - requested                  : 25 us @ 200MHz,
     *   - possible                   : 5000 c, 25000 ns
     */
```

图 10-26 在模块初始化函数中使能比较器

② Event enabled in init.：与①类似，这里选择是否在初始化函数中使能中断。同样地，如果这里选择 no，则需要使能模块下的 EnableEvent 函数，否则 PE 会报错。

10.3 模块函数简介

FreescaleAnalogComp 比较器模块提供了多个函数，如图 10－27 所示。在函数名称左下角有显示函数状态的标志，√表示该函数已被使能，经过编译后 PE 会为该函数生成定义(左键双击函数将会跳转到函数定义处)，用户可以左键单击该函数并按住左键将函数拖动到需要调用的代码位置进行调用；X 则表示该函数没有使能，PE 不会为其生成函数定义，如果在代码中调用没有被使能的函数则会因为找不到函数定义而报错。

工程编译后，PE 会为每一个添加到工程中的模块生成其源文件和头文件，两个文件在工程中的 Generated_Code 文件夹下，如图 10－28 所示。如果要知道与模块相关的函数、参数定义可以直接打开模块头文件、源文件进行查看。

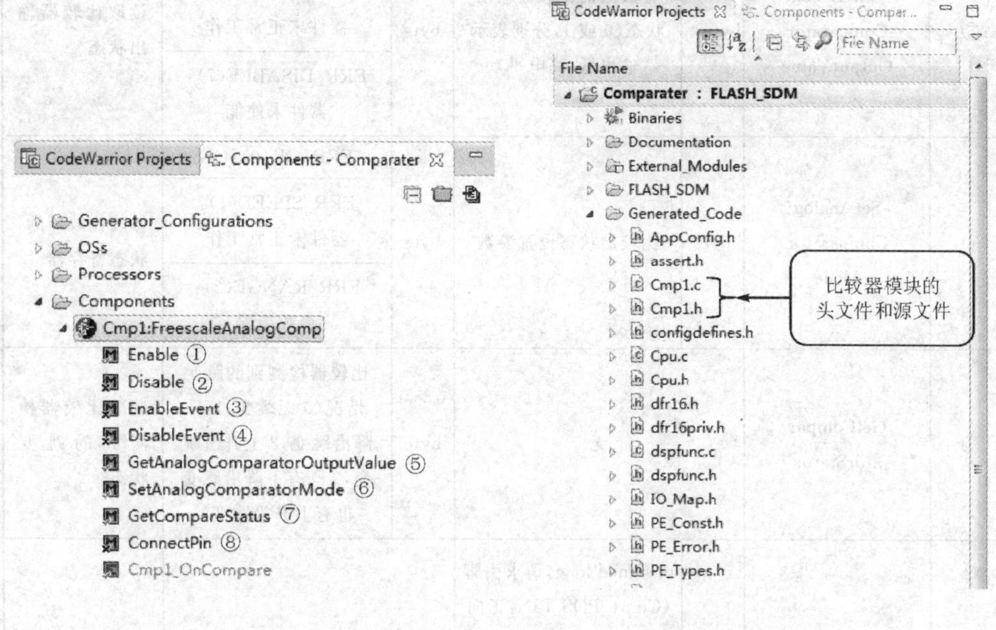

图 10－27 比较器模块提供的函数　　图 10－28 模块代码文件夹

表 10－3 为比较器模块提供的函数形参、返回值、功能简介。

表 10－3　比较器模块函数简介

序　号	函数名	形　参		返回值		功　能
①	Enable	无		byte	ERR_OK(0):OK ERR_SPEED(1):器件未正常工作	模块使能
②	Disable	无		byte	ERR_OK(0):OK ERR_SPEED(1):器件未正常工作	关闭模块
③	EnableEvent	无		byte	ERR_OK(0):OK ERR_SPEED(1):器件未正常工作	中断使能
④	DisableEvent	无		byte	ERR_OK(0):OK ERR_SPEED(1):器件未正常工作	关闭使能
⑤	GetAnalogComparatorOutputValue	byte *	存放当前比较器输出状态(0 或 1,分别表示输出低、高电平)	byte	ERR_OK(0):OK ERR_SPEED(1):器件未正常工作 ERR_DISABLE(7):器件未使能	读取比较器输出状态
⑥	SetAnalogComparatorMode	byte	比较器状态设置参数	byte	ERR_OK(0):OK ERR_SPEED(1):器件未正常工作 ERR_RANGE(2):参数超限	修改比较器的状态寄存器
⑦	GetComparatorStatus	无		byte	比较器检测到的跳变情况(0 无跳变,1 下降沿跳变,2 上升沿跳变,3 既有下降沿跳变也有上升沿跳变)	获取比较器检测到的跳变状态
⑧	ConnectPin	dword	unsigned long,请求引脚(Cmp1_POS_PIN:正向输入引脚;Cmp1_NEG_PIN:反向输入引脚;Cmp1_OUT_PIN:输出引脚;Cmp1_WS_PIN:窗口控制引脚)	无		重新连接设置的引脚

10.4　比较器模块应用实例

利用 FreescaleAnalogComp 模块实现两个模拟信号的比较。

10.4.1　两个外部信号的比较

实例中比较器的正、反向输入信号均为外部信号，通过电位器分压提供，分别通过 GPIOA0、GPIOA1 两个引脚输入，同时也启动比较器输出功能，从 GPIOC3 端口输出，PE 初始化配置如图 10－29 所示。

图 10－29　实例设置

实例代码如图 10－30 所示，在比较器的跳变沿中断服务函数中读取比较器输出状态并存放到字节型数组中。

通过调节电位器来调节输入电压，通过示波器观察比较器的输入波形和输出信号，如图 10－31 所示。示波器通道 1、2 分别为比较器的反向、正向输入电压波形，通道 3 为输出信号。因为没有选择输出极性翻转，在正向输入信号电压高于反向输入信号时，输出高电平；反之则输出低电平。

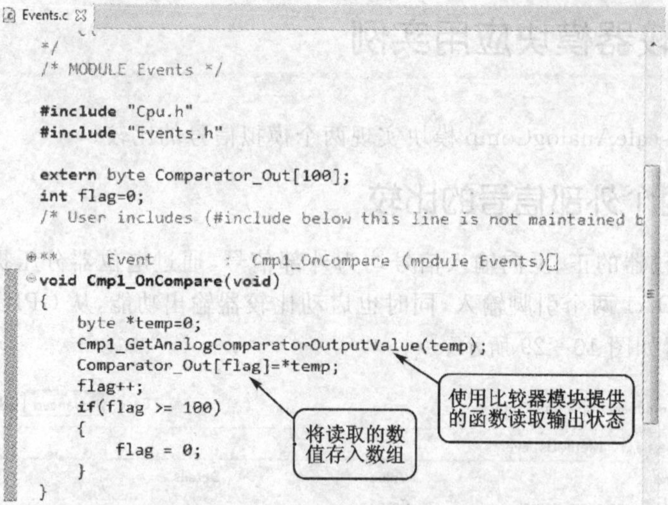

Events.c
*/
/* MODULE Events */
#include "Cpu.h"
#include "Events.h"
extern byte Comparator_Out[100];
int flag=0;
/* User includes (#include below this line is not maintained b
** Event : Cmp1_OnCompare (module Events)
void Cmp1_OnCompare(void)
{
byte *temp=0;
Cmp1_GetAnalogComparatorOutputValue(temp);
Comparator_Out[flag]=*temp;
flag++;
if(flag >= 100)
{
flag = 0;
}
}
使用比较器模块提供的函数读取输出状态
将读取的数值存入数组

图 10-30　实例代码

Tek
M Pos: 0.000s
CH1
耦合
直流
带宽限制
关 200 MHz
伏/格
粗调
探头
10X
Voltage
反相
关闭
CH1 1.00 V
CH2 1.00 V
M 2.50 s
CH3 ╱ 560 mV
CH3 2.00V
6-Feb-15 15:38
<10 Hz

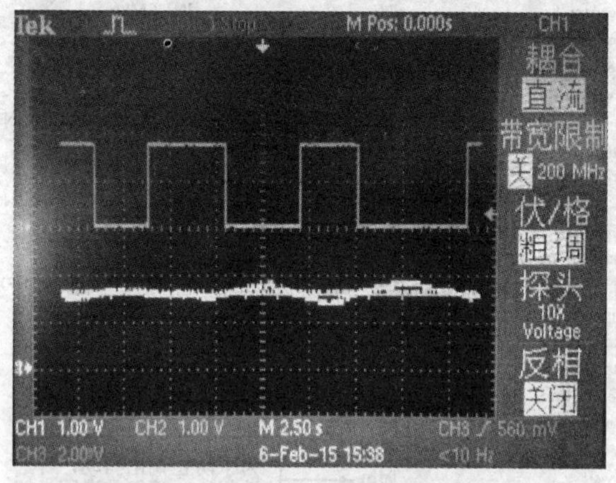

图 10-31　比较器输入输出信号波形

在调试模式下，暂停程序运行查看比较器状态数组，如图 10-32 所示。可以看到输出状态为 0 和 1 两种，分别对应于输出低电平和高电平。

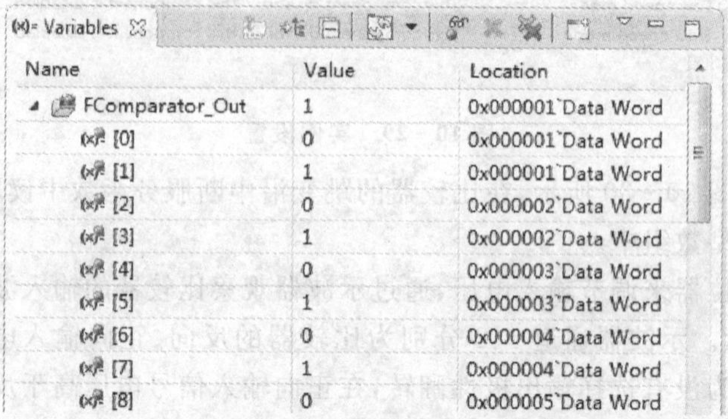

(x)= Variables

Name	Value	Location
FComparator_Out	1	0x000001`Data Word
[0]	0	0x000001`Data Word
[1]	1	0x000001`Data Word
[2]	0	0x000002`Data Word
[3]	1	0x000002`Data Word
[4]	0	0x000003`Data Word
[5]	1	0x000003`Data Word
[6]	0	0x000004`Data Word
[7]	1	0x000004`Data Word
[8]	0	0x000005`Data Word

图 10-32　比较器输出状态数组数据

10.4.2　一个外部信号和一个内部信号的比较

实例的比较器正向、反向输入分别为外部信号和内部信号。外部信号由电位器分压产生，从 GPIOA0 输入；内部信号由 6 位 DAC 产生，通过内部信号连接到比较器反向输入端，比较器模块的设置如图 10-33 所示。

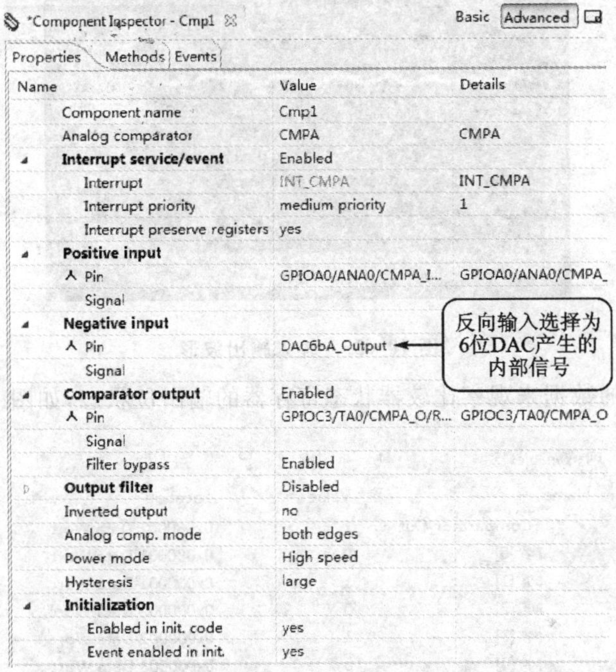

*Component Inspector - Cmp1　　Basic　Advanced

Properties　Methods　Events

Name	Value	Details
Component name	Cmp1	
Analog comparator	CMPA	CMPA
◢ Interrupt service/event	Enabled	
Interrupt	INT_CMPA	INT_CMPA
Interrupt priority	medium priority	1
Interrupt preserve registers	yes	
◢ Positive input		
Pin	GPIOA0/ANA0/CMPA_I...	GPIOA0/ANA0/CMPA_
Signal		
◢ Negative input		
Pin	DAC6bA_Output	
Signal		
◢ Comparator output	Enabled	
Pin	GPIOC3/TA0/CMPA_O/R...	GPIOC3/TA0/CMPA_O
Signal		
Filter bypass	Enabled	
▷ Output filter	Disabled	
Inverted output	no	
Analog comp. mode	both edges	
Power mode	High speed	
Hysteresis	large	
◢ Initialization		
Enabled in init. code	yes	
Event enabled in init.	yes	

图 10-33　比较器模块配置

添加 DAC 模块，DAC 设置如图 10-34 所示，选择比较器中选择的 DAC6bA，DAC 输出值设置为 30，因为是 6 位 DAC，则输出电压为$\frac{30}{64}\times 3.3\ \text{V}=1.55\ \text{V}$。

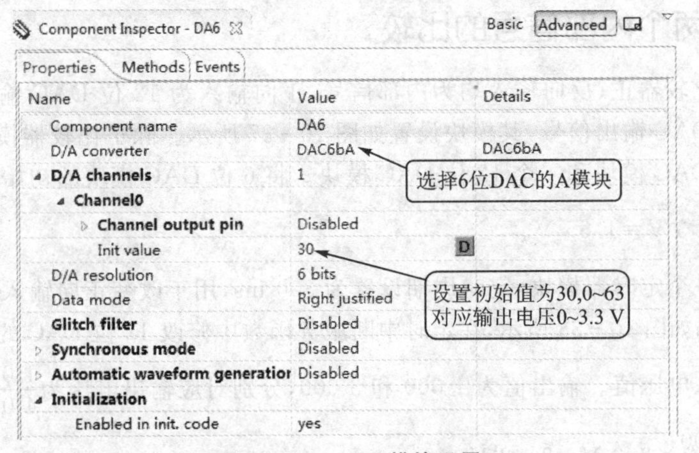

Component Inspector - DA6　　Basic　Advanced

Properties　Methods　Events

Name	Value	Details
Component name	DA6	
D/A converter	DAC6bA	DAC6bA
◢ D/A channels	1	
◢ Channel0		
▷ Channel output pin	Disabled	
Init value	30	
D/A resolution	6 bits	
Data mode	Right justified	
Glitch filter	Disabled	
▷ Synchronous mode	Disabled	
▷ Automatic waveform generatior	Disabled	
◢ Initialization		
Enabled in init. code	yes	

图 10-34　DAC 模块设置

通过调节电位器来调整比较器正端输入信号，输入输出波形如图 10－35 所示。示波器通道 2 为正向输入电压波形，通道 3 为比较器输出信号波形。

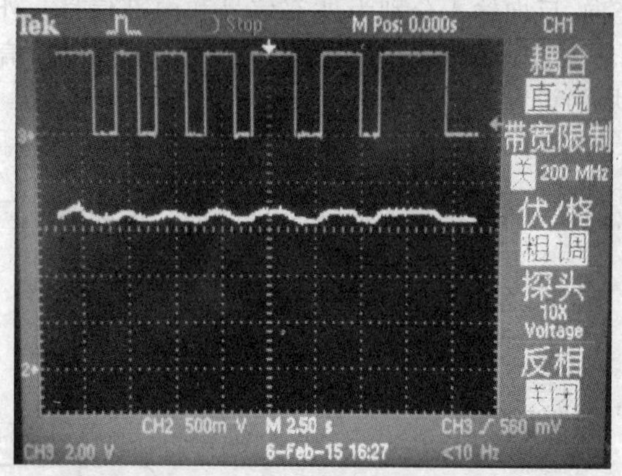

图 10－35　输入输出波形

从数组存储的数据来观察比较器状态寄存器的输出位状态，如图 10－36 所示。

(x)= Variables

Name	Value	Location
FComparator_Out	1	0x000001`Data Worc
[0]	0	0x000001`Data Worc
[1]	1	0x000001`Data Worc
[2]	0	0x000002`Data Worc
[3]	1	0x000002`Data Worc
[4]	0	0x000003`Data Worc
[5]	1	0x000003`Data Worc
[6]	0	0x000004`Data Worc
[7]	1	0x000004`Data Worc
[8]	0	0x000005`Data Worc

图 10－36　比较器输出状态数组

10.4.3　两个内部信号的比较

实例的比较器正、反向输入均为内部信号，正向输入为 12 位 DAC 输出信号，反向输入为 6 位 DAC 输出信号，其模块设置如图 10－37 所示。除了比较器模块，还需要添加一个 6 位 DAC 模块和一个 12 位 DAC 模块。将 6 位 DAC 模块的初始值设置为 30，电压为$\frac{30}{64}\times 3.3\ \text{V}=1.55\ \text{V}$。

再添加一个定时器模块，定时周期设置为 300 ms，用于改变正向输入的电压值。

实例代码如图 10－38 所示，在定时中断服务函数中修改 12 位 DAC 的输出电压，即修改正向输入电压值。输出值为 1 000 和 3 000，分别对应输出电压为$\frac{1\ 000}{4\ 096}\times 3.3\ \text{V}=0.806\ \text{V}$、$\frac{3\ 000}{4\ 096}\times 3.3\ \text{V}=2.42\ \text{V}$。

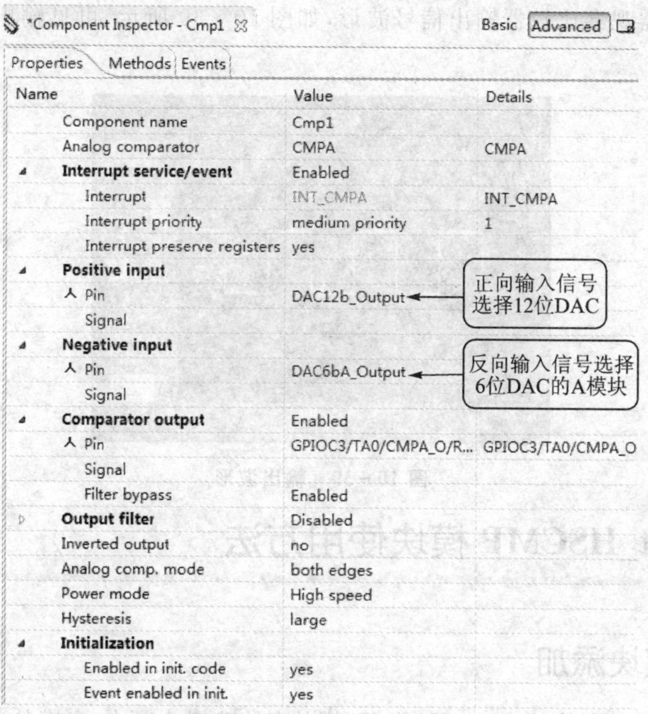

图 10－37 比较器模块设置

Events.c

```
#include "Cpu.h"
#include "Events.h"

extern byte Comparator_Out[100];
unsigned int value=3000;
int flag=0;
/* User includes (#include below this line is not maintained by 
**     Event       :  Cmp1_OnCompare (module Events)
void Cmp1_OnCompare(void)
{
    byte *temp=0;
    Cmp1_GetAnalogComparatorOutputValue(temp);
    Comparator_Out[flag]=*temp;
    flag++;
    if(flag >= 100)
    {
        flag = 0;
    }
}

**     Event       :  TI1_OnInterrupt (module Events)
/* Comment following line if the appropriate 'Interrupt preserve
/* is set to 'yes' (#pragma interrupt saveall is generated befor
#pragma interrupt called
void TI1_OnInterrupt(void)
{
    DA12_SetValue(&value);
    value = ((value>2000)? 1000:3000);
}
```

在定时器中修改12位DAC输出电压

图 10－38 实例代码

使用示波器观察比较器输出信号波形，如图 10－39 所示，可见输出波形以 300 ms 周期发生跳变。

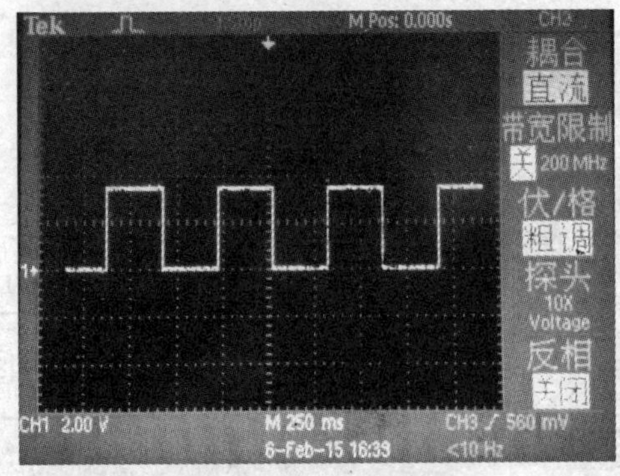

图 10－39　输出波形

10.5　Init_HSCMP 模块使用方法

10.5.1　模块添加

在 PE 模块库中找到 Init_HSCMP 模块，左键双击添加该模块，添加完成后如图 10－40 左侧所示。

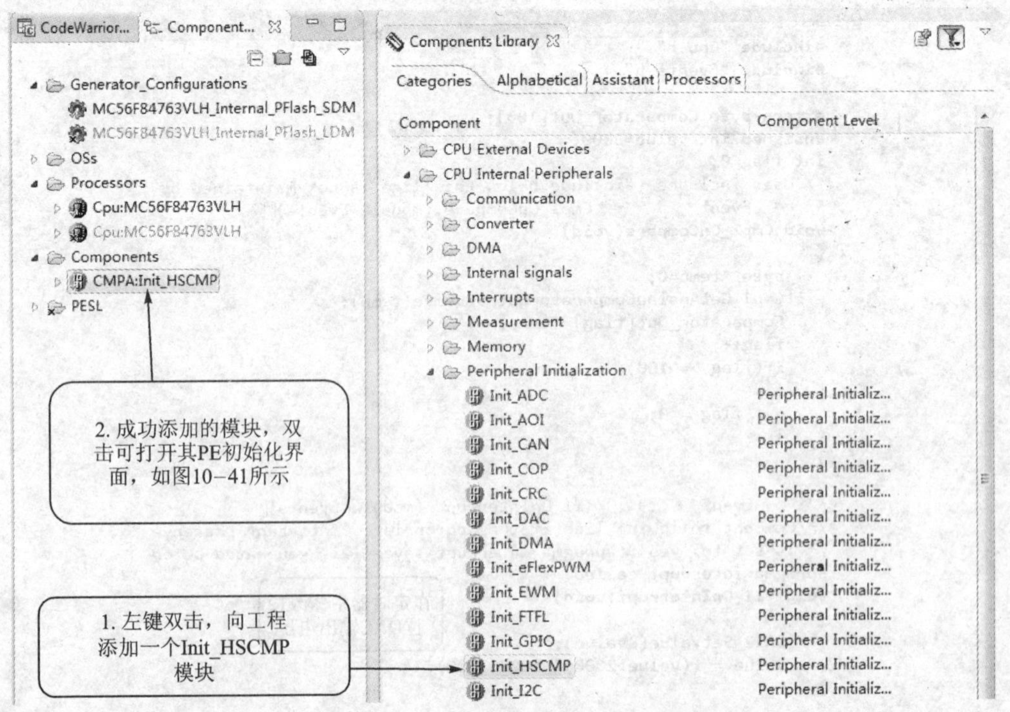

图 10－40　向工程中添加 Init_HSCMP 模块

10.5.2　模块初始化

Init_HSCMP 比较器模块和 FreescaleAnalogComp 比较器模块的 PE 初始化配置基本相同，下面对该模块进行简要介绍，如图 10－41 所示。

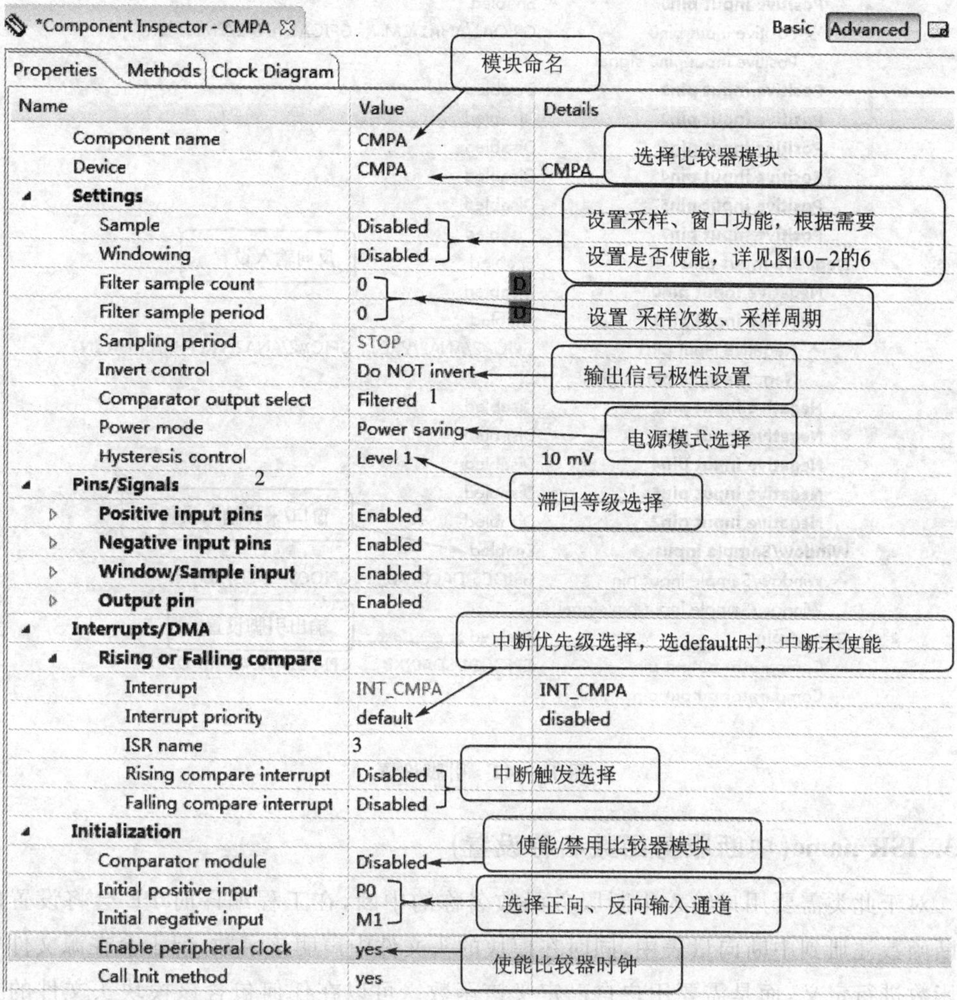

*Component Inspector - CMPA　　Basic　Advanced

Properties　Methods　Clock Diagram

Name	Value	Details
Component name	CMPA	
Device	CMPA	CMPA
Settings		
Sample	Disabled	
Windowing	Disabled	
Filter sample count	0	
Filter sample period	0	
Sampling period	STOP	
Invert control	Do NOT invert	
Comparator output select	Filtered 1	
Power mode	Power saving	
Hysteresis control	Level 1	10 mV
Pins/Signals 2		
Positive input pins	Enabled	
Negative input pins	Enabled	
Window/Sample input	Enabled	
Output pin	Enabled	
Interrupts/DMA		
Rising or Falling compare		
Interrupt	INT_CMPA	INT_CMPA
Interrupt priority	default	disabled
ISR name	3	
Rising compare interrupt	Disabled	
Falling compare interrupt	Disabled	
Initialization		
Comparator module	Disabled	
Initial positive input	P0	
Initial negative input	M1	
Enable peripheral clock	yes	
Call Init method	yes	

图 10－41　模块初始化设置

1. Comparator output select(比较器输出信号设置)

比较器输出信号设置见前面图 10－9，当该项选择 Filtered 时，CMPO 信号与 COUT 信号相同；当选择 Unfiltered 时，CMPO 信号与 COUTA 相同。

2. Pins/Signals(引脚/信号选择)

如图 10－42 所示，引脚设置包括正向输入、反向输入、窗口控制/采样触发、输出选择。其中正向输入和反向输入都有 8 个通道，但对应通道都是相同的，所以不能选择相同的通道作为输入。根据实际应用使能相应的通道即可。

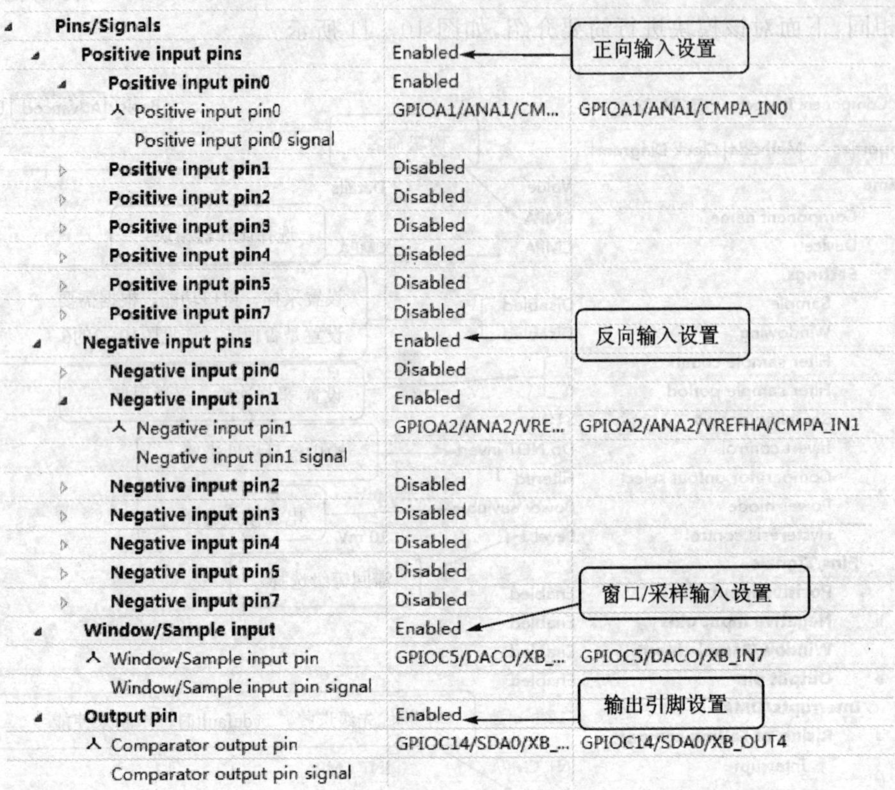

图 10－42　引脚设置

3. ISR name(中断服务函数名称设置)

对于此类需要用户输入中断服务函数名称的中断，在工程编译时 PE 会将设置的中断函数注册到中断向量表中，同时在模块的头文件中声明该函数，但不会在源文件中对函数进行定义，而是需要用户自己定义该函数。可以在任何包含该模块头文件的文件中定义，例如 Events. c、main. c 等。

例如在此处输入中断服务函数名 my_cmpa，编译工程，可以看到在中断向量表(Vector. c 文件中)中该函数已经注册在比较器 A 的中断处。选中该函数，单击右键选择 Open Declaration 可以看到该函数已经在比较器 A(配置时选择的是 A)的头文件 CMPA. h 中声明，但编译结果报错显示该函数未找到定义，如图 10－43 所示。

在 Events. c 中对该函数进行定义，如图 10－44 所示，再次编译则不再报错。

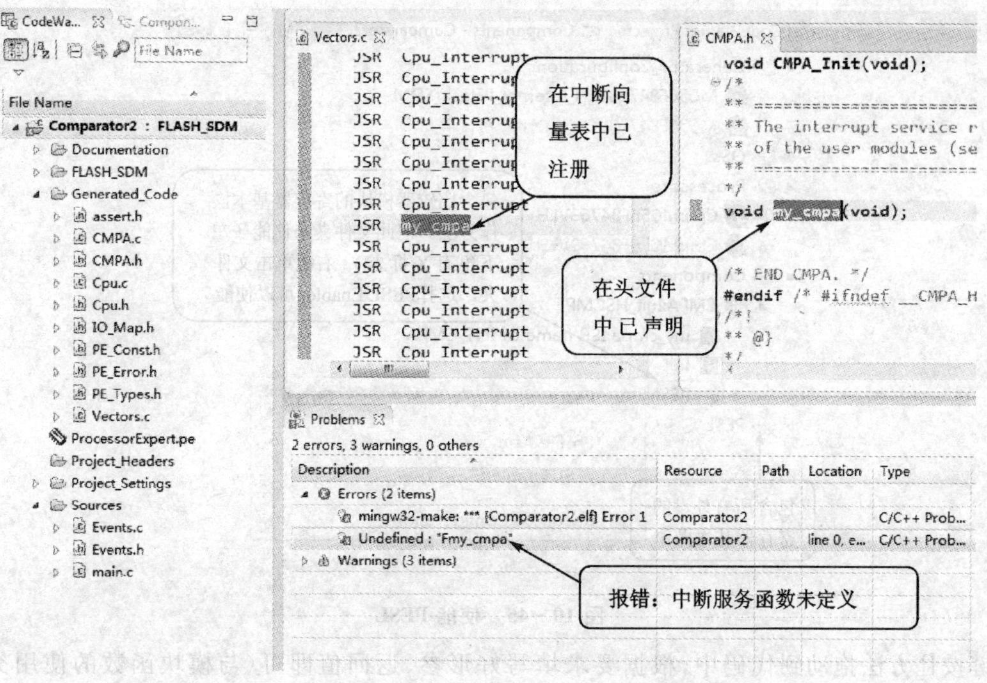

图 10－43　PE 注册并声明了中断服务函数但未定义

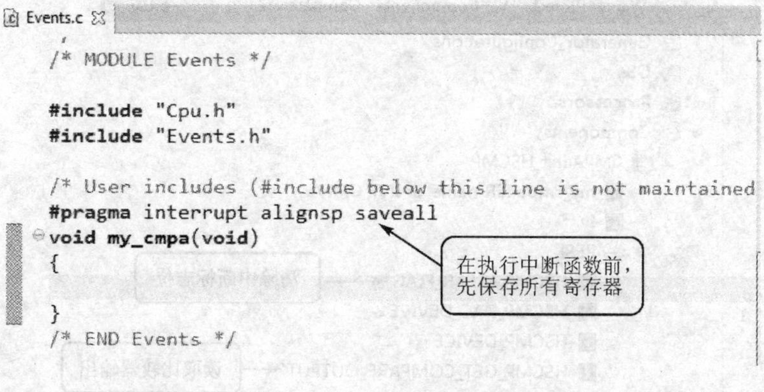

```
/* MODULE Events */

#include "Cpu.h"
#include "Events.h"

/* User includes (#include below this line is not maintained
#pragma interrupt alignsp saveall
void my_cmpa(void)
{

}
/* END Events */
```

在执行中断函数前，
先保存所有寄存器

图 10－44　在 Events.c 中对中断服务函数进行定义

10.5.3　模块寄存器操作方法——PESL

以“Init_”为前缀命名的模块，虽然 PE 没有为其生成函数，但却提供了一种快速寄存器操作的方法——PESL 寄存器操作库。如图 10－45 所示，在此类 PE 模块下面都有一个名为 PESL 的文件夹，包含了该模块的寄存器操作方法。而在工程中，也有一个 PESL 文件夹，该文件夹则包含了嵌入式芯片所有外设的基本寄存器操作。在任何 PE 工程中，都有这个文件夹可用(DSC 和 ARM 的文件名不同)。

使能 PESL 文件夹后就可以使用其中提供的方法了，如图 10－46 所示，只需要左

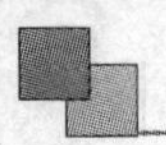

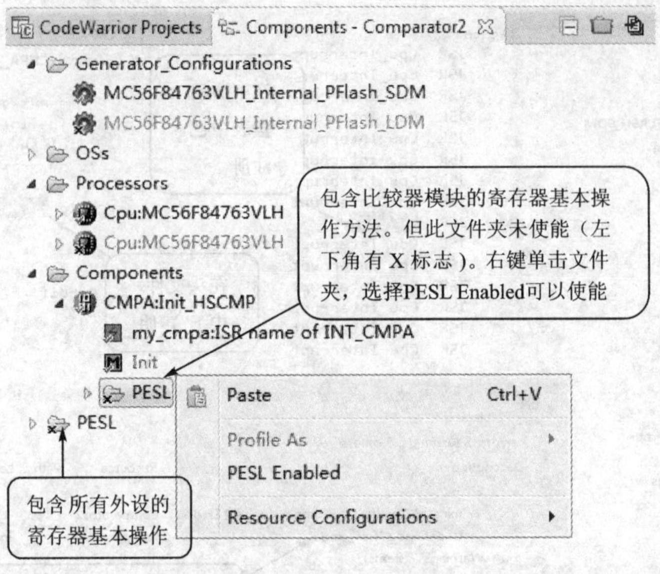

图 10－45　使能 PESL

键按住方法拖动到代码中，根据要求填写好形参、返回值即可（与模块函数的使用类似），将鼠标放置在方法上会显示其简介。

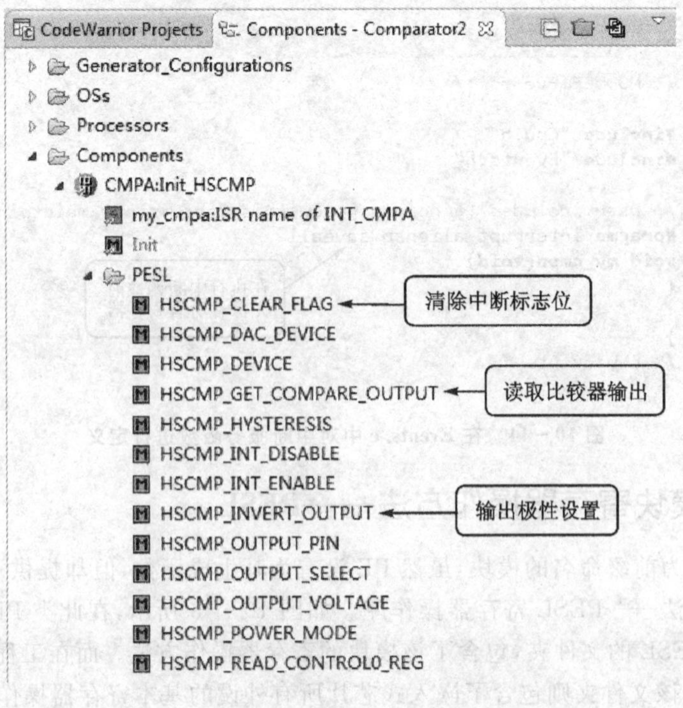

图 10－46　比较器模块的寄存器基本操作方法

10.5.4　Init_HSCMP 模块应用实例

利用 Init_HSCMP 模块实现两个外部模拟信号的比较。在比较器模块配置中设置正向、反向输入分别为 GPIOA1、GPIOA2 外部信号，实例代码如图 10-47 所示。在比较器输出信号的跳变沿中断服务函数中进行输出状态的读取和存储。使用 PESL 中的寄存器操作方法来清除中断标志位和读取输出状态。

```
Events.c
*/
/*!
**   @addtogroup Events_module Events module documentation
**   @{
*/
/* MODULE Events */

#include "Cpu.h"
#include "Events.h"

byte Comparator_Out[100]={0};
int flag=0;
/* User includes (#include below this line is not maintained by Processor
#pragma interrupt alignsp saveall
void my_cmpa(void)
{
    PESL(CMPA, HSCMP_CLEAR_FLAG, HSCMP_RISING_EDGE|HSCMP_FALLING_EDGE);
    Comparator_Out[flag]=PESL(CMPA, HSCMP_GET_COMPARE_OUTPUT, NULL);
    flag++;
    if(flag >= 100)
    {
        flag = 0;
    }
}
/* END Events */
```

清除中断标志位

读取比较器输出

图 10-47　实例代码

通过示波器观察输入输出信号如图 10-48 所示。

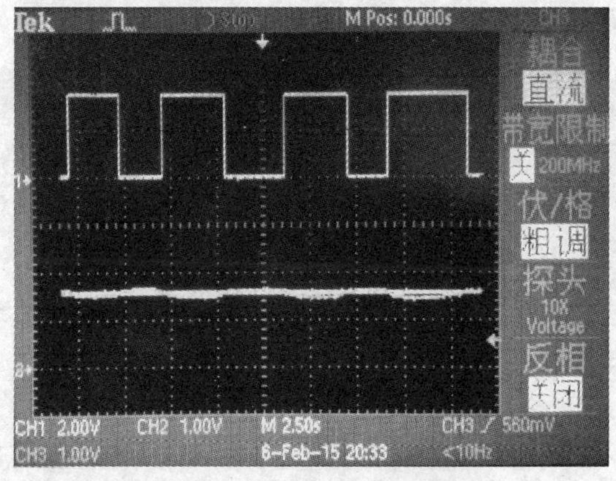

图 10-48　输入输出波形

10.6 小 结

① PE 模块库中有两个比较器模块，分别为 FreescaleAnalogComp 和 Init_HSCMP，两者功能相同，只是 PE 初始化界面有所不同。除此之外，前者 PE 会生成一些简单的模块函数；后者虽然没有生成模块函数，但模块下包含 PESL 文件夹，可用于寄存器的基本操作。

② 比较器的正、反向输入都既可以是外部 GPIO 输入信号，也可以是内部 DAC 产生的信号。

③ 设置合理的滞回等级来防止因输入电压的波动导致比较器输出反复跳动。

④ 可以选择使用窗口功能、滤波器功能来适应实际的工程应用，有多种模式可以选择。

⑤ 比较器输出信号可以设置极性是否翻转，还可以在输出信号的跳变沿触发中断。

第11章 程序存储器(Flash)

随着技术的发展,嵌入式携带的 Flash 存储空间越来越大,很多情况下工程项目还没有使用到其 50%。而一些工程为了将一些数据存储起来以防止掉电数据丢失,往往会增加一片 EEPROM 芯片来完成数据存储。嵌入式与 EEPROM 之间多采用 I^2C 通信,数据读写速度较慢、可靠性也不是很高。如果利用嵌入式自身的 Flash 空间进行数据的存储会怎样呢? Flash 存储器同样具有掉电数据可保存特点,并且电可擦除,可在线编程,嵌入式对 Flash 的读/写速度远远高于通过 I^2C 与 EEPROM 之间的通信,且可靠性好。所以将工程项目使用剩余的嵌入式芯片 Flash 存储空间作为 EEPROM 来使用会更加经济、方便、可靠。

不同的是,Flash 存储器不像 EEPROM 那样可以逐个字节擦除,而是一次擦除一个扇区,扇区大小的定义根据不同型号的芯片有所不同。并且为了可靠地写入,每次向 Flash 存储空间中写入数据时都需要保证该地址被擦除后没有被写过。

11.1 模块添加

在 PE 模块库中 Memory 文件夹下找到 IntFLASH 模块,双击向工程中添加该模块,如图 11-1 所示。

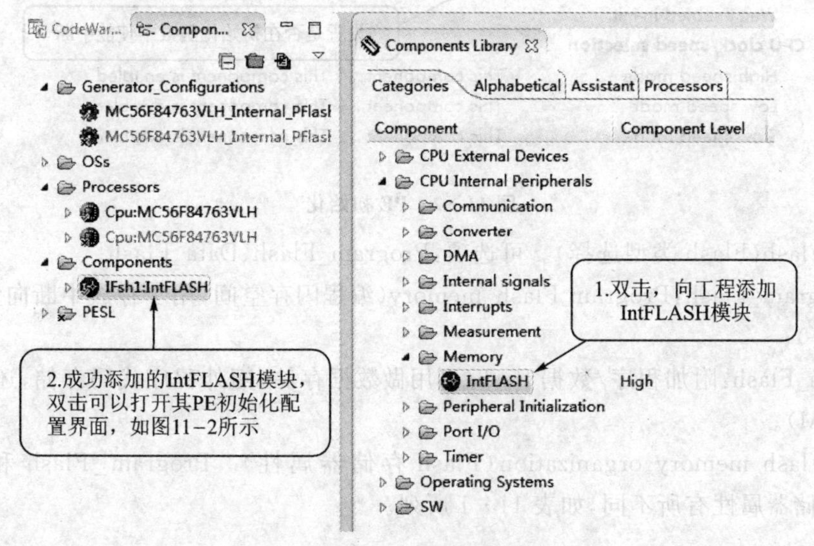

图 11-1 向工程中添加模块

11.2 模块初始化

双击添加到工程中的模块，打开模块的 PE 初始化界面，进行 PE 初始化设置，如图 11-2 所示。

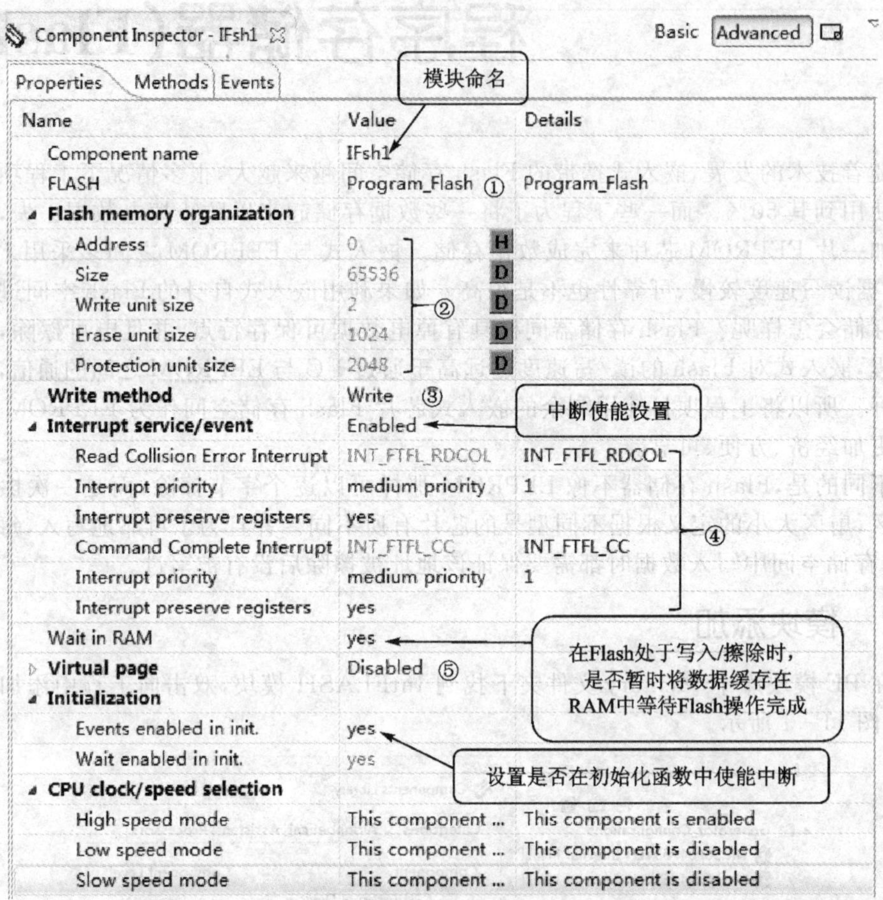

图 11-2 PE 初始化

① Flash(Flash 类型选择)。可选项：Program_Flash、Data_Flash。

Program_Flash：Program Flash memory(编程闪存空间，用于存放中断向量表、程序代码等)；

Data_Flash：附加程序/数据 flash(可用做数据存储、额外程序代码存储，还可用做 FlexNVM)。

② Flash memory organization(Flash 存储器属性)。Program_Flash 和 Data_Flash 存储器属性有所不同，如表 11-1 所列。

表 11-1 Flash 存储器属性简介

名 字	含 义	单 位	Program_Flash	Data_Flash
Address	内存起始地址	word	0x0000	0x8000
Size	内存空间大小	word	65 536 (128 KB)	16 384(32 KB)
Write unit size	单次允许写的最小内存大小	word	2	2
Erase unit size	可一次擦除最小单元	word	1 024 (2 KB)	512 (1 KB)
Protection unit size	可保护的最小单元	word	2 048(4 KB)	2 048(4 KB)

③ Write method(写操作模式设置)。可选项如图 11-3 所示。

Write
Destructive write (with erase)
Safe write (with save & erase)

图 11-3 写操作模式选项

Write:直接向 Flash 存储器中写数据(不检查该扇区是否经过擦除)。如果扇区没有擦除,写操作将无效,需要向未擦除的地址写数据前必须先对该地址进行擦除。

Destructive write(with erase):在向 Flash 写数据时,先检查需要写入地址的数据是否等于写入数据,如果不等,则对扇区进行擦除,然后将新的数据写入。

Safe write(with save & erase):在向 Flash 写数据时,先检查需要写入地址的数据是否等于写入数据,如果不等,则需要将地址所在扇区进行擦除。先将扇区数据全部保存在缓存中,再在缓存中将新的数据替换相应地址的数据,然后对扇区进行擦除,最后才将缓存中的数据写回扇区。

④ Interrupt service/event(中断设置)。PE 在这里提供了两个中断,读取错误中断和命令完成中断。使能后在 Events. c 只能看到一个写操作完成中断服务函数,如图 11-4 所示。

```
*Events.c
**     Event       :  IFsh1_OnWriteEnd (module Events)
**
**     Component   :  IFsh1 [IntFLASH]
*/
/*!
**     @brief
**         Event is called after a write operation to FLASH memory
**         finished (except [SetPage]). This event is available on
**         an [Interrupt service/event] is selected.
*/
/* ================================================================
/* Comment following line if the appropriate 'Interrupt preserve r
/* is set to 'yes' (#pragma interrupt saveall is generated before 
#pragma interrupt called
void IFsh1_OnWriteEnd(void)
{
  /* Write your code here ... */
}
```

图 11-4 中断服务函数

但从中断向量表(Vector.c 文件中)中可以看到,PE 初始化设置的两个中断都注册了中断服务函数,如图 11-5 所示。

```
Vectors.c
    JSR   Cpu_Interrupt                      /* Interrupt no. 78 (Unus
    JSR   Cpu_Interrupt                      /* Interrupt no. 79 (Unus
    JSR   Cpu_Interrupt                      /* Interrupt no. 80 (Unus
    JSR   Cpu_Interrupt                      /* Interrupt no. 81 (Unus
    JSR   Cpu_Interrupt                      /* Interrupt no. 82 (Unus
    JSR   Cpu_Interrupt                      /* Interrupt no. 83 (Unus
    JSR   Cpu_Interrupt                      /* Interrupt no. 84 (Unus
    JSR   Cpu_Interrupt                      /* Interrupt no. 85 (Unus
    JSR   Cpu_Interrupt                      /* Interrupt no. 86 (Unus
    JSR   Cpu_Interrupt                      /* Interrupt no. 87 (Unus
    JSR   IFsh1_ReadCollisionErrorInterrupt /* Interrupt no. 88 (Us
    JSR   IFsh1_CommandCompleteInterrupt     /* Interrupt no. 89 (Usec
    JSR   Cpu_Interrupt                      /* Interrupt no. 90 (Unus
    JSR   Cpu_Interrupt                      /* Interrupt no. 91 (Unus
    JSR   Cpu_Interrupt                      /* Interrupt no. 92 (Unus
    JSR   Cpu_Interrupt                      /* Interrupt no. 93 (Unus
    JSR   Cpu_Interrupt                      /* Interrupt no. 94 (Unus
    JSR   Cpu_Interrupt                      /* Interrupt no. 95 (Unus
    JSR   Cpu_Interrupt                      /* Interrupt no. 96 (Unus
    JSR   Cpu_Interrupt                      /* Interrupt no. 97 (Unus
    JSR   Cpu_Interrupt                      /* Interrupt no. 98 (Unus
```

图 11-5　PE 在中断服务中注册的中断服务函数

选中中断服务函数,单击右键,再单击 Open Declaration 查看函数定义,如图 11-6 所

```
*IFsh1.c
#pragma interrupt alignsp saveall
void IFsh1_CommandCompleteInterrupt(void)
{
  register byte StatusReg;

  StatusReg = getReg8(FTFL_FSTAT);       /* Get status reg. values */
  clrReg8Bit(FTFL_FCNFG, CCIE);          /* Disable command complete interrupt *
  if ((StatusReg & (FTFL_FSTAT_ACCERR_MASK | FTFL_FSTAT_FPVIOL_MASK)) != 0x00U
    setReg8(FTFL_FSTAT, (FTFL_FSTAT_ACCERR_MASK | FTFL_FSTAT_FPVIOL_MASK)); /*
    Err = ERR_NOTAVAIL;                  /* Set error value to be returned by pr
    if ((StatusReg & FTFL_FSTAT_FPVIOL_MASK) != 0x00U) {
      Err = ERR_PROTECT;                 /* Set error value to be returned by pr
    }
  } else {
    if (EnWriteEnd) {
      EnWriteEnd = FALSE;                /* Disable call WriteEnd event */
      if (EnEvent) {
        IFsh1_OnWriteEnd();              /* Invoke user event */
      }
    }
  }
}

#pragma interrupt alignsp saveall
void IFsh1_ReadCollisionErrorInterrupt(void)
{
  Err = ERR_NOTAVAIL;                    /* Set error value to be returned by pr
  setReg8(FTFL_FSTAT, FTFL_FSTAT_RDCOLERR_MASK); /* Clear read collision error
}
```

写操作完成,则调用 Events.c 中的函数

发生错误中断,则仅置位错误标志位

图 11-6　中断服务函数在模块源文件中定义

示。可以看到,在命令完成中断服务函数中,如果是写完成,则会调用 IFsh1_OnWriteEnd 函数,该函数即为 Events.c 中的函数。而在读错误中断服务函数中,并没有调用其他函数,只是写错误信息参数并清除错误中断标志位。所以,两种中断都使能并调用了中断服务函数,只是未将所有的中断服务函数提供给用户。

⑤ Virtual page(虚拟页设置)。使能该功能可用于大量数据块的存取。IntFLASH 模块提供了一些操作虚拟内存页的操作函数,用于内存数据的读/写。

11.3　模块函数简介

IntFLASH 模块提供给用户一些操作函数,方便用户调用,如图 11-7 所示。表 11-2对常用的几个函数进行了简介。

图 11-7　IntFLASH 提供给用户的操作函数

表 11-2　部分函数简介

序号	函数名	形参	返回值		功能
①	Disable Event	无	byte	ERR_OK(0):OK	禁用中断[1]
				ERR_SPEED(1):器件未正常工作	
②	Enable Event	无	byte	ERR_OK(0):OK	启用中断[1]
				ERR_SPEED(1):器件未正常工作	

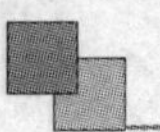

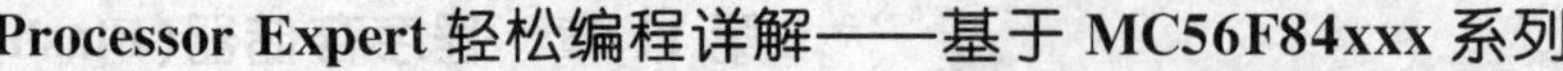

续表 11-2

序号	函数名	形参		返回值		功能
③	EraseFlash	byte		byte	ERR_OK(0):OK	擦除选中的内存块
					ERR_NOTAVAL(9):操作无效	
					ERR_RANGE(2):内存块超限	
					ERR_SPEED(1):器件未正常工作	
					ERR_BUSY(8):器件繁忙	
					ERR_VALUE(3):擦除失败	
④	Erase Verify	Byte	内存块	byte	ERR_OK(0):OK	检测选中的内存块是否擦除
		bool	true:内存块被擦除;false:内存块未擦除		ERR_NOTAVAL(9):操作无效	
					ERR_RANGE(2):内存块超限	
					ERR_SPEED(1):器件未正常工作	
					ERR_BUSY(8):器件繁忙	
⑤	Erase Sector	IFsh1_TAddress(unsigned long)	内存地址(字地址)	byte	ERR_OK(0):OK	擦除地址所在的扇区
					ERR_NOTAVAL(9):操作无效	
					ERR_RANGE(2):内存块超限	
					ERR_SPEED(1):器件未正常工作	
					ERR_BUSY(8):器件繁忙	
					ERR_VALUE(3):擦除失败	
					ERR_PROTECT(22):该空间被保护	
⑥	SetProtectionArea	IFsh1_TAddress(unsigned long)	需要保护的内存地址	byte	ERR_OK(0):OK	设置内存块保护状态
					ERR_FAILED(27):设置保护不成功	
		dword(unsigned long)	需要保护的内存区域大小		ERR_RANGE(2):内存块超出允许范围	
		bool	true:保护 false:去保护		ERR_SPEED(1):器件未正常工作	

续表 11-2

序号	函数名	形参		返回值		功能
⑦	SetByteFlash	IFsh1_TAddress	内存地址(字节地址)	byte	ERR_OK(0):OK	向 Flash 内存写数据
					ERR_NOTAVAL(9):操作无效	
					ERR_RANGE(2):地址超出范围	
		byte	需要写入的字节数据		ERR_SPEED(1):器件未正常工作	
					ERR_BUSY(8):器件繁忙	
					ERR_VALUE(3):读取的数据和写入的数据不同	
					ERR_PROTECT(22):flash 写保护	
⑧	GetByteFlash	IFsh1_TAddress	内存地址(字节地址)	byte	ERR_OK(0):OK	从 Flash 内存读取数据
		byte *[2]	读取的数据存放参数		ERR_RANGE(2):地址超出范围	
					ERR_BUSY(8):器件繁忙	
⑨	SetBytePage	Word	虚拟页下标	byte	ERR_OK(0):OK	向虚拟内存页中写入字节数据
		byte	需要写入的字节数据		ERR_RANGE(2):下标超出范围	
					ERR_NOTAVAL(9):虚拟页地址未设置	
⑩	GetBytePage	word	虚拟页下标	byte	ERR_OK(0):OK	从虚拟页中读取字节数据
		byte *[2]	读取的字节数据存放位置		ERR_RANGE(2):下标超出范围	
					ERR_NOTAVAL(9):虚拟页地址未设置	

[1] 该函数可以禁用除了 OnSaveBuffer、OnRestoreBuffer、OnEraseBuffer 之外的中断,并且只有在至少一个中断事件被使能的情况下才有效。

[2] * 表示变量是指针型。

11.4 Flash 应用实例

利用 IntFLASH 模块实现对 Flash 地址的读写。本实例使用 PE 对 IntFLASH 模块进行初始化设置,先从工程未占用的 Flash 内存扇区地址读取数据,通过串口通信将数据发给上位机,再对数据加 1 后写回内存。通过不断地断电上电,观察上位机收到的数据是否递增。

11.4.1 工程配置

如图 11－8 所示，选择 Program_Flash 内存空间，写数据模式为只写（这样在向未擦除地址写数据前就得先进行擦除操作）。

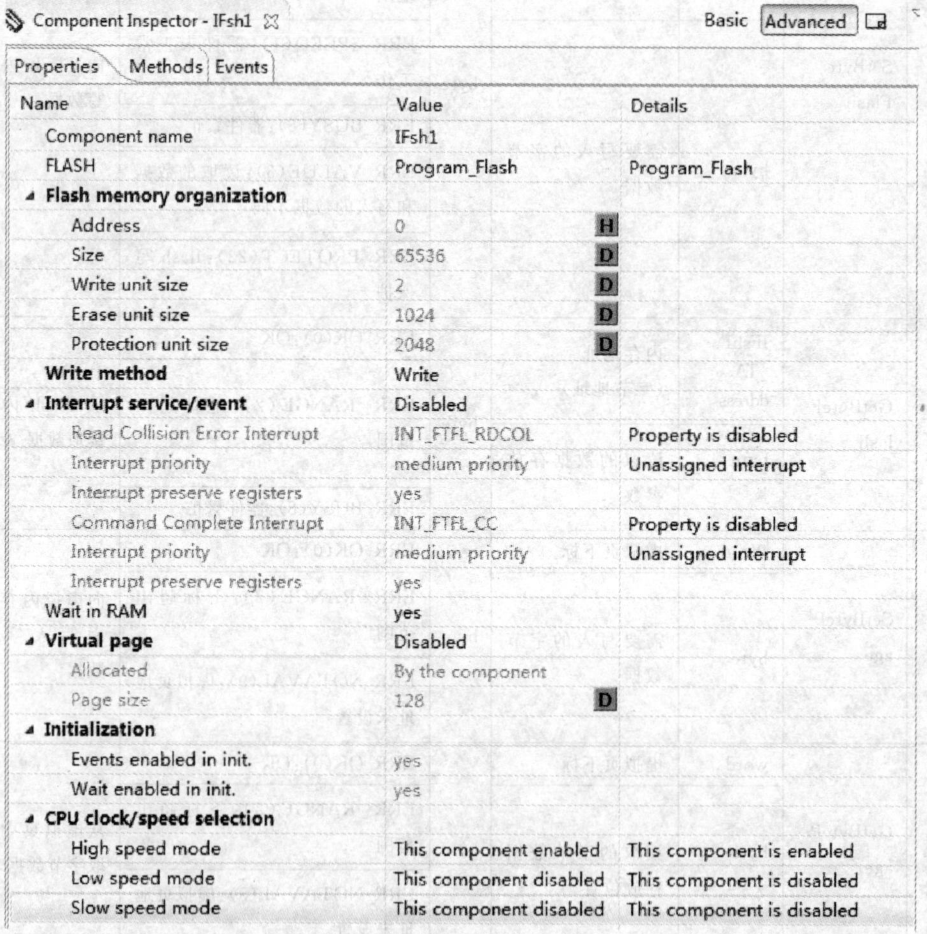

Component Inspector - IFsh1　　Basic　Advanced

Properties　Methods　Events

Name	Value		Details
Component name	IFsh1		
FLASH	Program_Flash		Program_Flash
◢ **Flash memory organization**			
Address	0	H	
Size	65536	D	
Write unit size	2	D	
Erase unit size	1024	D	
Protection unit size	2048	D	
Write method	Write		
◢ **Interrupt service/event**	Disabled		
Read Collision Error Interrupt	INT_FTFL_RDCOL		Property is disabled
Interrupt priority	medium priority		Unassigned interrupt
Interrupt preserve registers	yes		
Command Complete Interrupt	INT_FTFL_CC		Property is disabled
Interrupt priority	medium priority		Unassigned interrupt
Interrupt preserve registers	yes		
Wait in RAM	yes		
◢ **Virtual page**	Disabled		
Allocated	By the component		
Page size	128	D	
◢ **Initialization**			
Events enabled in init.	yes		
Wait enabled in init.	yes		
◢ **CPU clock/speed selection**			
High speed mode	This component enabled		This component is enabled
Low speed mode	This component disabled		This component is disabled
Slow speed mode	This component disabled		This component is disabled

图 11－8　实例工程的 IntFLASH 模块配置

再添加一个 UART 模块（PE 配置可见 UART 章节），用于将从 Flash 中读取的数据发送到 PC 端上位机显示。

11.4.2 实例程序

选择字节地址 0x8000（字地址为 0x4000）来读取和存储数据。在选择读写数据的地址时，必须确定该地址所在的扇区没有被工程程序、数据、系统数据所使用，因为擦除

是整个扇区擦除。根据工程编译后的文件大小可以确定该地址所在扇区没有程序代码。首先调用 GetByteFlash 函数获取内存地址中的数据,如果该内存数据为 0xFF,则将读取的数据归零。先擦除需要写入的内存地址所在的扇区,然后将字节数据写入设定地址,程序如图 11-9 所示。

因为擦除最小内存单位为一个扇区,例如 0x4000(内存地址,字地址)所在扇区地址应该是从 0x4000 到 0x4400(共 1 KW,2 KB),所以进行擦除操作会将这个扇区进行擦除,擦除后该扇区的任何地址第一次写数据时都不需要再擦除了。

```
#define add_byte  0x8000 //字节地址,字地址为0x4000   ← 字节地址,为内存字地址的两倍
byte data = 0; //用于存储从flash中读取的数据
unsigned char begin[]="----begin----\r\n";
unsigned char stop[]="----stop----\r\n\r\n";
unsigned char flash[]="the flash data is: ";
word send=0;
void main(void) {
    int data_H=0,data_L=0;
    /*** Processor Expert internal initialization. DON'T REMOVE THIS CODE!!!
    PE_low_level_init();
    /*** End of Processor Expert internal initialization.

    AS1_SendBlock(begin,sizeof(begin),&send); //串口发送"----begin----\r\n"

    IFsh1_GetByteFlash(add_byte, &data);   //读取内存数据
    if (data >= 255){
        data = 0;    //如果内存数据为0xFF,则将参数归零
    }
    data++;    //参数累加

    AS1_SendBlock(flash,sizeof(flash),&send); //串口发送"the flash data is: "
    Cpu_Delay100US(1000); //延时100ms,等待串口发送完成
    data_H=data/10+'0'; //将读取的数据转换成字符型,用于串口发送
    data_L=data%10+'0';//将读取的数据转换成字符型,用于串口发送

    AS1_SendChar(data_H);         //将参数通过串口发送到上位机
    AS1_SendChar(data_L);         //将参数通过串口发送到上位机
    AS1_SendChar('\n');           //串口发送换行符
    Cpu_Delay100US(10000);    //延时1s

    IFsh1_EraseSector(0x4000);  ← 字地址,为内存地址  //擦除地址空间
    IFsh1_SetByteFlash(add_byte, data);  //将data参数数据写入内存

    AS1_SendBlock(stop,sizeof(stop),&send);//串口发送"----stop----\r\n\r\n"
    for (;;) {
    }
}
```

图 11-9 实例程序

11.4.3 调试与结果

工程成功编译后,下载到测试板进行测试。每一次复位(或者断电后上电),程序读取内存地址并发送到上位机的数据逐渐增加,如图 11-10 所示。由此可知,Flash 存储空间的数据写入和读取成功,实现了掉电保存。

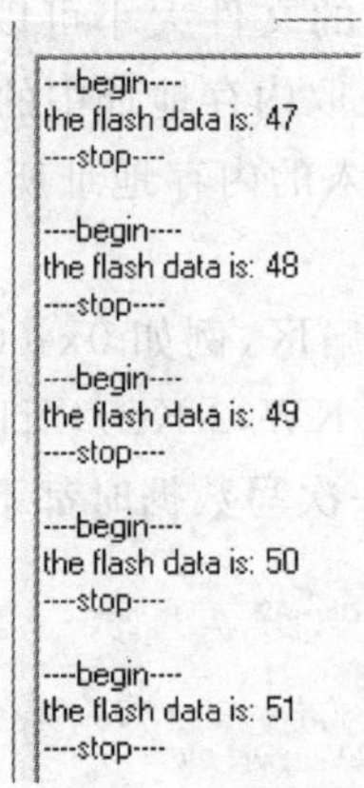
----begin----
the flash data is: 47
----stop----
----begin----
the flash data is: 48
----stop----
----begin----
the flash data is: 49
----stop----
----begin----
the flash data is: 50
----stop----
----begin----
the flash data is: 51
----stop----

图 11-10　上发到上位机的从内存读取数据

11.5 小　结

① Flash 存储器有可靠性好、读/写速度快、掉电数据可保存、存储密度高等特点。可用做 EEPROM，并且比外部 EEPROM 芯片更加方便、可靠。

② 向 Flash 存储空间写数据时必须确保写入地址内的数据经过擦除，否则写入数据不可靠。

③ 利用 PE 的 IntFLASH 模块可以完成 Flash 存储空间的读/写操作，方便用户充分利用工程剩余的嵌入式内 Flash 存储空间。

④ 在利用 Flash 存储空间时，必须确保读/写数据的地址所在扇区没有工程程序、数据，也不是系统使用的空间。

第 12 章

Crossbar Switch 模块

Crossbar Switch 模块(简称 XBAR)提供了芯片内部灵活的连接方式,它可以将 DSC 芯片的输出(GPIO 或部分内部模块输出)与输入(GPIO 或部分内部模块输入)按照需要连接起来。这为用户提供了一种内部模块之间、内部模块与 GPIO 之间互相关联的一种方式。

该模块支持输入电平信号的边沿检测功能,可关联动作、触发中断或 DMA 数据传输。例如第 5 章(eFlexPWM)中所述利用 GPIO 输入封锁 PWM 波,就是将 GPIO 作为 XBAR 的输入,控制 eFlexPWM 模块的输出,GPIO 的下降/上升沿触发 eFlexPWM 模块的封锁。

不同类型的 DSC 芯片,Crossbar Switch 模块允许的输入和输出的种类不同,本章以 MC56F84763 为例进行介绍。

12.1 模块功能简介

如图 12-1 所示为 XBAR 模块原理图,MUX 为多路复用开关,每一个 MUX 有若干个输入,一个输出。

XBAR_IN0、XBAR_IN1 等是 MUX 的输入,每个 MUX 可供选择的输入源均相同。

每个 MUX 对应一个 SELx 信号,该信号决定输出与哪个输入相连,每个 MUX 仅可关联一个输入和一个输出。

MUX0、MUX1、MUX2、MUX3 具有触发中断或 DMA 数据传输的功能。

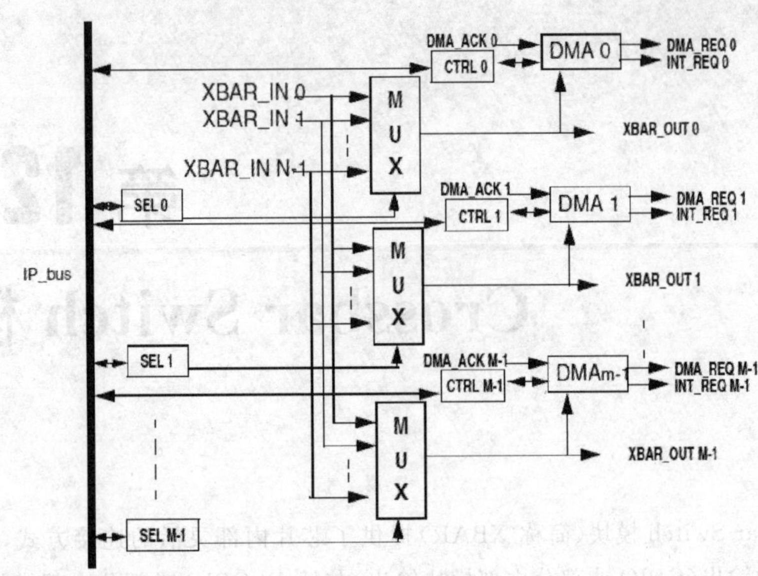

图 12－1　XBAR 模块原理图(摘自 MC56F847xxRM)

12.2　模块添加

如图 12－2 所示，添加 XBAR 模块。

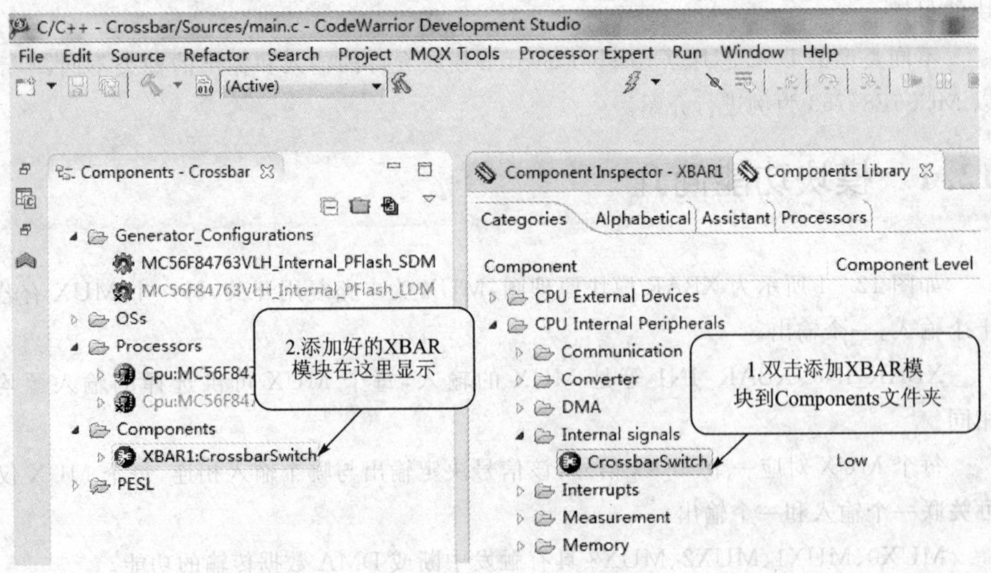

图 12－2　添加 XBAR 模块

12.3 模块初始化

如图 12－3 所示，双击图标打开参数设置界面。

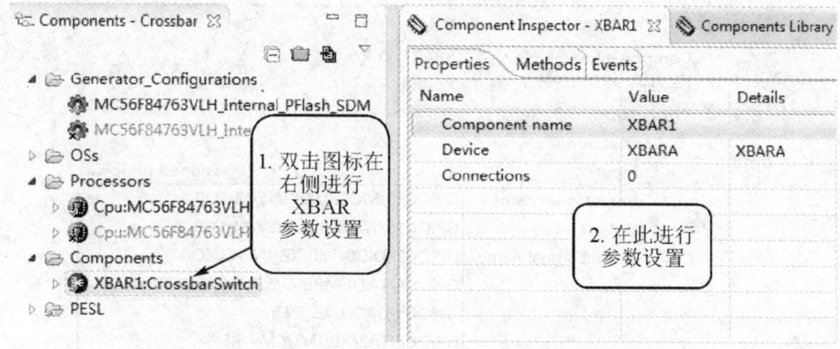

图 12－3 XBAR 模块参数设置界面

如图 12－4 所示，单击图中 Connections 后的空白处，出现＋和－。

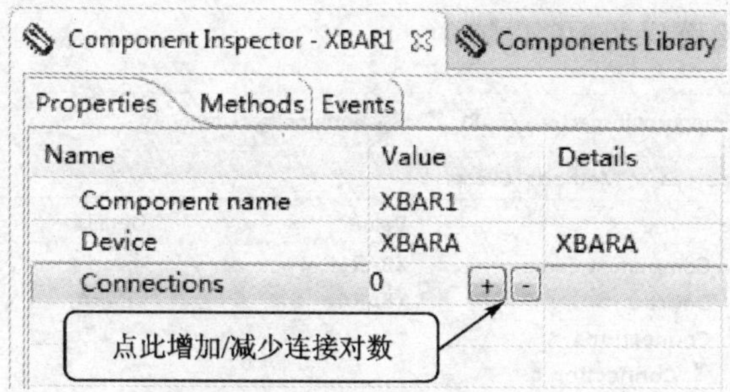

图 12－4 添加 Connection

如图 12－5 所示，单击＋号增加一对输入/输出对。

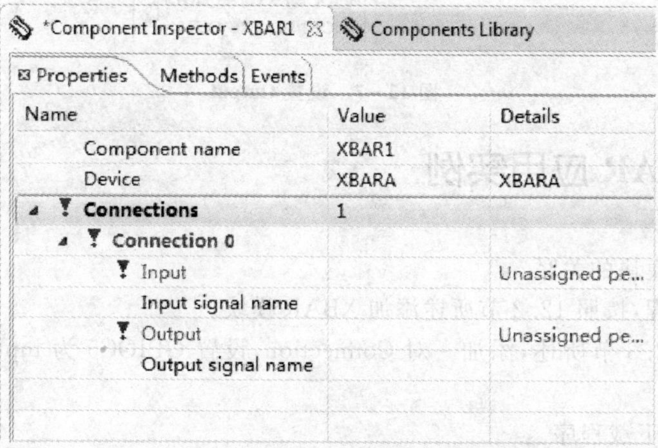

图 12－5 添加一对 Connection

如图 12-6 所示，添加 Input。这里可选择 GPIO 模块输出，PWM 模块输出，比较器模块 CMP 输出，可编程延时模块 PDB 输出等。

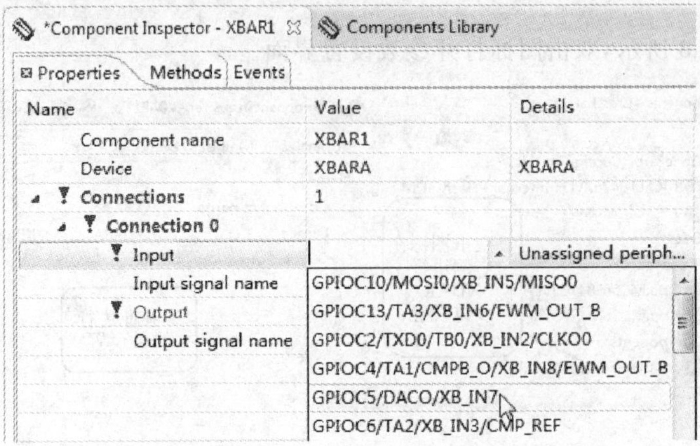

图 12-6　设置 Input

如图 12-7 所示，添加 Output。这里仅可选择 GPIO 模块，其他模块作为 XBAR 输出的功能一般在该模块的 PE 设置中。

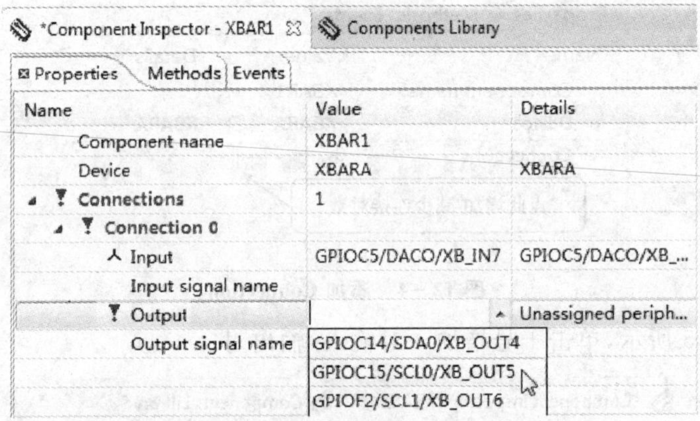

图 12-7　设置 Output

12.4　XBAR 应用实例

芯片内部模块的关联。

①新建工程，按照 12.2 节所述添加 XBAR 模块。

② 按照 12.3 节所述，添加一对 Connection，设置 GPIOC5 为 input，GPIOC15 为 Output。

③ 编译并下载程序。

④ 将 GPIOC5 接至高电平，暂停程序后在观察视窗中观察 Registers－>General

Purpose Input/Output(GPIOC)—>GPIOC_RAWDATA，发现 GPIOC5 和 GPIOC15 均为 1，如图 12－8 所示。

(x)= Variables　Breakpoints　Expressions　Registers　Memory　Modules

Name	Value	Location
General Purpose Input/Output (GPIOC)		
GPIOC_PUR	0x0000	0x00e220`Data Word
GPIOC_DR	0x67df	0x00e221`Data Word
GPIOC_DDR	0x0000	0x00e222`Data Word
GPIOC_PER	0x8020	0x00e223`Data Word
GPIOC_IAR	0x0000	0x00e224`Data Word
GPIOC_IENR	0x0000	0x00e225`Data Word
GPIOC_IPOLR	0x0000	0x00e226`Data Word
GPIOC_IPR	0x0000	0x00e227`Data Word
GPIOC_IESR	0x0000	0x00e228`Data Word
GPIOC_PPMODE	0xffff	0x00e229`Data Word
GPIOC_RAWDATA	0b1110011111111111	0x00e22a`Data Word
GPIOC_DRIVE	0x0000	0x00e22b`Data Word

图 12－8　GPIOC5 为高电平寄存器值

⑤ 将 GPIOC5 接至低电平，暂停程序后在观察视窗中观察 Registers—>General Purpose Input/Output(GPIOC)—>GPIOC_RAWDATA。发现 GPIOC5 和 GPIOC15 均为 0。如图 12－9 所示。

(x)= Variables　Breakpoints　Expressions　Registers　Memory　Modules

Name	Value	Location
General Purpose Input/Output (GPIOC)		
GPIOC_PUR	0x0000	0x00e220`Data Word
GPIOC_DR	0x67df	0x00e221`Data Word
GPIOC_DDR	0x0000	0x00e222`Data Word
GPIOC_PER	0x8020	0x00e223`Data Word
GPIOC_IAR	0x0000	0x00e224`Data Word
GPIOC_IENR	0x0000	0x00e225`Data Word
GPIOC_IPOLR	0x0000	0x00e226`Data Word
GPIOC_IPR	0x0000	0x00e227`Data Word
GPIOC_IESR	0x0000	0x00e228`Data Word
GPIOC_PPMODE	0xffff	0x00e229`Data Word
GPIOC_RAWDATA	0b0110011111011111	0x00e22a`Data Word

图 12－9　GPIOC5 为低电平寄存器值

之所以选择观察 GPIOC_RAWDATA 寄存器，是因为该寄存器实时显示引脚的电平状态，而与该引脚复用的功能无关。而 GPIOC_DR 为 GPIO 数据寄存器，此寄存器只有在引脚被设定为 GPIO 时才可以显示引脚的电平状态。也就是说，用做 XBAR 功能的引脚不再是 GPIO。

12.5　小　结

① XBAR 模块为用户提供了内部模块间相互关联的方法，使用灵活。

② 本章着重讲解了 XBAR 模块实现的原理，并提供了简单的例程。本模块大多数情况下与其他模块配合使用，如第 5 章中利用 XBAR 封锁 PWM 信号。

第 13 章

图形化人机交互调试软件(Free MASTER)

13.1 FreeMASTER 的安装及简介

13.1.1 FreeMASTER 的安装

如图 13-1 所示,从飞思卡尔官网上下载 FreeMASTER 1.4(需要注册登录才能下载),其网址为 http://www.freescale.com/webapp/sps/site/prod_summary.jsp?code=FREEMASTER&fpsp=1&tab=Design_Tools_Tab。

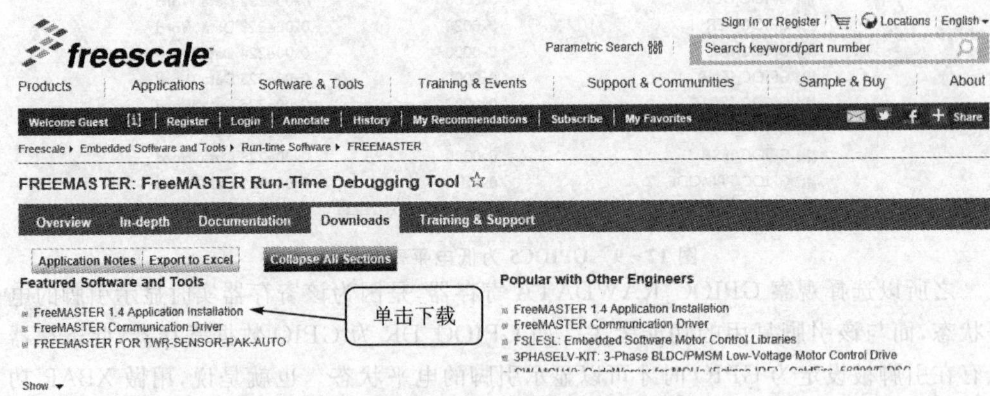

图 13-1 下载 FreeMASTER 界面

按提示将 FreeMASTER 安装在合适的路径下。

13.1.2 FreeMASTER 简介

本小节将介绍如何通过 PE 添加 FreeMASTER 模块。所有 Freescale 的嵌入式芯片都支持 FreeMASTER 功能。

① FreeMASTER 是一种具有变量窗口和图形化功能的在线调试工具。

② PC 可以通过通信端口(SCI、JTAG、CAN)读/写和观察嵌入式芯片内部所有被定义并使用到的全局变量。

③ FreeMASTER 的 PC 端上位机中有 3 种基本功能。

- 观察视窗:观察视窗可观察任意多个变量。
- Oscilloscope:功能类似示波器,实时刷新变量,以变量(*Y* 轴)-时间(*X* 轴)或变量(*Y* 轴)-变量(*X* 轴)的方式将变量变化图形化显示。由于其刷新速率受通信速率的限制,最短刷新时间为 10 ms。故 Oscilloscope 不适合用于观察更新速度短于 10 ms 的变量,此时就需用到 Recorder。
- Recorder:不断记录数据,在需要时调出所有数据进行观察的工具。每调用一次 FMSTR1_Recorder()函数,就进行一次数据的记录,故可根据需要安排 FMSTR1_Recorder()函数的位置。该函数会在每次被调用时将需要观察的变量值储存在一个 buffer 中,buffer 被填充到设定的长度后,收集到的数据会传给 PC 端的 FreeMASTER 上位机,并可以以图形化的方式显示出来。其优点是使采样周期大大缩短,而缺点是不能实时观察数据,即观察到的数据由于定时批量传输存在一定的延时。当然,其可观察到的点数受所设置 buffer 大小的限制。

后两者能够在线观察的最大变量个数均为 8 个,下面将结合实例进行具体说明。

13.2　模块初始化

13.2.1　模块添加

如图 13-2 所示,双击添加 FreeMASTER 模块。

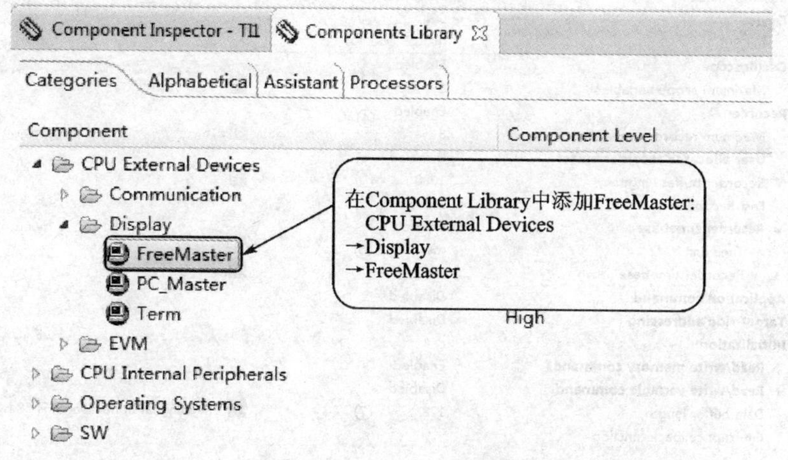

图 13-2　FreeMASTER 模块添加

如图 13-3 所示,双击 FMSTR1:FreeMaster,在右侧弹出配置窗口。

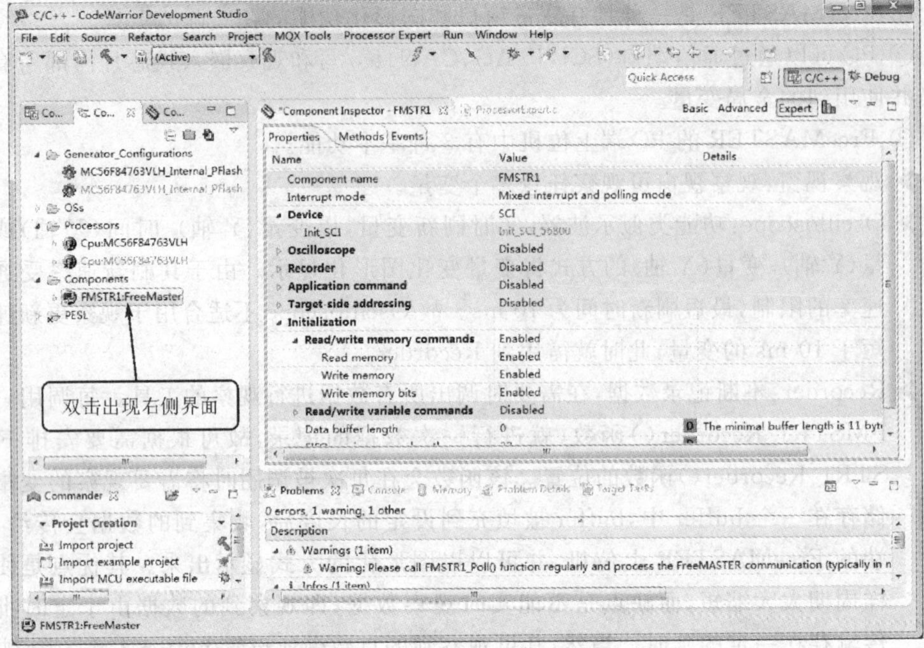

图 13－3　添加 FreeMASTER 后的界面

13.2.2　模块设置

图 13－4 所示为 FreeMGSTER 设置界面，下面对各项设置进行介绍。

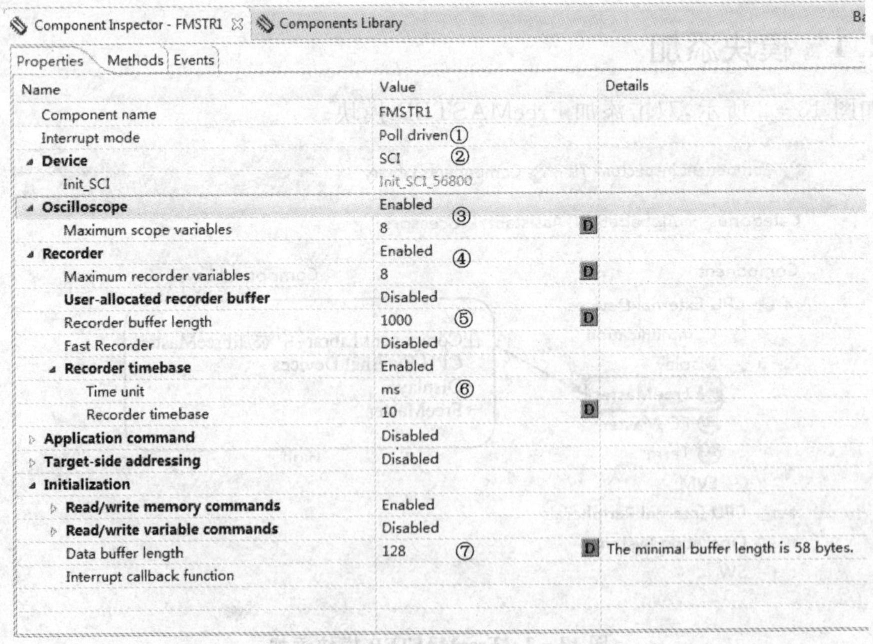

图 13－4　FreeMASTER 设置界面

① 中断方式可选 Poll driven 或 Interrupt driven,这里以 Poll driven 为例。

② 通信方式可选 SCI、JTAG、CAN,这里以 SCI 通信为例。

③ Oscilloscope 最大可显示 8 个变量,根据需要选择是否使用,这里选择使用(Enable)。

④ Recorder 最大可显示 8 个变量,根据需要选择是否使用,这里选择使用(Enable)。

⑤ Recorder buffer length 是嵌入式芯片内部储存的数据个数,达到这一限值后向上位机传送数据,这里选择 1 000。

⑥ 因为 Recorder 是在储存一定数据后再一起向上位机传输,而非实时传输,所以数据与时间的关系无法确定。FreeMASTER 提供将数据与时间关联的方法:设定 Recorder timebase,代表相邻两个数据之间的时间间隔,用户可根据需要进行选择。当然,也可以 disable 这一模块,则在上位机中时间轴显示的是数据的编号。本例设置为 10 ms。

⑦ Data buffer length 用来储存 PC 端上位机发来的 command 命令,是否使用 Oscilloscope 和 Recorder 将对其最小设定长度产生影响,根据提示信息"The minimal buffer length is ××× byte"进行设定。

其余选项保持默认设置即可。下面介绍 FreeMASTER 通信初始化。

由于通信方式选择的是 SCI,故在"FMSTR1:FreeMaster"目录下可找到与之关联的 QSCI0 模块,如图 13-5 所示。双击"QSCI0:Init_SCI"进行设置,出现如图 13-6 所示 QSCI 设置界面。

图 13-5 打开 SCI 设置界面

① 在 Clock setting 中进行时钟的设置:波特率为 12 500 000/(B+F/8),本例中波特率设为 115 200(B=108,F=4),此处波特率的设置要与 PC 端上位机相同(后详)。

② 设置 SCI 数据格式的设置要与 PC 端上位机相同。如数据格式(Data format)是 8 位还是 9 位、信号是否需要翻转(Polarity)、是否需要校验(Parity)。其余设置保持默认即可。

如图 13-7 所示为 QSCI 引脚设置,与硬件对应即可。这里选择 RxD 为 GPIOC7,TxD 为 GPIOC8。

QSCI 设置中 Interrupt 与 Initialization 设置保持默认即可。

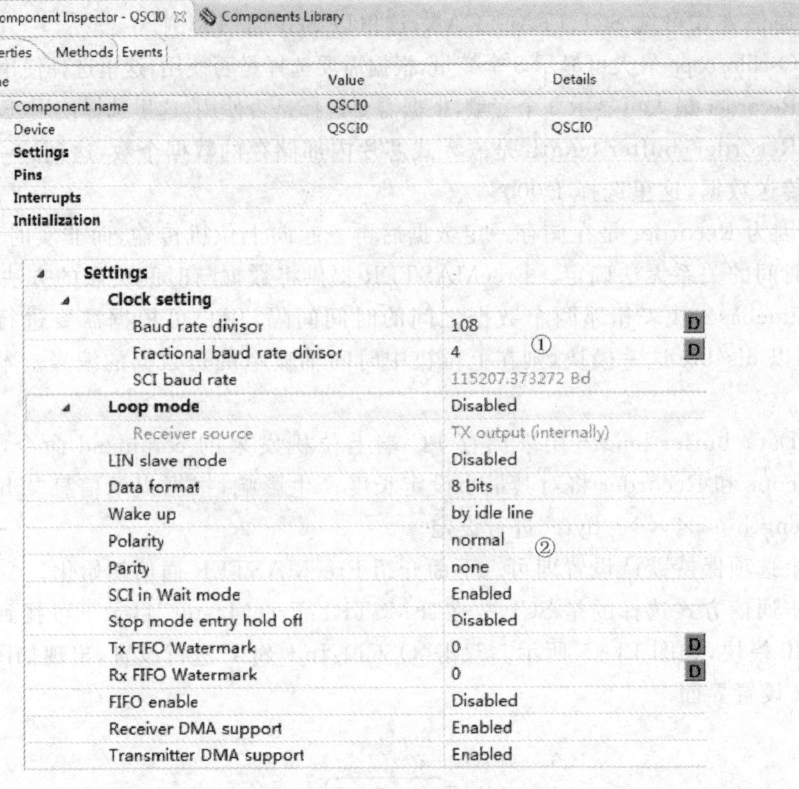

图 13-6　SCI 设置界面

图 13-7　SCI 引脚选择

13.2.3　模块函数的使用

在使用观察视窗或 Oscilloscope 时，需在 main()函数 for 循环中不断调用 FMSTR1_Poll()函数。

在使用 Recorder 时，除需要在 main()函数 for 循环中调用 FMSTR1_Poll()函数，还要在需要记录数据时调用 FMSTR1_Recorder()函数，每次调用记录一次所有使用到的全局变量。根据需要安排 FMSTR1_Recorder()函数的位置。

之后会举例说明 Oscilloscope 和 Recorder 的应用场合，并进行比较。

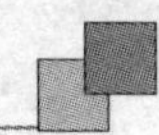

13.3 设置 PC 端 FreeMASTER

将嵌入式芯片与 PC(Personal Computer,即个人电脑)相连,需要通过外围电路(如以 CP210X 为核心的串口转 USB 电路)将 UART 通信的 RXD、TXD 信号转化为 USB 端口的 D+、D−信号,并用 USB 线连接至 PC。此时 PC 才可识别串口设备。

13.3.1 基本设置

如图 13-8 所示为 PC 端 FreeMASTER 主界面。

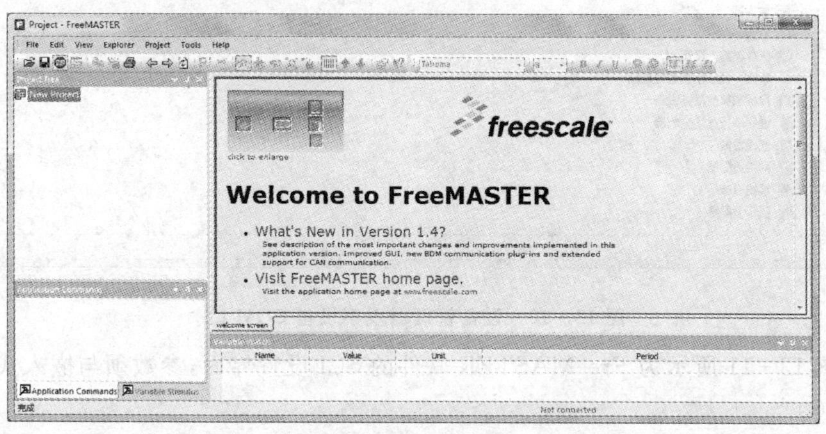

图 13-8 PC 端 FreeMASTER 界面简介

如图 13-9 所示,添加识别到的串口设备。通过 PC 的设备管理器可查看当前 PC 识别到的硬件设备,如图 13-10 所示。

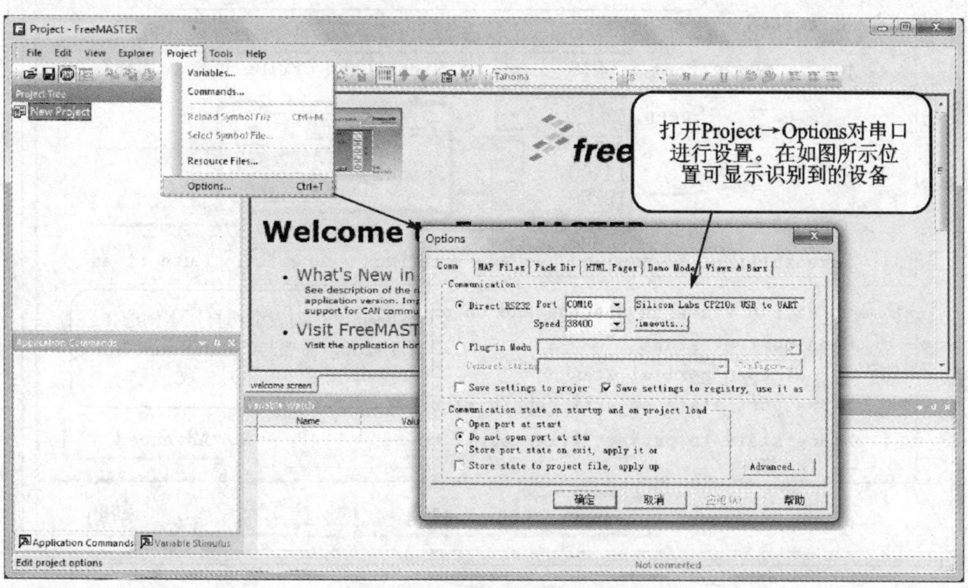

图 13-9 添加串口设备

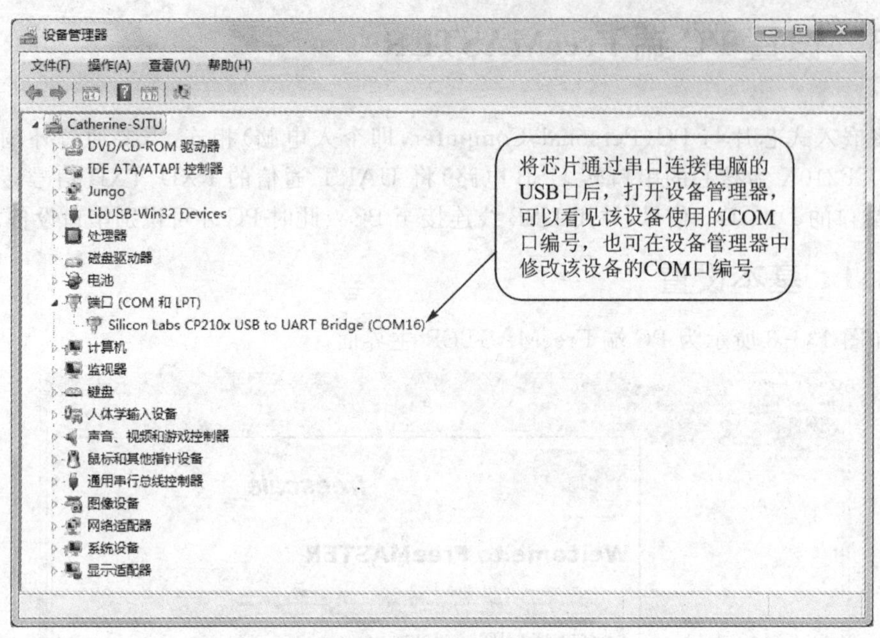

图 13－10 设备管理器观察设备 COM 口

如图 13－11 所示为 FreeMASTER 软件的 SCI 设置界面，参数须与嵌入式芯片的设置相同。

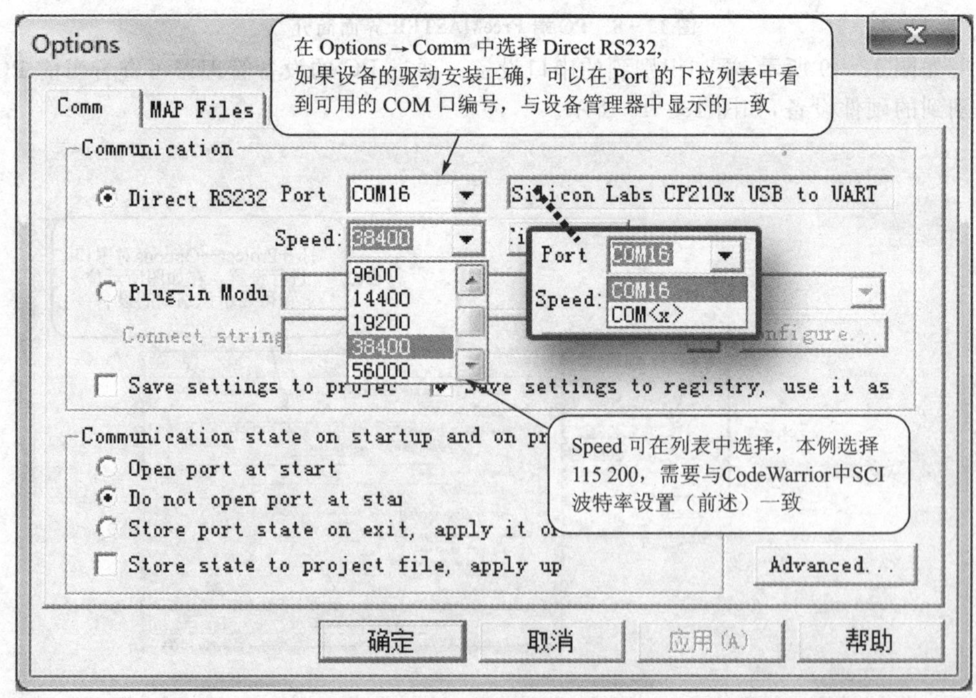

图 13－11 SCI 通信设置

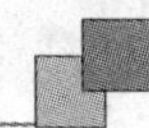

接下来关联工程文件，即将 FreeMASTER 与指定的工程文件绑定，如图 13－12 所示。

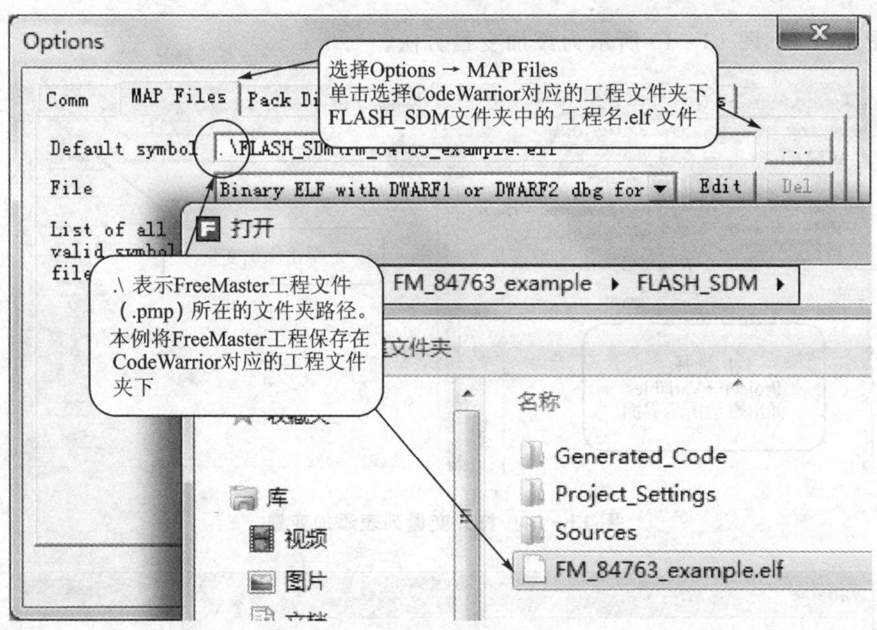

图 13－12　添加 MAP Files

MAP Files 文件内包含变量的变量名、变量类型以及地址等信息，添加此文件方便地使 PC 端 FreeMASTER 与工程相关联。文件类型选择“Binary ELF with DWARFI or DWARF2 dbg format”，如图 13－13 所示。

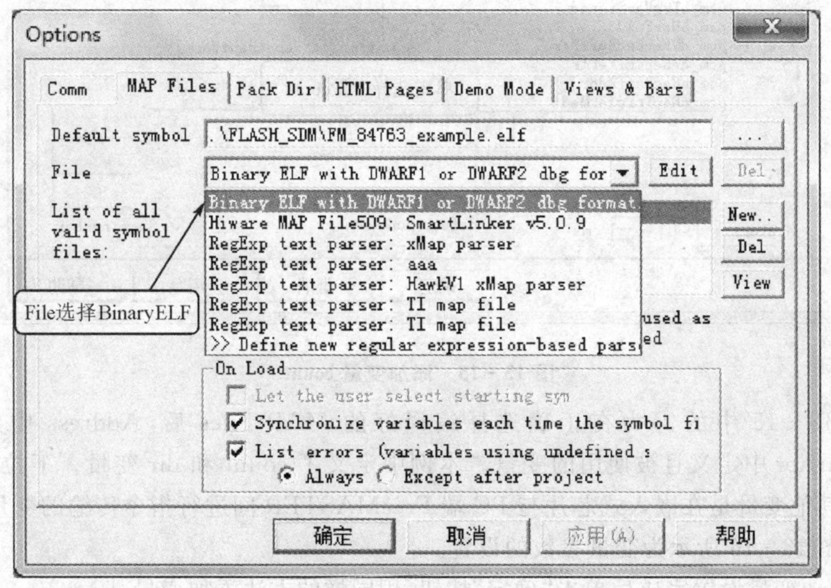

图 13－13　选择关联文件类型

13.3.2 视窗中变量的添加、观察与修改

图 13-14、图 13-15 所示为添加变量方法。

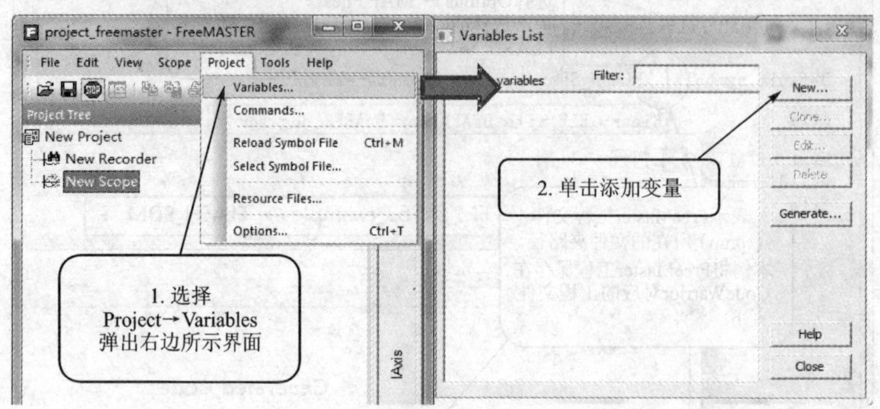

图 13-14　打开变量列表添加变量

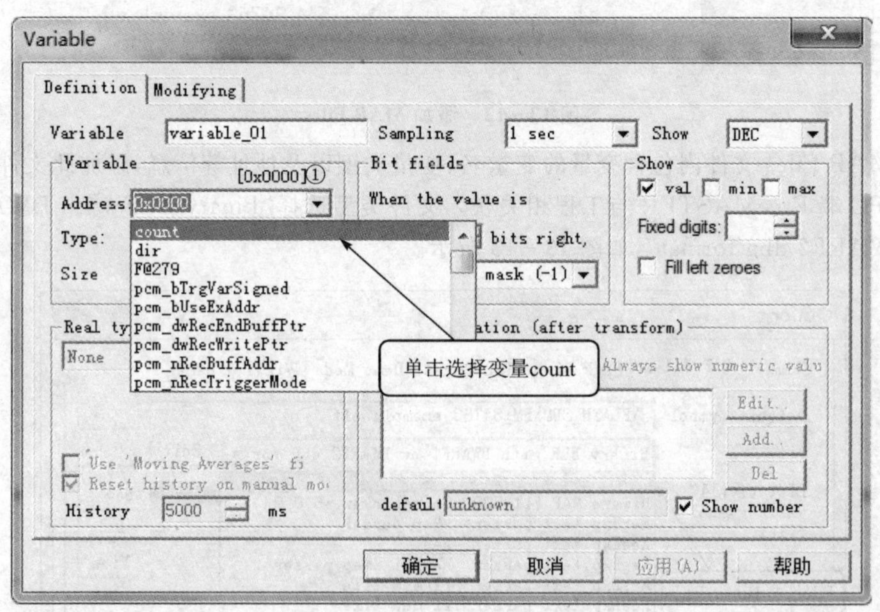

图 13-15　添加变量 count

图 13-15 中的①为在正确选择编译好的 MAP Files 后，Address 中应有在 CodeWarrior 中定义且被使用的变量。本例中定义了 count 和 dir 变量。下拉列表中出现的其他变量是在嵌入式芯片与 PC 端 FreeMASTER 间进行指令传输的变量。

如图 13-16 所示为变量参数的设置。

count 变量设置完成后单击“确定”按钮，用同样的方法添加变量 dir。

如需修改变量的值，可设置变量的 Modifying 属性。如图 13-17 和图 3-18 所示

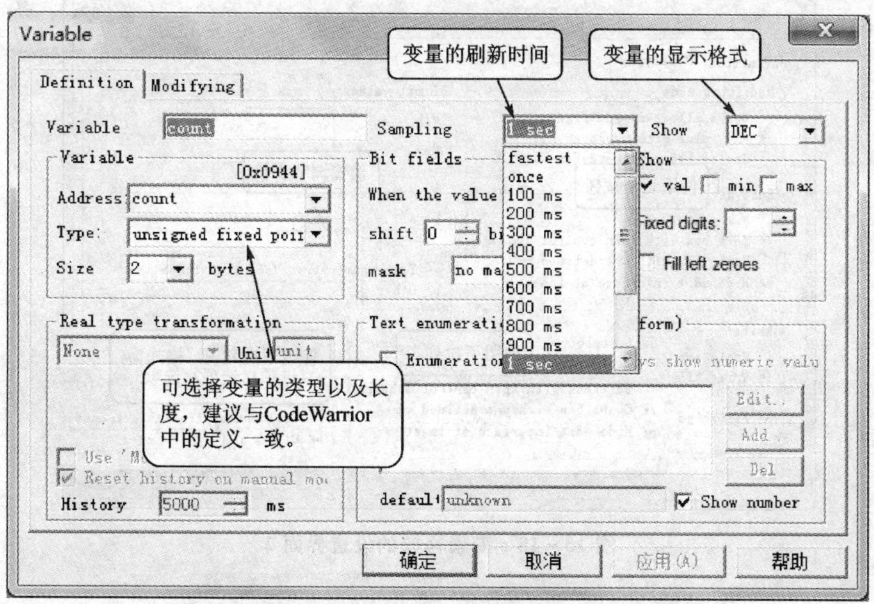

图 13－16　Variable 参数的设置

为 Modifying 属性设置界面。

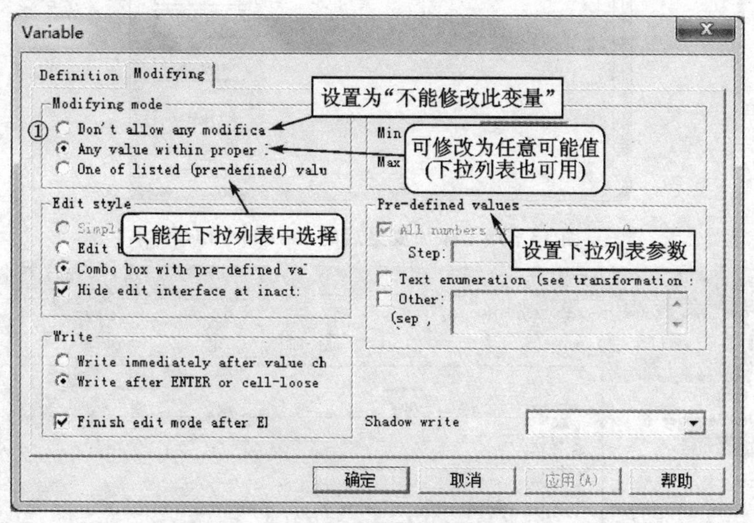

图 13－17　变量修改的设置界面 1

图 13－17 中的①为本例选择的属性 Any value within proper。

变量添加完成后的 Variable List 如图 13－19 所示。

下面添加变量至观察视窗。具体步骤如图 13－20～图 13－23 所示。

① 选中 Watch；

② 选中 count(或 dir)；

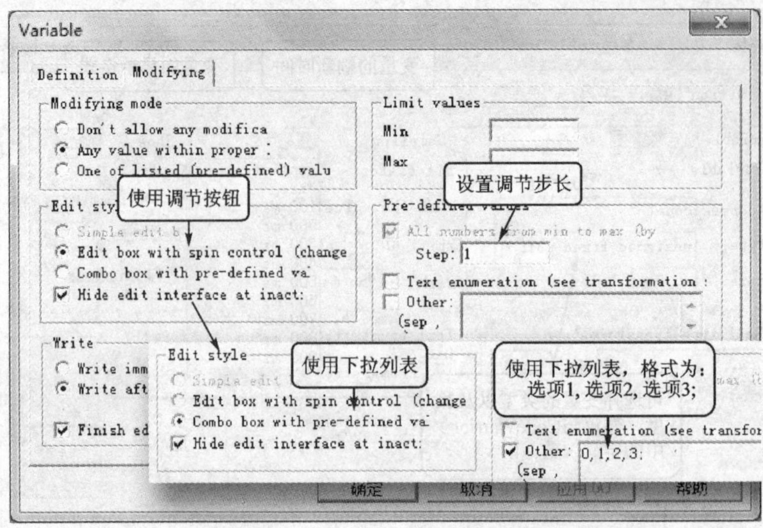

图 13-18　变量修改的设置界面 2

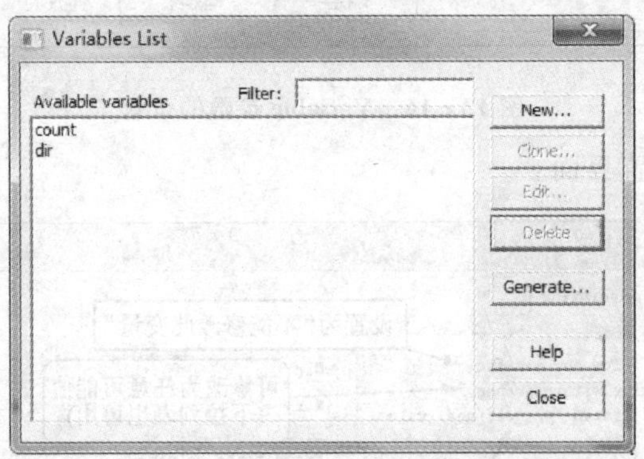

图 13-19　添加变量后的 Variables List

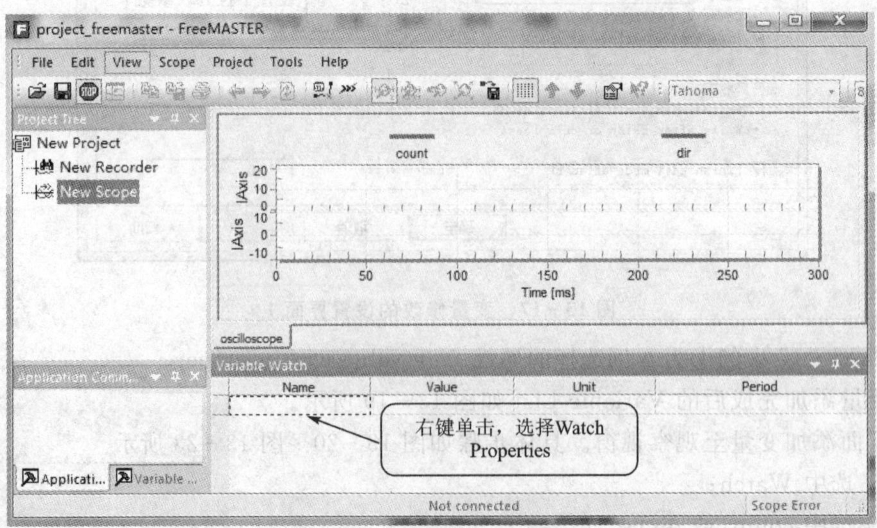

图 13-20　变量观察视窗添加变量

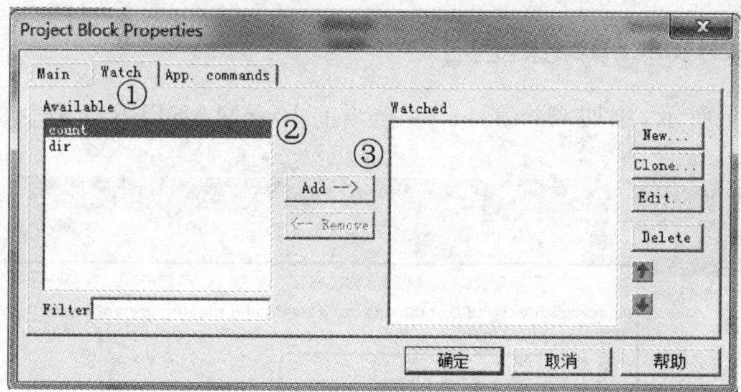

图 13-21 可选变量显示

③ 单击 Add 添加变量,添加好 count 和 dir 后的界面如图 13-22 所示。

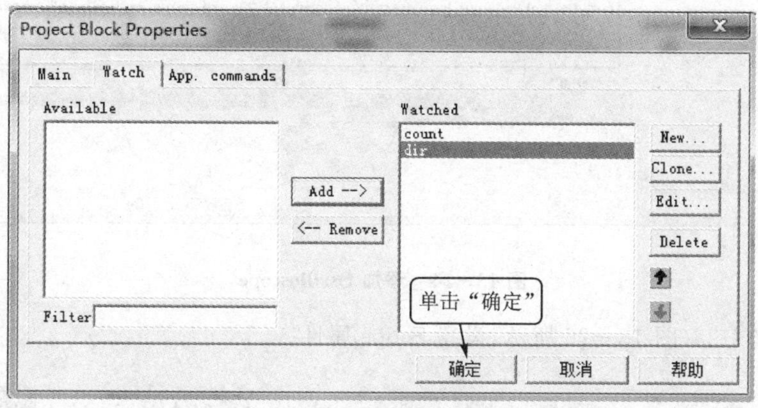

图 13-22 变量添加

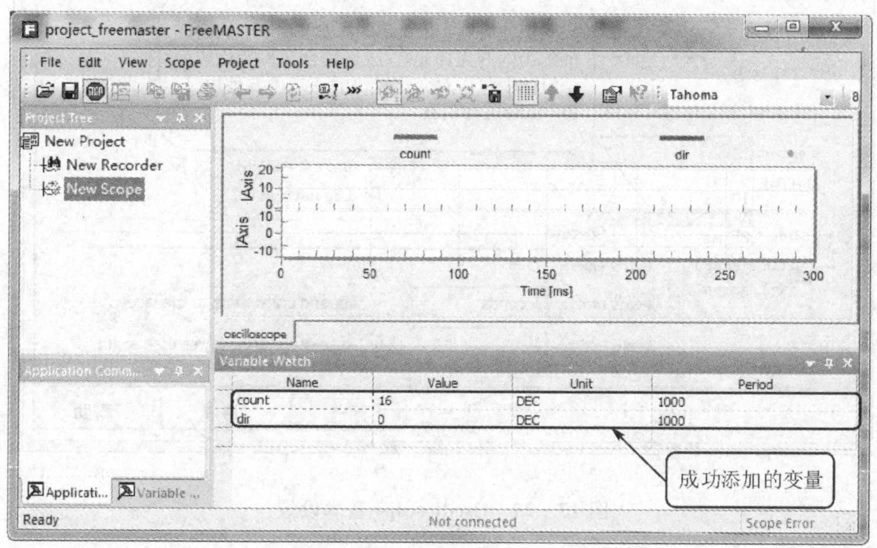

图 13-23 变量添加完成界面

13.3.3 Oscilloscope 的使用

如图 13－24 所示，添加 Oscilloscope 至当前 FreeMASTER 工程。

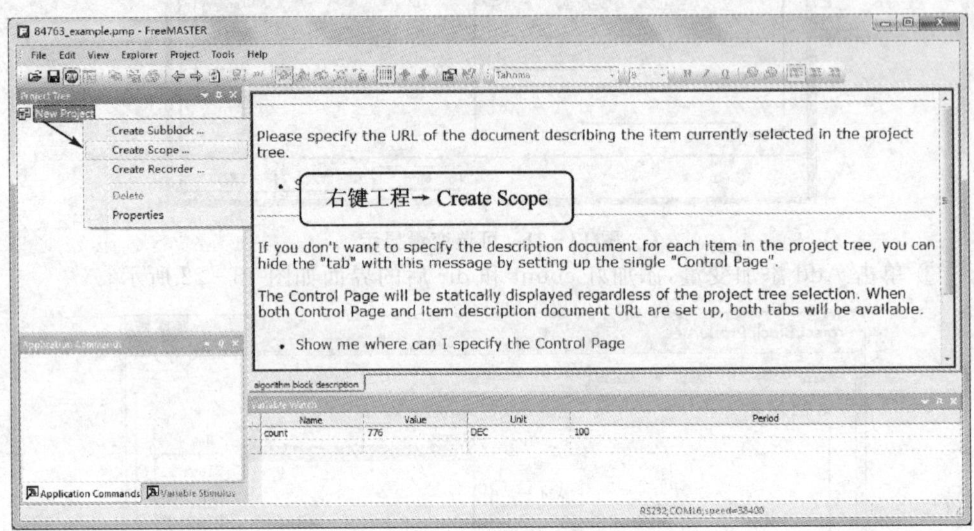

图 13－24　添加 Oscilloscope

如图 13－25、图 13－26 所示，设置 Scope 属性。

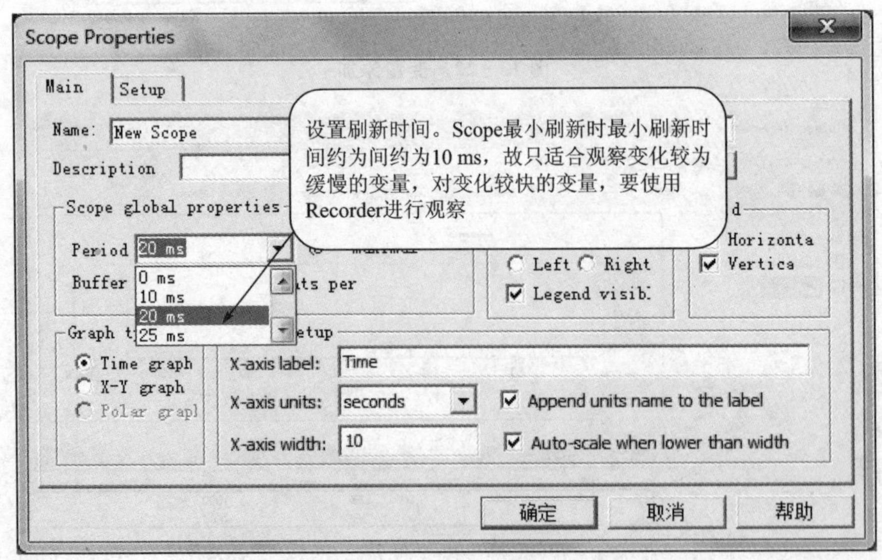

图 13－25　Oscilloscope 基本设置

① 选择横轴时间单位。勾选 Append units name to label 则显示横轴单位为 s，否则不显示。

② 选择横轴宽度，如图 13－25 所示整个横轴长度为 10 s。勾选 Auto－Scale when lower than width 则显示时间不足 10 s 时，会自动调整横轴长度为当前时间值。不勾选则横轴长度固定为 10 s。

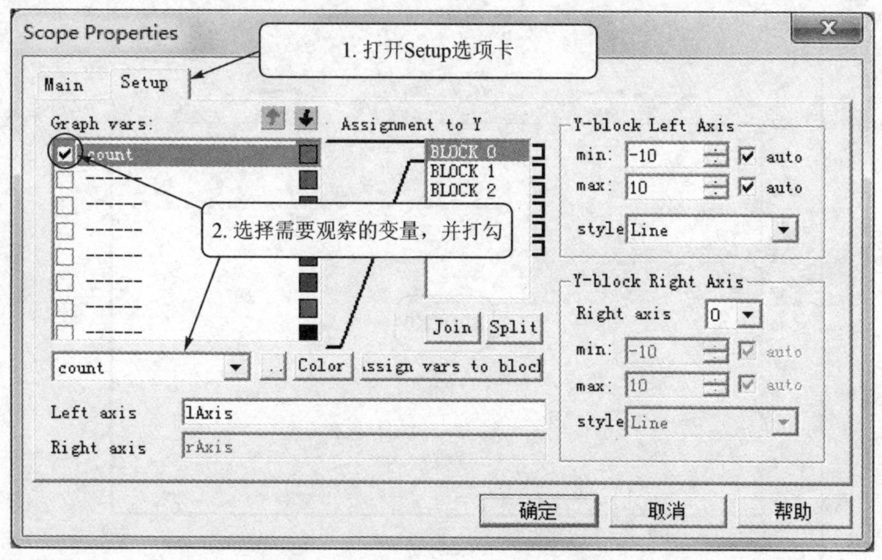

图 13－26　Oscilloscope 属性设置

PC 端 FreeMASTER 可添加多个变量进行观察，最多支持 8 个变量在 6 个 BLOCK 中显示。

如果两个变量在同一坐标轴观察，则按照图 13－27 操作，添加变量后的 Oscilloscope 如图 13－28 所示，其中变量 count 和变量 dir 可自己选择不同颜色显示。两个变量变化曲线同时在 BLOCK0 中显示。

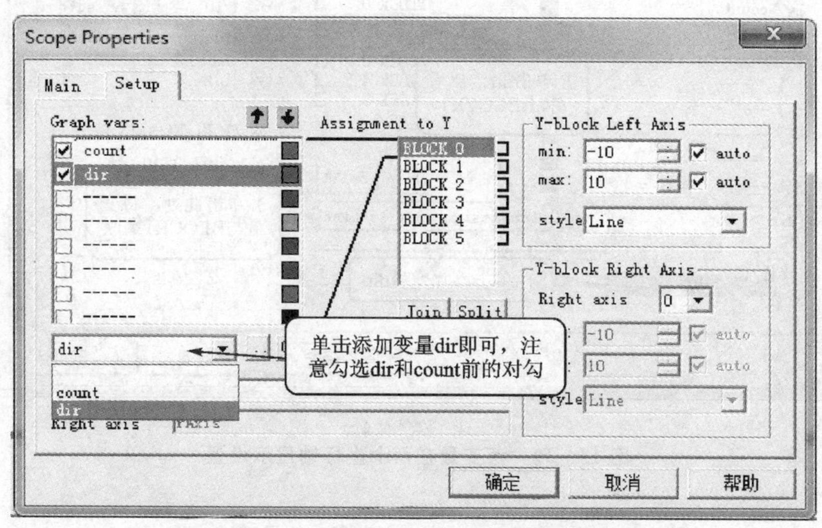

图 13－27　两变量在同一坐标轴显示设置

如果两变量在两个坐标轴观察，选择 Graph vars 中一个选项和 Assignment 中一个 BLOCK 可将其关联，按照图 13-29 操作，添加变量后的 Oscilloscope 如图 13-30 所示。变量 count 的变化曲线在 BLOCK0 中显示，变量 dir 的变化曲线在 BLOCK1 中显示。

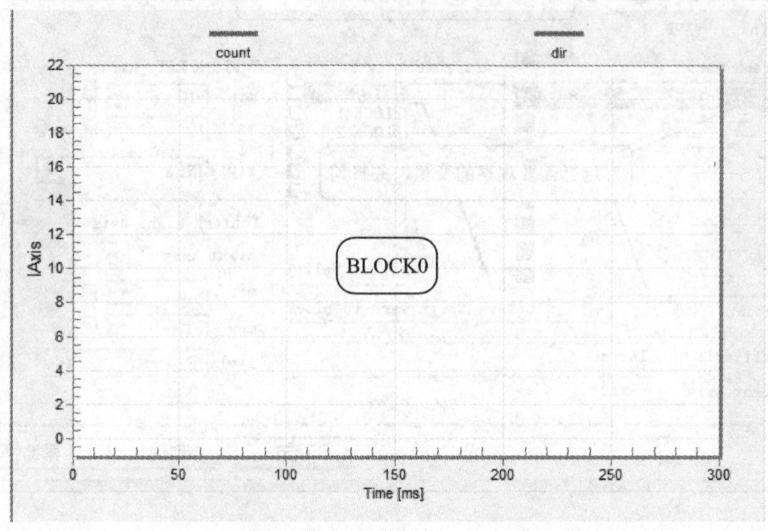

图 13-28　两变量在同一坐标轴显示效果

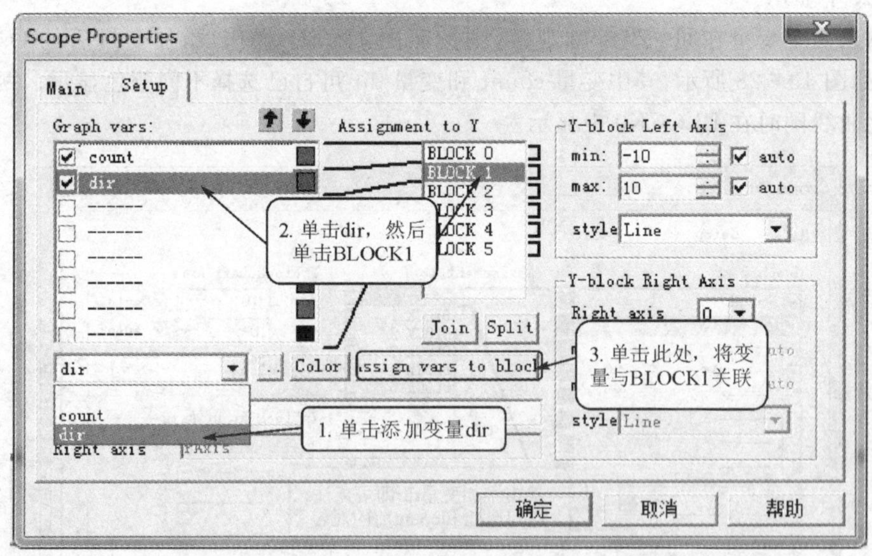

图 13-29　两变量在两个坐标轴显示设置

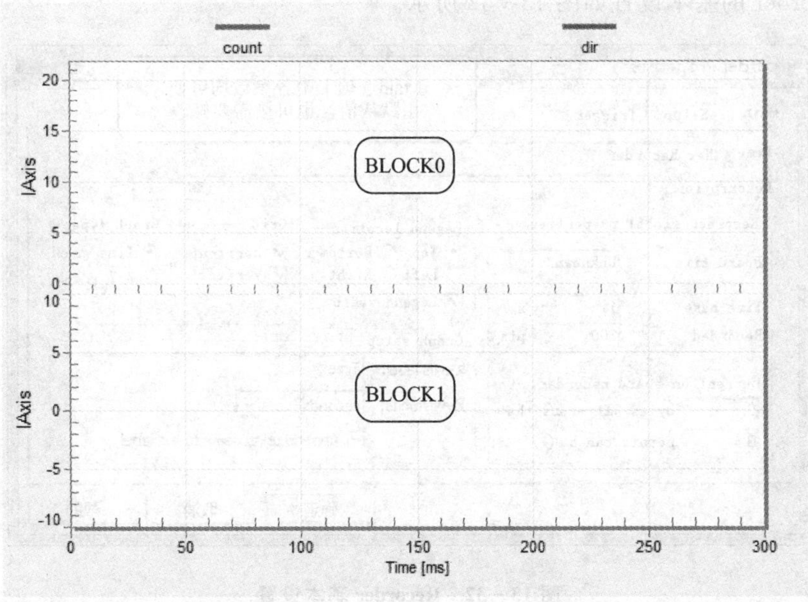

图 13-30　两变量在两个坐标轴显示效果

13.3.4　Recorder 的使用

如图 13-31 所示，添加 Recorder 至当前 FreeMASTER 工程。

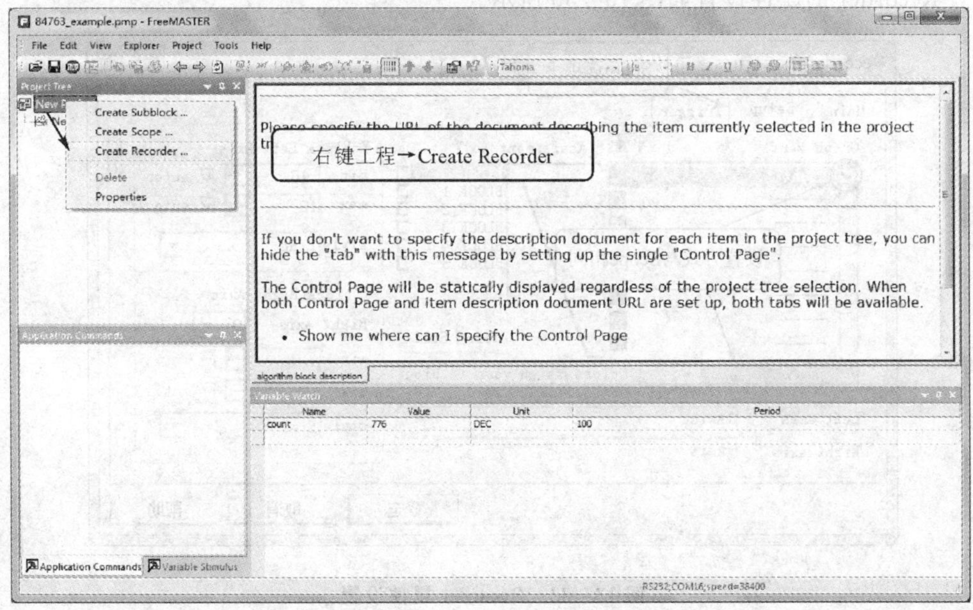

图 13-31　添加 Recorder

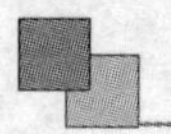

Recorder 的基本设置如图 13-32 所示。

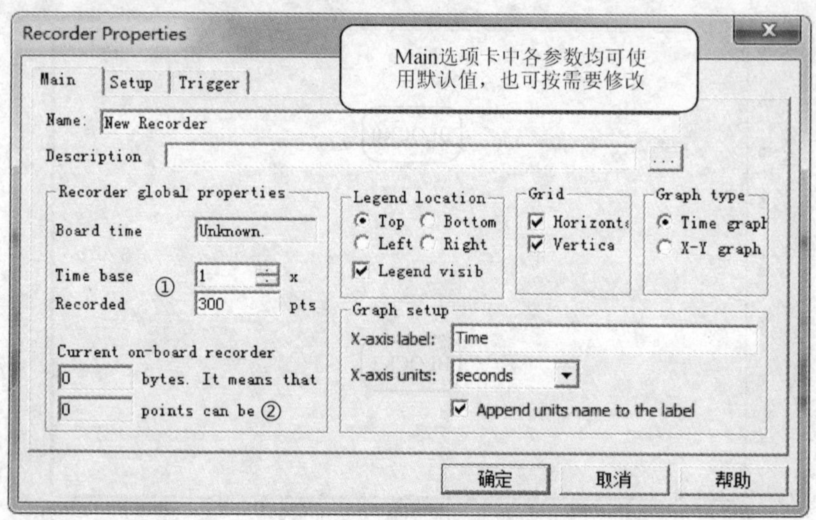

图 13-32　Recorder 基本设置

① Time base 为时间轴与采样数的关系。Recorded 为每次刷新显示的采样点数，这里选择 300。其可设置最大值为图中②所示“xxx points can be seen”。

② 在 FreeMASTER 运行时才可显示最大采样数。与 CW 中对 FreeMASTER 的设置以及变量数有关。这里在程序运行时显示的数值为 1 024。

Recorder 的属性设置如图 13-33 所示。

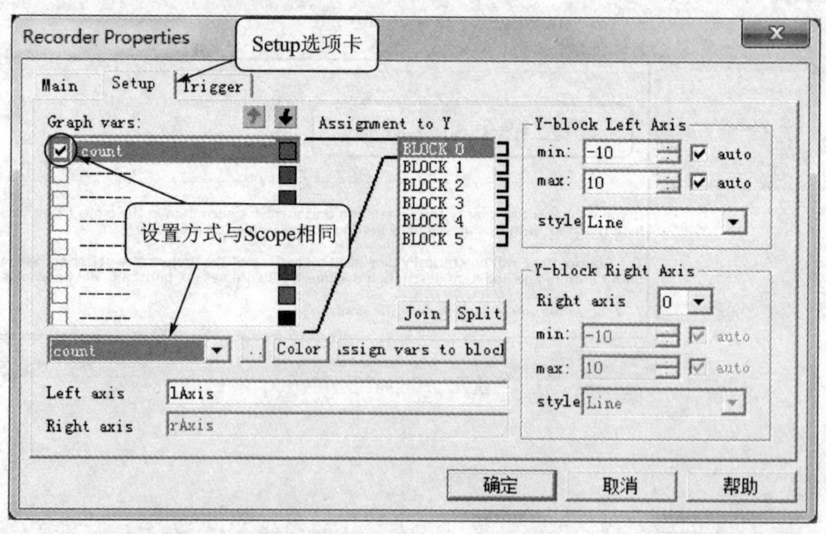

图 13-33　Recorder 属性设置

Recorder 的触发设置如图 13-34 所示。

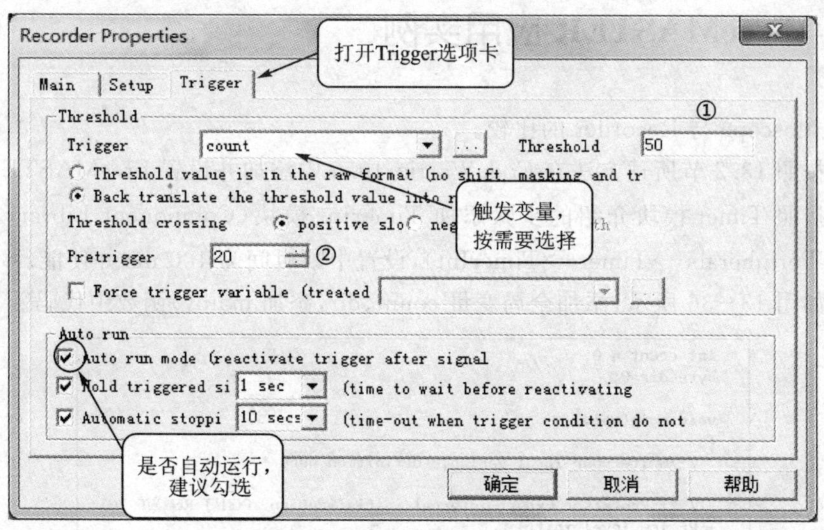

图 13-34　Recorder 触发设置

① Threhold 即触发值,当触发变量达到这一数值时触发,图 13-35 中的 Threhold 值为 50,与图 13-34 中对应。

② Pretrigger 是触发点前保存的数据个数,图 13-35 中的 Pretrigger 值为 20,与图 13-34 中对应。点(Pretrigger,Threhold)即如图 13-35 所示点(20,50),是 PC 端 FreeMASTER 经过处理后显示波形中肯定存在的点。

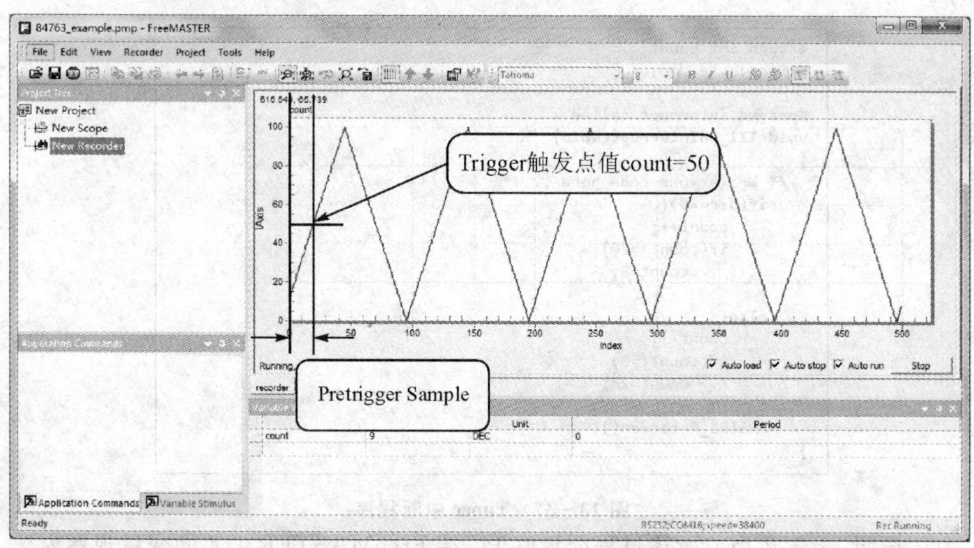

图 13-35　Recorder 运行效果

13.4 FreeMASTER 应用实例

Oscilloscope 与 Recorder 的比较。

① 按照 13.2 节所述方法在 CodeWarrior10.6 中添加并设置 FreeMASTER 模块。

② 按照 Timer 模块介绍的步骤添加 TimerInt 模块(Component Library —> CPU Internal Peripherals—>Timer—>TimerInt),设置中断时间为 100 ms 并使能。

③ 如图 13-36 所示,添加全局变量 count、dir,添加 main()函数中代码。

```
int count = 0;
byte dir=0;

void main(void)
{
  /* Write your local variable definition here */

  /*** Processor Expert internal initialization. DON'T REMOVE THI
  PE_low_level_init();
  /*** End of Processor Expert internal initialization.

  /* Write your code here */

    for(;;) {
        FMSTR1_Poll();
    }
}
```

图 13-36 main 函数

④ 如图 13-37 所示,在 Events.c 文件中添加外部变量声明 count、dir 和中断服务程序。

```
extern int count;
extern byte dir;

#pragma interrupt called
void TI1_OnInterrupt(void)
{
  /* Write your code here ... */
    if(dir==0){
        count++;
        if(count>=20)
            count=0;
    }
    else{
        count--;
        if(count<=0)
            count=20;
    }
    FMSTR1_Recorder();
}
```

图 13-37 Timer 中断程序

⑤ 按照 13.3.2 小节所述过程配置好 PC 端 FreeMASTER 1.4 的变量观察窗。

⑥ 按照 13.3.3 小节所述过程配置好 PC 端 FreeMASTER 1.4 的 Oscilloscope。

⑦ 按照 13.3.4 小节所述过程配置好 PC 端 FreeMASTER 1.4 的 Recorder。修改 Threhold 值为 5,Pretrigger 值为 0。

⑧ 下载并运行程序。

⑨ 选择 Scope,单击 PC 端 FreeMASTER 的 RUN/STOP 按钮(见图 13-8)。

⑩ 观察图 13-38 所示波形,发现变量观察视窗中数据在实时刷新;在 Scope 界面,当 dir 为非零值时(本例修改为 2),count 随时间从零增加到 20,不断循环。当 dir 修改为零时,count 随时间从 20 减少到 0,不断循环,与例程中逻辑相符合。

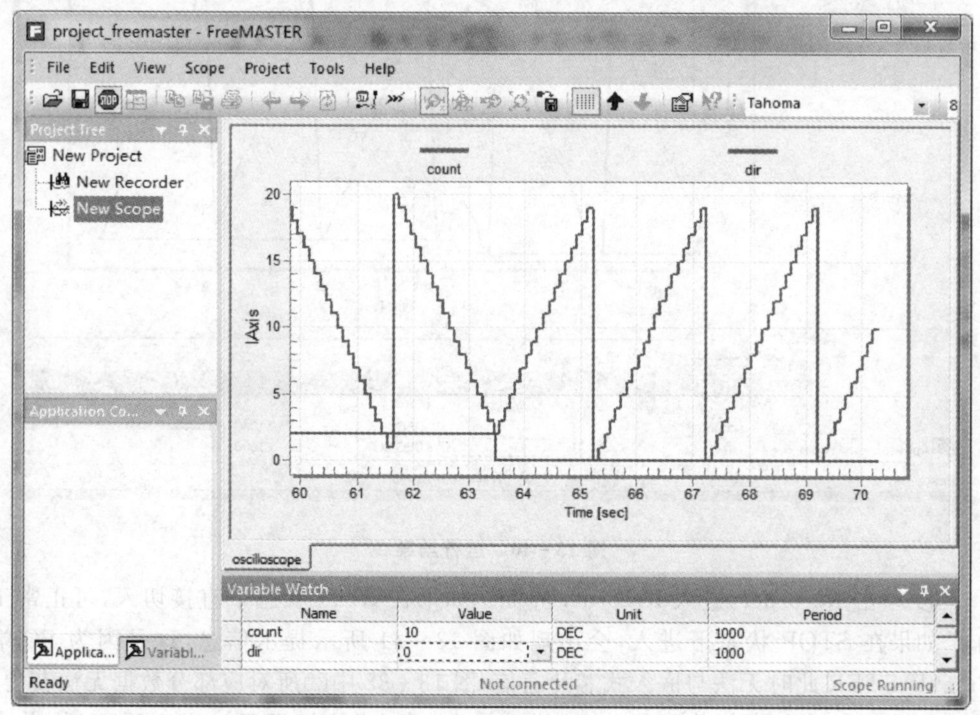

图 13-38　运行结果 1

⑪ 暂停 scope,停止程序,修改 Timer 中断时间为 10 ms。

⑫ 编译、下载程序,重新单击 RUN/STOP 按钮,打开 scope,此时会提示原来的程序已修改,如图 13-39 所示,选择"是",更新 MAP 文件。

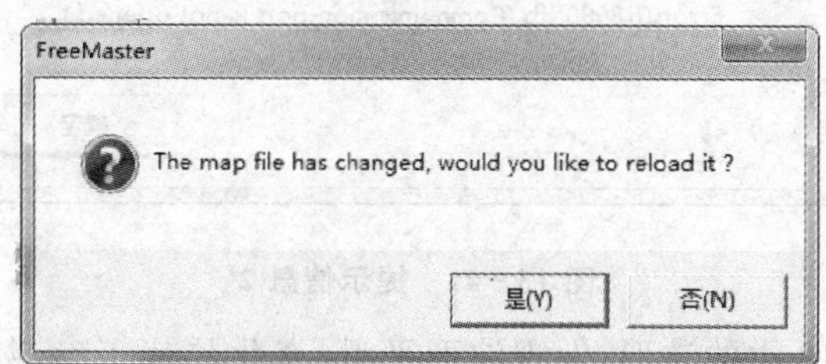

图 13-39　提示信息 1

⑬ 观察图 13-40 所示波形,发现波形趋势正确,但已经丢失一些数据。说明 scope 不适合观察快速刷新的变量,此时可用 Recorder。

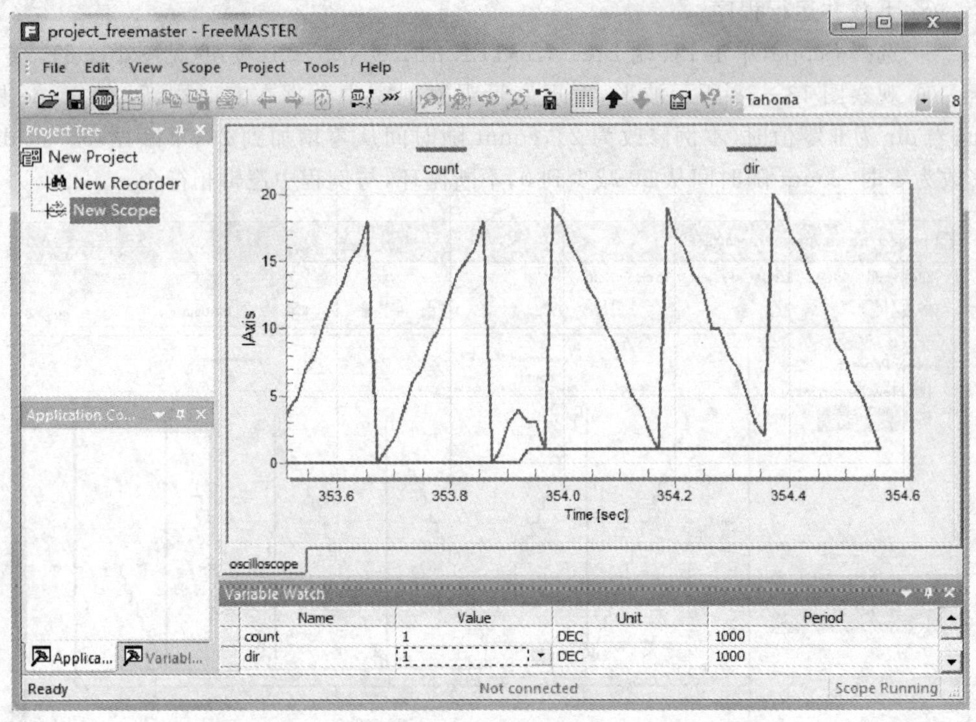

图 13-40 运行结果 2

⑭ 单击 Recorder，进入 Recorder 界面。如果在 RUN 状态下直接切入，可正常工作。如果在 STOP 状态下进入，会出现如图 13-41 所示提示信息，这是因为 PC 端 FreeMASTER 此时无法与嵌入式芯片通信，图 13-32 中②所对应部分数据无法获得，打开此界面可看出该部分显示为 0，此时单击"确定"按钮即可。进入界面后，单击 RUN/STOP 按钮即可运行。

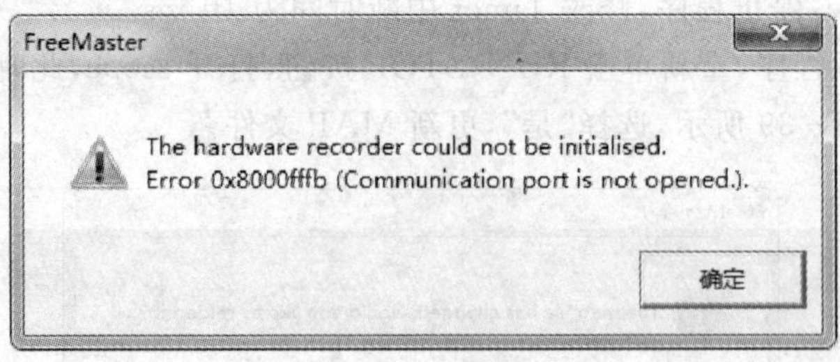

图 13-41 提示信息 2

⑮ 观察图 13-42 中的波形，发现波形平滑，变化趋势正确，数据无丢失。每次更新数据的时间为 10 ms×1 000＝10 s(10 ms 为 CW10.6 中 FreeMASTER 模块 Recorder 的 timebase 设置值，1 000 为 CW10.6 中 FreeMASTER 模块 Recorder 的 Recorder buffer length 设置值)，故无法实时观察变量变化。每次更新可显示的数据个数为 300 个(如图 13-32 所示)，时间长度为 3 00×10 ms＝3 s，与坐标轴的时间轴相对应。

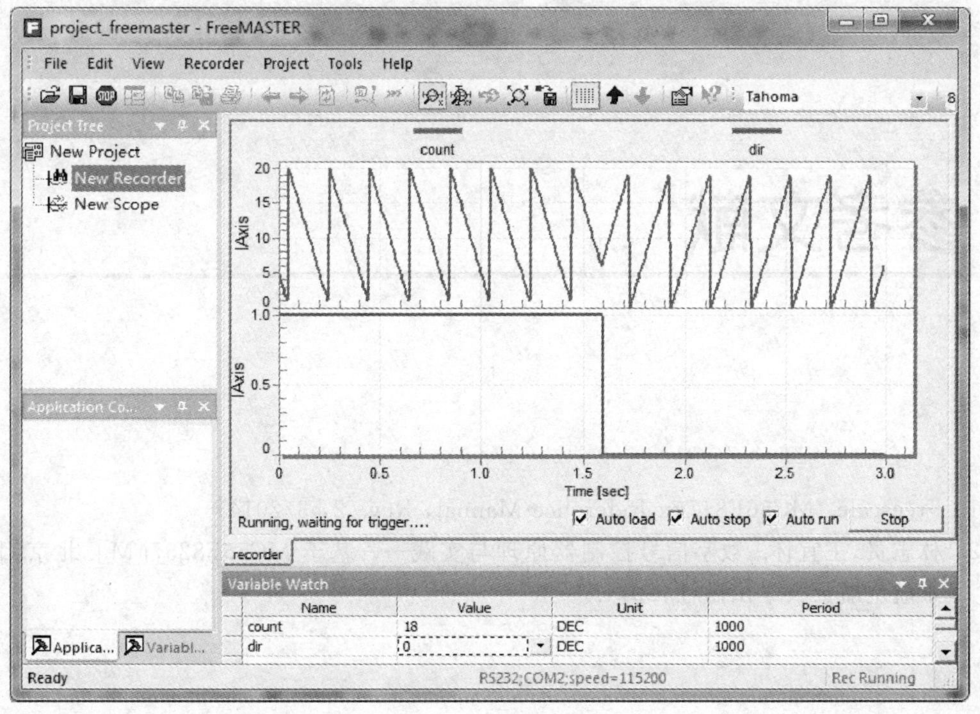

图 13-42　运行结果 3

13.5　小　结

① 叙述了 FreeMASTER 在 CW10.6 以及 FreeMASTER 1.4 中的基本设置。

② 介绍了 FreeMASTER 模块的观察视窗。观察视窗以数字的形式直观呈现变量的变化。

③ 介绍了 FreeMASTER 模块的 Oscilloscope。Oscilloscope 以类似示波器的方式图形化展现变量的变化,用于变量刷新速度相对较慢的场合。

④ 介绍了 FreeMASTER 模块的 Recorder。其表现形式与 Oscilloscope 类似,不同的是它用在变量刷新速度较快的场合,但需要用户自行解决数据和时间的关系。

⑤ 结合实例说明了 FreeMASTER 的用法。

参考文献

[1] Freescale. MC56F847xx Reference Manual, Rev. 2, 3/2014.

[2] 林志贵,王宜怀. 数字信号控制器原理与实践——基于 MC56F8257[M]. 北京:北京航空航天大学出版社,2014.